NOW

The Physics of Time

나우 시간의 물리학

N O W

리처드 뮬러

강형구 장종훈 옮김 | 이해심 감수

바다출판사

차례

머리말

'지금'(현재)—매 순간 의미를 바꾸어가는 이 수수께끼 같은 찰나의 순간은 성직자, 철학자, 물리학자들을 혼란에 빠트려왔다. '지금'을 이해하는 데에는 상대성이론, 엔트로피, 양자물리학, 반물질, 과거를 향한 시간여행, 얽힘, 빅뱅, 암흑에너지에 대한 지식이 필요하다. 비로소 지금에 이르러서야 우리는 '지금'을 이해하는 데 필요한 모든 물리학 지식을 손에 넣었다.

의미가 잘 잡히지 않는 '지금'이라는 개념은 줄곧 물리학 발전의 걸림돌이었다. 우리는 상대성이론에 따른 속도와 중력에 의한 시간 지연, 심지어 사건 순서의 역전에 대해서도 이해할 수 있게 되었지만, 여전히 시간의 가장 놀라운 성질인 그 흐름과 '지금'의 의미를 설명하는 데에서는 아무런 진전을 이루지 못하고 있다. 시공간 도표space-time diagram라는 물리학의 기본 도표는 이러한 문제점들을 무시하고 있을 뿐 아니라, 때로 물리학자들은 고집스럽게 이 결여를 강점으로 내세우면서 시간의 흐름이라는 것은 결국 허상이라고 결론짓는데, 이것은 앞뒤가 뒤바뀐 것이다. '지금'의 의미를 파악하지 못하는 한, 실재의 중요한 요소인 시간을 이해하는 것은 계속 제자리에 머물 수밖에 없다.

이 책의 목적은 앞서 말한 물리학 지식들을 한데 모아 조각그림 퍼즐처럼 조각을 맞추어 '지금'이라는 명확한 그림이 드러나도록 하는 것이나. 이 파징이 질 돌아가게 히려면 엉뚱한 곳에 잘못 끼워진 조각두 찾아서 빼내야 한다.

광범위한 물리학 관련 지식들을 보면 이 퍼즐이 계속 잡힐 듯 말 듯 했던 이유를 알 수 있다. 물리학은 단순하지도 선형적이지도 않으므로, 이 책은 필연적으로 한 권으로는 부족할 정도의 방대한 분량을 다루고 있다. 부담 없이 건너뛰며 읽고 중요한 개념을 놓친 것 같으면 색인을 통해서 찾아보기 바란다. 이 이야기는 조금씩 단서를 모아 해결에 도달하는 일종의 추리물로 볼 수도 있다.

내 전공은 실험물리학인데, 어떤 현상을 측정하기 위해 그리고 때로는 이전에 밝혀지지 않았던 물리법칙을 발견하기 위해 새로운 실험장치를 만들고 이용한다. 내가 했던 일들 중 두 가지가 시간을 이해하는 데 직접 관련된 것이었다. 빅뱅 이후의 잔해인 마이크로파 배경복사 측정과 과거 우주의 팽창 속도를 정확히 결정하는 일이었는데, 여기서 우주의 팽창에 암흑에너지가 관여한다는 것을 발견했다. 솔직히 순수 이론 논문도 몇 편 쓰기는 했지만 대부분 실험에 쓸 연구비가 부족하거나 이론이 너무 현실과 동떨어져 있다는 생각이 들 때였다. 내가 아는 한, 이 책은 시간을 주제로 한 책 중에서는 유일하게 실험에 깊이 몸담았던 물리학자가 쓴 책이며, 이런 작업에 따르는 도전과 난점에 대한 통찰을 제시하고자 한다.

이 책에서는 '지금'을 이해하는 과정을 다섯 부분으로 나누었다.

1부 '시간의 놀라움'은 아인슈타인이 대부분 처음으로 밝혀내고 이후 확고하게 검증되었지만 여전히 놀라운 시간의 성질을 논하는 것으로 시작한다. 시간은 늘어나고 줄어들고 순서가 뒤바뀌는 것뿐 아니라 우리 일상에도 영향을 미치고 있는데, 예를 들면 인공위성을 이용하여 길을 잃지 않도록 해주는 GPS도 이러한 시간의 이상한 성질과 그것을 예측하는 아인슈타인의 상대성이론과 정교하게 일치한다. 우리가 4차원 시공간을 상상할 수 있게 해주는 것이 상대성이론이다. 1부의 중요한 메시지는 우리가 시간에 대해 많은 것을 이해하고 있다는 것과 시간의 성질은 간단하지 않지만 확고하게 검증되었다는 것이다. 시간의 흐름은 어떤 위치에서 속도와 중력에 따라 달라지며, 심지어는 사건의 순서마저도 누구에게나 똑같지는 않다. 뿐만 아니라 아인슈타인의 상대성이론은 우리가 '지금'의 의미를 이해하는 데 필요한 체계 중 많은 부분을 알려준다.

2부 '부러진 화살'에서는 잘못된 자리에 끼어 있는 퍼즐 조각, 즉 '지금'을 이해하는 데 가장 큰 걸림돌이 된 이론을 바로잡고자 한다. 잘못 끼워진 퍼즐 조각은 시간의 방향성arrow of time, 과거는 미래를 결정하고 그 반대는 성립하지 않는다는 사실을 설명하려던 물리학자 아서 에딩턴Arthur Eddington이 제시한 이론이다. 이를 바로잡기 위해 먼저 그 이론을 뒷받침하는 최상의 경우를 제시한 다음, 결정적인 단점을 소개하려고 한다.

에딩턴은 우주의 무질서도를 나타내는 척도인 '엔트로피'의 증가가 시간의 흐름으로 나타난다고 보았다. 오늘날 우리는 에딩턴이 그 이론을 주장했던 1928년 당시보다 우주의 엔트로피에 대해 훨씬 많은 것을 알고 있으며, 나는 에딩턴이 이것을 반대로 이해했다고 주장할 참이다. 즉 시간의 흐름은 엔트로피를 증가시키며 그 반대는 성립하지 않는다. 엔트로피의 생성이 흔히 말하는 시간의 방향성을 강제하지는 않는다는 것이다. 결국 엔트로피 변화 경로의 제어가 '지금'을 이해하는 데 매우 중요함이 밝혀질 것이다.

3부 '유령과도 같은 물리학'에서는 '지금'의 이해에 중요한 또 다른 요소인 신비한 양자물리학을 소개한다. 양자물리학은 이론으로 예측한 값과 관찰값이 소수점 열째 자리까지 일치하는, 지금까지 알려진 이론 중 가장 성공적인 이론인 동시에 당황스럽고 머리 아픈 이론이기도 하다. 양자 파동의 유령 같은 양상과 그에 관련된 측정 결과는 대놓고 아인슈타인의 상대성이론을 어기지만, 직접 관측되거나 써먹을 수 있는 방식으로 일어나지는 않는다. 양자 파동의 이런 성질은 뒤에서 '지금'을 설명하는 데 중요한 요소로 드러날 우리의 실재 감각sense of reality에 의문을 제기하고 그 의미를 발전시키도록 만든다. 가장 거슬리는 혹은 속 시원한 양자물리학의 결론은 적어도 더 이상 과거가 미래를 완벽하게 결정하지는 않는다는 것이다. 양자물리학에서 가장 직관에 어긋나는 양상 중 하나인 '얽힘entanglement'은 실험으로 검증되었고, 그 실험 결과는 앞으로도 영원히 미래를 예측하는 능력의 제약이 물리학의 근본적인 약점으로 남을 것임을 시사한다.

4부 '물리학과 실재'에서는 물리학의 한계에 대해 알아볼 것이다. 시간과 '지금'이라는 주제는 이 영역에 포함되지 않으니 걱정 마시라. 그것들은 물리학에서 출발한 것이긴 하지만 그것에 대한 우리의 지각은 물리학의 영역 밖으로 뻗어 있는 실재 감각이라는 것에 바탕하고 있다. 수학은 2의 제곱근이 무리수임을 밝히는 것처럼 단순한 것일지라도 물리학 실험으로 검증할 수 없는 실재의 세계를 다룬다. 하지만 그밖에도 "파란색은 어떻게 보일까?"처럼 실재에 관련되어 있지만 물리학의 영역에 포함되지 않는 질문들도 있다. 이런 물리나 수학 밖의 진리를 부정하는 사상을 철학자들은 '물리주의physicalism'라고 불러왔다. 물리주의는 신념에 바탕을 두고 있으며 그 자체로 모든 종교적 요소를 지니고 있다. 안타깝게도, 아인슈타인의 강렬한 바람에도 불구하고 현실은 물리학이 불완전하며 실재의 모든 것을 설명할 수는 없을 것이라는 결론으로 가고 있다.

5부 '지금'에서는 조각들을 한데 모아 퍼즐을 완성하여 시간이 흐르는 이유와 우리가 '지금'이라고 부르는 그 순간에 대한 그림 전체를 보여준다. 우리는 4D 빅뱅 접근법에서 그 해법을 찾을 수 있다. 우주의 폭발은 지속적으로 새로운 공간을 만들 뿐 아니라 새로운 시간도 만들어 낸다. 팽창하는 시간의 최전선 경계가 바로 우리가 '지금'이라고 부르는 것이며, 시간의 흐름이 바로 끊임없이 만들어지는 새로운 '지금들'이다. 우리는 새로운 순간들을 이전의 순간과는 다르게 느끼는데, 이 새로운 순간만이 유일하게 우리가 미래에 영향을 미치고 그것을 바꿀 선택과 자유의지를 행사할 수 있는 순간이기 때문이다. 고전 철학자들의 주장에도 불구하고, 우리는 이제 자유의지가 물리학과 공존할 수 있다는 것을 안다. 그렇지 않다고 주장하는 이들은 물리주의라는 종교에 바탕을 둔 경우를 만들고 있다. 우리는 과학 지식뿐 아니라 그 외의 지식들(공감, 도덕, 윤리, 공정함, 정의)을 가지고 엔트로피의 흐름을 이끌어 문명을 번성하게 하거나 쇠퇴하게 만드는 식으로 미래에 영향을 미칠 수 있다.

여기서는 앞으로만 흐르는 시간을 설명하는 이 4D 모델에 대한 세 가지 테스트 방법을 살펴본다. '암흑에너지'와 얽힌, 관측된 우주 팽창 속도의 가속은 시간이 흐르는 속도의 가속을 수반한다. 이 이론은 현재 시간의 흐름이 과거보다 더 빠를 것이라고 예상하는데, 그에 따르면 새로운 시간 지연 효과와 적색이동도 나타나야 한다. 이런 효과는 빅뱅이 있었던 초기 우주, 즉 '인플레이션' 시기의 연구에서도 보일 수 있는데, 그 시기에 방출된 중력파를 배경복사의 편광 분포를 연구하는 간접적인 방법으로 검출해서 살펴볼 수 있다.

세 번째 테스트를 착안한 것은 2016년 라이고LIGO(레이저 간섭계 중력파 관측소)가 두 개의 커다란 블랙홀들이 결합하는 것을 탐지했다는 놀라운 보고를 했을 때였다. 그러한 사건들은 새로운 공간을, 그리고 4D 빅뱅 이론에 따르면, 새로운 시간도 만들어낸다. 그 시간은 충격파의 뒷부분에서 지연을 일으키게 되는데, 이 다음에 더 가까운 거리 혹은 더 큰 규모의 사건에서 강한 신호를 탐지한다면 이런 효과를 관측할 수 있을 것이다.

더 자세하고 수학적인 내용을 원하는 독자는 부록에서 상대성이론과 수학적 결과 그리고 짤막한 시와 비물리적 실재에 대한 소고를 찾을 수 있을 것이다.

이제 퍼즐을 맞추러 가보자.

1부 시간의 놀라움

1 얽혀 있는 수수께끼

위대한 철학자들조차 시간에 대해서는 몹시 혼란스러워했다.
하지만 물리학은 그것을 이해할 수 있는 희망의 기틀을 만들어주었다.

시간이 바람처럼 날아간다Time flies like the wind —
초파리들이 바나나를 좋아한다Fruit flies like bananas
—아이들 말장난[1]

극소수의 사람들만 알 법한, 어쩌면 당신 외에는 아무도 모를 사실 한 가지. 당신은 지금 바로 이 순간 이 책을 읽고 있다. 사실 좀 더 자세히 말할 수도 있다. 당신은 지금 '지금'이라는 단어를 읽고 있다.

더욱이, 당신이 알고 있는 것이 맞다고 내가 말은 했지만 나 자신은 그것을 알 수도 없었고 지금도 알지 못한다. 당신이 지금 이 '지금'이라는 단어를 읽고 있지만, 손으로 한 글자 한 글자 짚어가며 읽고 있는 모습을 어깨너머로 보지 않는 이상 내가 그것을 알 방법은 전혀 없으니까.

'지금'이라는 것은 무척 단순하면서 매혹적이고 신비한 개념이다. 여러분은 그것이 무엇을 의미하는지 알고 있지만 순환논리에 빠지지 않고 그것을 정의하는 일이 무척 어렵다는 것을 금세 알아챌 것이다. "'지금'이란 시간상에서 과거와 미래를 나누는 순간이다." 그렇다 치고, '지금'이라는 낱말을 쓰지 않고 과거와 미래를 정의해보라. 과거와 미래의 의미가 끊임없이 바뀐다. 방금 전에는 이 문단을 읽는 것이 미래의 일이었다. 지금은? 이미 대부분이 과거가 되었다.

지금은 앞 문단 전체가 (건너뛰지 않았다면) 과거가 되었다. '지금'은 특정한 시각을 지칭한다. 하지만 그것이 가리키는 시각²은 끊임없이 변하고 있다. 그래서 우리는 시계를 이용한다. 시계는 현재 시각이라고 부르는 '지금'에 관한 숫자를 알려준다. 시계는 보통 초 단위로 지속적으로 숫자를 갱신한다. 시간은 쉼 없이 흐른다. 우리는 공간상으로는 멈춰 서있을 수 있지만 시간상으로는 그럴 수 없다. 우리는 시간적으로 끊임없이 움직이고 있지만, 시간의 움직임에 대한 통제력은 없다. 시간여행이 가능하다면 모를까.

'지금'의 의미는 시간이라 부르는 신기한 현상에 얽힌 많은 수수께끼 중 하나에 불과하다. 우리가 시간에 대해서, 특히 아인슈타인의 상대성이론과 관련 있는 그 이상하고 직관에 어긋나는 면들에 대해서 많이 이해하고 있다는 것도 놀랍지만, 시간이 무엇이며 실재와 어떤 관련이 있는지 같은 근본적인 부분에 대해서는 아는 것이 거의 없다는 것도 마찬가지로 놀라운 일이다. 이 책은 우리가 시간에 대해 무엇을 알고 무엇을 모르는지를 다룬다.

시간이 흘러가는가? 1906년 4월 18일, 오전 5시 12분, 거대한 지진이 샌프란시스코를 뒤흔들었다. 그 사건이 일어난 시간은 바뀌지 않는다. 위키피디아에서 찾아볼 수 있다. 움직이고 흘러가는 것, 그것이 '지금'이 의미하는 바다. '지금'은 진행하고, 바뀌고, 시간축을 따라 전진한다.

아니면 시간은 '지금'을 거쳐서 흘러간다고 말하는 것이 더 의미 있을지 모르겠다. '움직임'의 문제는 설명하기 까다롭다. 차가 움직인다고 할 때는 어떤 순간의 위치와 다른 순간의 위치를 언급해야 한다. 속도는 움직인 거리를 걸린 시간으로 나눈 것이다. 예를 들면 시속 몇 킬로미터 하는 식으로. 이런 식으로 '지금'을 설명하려면 완전히 꼬여버린다. '지금'은 지금 이 순간이다. 잠시 뒤에도 '지금'은 여전히 지금 이 순간이다. 그것은 움직이는가? 물론이다. 시간의 움직임은 '지금'의 의미가 계속해서 바뀌고 있다는 사실로 나타낼 수 있다. 시간의 변화율은 얼마일까? 초당 1초다.

세 번째 관점도 있다. 새로운 시간이 매 순간 생겨난다는 것인데, 이 새로 생겨난 시간이 '지금'을 이룬다는 것이다. 이러한 관점들은 철학적인 차이일까 혹은 물리적 관점의 차이일까? 선택의 문제일까, 아니면 더 진실에 가깝고 더 의미 있는 관점이 있는 걸까? 이러한 질문들을 앞으로 이 책에서 차차 다룰 것이다.

시간이 멈췄다고 해보자. 우리는 그것을 알아챌 수 있을까? 어떻게? 가다 서다 하면서 불규칙하게 흐르거나, 아예 다른 속도로 흐른다면 그 차이를 감지할 수 있을까? 쉽지 않을 것이다. 〈다크 시티〉〈클릭〉〈인터스텔라〉〈툼레이더〉 같은 영화에서 보여주는 시간의 흐름을 생각하는 것이 아니라면 말이다. 인간이 느끼는 '지금'의 움직임, 주관적인 시간의 흐름은 눈이나 귀, 손끝에서 뇌까지 신호가 전달되고 기록, 인지, 기억하는 데 몇 밀리초가 걸리는가에 따라 결정되는 것 같다. 인간에게는 보통 수십 분의 1초일 테지만 파리에게는 수천 분의 1초다. 그래서 파리를 잡기 힘든 것이다. 파리에게는 당신이 휘두르는 손이 슬로모션으로 보일 것이다.

시간의 속도가 그저 과학소설 속 딜레마만은 아니다. 상대성이론은 '쌍둥이 역설' 같은 구체적인 예를 제시한다. 쌍둥이 중 한 명이 광속에 가까운 속도로 우주여행을 떠났을 때 집에 있던 쌍둥이보다 시간이 덜 흐른 것으로 경험하게 되는데, 무엇이 다른지 느낄 수 없다는 게 문제다. 두 쌍둥이는 비록 각자에게 시간의 흐름은 제법 달랐지만 같은 방식으로 시간을 보냈다. 이 이상한 현상에 대해서는 뒤에 자세히 다루도록 하자.

'지금'을 이해할 희망은 20세기 물리학이 이루어낸 어마어마한 진보에 기반하고 있다. 하지만 우선 고대 사람들이 겪었던 혼란에 대해 간략히 살펴보자.

설명할 수 없는 '지금'

아리스토텔레스의 《자연학》은 고대로부터 르네상스 이전까지의 과학을 주도했다. 이 책은 중세 기독교의 과학 경전이었다. 갈릴레오가 재판을 받은 이유도 이 책에 있는 몇 가지 주장들을 부정했기 때문이다. 아리스토텔레스는 그의 책 《자연학》에서 네 개의 장에 걸쳐 시간과 '지금'의 개념을 두고 씨름하고 있는데, 여기서 그가 얼마나 혼란스러워했는지가 여실히 드러난다.

'지금'이라는 것은 부분이 아니다. 부분은 전체의 단위이고, 전체는 부분들로 이루어진다. 반면에, 시간은 '지금들'로 이루어진다고 생각할 수 없다. 또, 과거와 미래를 이어주는 것처럼 보이는 '지금'이 항상 하

20

나이자 같은 것인가, 아니면 항상 다른 것인가? 말하기 어렵다. 만약 그 것이 항상 다른 것이고, 시간의 저마다 다른 부분들이 동시에 존재하지 않으며(긴 시간이 짧은 시간을 포함하듯, 어느 것이 다른 것을 포함하지 않는 한), 현재에는 없지만 이전에는 있었던 '지금'이 어느 순간 존재하기를 그쳐야 한다면, '지금들' 또한 서로 동시에 존재할 수 없고, 이전의 '지 금'은 항상 존재하기를 그쳐야 한다.[3]

이런 사고들은 깊이 있는 사색의 결과일까, 아니면 그냥 헷갈려 하는 것뿐일까? '지금'을 정확히 설명하려는 과정에서 아리스토텔레스는 자 신의 단어에 얽매이게 되었다. 여기서 우리는 이런 위대한 철학자도 이 주제가 아주 다루기 힘들다고 생각했다는 점에서 약간 위안을 얻을 수 있다.

아우구스티누스는 그의 책《고백록》에서 시간의 흐름을 이해할 수 없 음을 한탄했다. "시간은 대체 무엇인가? 만약 누가 나에게 묻지 않는다 면, 나는 알고 있다. 만약 내가 설명하려고 한다면, 나는 모른다." 5세기 에 쓰인 이 한탄은 21세기를 사는 우리와도 공명한다. 그렇다, 우리는 시간이 무엇인지 '안다.' 그럼 왜 설명할 수 없는 걸까? 우리가 알고 있 는 것은 대체 무엇인가?

아우구스티누스의 수수께끼는 부분적으로는 신은 전지전능하며 어 디에든 있다는 그의 공리에서 나왔다. 여기서 그는 놀라운 개념의 비약 을 만들어내는데 바로 신은 '시간을 초월한다'는 것이다. 현대 물리학에 서는 시간상의 물체의 움직임을 기술할 때 시간이 흐른다거나 '지금'이 존재한다는 사실을 전혀 언급하지 않는 시공간 도표를 사용하는데, 그 의 놀라운 사고가 현대 물리학의 토대를 놓은 셈이다.

아우구스티누스는 인간에겐 과거나 미래는 존재하지 않으며 오직 세 가지 '현재'가 있을 뿐이라고 말했다. "지나간 것들의 현재인 기억, 지금 것들의 현재인 시야, 다가올 것들의 현재인 기대." (이것이 혹시 디킨스의 《크리스마스 캐럴》에 영감을 준 걸까?) 하지만 "내 영혼은 이 얽히고설킨 수수께끼를 알고 싶다고 울부짖는다"라고 쓴 것을 보면, 그는 이런 식의 이해로는 만족하지 못했던 것 같다.

알베르트 아인슈타인도 '지금'의 개념 때문에 애를 먹었다. 철학자인 루돌프 카르납Rudolf Carnap은 그의 책 《지적인 자서전》에서 다음과 같이 쓰고 있다.

아인슈타인은 '지금'에 대한 문제를 놓고 심각하게 고민하고 있다고 말했다. 그는 '지금'에 대한 경험은 과거와 미래와는 아예 다른, 인간에게 매우 특별한 뭔가를 의미하는데, 이 중요한 차이가 물리학 안에서는 나타나지도 않고, 나타날 수도 없다고 설명했다. 이런 경험을 과학으로 파악할 수 없다는 점이 그에게는 매우 고통스럽지만 어쩔 수 없이 체념할 수밖에 없는 문제로 보였다. 그래서 그는 "'지금'이라는 것에는 과학의 영역을 벗어난 중요한 뭔가가 있다"라고 결론을 내렸다.

아인슈타인이 내린 결론에 동의하지 않았던 카르납은 이렇게 말했다. "과학은 원론적으로 말해질 수 있는 모든 것에 대해 말할 수 있으므로 대답할 수 없는 질문이란 존재하지 않는다." 하지만 아인슈타인에게 이의를 제기할 때는 매우 주의를 기울여야 한다. 그의 생각이 당신 생각보다 더 깊은 것이 아니고 단지 감정적인 것이라고 치부해버리기는 무척 쉽다. 아인슈타인이 간결한 표현을 썼다고 해서 단순한 생각으로 보면 안 된다. 철학자들은 가끔 "시공간적 숙명론"(광속이 일정하다는 가정)처럼 여러 단어를 묶어놓은 긴 표현을 발명해내고는 대단한 깊이에 도달했다고 느낄 때가 있다. 반면, 아인슈타인은 어린이도 이해할 만한 화법을 가지고 있었고 그 덕분에 가장 많이 인용되는 과학자가 되었다.

어떤 이론가들은 물리학에서 시간의 흐름이 없다는 것을 (아인슈타인처럼) 결함으로 해석하지 않고 더 깊은 어떤 진실을 시사하는 것으로 받아들인다. 예를 들면 브라이언 그린Brian Greene은 《우주의 구조》에서 상대성이론이 "우리가 살고 있는 우주가 모든 순간이 다른 순간들과 동등하게 실재하는 평등한 우주라고 선언한다"라고 말한다. 그는 우리가 "과거, 현재, 미래라는 끊임없는 환상"을 가지고 있다고 말한다. 아우구스티누스를 떠올리게 하는 관점이다. 상대성이론에서는 시간의 흐름을 논하지 않기 때문에 그런 흐름 자체가 환상이고 실재하는 것이 아니라고 그는 결론짓는다. 내가 볼 땐 이런 논리는 앞뒤가 뒤바뀐 얘기다. 이런 접근방식은 이론이 우리가 관찰한 것을 설명한다고 말하는 게 아니라 관찰을 이론에 끼워 맞추는 셈이다.

무신론자들은 아인슈타인이 만년에 물리학에서 멀어져 종교에 몰두했다고 조롱하지만 그들은 그가 과학이 왜 우주의 가장 중요한 측면인 시간의 흐름과 '지금'의 의미를 설명할 수 없을까를 놓고 고민했던 것에 대해서는 언급하지 않는다. 많은 과학자들이 물리적으로 알아낼 수 없는 어떤 것은 실재의 부분이 아니라고 가정한다. 이런 진술은 검증 가능한 주장인가, 아니면 종교적 믿음 그 자체인가? 철학자들은 이러한 도그마에 '물리주의'라는 이름을 붙였다. 물리학이 세상 모든 것을 아우른다는 이런 믿음을 증명하거나 시험할 방법이 있을까? 아니면 그런 믿음이, 마치 기독교인지 여부가 공식적이진 않지만 사실상의 미국 대통령 후보에 대한 실질적인 기준으로 받아들여지는 것처럼, 모든 물리학자에게 해당한다고 봐야 하는가? 만약 당신이 물리주의에 의문을 제기할 참이라면, 아인슈타인처럼 종교 쪽으로 빠지는 거냐고 조롱당하는 것마저도 당신은 감수하겠는가?

아서 에딩턴 경은 실험과 이론 양쪽에 많은 기여를 한 것으로 물리학자들 사이에서 존경받고 있는데, 그중에서도 특히 시간의 '방향', 즉 우리는 왜 미래가 아닌 과거를 기억하는가라는 신기한 사실을 설명하는 데에서 돌파구를 마련한 것으로 유명하다. 에딩턴이 시간의 방향성에 대한 설명을 제시하기는 했지만 그 흐름에 대해서는 혼란스러워했다. 그는 1928년에 쓴《물리적 세계의 본성》에서 "시간의 대단한 점은 끊임없이 흐른다는 것이다"라고 쓰고 이어 이렇게 한탄했다. "하지만 이런 측면은 때로 물리학자들이 무시하고 싶은 것이기도 하다."

스티븐 호킹은《시간의 역사》에서 '지금'에 얽힌 수수께끼는 언급조차 하지 않는다. 이 책은 우리가 무엇을 이해하고 있고 이론이 현재 어디쯤에 와 있는지에 초점을 맞춘다. 호킹은 시간의 흐름이 아닌 방향에 대해서 이야기하며, 시간의 상대성을 이야기하지만 '지금'에 얽힌 수수께끼는 언급하지 않는다. 사실상 시간에 대한 근래의 책 모두가 이런 식이다. 다들 '지금'의 의미와 그 흐름을 명확히 하려는 시도보다는 방정식들을 '통합하는' 이론들에 더 집중한다. 하지만 아직 희망은 있다.

깨어진 대칭성[4]

'지금'이라는 개념을 이해하려면 우리는 추상적이고 놀라운 시간의 물리학, 실재의 의미, 자유의지에 대한 새로운 고찰로 여행을 떠나야 한다. 우선은 믿기 어려울 정도로 이상하고 놀라움에도 불구하고 확고하게 검증된 시간의 성질에 대해 논하는 것으로 시작해보자. 가장 위대한 돌파구는 아인슈타인이 시간의 흐름이 속도와 중력에 따라 달라진다는 것을 발견한 1900년대 초로 거슬러 올라간다. 시간은 유연하고, 늘어나기도 하며, 심지어 순서가 뒤바뀌기도 한다. 이런 효과들은 확고하게 검증된 것들로서, 현재 GPS 위성에 들어가 있다. 만약 GPS가 아인슈타인의 상대성이론을 반영하지 않는다면, 위치 정보는 수 킬로미터 이상 어긋나게 된다. 휴대폰을 가지고 있는가? 그럼 이미 일반상대성이론을 이용하는 기계를 들고 다니는 셈이다.

이러한 시간에 관련된 효과가 가장 극단적으로 나타나는 곳은 온 우주 곳곳에서 발견되는 블랙홀이다. 블랙홀 안으로 떨어지게 되면 조석력에 의해 갈가리 찢어짐과 동시에 (현재 이론에 따르면) 무한히 떨어지는 정도가 아니라 그 '너머'로도 이어질 수 있다는 점을 뒤에서 논할 것이다. 맨눈으로 블랙홀을 본다면 어둠 이상의 무언가를 보게 될 것이다. 그렇다고 실재 감각에 자극을 주기 위해서 블랙홀로 뛰어들 필요는 없다. 블랙홀은 시간의 방향과도 관련이 있다. 현재의 이론은(아직 입증되지 않았지만) 블랙홀이 (무한히 먼 곳에 있는[5] '사건의 지평선'과 함께) 우주의 엔트로피 대부분을 차지하고 있다고 여긴다.

다음은 상대성이론 이후의 세상, 에딩턴이 엔트로피로 대변되는 세상의 무질서도가 영원히 증가하기만 한다는 '열역학 제2법칙'이 시간의 방향성을 만들어낸다고 결론지었던 그 시기를 살펴볼 것이다. 이 법칙은 물리학적 기반 위에 세워진 것이 아니라, 우리의 우주가 특이할 정도로 잘 조직된 구조를 가지고 있으며 확률의 법칙에 따르면 변화에는 방향이 없지만 혼돈과 무작위성이 증가하는 방향, 궁극적으로는 '차가운 종말'로 이어진다는 사실에 기초한 이상한 법칙이다. 이것이 우리의 미래일까? 꼭 그렇지는 않다. 역설적이게도 우주 전체에서 혼돈의 증가는 행성, 생명, 문명의 형성과 관련 있는 구조의 증가를 수반한다.

다음은 이해하기 어려운 양자물리학을 포함해서 엔트로피와 얽힌 시간의 방향성에 대한 진지한 대안을 소개한다. '측정이론Theory of measurement'은 자주 인용 혹은 참고되기는 하지만(구글에서 2억 3,900만 건이 나온다) 사실 그런 이론은 없다. 측정에 관한 가장 놀라운 발견은 '얽힘'이라는 현상이 실험으로 확인되었다는 것인데, 이 현상이 일어나려면 빛보다 빠른 어떤 숨은 작용이 있어야만 한다. 아마도 아직 발견되지 않은 측정이론이 시간에 얽힌 우리의 수수께끼 일부에게 답이 될 수도 있을 것 같다. 양자물리학은 우리가 시간의 의미를 이해하는 과정에서 중요한 역할을 할 것이다.

어떤 이들은 시간이 우리 의식의 일부이며 물리학으로 환원되지도 않고, 환원할 수도 없을 것으로 생각한다. 비록 대부분의 물리학자들이 실재하는 모든 것이 자기 영역 안에 있다고 믿지만, 나는 여기서 과학에서 관찰한 것들만큼 실재적인 지식 중에도 절대로 실험으로 발견될 수 없고, 측정으로 확인될 수도 없는 것이 있다는 것을 제시할 것이다. 간단한 예로 2의 제곱근은 정수 나누기 정수로 쓸 수 없다는 것을 들 수 있다. 다른 예를 들자면 파란색이 어떻게 보이는가에 대해 우리가 아는 것도 그런 종류의 지식이다.

시간의 흐름이 심리적인 현상인가? 시간이 거꾸로 흐른다면 우리는 알아챌 수 있을까? 위대한 물리학자인 리처드 파인만Richard Feynman은 과학소설에 나오는 우주선의 연료이며 병원에서 진단에 사용하고 있는 대표적인 반물질 입자인 양전자positron에 대해, 시간을 거꾸로 이동하는 전자로 간주할 수 있다는 것을 보여주었다. '지금'도 시간을 거슬러 올라갈 수 있을까? 우리는 그럴 수 있을까?

마지막으로, 시간이 흐르는 원인과 신비하고 모호한 '지금'의 의미가 엔트로피의 개념이 아닌 우주론이라는 과학의 범위 안에 있음을 논할 것이다. '지금'을 이해하기 위해서는 상대성이론과 빅뱅뿐 아니라 엔트로피 증가에도 한계가 있다는 사실까지 한데 묶어 생각해야 한다. 또 우리는 양자물리학이 이 주제, 특히 자유의지의 의미에 대해 가지는 함의를 살펴봐야 한다. 자유의지에 대한 새로운 이해는 비록 '지금'을 설명하는 데에는 필요하지 않을지라도 왜 '지금'이 우리에게 그토록 중요한지를 깨우치는 데 중요한 역할을 할 것이다.

공간과 시간은 우리의 삶과 죽음이 펼쳐지는 무대를 제공한다. 이 무대는 고전 역학의 예측들이 펼쳐지는 곳이다. 하지만 1900년대 초반까지는 이 무대 자체가 면밀히 연구되지 않았다. 우리는 스토리와 인물들, 반전에 대해서 알아내려고 해왔지만 무대는 그 대상이 아니었다. 그때, 아인슈타인이 나타났다. 그는 탁월한 천재성으로 이 무대가 물리학의 영역 내에 있으며, 시간과 공간의 놀라운 성질을 분석할 수 있고 나아가 예측도 할 수 있다는 것을 깨달았다. 비록 그가 '지금'을 이해하는 데에는 좌절했지만, 시간에 대한 우리의 지식은 그의 연구에 기반을 두고 있다. 아인슈타인은 물리학에 시간이라는 선물을 가져다주었다.

2 동심으로 돌아간 아인슈타인

시간에 대한 가장 중요한 질문은 바로 가장 단순한 것이니……

내 진실로 너희에게 이르노니,

너희가 바뀌어 어린아이처럼 되지 아니하면

절대로 시간을 이해할 수 없을 것이다.

—마태복음 18:3 패러디

아래 인용구는 보기와는 달리 시간을 알려주는 어린이책에 나오는 것이
아니다.

예를 들어, 내가 "저 기차는 7시 정각에 여기 도착한다"라고 말한다면
"내 시계의 시침이 7을 가리키는 것과 기차가 도착하는 것이 동시에
일어나는 사건이다"라는 의미다.

얼핏 보기에 아주 초보적으로 보이는 이 문장은 그 시절 저명한 물리

그림 2.1 상대성이론을 발표하기 전해인 1904년의 알베르트 아인슈타인

학 학술지인 《물리학 연보》 1905년 6월 30일판에 실린 것이다. 그 논문 은 아이작 뉴턴이 《프린키피아》를 저술하여 물리학의 새 장을 열었던 1687년 이래로 가장 심오하고 중요한 것임에 틀림없었다. 논문의 저자 는 그로부터 95년 뒤 《타임》지가(이름까지 딱 맞게!) 거의 이의 없이 '세기 의 인물'로 선정했으며, 천재의 대명사가 된 그 사람이었다. 시계의 시 침에 대해 글을 쓴 사람은 바로 알베르트 아인슈타인이었다.

아인슈타인의 논문 제목은 〈움직이는 물체의 전기역학에 대하여〉였 다. 대체 시계의 시침과 기차의 도착이 전기와 자기를 다루는 전기역학 과 무슨 관계가 있다는 말인가? 사실 많은 관계가 있다. 아인슈타인의 논문은 사실은 시간과 공간에 대한 것이며, 그의 목표는 그것들을 물리 학 연구의 영역으로 끌고 오는 것이었다. 아마 더 적절한 제목은 "상대 성이론—시간과 공간의 이해에 대한 혁명적인 돌파구" 정도가 아닐까

한다. 아인슈타인 이전에는 시간과 공간이 그저 문제를 정의하고 답을 서술하기 위한 좌표로만 이용되었을 뿐이다. 보통 "기차가 언제 도착할까?"라는 질문의 답은 특정한 시각으로 주어질 것이다. 하지만 아인슈타인은 그것이 그리 간단치 않음을 보였다.

상대성이론

시간이란 무엇일까? 제법 정의하기 어려운 문제다. 뉴턴은 무심한 듯 이 문제를 피해버렸다. 그는 기념비적인 저술 《프린키피아》에서 "나는 시간, 장소, 움직임과 같은 것들을 정의하지 않는다. 누구나 다 아는 것이기 때문이다"라고 쓰고 있다. 물론 누구나 다 알지도 모르겠지만 여전히 콕 집어서 말하기는 어렵다. 아인슈타인도 시간을 정의하지 않은 것은 마찬가지였지만 놀라운 통찰로 그것을 고찰했으며, 그 과정에서 전혀 예상하지 못했던 성질을 발견해냈다. 그는 거의 우스울 정도로 쉽게 그리고 때로는 지루하고 현학적인 표현으로 첫 상대성이론 논문을 이어나간다.

> 공간의 어떤 지점 A에 시계가 있다면, A에 있는 관찰자는 A 바로 옆에서 일어나는 사건들의 시각을 그와 동시인 시침의 위치로 알아낼 수 있다.

아인슈타인은 대체 누구에게 말하고 있는 걸까? 완전 초보자? 자명한 것을 이야기하고 있는 건 아닐까? 왜 이렇게 아이 같은 말투로 쓴 것일까?

다 그럴 만한 이유가 있다. 다음 단계로 나아가기 위해, 아인슈타인은 동료 과학자들이 잘 깨닫지 못하는 숨은 편견과 가정들을 부술 필요가 있었다. 그러기 위해 우선 그것들을 모두 꺼내놓은 다음, 자명하다고 볼 타당성이 없으며 사실이 아니라는 것을 낱낱이 보였다. 그는 우리가 어릴 때 배웠던 시계를 읽는 법, 시간의 보편성, 시계도 때로는 정확하지 않아서 다시 맞춰야 한다거나, 아버지가 지금 당장 하라고 할 때 당장은 아버지와 당신에게 동일한 의미라거나 하는 식으로 근본적인 원리를 되짚는 것부터 해야 했다.

엉뚱한 곳에 끼워진 잘못된 조각그림들을 빼야 했다는 뜻이다.

아인슈타인은 당연하거나 자명해 보이는 몇 가지 원리들이 실은 자명하지 않다고 결론 내렸다. 논문 제목은 그의 추론 과정이 전자기학 이론에 기반을 두었기에 그렇게 된 것이다. 그의 상대성이론이 어려웠던 것은 사용한 수식이 어려워서가 아니라, 유수의 과학자들을 포함한 독자들이 시공간에 대해 생각해왔던 방식 자체에 문제가 있었기 때문이다.

그럼 다시 한 번 어린 시절로 돌아가서 시간과 공간에 대해 생각해보자. 혹시 시간의 흐름이 일정하지 않다고 생각했던 시절이 생각나는가? 내 경우는 여름방학이나 신나게 놀고 있을 때는 시간이 빨리 흘렀다. 반면에 (특히 마취를 안 하는) 치과에 갔을 때나 백화점에서 구두를 고르러 간 엄마를 기다릴 때는 시간이 천천히 흘렀다. 1929년의 《뉴욕타임스》 지에 따르면, 아인슈타인은 "연인과 함께 보내는 두 시간은 1분 정도로 느껴지겠지만 뜨거운 난로 위에 앉아 있는 1분은 두 시간처럼 느껴질 겁니다"라고 말했다 한다.

아인슈타인은 상대성이론 논문 발표 후 10년이 지나, 중력을 설명하는 '일반상대성이론'을 발표했다. 당시 아인슈타인은 중력을 포함하지 않는 이전의 이론을 '특수상대성이론'으로 개명해야 한다고 생각했다. 불행하게도 혼란을 일으키는 개명이었다. 차라리 기존의 이론을 그냥 '상대성이론'으로 부르고 후에 나온 것을 '확장 상대성이론'으로 불렀더라면 의미가 뚜렷하지 않았을까. 그는 상대성이론을 더욱 확장시킬 희망을 품고 전기와 자기에 대한 기초 이론을 다시 고치고 모두를 '통합된' 이론으로 묶으려 했지만 결국 성공하지 못했다.

'상대성이론'이라는 이름은 어디서 왔을까? 이것을 이해하려면 잠시 멈추고 이 질문에 한 번 대답해보자. 지금 당신의 속도는 얼마인가?

답이 떠오를 때까지 더 읽지 말고 멈춰보자. 내 질문의 속뜻 같은 걸 파악하려고 애쓰지 말고. 그런 거 없다. 그냥 질문에 답해보라. 당신의 현재 속도는 얼마인가?

가만히 앉아 있기 때문에 '영'이라고 답했는가? 어쩌면 1만 2,000미터 상공을 나는 비행기에 앉아 있더라도 영이라고 답할지 모른다. 좌석벨트 등에 불이 켜져 있고 돌아다니지 말라는 방송이 나오니까. 움직이지 않고 있으니까 속도는 영일 것이다.

아니면 혹시 비행기가 날아가는 속도와 같은 '시속 900킬로미터'라고 답했는가? 아니면 아마존 강 하구에 떠 있는 보트 위에서 이 책을 보면서 '시속 1,600킬로미터'라고 답할 수도 있겠다. 적도에서 지구의 회전 속도가 그쯤 되니까. 혹은 천문학에도 해박해서 태양 주위를 도는 지구의 공전 속도도 포함해서 '초속 30킬로미터'라고 할 수도 있다. 만약 우리은하를 도는 태양의 속도, 우주에 대한 우리은하의 속도(우주배경복사를 기준으로 정해진다)도 포함한다면 '시속 160만 킬로미터'라고 답할 수도 있다.

어떤 것이 정답일까? 당연히 모두 맞다. 당신의 속도는 어떤 좌표계를 기준으로 했느냐에 따라 달라진다. 소위 물리학자들이 말하는 '기준 좌표계'라는 것인데, 이것은 지표면, 비행기, 지구·태양·우주의 중심 혹은 그 사이의 어떤 것이라도 기준으로 삼을 수 있다.

당신이 비행기를 타고 있다면 당신의 속도를 놓고 지상에서 본 사람과 의견 다툼을 하겠는가? 그런 의견 다툼은 웃기는 일이다. 두 사람 모두 당신이 비행기 기준으로는 정지해 있지만 지상을 기준으로는 시속 900킬로미터로 움직인다는 것을 알고 있다. 두 답이 모두 맞는 것이다.

상대성이론의 놀라운 성질은 바로 속도뿐 아니라 시간 자체도 기준 좌표계에 따라 달라진다는 것이다. 여러분이 부모님이나 선생님으로부터 배웠던 절대 시간이라는 것은 존재하지 않는다. 지표면, 비행기, 지구, 태양 등 어떤 기준 좌표계를 고르는가에 따라 시간만 달라지는 것이 아니라 시간이 흐르는 속도도 달라진다. 두 사건 사이의 시간, 시계의 똑딱임은 우주 어디서나 똑같은 보편적인 것이 아니라 어떤 좌표계를 고르는가에 따라 달라진다는 의미다.

만약 다른 상대성이론 책들을 봤다면 아마 다른 속도로 움직이는 관찰자들이 서로 관찰 결과에 대해 '동의하지 않는다'는 표현을 본 적이 있을 것이다. 말도 안 되는 얘기다. 몇몇 저명한 물리학자들도 그런 표현을 쓰기는 하지만 자기들도 그것이 사실이 아니라는 것을 알고 있다. (까놓고 말하자면 나도 초기에 상대성이론에 대해 쓴 논문에서 그런 유혹에 빠졌다. 그런 주세를 가르칠 때 도움이 될 거라고 생각했다. 내가 틀렸다.)

관찰자들이 서로 동의하지 않는다는 표현은 많은 혼란을 가져왔고, 수학적인 어려움보다 상대성이론을 연구하는 사람들을 더 혼란스럽게 만들었다. 상대성이론에서 나오는 관찰자들이 서로의 관찰 결과에 동의하지 못한다는 것은 날아가는 비행기를 타고 있는 사람의 속도에도 동의하지 못할 것이라는 얘기와 마찬가지다. 그들은 모두 속도가 상대적이고, 기준 좌표계에 따라 달라지며, (상대성이론을 배웠다면) 시간에 대해서도 그렇다는 것을 알고 있다. 상대성이론의 가장 멋진 점은 '어디에 있는 누구라도 동의할 수 있다'는 것이다.

내가 당신의 속도를 물었을 때, 아마 뭔가 함정이 있는 질문이라고 생각하고 답을 하지 않았을지도 모른다. 속으로 '도대체 기준이 뭔데?'라고 생각하면서. 그 또한 훌륭하다. 당신은 내 의도를 정확히 맞혔다.

시간 늦추기

구체적으로 보자면, 아인슈타인은 어떤 '사건'이 일어난 시간이 기준 좌표계에 따라 달라진다는 것을 보였다. 시간이 다르게 나타난다. 느린 속도(시속 160만 킬로미터 이하)에서는 그 차이가 미미하지만 어쨌든 다르다. 좌표계들이 서로에 대해 **빠르게**(광속에 가깝게) 움직이고 있다면 시간 차이는 크게 벌어진다. 서로 다른 기준 좌표계에서의 시간 차이를 계산하는 것은 어렵지 않다. 그저 제곱과 제곱근을 쓰는 단순한 식이고 부록1에 실어두었다.

이번에는 숫자를 넣어서 계산해보자. 여러분이 지구에 대해서 광속의 97퍼센트로 날아가는 우주선을 타고 있다고 가정해보자. 매우 단순한 계산 공식을 이미 알고 있으니 우선 시간 간격부터 계산해보자. 우주선 좌표계에서 보면, 여러분의 생일은 1년에 한 번 돌아온다. 지구 좌표계에서 보면 생일의 간격이 1년이 아니라 3개월밖에 되지 않는다. 숫자를 어떻게 계산하는지는 잠시 뒤에 살펴보자.

지구에 있는 사람이 생각이 깊은 관찰자라면 이렇게 말할 것이다. "생일파티 간의 간격은 지구 좌표계에서 보면 3개월이고, 우주선 좌표계에서는 1년이었다." 그리고 우주선에 있는 관찰자도 정확히 똑같은 이야기를 할 것이다. 관찰자들이 서로의 속도에 대해 이견이 없는 것처럼 시간 간격에 대한 진술도 다르지 않다.

여러분은 어느 좌표계에 있는가? 물론 함정이 있는 질문이긴 하지만 일단 대답해보자.

여러분은 모든 좌표계에 있다. 좌표계라는 것은 기준으로 삼는 것에 불과하며 편한 대로 골라잡으면 된다. 만약 여러 좌표계 중 하나에서 당신의 속도가 영이라면(예를 들면 당신이 비행기 안에 앉아 있는 경우) 그 좌표계를 당신의 '고유' 좌표계라고 부른다. 태양의 고유 좌표계에서 본다면(태양이 자신의 속도가 영인 좌표계), 당신의 속도는 초속 30킬로미터로 1년에 한 바퀴를 돌게 된다.

혹시 다른 책에서 시간 지연이란 "움직이는 시계가 당신의 시계보다 느리게 째깍거리는 것처럼 보이는 현상"이라고 설명하는 것을 봤다면 좀 혼란스러울 수도 있겠다. 맞는 말이긴 하지만 그게 전부는 아니다.

느리게 가는 것처럼 '보이는' 것뿐 아니라 당신의 고유 좌표계에서 측정하면 정말로 느리게 간다. 움직이는 쪽의 고유 좌표계에서라면 그쪽이 더 빠르게 간다. 이것은 비행기에 앉아 있는 사람의 속도(정지해 있는지 시속 900킬로미터로 날아가고 있는지)에 대한 진술이 모순이 아닌 것처럼, 서로 배치되거나 동의할 수 없는 것이 아니다. 모든 관찰자가 알고 있고 동의하는 것이다.

'광속lightspeed'은 속도를 음속으로 나눈 '마하수'처럼 속도를 빛의 속도로 나눈 것으로 정의된다. 진공에서 빛은 1광속으로 진행한다. 빛의 속도의 절반으로 움직인다면 0.5광속이다. 서로 다른 두 좌표계에서 시간 간격을 비교할 때 나타나는 늘어남을 표현하는 것을 시간 지연이라고 하는데, 그리스 문자 감마 γ를 사용하고 식으로는 $1/\sqrt{(1-b^2)}$로 표현한다(b는 광속이다).

스프레드시트에서는 B1이 광속이라면, 감마는 1/SQRT(1−B1^2)로 쓰면 된다. 우주선의 예에서 B1에 0.97을 넣으면 시간 지연을 나타내는 감마가 대략 4가 나오는 걸 알 수 있다. 우주선에서 1년이 흐를 동안 지구에서는 4년이 흐른다. 달리 말하면 우주선의 시간은 지구에 비해 4분의 1의 속도로 흐른다는 뜻이다. 이 우주선에서 지구 시간으로 1년을 보낸다면 실제로는 3개월만 나이를 먹게 된다. 시간의 흐름이 과연 무엇인지 정의하기는 힘들지만 상대적인 흐름을 정확히 나타낼 수 있는 식이 있다는 것은 참 아이러니하고 놀라운 일이다.

이참에 엑셀이나 공학용 계산기를 이용해서 이 공식을 가지고 주물럭거려보길 권한다. 0광속에서는 감마가 1이므로, 정지 상태에서는 시간 지연이 일어나지 않는다. 1광속에서는 감마가 1 나누기 0이 되어 무한대가 되어버린다. 물체가 광속으로 움직인다면 지구 기준으로 볼 땐 시간이 멈춘다는 뜻이다. 그 물체의 고유 좌표계에서 1초가 지구 기준 좌표계에서는 무한대의 시간이 된다.

시간의 상대성은 적어도 실험물리학자에게는 쉽게 측정 가능하다. 내가 UC 버클리에 다닐 때 시간 지연은 매일 하는 실험의 일부였다. 나는 '파이온pion' '뮤온muon' '하이퍼론hyperon'이라고 부르는 기본 입자들을 다루는 실험을 하고 있었는데, 이 입자들은 모두 방사성을 가지고 있다. (각각의 방사성 입자들은 무해하다. 수십억 개 정도가 모여야만 의미 있는 피해를 줄 수 있다.) 방사성 입자들은 자발적으로 '붕괴'('폭발'이 더 좋은 표현이다)하

그림 2.2 1976년 로렌스 버클리 연구소에서 사이클로트론cyclotron으로 실험 중인 저자.

며 평균적으로 해당 입자의 '반감기' 동안 붕괴할 확률이 50퍼센트다.

우라늄의 반감기는 약 45억 년, 방사성 탄소는 약 5,700년, 삼중수소는 약 13년이다. 내 시계에는 인과 삼중수소가 섞인 물질이 들어 있다. (삼중수소의 방사성은 매우 약해서 시계 바늘 밖으로 빠져나오지도 못한다.) 밤에 빛을 내지만 13년이 지나면 지금 밝기의 절반밖에 안 될 것이다. 방사성은 시간에 따라 줄어든다(이것이 각각의 폭발을 '붕괴'라고 부르는 이유다). 실험실에서 다루던 파이온의 경우는 훨씬 짧은 반감기를 가지고 있는데 대략 26나노초 정도다(1나노초는 10억 분의 1초다). 사람에게는 짧은 시간이지만 아이폰에게는 긴 시간이다. 아이폰 내부의 클럭은 1초에 14억 사이클을 생성한다. 파이온이 붕괴할 26나노초 동안 36번의 기초 연산을 할 수 있는 정도다.

나는 대부분의 실험 연구를 로렌스 버클리 연구소에서 했는데, 당시 나는 0.9999988광속으로 빠르게 움직이는 파이온을 보고 있었다. 우리는 파이온을 양성자와 충돌시키면 어떤 일이 일어날지 보기 위해서 파이온 빔을 만들었다. 내가 측정한 반감기는 실제로 정지 상태의 파이온보다 약 637배나 길었다. 측정한 값은 속도로부터 구한 감마값과 일치했다. 당시에 대학원생이었던 내게 그전까지 상대성이론은 그저 강의나 책에 나오는 추상적인 이론에 불과했다. 이 효과를 실제로 보는 것은 감격적인 일이었다.

버클리의 물리학과에서는 학부생(보통 3학년)들이 학과 수업의 일환으로 시간 지연을 측정할 수 있게 실험실을 꾸몄다. 여기서는 파이온이 아니라 우주에서 오는 우주선에서 생성되는 입자인 뮤온을 사용한다. 상대성이론은 실재하는 현상이다. 많은 물리학자들에게는 일상적으로 일어나는 일이다.

그렇다면 시간 지연이라는 건 내가 비행기를 타고 빠르게 날면 오래 살 수 있다는 뜻일까? 사실이다. 1971년 조지프 하펠Joseph Hafele과 리처드 키팅Richard Keating이 이 비행기 효과를 측정했다. 정말 멋진 실험이었고, 내가 학생들에게 상대성이론을 강의할 때 항상 들려주는 이야기이기도 하다. 하펠과 키팅은 그들의 실험무대로 평범한 제트 여객기를 이용했다. 전체 예산은 8,000불이었는데—싸다!—대부분은 (원자시계를 놓을 좌석도 포함하여) 비행기를 타고 세계일주하는 티켓 값이었다. 결과는 저명한 과학저널인 《사이언스》지에 발표되었다.

하펠과 키팅은 그 효과를 보기 위해서 매우 특별한 시계를 사용해야 했는데, 우여곡절 끝에 대여할 수 있었다. 시속 550마일(약 900킬로미터)은 0.000000821광속이다. 시간 지연 값인 감마를 알려면 이 값을 앞에 말했던 식에 넣으면 되는데 적어도 15자리 정도 나오는 계산기를 써야 한다. (엑셀로는 안 되고 아이폰의 계산기 앱을 쓰면 된다. 공학 모드로 놓고 화면을 가로로 돌려보길.) 계산해보면 그런 속도로 날고 있는 비행기를 타고 있을 때 1.000000000000337배만큼 더 오래 살 수 있는 걸로 나온다. 하루가 얼마나 더 길어졌는가를 나타낸다고 하면 추가로 얻는 시간(맨 끝에 337 부분)은 하루에 29나노초다.[6]

별로 길지 않아 보이는 29나노초 동안 아이폰 CPU는 41번의 기본 연산을 할 수 있다. 하펠과 키팅은 이 작은 시간 지연 효과를 관측해서 상대성이론의 예측이 맞다는 것을 확인할 수 있었다. 물론 이 실험 이전에도 이미 물리학자들은 아광속에서 여러 번 시간 지연 효과를 확인했지만 비행기처럼 일상적인 속도에서 그 효과를 확인하는 것은 멋진 일이었다.

시간 지연 효과는 시속 8,750마일, 초속 2.4마일(3.86km)로 궤도를 돌고 있는 GPS 위성에서는 훨씬 크게 나타난다. 계산해보면 위성은 시간 지연 효과로 하루에 7,200나노초씩 느려지는 것을 알 수 있다. GPS는 반드시 이 효과를 계산에 반영해야 하는데, GPS는 위성에서 보내는 시각을 이용해서 위치를 결정하기 때문이다. 전파는 1나노초 동안 1피트를 이동하니까, 7,200나노초를 무시하게 되면 7,200피트, 즉 1.4마일(2.25km)이나 차이가 나게 된다.[7]

만약 1905년에 아인슈타인이 상대성이론 효과를 계산할 방정식을 발견하지 못했더라면 우리는 파이온이 왜 이렇게 수명이 긴지 알 수 없었을지 모르고, 심지어 20세기 후반까지도 GPS의 위치정보가 왜 맞지 않는지도 알지 못했을 것이다. 결국 우리는 실험을 통해 시간 지연 효과를 발견했을 것이다.

당신이 비행기를 타든, 인공위성을 타든, 시간 지연 효과로 인해서 지구를 기준으로 볼 때 좀 더 오래 살게 될 것이다. 하지만 당신은 여전히 이 늘어난 시간을 '체감'할 수는 없을 것이다. 당신이 움직이는 동안에만 시간이 느리게 가는데, 시계만 느리게 가는 게 아니라 심장 박동과 생각하는 속도, 노화도 마찬가지로 느려지므로 알아챌 수 없다. 이것이 바로 상대성이론의 놀라운 점이다. 시계만 느리게 가는 게 아니라 모든 것이 다 느리게 간다. 우리가 시간의 흐름이 바뀐다고 말하는 이유다.

고유 좌표계

아인슈타인은 등속으로 움직이는 기준 좌표계에 한해서는 식이 단순해진다는 것을 발견했다(부록1 참고). 물론 일반적으로 사람들은 등속으로 움직이지 않는다. 여기서 당신이 움직일 때마다 속도를 바꾸며 따라다니는 것을 고유 좌표계라고 정의한다. 가장 중요한 사실은 이 좌표계가 당신이 생각하고 살아갈 시간을 결정한다는 점이다.

지표면에 앉아 있다가 비행기를 타고 여행한 다음 다시 돌아온다면 당신의 고유 좌표계는 계속 가속하고 있는 것이다. 당신이 경험한 시간의 양은 시계를 보면 알 수 있다. 사실 이 진술은 당연한 것은 아니지만 모든 물리학자들이 사용하는 가정이다. 기술적으로는 '크로노메트릭 가설chronometric hypothesis'이라고 부른다. 여러 번의 가속도 변화를 포함하는 길고 복잡한 여정을 마친 후에 얼마나 나이를 먹었는지 알고 싶다면 그저 매 순간 속도에 해당하는 시간 지연인 감마값을 계속 계산해 나가면 된다.

(당신의 고유 좌표계 같은) 가속하는 좌표계에서 사건이 언제 일어나는지에 대한 일반식은 등속으로 움직이는 기준 좌표계보다 훨씬 더 복잡하다. 이런 복잡성을 피하려고 아인슈타인은 매우 간단한 꾀를 썼다. 어떤 임의의 순간을 놓고 보면, 고유 좌표계는 등속 좌표계로 볼 수 있으므로 매 순간 그 속도와 일치하는 기준 좌표계처럼 놓고 계산하면 된다는 것이다. 달리 말하면, 가속 중일 때는 고유 좌표계의 가속을, 한 기준 좌표계에서 조금 더 빠르게 움직이는(여러 속도 값에 따라서 미리 준비된 무수히 많은) 다른 기준 좌표계들로 연속적으로 점프하는 걸로 생각하고 방정식을 다루면 된다는 뜻이다. 후에 아인슈타인은 중력에 의한 효과를 계산할 때도 이 접근법을 사용했는데, 중력의 영향이 결국 가속하는 기준 좌표계와 동일하다고 보았다. 그는 이 가정을 '등가 원리equivalence principle'라고 불렀다.

이 책에서 '기준 좌표계'는 가속하지 않는 좌표계를 뜻한다. 물리학자들은 아인슈타인과 동시대 과학자로서 이런 좌표계를 처음으로 도입했던 헨드릭 로렌츠Hendrik Lorentz를 기려 '로렌츠 좌표계'라고 부른다. 반면에 고유 좌표계는 당신에게 붙어다니는 것으로서, 막 움직이기 시작할 때나 멈출 때, 달리거나 걸을 때, 방향을 바꾸거나 차 안으로 뛰어들 때도 따라다닌다.

미래로 가는 시간여행

시간 지연은 어떻게 보면 미래로 시간여행을 떠나는 간단한 방법이다. 충분히 빠른 속도로 움직인다면 고유 시간은 느려질 것이고, 당신 시간으로 1분이면 100년쯤 후의 미래로 갈 수 있다. 냉동 수면을 하고 미래에 다시 해동시킬 방법을 찾을 거라는 기대 따위도 필요 없다. 그냥 속도를 올리면 되는 것이다. 물론 현실적인 세부 사항들이 있다. 우선 어디 부딪히지 않도록 경로 설정을 잘해야 한다. 그 정도 속도에서는 살짝 부딪히는 걸로도 끝장날 수 있다. 다음은 목표지점(아마도 지구)으로 돌아와야 한다는 것이다. 여기서 문제가 있다. 일단 미래로 가면 미래로 올 때 썼던 것처럼 과거로 되돌아갈 수 있는 비슷한 방법이 없다.

과거로 가는 시간여행도 가능할지 모른다. 초광속 여행을 하거나 웜홀로 들어갔다 나오면 가능하다는 의견이 있지만 둘 다 심각한 문제가 있다. 둘 다 안 된다고 보는 이유는 뒤에서 다시 설명하겠다.

아인슈타인은 기준 좌표계들의 상대속도가 광속보다 작다고 가정하고 방정식을 유도해냈다. 만약 속도가 광속과 같다면 감마는 무한대가 되고 식은 의미가 없게 된다. 광속보다 빠른 경우에도 이 식을 쓸 수 있을까? 물론 공식적으론 안 되지만 뭐가 나오는지는 다들 해본 적이 있을 것이다. 허수의 질량값을 얻게 되는데, 이게 꼭 물리적으로 의미가 없지는 않다. 가설 속에서 빛보다 빠른 입자로 불리는 타키온을 뒤에서 논의할 때 다시 이야기하기로 하자.

3 동에 번쩍 서에 번쩍 하는 '지금'

기준 좌표계를 바꾸면 멀리 떨어진 곳에서 일어나는
사건의 시간이 불연속적으로 점프한다.

이 시대를 살아가는 우리는

불안해하죠

속도와 새로운 발명,

네 번째 차원 같은 것들 때문에.

아인슈타인 씨의 이론에

살짝 지치더라도⋯⋯

이것만 기억하세요

키스는 그저 키스, 한숨은 그저 한숨인 것을.

원칙은 그대로죠

시간이 흘러도.

　　　—영화 〈카사블랑카〉 삽입곡 '시간이 흘러도As Time Goes By' 패러디

이제 시간 지연에 좀 익숙해졌다고 느낄지 모르지만, '언제'와 '지금'에

대해 아인슈타인이 알아낸 것을 보면 다시 괴로워질 것이다. '양자 도약 quantum leap'이라는 용어는 원래 양자물리학에서 일어나는 과정을 설명하기 위해 쓰이던 것이다. '양자'는 "불연속적인 것, 갑작스러운 것"을 의미한다. 상대성이론에서는 당신이 갑자기 기준 좌표계를 바꿀 때 멀리서 일어나는 사건에도 그러한 갑작스러운 변화가 일어난다. 이때 사건이 일어난 시점의 변화는 매우 클 수도 있다.

어떤 사건에 '나의 신년 파티'라고 이름을 붙여보자. 그럼 우리는 그 사건의 위치와 시각을 지정할 수 있다. 나의 신년 파티는 2015년 12월 31일 한밤중(혹은 어떤 시점)이었고 장소는 우리 집이었다(위도, 경도, 고도와 같은 3차원 좌표를 지정할 수 있다). 시각이 바로 '언제'에 해당한다. 만약 두 사건이 같은 시각에 일어났다면 그것들은 동시에 일어났다고 말한다. 당신의 파티와 당신 친구의 신년 파티는 동시였다. (앞 장에서 아인슈타인이 예로 들었던 시계의 바늘과 기차의 도착을 떠올려보자.) 매우 단순하다. 하지만 어떤 기준 좌표계(예를 들면 우리 집)에서 두 사건이 동시에 일어난다면 또 다른 기준 좌표계(비행기 같은)에서도 동시일까? 당연히 그럴 거라고 생각할 수 있지만 그렇지 않다.

아인슈타인의 이론을 배우지 않았다면, 이 질문에 '아니요'라고 답할 일이 있었을까? 그의 진정한 천재성은 바로 그런 질문을 던질 수 있는 능력에 있었다. 사실 보편적인 동시성에 대한 개념을 포기하지 않았더라면 아인슈타인은 상대성이론에 얽힌 문제들을 절대로 풀 수 없었을 것이다.

아인슈타인은 서로 다른 장소에서 동시에('지금' 이 순간이라고 하자) 일어난 사건은 다른 기준 좌표계에서는 더 이상 동시가 아니라는 것을 보였다. 거기서는 한 사건이 다른 사건보다 먼저 일어날 것이다. 어느 쪽이 먼저가 될까? 그건 좌표계에 따라 다르며 어느 쪽이든 먼저 일어날 수 있다. 이것이 내가 앞서 상대성이론에서는 시간의 순서가 뒤집힐 수 있다고 했던 이유다.

멀리 떨어져 있는 별로 우주여행을 떠난다고 해보자. 그럼 지구에서는 무슨 일이 일어날까? 잠깐, 이 질문 속에는 다들 어렴풋이 그러리라고 생각하고 있지만 구체적으로 표현되지 않은 단어가 생략되어 있다. 즉 '지금' 지구에서는 무슨 일이 일어나고 있을까? 하지만 목적지인 그 별에 도착해 정지해서 당신의 고유 좌표계를 움직이는 좌표계에서 그 별의 정지해 있는 좌표계로 바꾸자마자, 그 좌표계에서 일반적인 '지금'의 의미는 바뀌게 된다. 정지한 후 당신의 고유 좌표계가 다른 기준 좌표계와 같아지기 때문이다. 고유 좌표계가 다른 기준 좌표계로 점프할 때는 다른 곳에서 일어나는 사건의 시각도 바뀐다.

사건이 일어난 시각의 변화를 나타내는 식은 놀라울 정도로 단순하다. $\gamma Dv/c^2$. γ는 감마값이고, D는 관찰자로부터 사건이 일어난 곳까지의 거리, v는 속도 변화, c는 광속이다. 이 식의 유도 과정을 부록1에 써두었다.

예를 들어보자. 당신은 당신 집에서 신년 파티를 하고 나는 달에서 한다고 해보자. 두 파티는 내 고유 좌표계에서 동시라고 하고, 우리 실험실의 파이온의 고유 좌표계에서 이 두 사건을 보도록 하자. 두 사건의 거리 D/c는 1.3광초, 내 실험실에서 파이온의 속도는 1광속에 가깝고, 감마값은 앞서 계산한 것처럼 637이다. 시간 도약은 1.3에 637을 곱한 828초가 된다. 분명 '동시에' 했던 두 신년 파티가 파이온의 입장에서는 14분의 시간 간격을 두고 일어난 걸로 보인다! 어느 사건이 먼저 일어나는지는 파이온이 달을 향해 움직이는지 멀어지는 쪽으로 움직이는지에 따라 달라진다.

이 예시가 수명이 늘어나는 효과보다 훨씬 충격적이지 않은가? 대부분에게 그렇겠지만, 어쨌든 이것은 있는 그대로의 현실이다. 그만큼 받아들이기 어렵기 때문에, 이러한 시간 도약이 상대성이론에서 가장 혼란스러운 역설의 핵심이다(이것에 대해서는 다음 장에서 논의하겠다). 이것은 또한 '지금'이 무엇인지 이해하려는 우리의 탐색 과정에 중요한 결과를 포함한다.

다시 한 번 말하지만, 이러한 시간 도약을 흔히 상대성이론을 대중적으로 설명할 때 쓰는 "관찰 결과의 불일치" 같은 것으로 생각하지 않도록 조심하기 바란다. 몇몇 저자들은 그렇게 이해시키고 싶어하지만, 서로 다른 고유 좌표계에 있는 관찰자들이 "현상에 대한 이해를 달리하지" 않는다. 서로 관찰 결과에 대한 의견이 다를 것이라는 결론은 모든 관찰자들이 실재를 서술할 때 오직 각 관찰자의 고유 좌표계의 시각에 갇혀 있다는 암묵적인(게다가 틀린) 가정에 바탕을 두고 있다. 일상적인 경우를 예로 들면, 내가 파리에 간 것이 아니라 파리가 내게 온 것이라고 말해야 할지도 모른다. 일상생활에서 우리는 고유 좌표계에 묶여 있지 않으며, 따라서 상대성이론에 대해 이야기할 때도 우리 관점을 제한할 아무런 이유도 없다.

짓눌린 공간, 양성자 크레프

아인슈타인은 시간에 대한 우리의 이해와 공간에 대해 생각하는 방식 둘 다를 바꿔놓았다. 그는 논문에서 두 사건의 시간 간격과 물체의 길이 둘 다 기준 좌표계(지상, 비행기, 위성)에 따라 달라진다고 결론지었다.

길이에 대해서 얘기하려면, 다시 한 번 어린 시절로 돌아가야 한다. 버스의 길이를 잰다고 해보자. 한쪽 끝의 위치를 재고 다른 쪽 끝의 위치를 재서 둘의 차이를 구하는 것이 보통이다. 하지만 버스가 움직이고 있다면 어떨까? 버스 앞부분의 위치가 우리 바로 옆이었는데 잠시 뒤, 버스의 뒷부분이 바로 옆에 와 있다고 해보자. 그럼 우리는 버스의 길이가 0이라는 잘못된 결론을 내리게 된다. 명백한 실수다. 버스의 길이를 정확히 재려면 앞과 뒤의 위치를 '동시에' 쟀어야 한다.

동시에? 바로 그것이 문제다. 동시라는 개념은 상대적이다. 한 기준 좌표계에서 동시에 일어난 것으로 보이더라도 다른 기준 좌표계에서는 동시가 아닐 수 있다. 이로 인한 직접적인 결과 중 하나는 서로 다른 좌표계에서는 길이가 다르다는 사실이다. (물체와 함께 움직이는) 자신의 고유 좌표계에서는 길이가 L인 물체가 있다면, 상대속도가 v인 좌표계에서 길이는 아인슈타인의 계산에 따라 감마만큼 짧아진다. 관심 있는 분들을 위해 부록1에서 이 공식을 유도해두었다.

이 길이 수축에는 여러 가지 이름이 붙어 있다. '피츠제럴드 수축' '로렌츠 수축' '길이 수축.' 이렇게 이름이 다양한 것은 아인슈타인 이전에 이미 이런 가정들을 해보았다는 사실을 보여준다.

조지 피츠제럴드George FitzGerald는 동시대(1800년대 후반)의 다른 물리학자들과 마찬가지로 모든 공간이 보이지 않는 유체 '에테르'로 가득 차 있다고 가정했다(aether는 영국식 스펠링인데 젊었을 때 화학물질인 에테르ether와 헷갈리곤 했다). 에테르는 빛의 파동이나 전파가 진동할 때 흔들리는 어떤 것이었다. 지금 우리는 그것을 그냥 '진공' 혹은 '공간'이라 부른다. 피츠제럴드는 어떤 물체가 에테르 속을 이동할 때 이 유체의 저항에 의해 압축될 것이라고 가정하였는데 그는 이것을 에테르 바람이라 불렀다. 물체의 새로운 길이는 예전 길이(고유 좌표계에서 본 그것)를 감마로 나눈 값이었다.

길이 수축도 몇몇 저자들이 쓴 조잡한 표현 때문에 혼란이 많은 개념이다. 흔히 움직이는 막대는 "짧아진 것처럼 보인다"라고 표현하는데, 사실이긴 하지만 그게 전부는 아니다. 움직이는 1미터짜리 막대는 우리 기준 좌표계에서는 막대의 고유 좌표계에서보다 짧다. 모든 관찰자는 자신의 속도에 관계없이 이것에 동의한다. 막대는 실제로 짧기 때문에 짧아 보이는 것이다.

길이 수축도 시간 지연만큼 눈에 띌 정도는 아니지만 실험실에서 감지할 수 있는 것이었다. 파이온으로 양성자를 때릴 때 파이온의 좌표계에선 양성자가 전혀 둥글지 않다. 파이온이 본 양성자의 두께는 지름의 637분의 1로 매우 얇은 팬케이크 혹은 크레프에 가깝다고 할 수 있다. 이러한 양성자의 형태 변화는 파이온이 양성자에 맞고 튕겨 나오는 방식에도 큰 영향을 주어 내가 관측하던 산란 패턴도 바꾸어놓았다.[8]

지구 좌표계에서는 둘 중에 파이온이 더 짧아 보인다. 그럼 '진짜로' 짧은 것은 파이온인가 양성자인가? 답은 물론 둘 다다. 그것은 기준 좌표계에 따라 다르다. 파이온의 고유 좌표계에서는 양성자가 움직이고 있으므로 양성자가 짧고, 양성자의 고유 좌표계에서는 파이온이 움직이고 있으므로 파이온이 짧다. 모든 좌표계에서, 모든 관찰자가 이런 결론들에 동의한다. 상대성이론에서는 관찰자들이 속도뿐 아니라 길이에 대해서도 동의하지 못하는 일 따위는 없다. 속도가 상대적이듯, 시간과 물체의 모양도 그러하다.

마이컬슨–몰리 실험

가장 널리 알려진 상대성이론에 대한 논의들은 보통 앨버트 마이컬슨 Albert Michelson과 에드워드 몰리Edward Morley가 1887년에 했던 실험에 대한 설명으로 시작한다. 하지만 이 실험 결과가 아인슈타인에게 얼마나 영향을 미쳤는지는 확실하지 않다. 후기 논문에만 그것을 언급하고 있으며 많은 이들이 그의 상대성이론은 기본적으로 로렌츠가 맥스웰의 전자기학 이론에서 추론해낸 특성에 바탕을 두고 있는 것으로 보고 있다.

마이컬슨과 몰리는 에테르 바람을 측정하기 위해서 서로 수직인 두 방향(지구의 공전 방향과 그에 수직인 방향)에 대해 극도로 정밀하게 빛의 속도를 측정하는 실험을 수행했다. 지구의 공전에도 불구하고 두 가지 방향에 대해 빛의 속도는 동일하게 나타났다. 실험 결과는 원래 예상했던 빛의 속도 차이의 40분의 1 미만이었고,[9] 실제로는 전혀 차이가 없는 것과 마찬가지였다.

현대의 실험으로 확인된 바에 따르면 광속은 지구가 움직이는 방향에 관계없이 초당 0.01미크론($\mu m/s$)의 정확도로 일정한 값을 가진다. 사실 이 정확도를 넘어서려면 미터의 정의를 바꿔야 할 정도다. 좀 더 설명해보자면, 광속은 현재 초속 299,792,458미터로 정의되어 있고, 또한 미터는 공식적으로 빛이 1/299,792,458초 동안 진행하는 거리로 정의되어 있다. 즉 우리는 더 이상 이미 알려진 광속의 값을 개선할 수 없고, 할 수 있는 건 미터의 정확도를 향상시키는 것뿐이라는 뜻이다. 외우기 쉬운 값으로 빛은 1나노초에 1피트를 간다고 할 수 있는데 이때 오차는 1.5퍼센트 정도다.

광속이 일정하다는 것은 부록1에서 볼 수 있듯이 상대성이론으로 쉽게 설명할 수 있다. 이 사실은 거꾸로도 보일 수 있다. 조교들은 종종 빛의 속도가 일정하다고 가정하고 상대성이론 방정식들을 유도하고는, 상대성이론 방정식이 시간과 위치에 대해 선형적이면서 광속이 일정하다는 결과가 나오는 유일한 방정식이라는 것을 보여준다. 학생 시절 나는 임의로 선형성[10]을 가정한다는 것을 알았기 때문에 저런 방식의 유도 과정을 좋아하지 않았다. 실제로는 그렇지 않지만, 물리학과 2학년생인 나로선 '선형성'의 중요성을 받아들이기 어려웠으므로 모든 유도 과정이 억지처럼 보였다.

$E=mc^2$

20세기에 가장 유명한 방정식을 꼽으라면 단연 질량과 에너지의 관계를 나타내는 아인슈타인의 방정식 $E=mc^2$이다. 지금이야 너무 유명해서 아인슈타인이 처음 그것을 설명했을 때 얼마나 터무니없어 보였는지 짐작하기 어려울 정도다. 그가 이것을 발표한 것은 첫 번째 상대성이론 논문을 발표한 지 3개월 뒤인 1905년 9월에 낸 두 번째 논문에서였다.

그 방정식은 너무 뻔하게 말이 안 되는 얘기였다. 그 식이 맞다면 불에 타지 않는 바위나 물 같은 물질 덩어리도 어마어마한 에너지를 지니고 있을 터였다. 그 막대한 에너지는 식에 포함된 c^2에서 나오는 것이다. c는 빛의 속도, 초당 3억 미터니까 제곱하면 9경(9×10^{16})이라는 숫자가 나온다. 최악인 건, 아인슈타인은 이 에너지를 사용할 수 있는 형태로 뽑아내는 방법을 제시하지 않았다는 점이다. 그는 그저 그 에너지가 거기 있다고 말했던 것이다. 질량을 사라지게 만들 방법이 없는 한, 그런

에너지는 무용지물이었다. 당시에는 질량은 불변이라는 생각이 지배적이었다. 그것은 생성되거나 파괴되지 않는 '보존되는' 양이었으므로 그 방정식은 터무니없는 동시에 의미가 없는 것이었다.

아인슈타인은 원칙적으로 모든 에너지는 질량과 '등가' 관계에 있다고 했다. 즉 질량을 일종의 에너지를 뭉쳐놓은 것으로 생각할 수 있다는 말이다. 가솔린을 연소시켜 열에너지를 얻을 때, 배기가스(대부분은 이산화탄소와 수증기)의 질량은 연소 과정에서 에너지(차를 움직이는 데 쓴 그 에너지)를 잃기 때문에 원래 가솔린과 공기의 질량을 합한 것보다 약간 가벼워진다. 그 에너지는 마찰을 통해 공기와 지면을 가열하는 데 쓰이고, 그 과정에서 공기와 지면은 에너지가 증가하여 약간 더 무거워진다.

$E=mc^2$은 물리학에서 쓰는 단위(줄, 킬로그램, 미터/초)를 사용하고 있다. 이것을 일상생활에서 볼 수 있는 단위로 바꿔보자. 360만 줄은 1킬로와트시(kWh)다. 이것을 다시 써보면 아래와 같다.

에너지 $=mc^2=$ 킬로그램당 242억kWh

미국에서 킬로와트시당 전기요금은 평균적으로 10센트다. 따라서 1킬로그램의 질량을 전기 에너지로 변환하면 20억 달러 이상의 가치가 있다.

또 다른 방식으로는 방정식을 가솔린 등가로 환산할 수 있다. 환산할 때 질량도 가솔린 1갤런 단위로 환산해보자. 결과는 아래와 같다.

에너지 $=mc^2=$ 가솔린 1갤런의 질량당 가솔린 20억 갤런에 맞먹는 에너지 이것은 가솔린의 질량에 해당하는 에너지가 그것을 연소시켜 얻는 에너지보다 20억 배나 많다는 뜻이다. 미국에선 유가가 오르락내리락하지만 여기선 갤런당 3달러라고 해보자. 그럼 1갤런의 가솔린에 든 전체 에너지는 60억 달러와 맞먹는 셈이다(유럽에선 더 높을 것이다).

아인슈타인은 이런 결과에 용기를 얻어서 그렇게 뻔히 말도 안 되는 결론을 가지고 출판했을까? 원자력과 핵폭탄을 만들어내는 오늘날에는 그렇게 터무니없어 보이진 않겠지만, 1900년대 초반으로 거슬러 올라가 보면 이런 막대한 에너지가 물질 자체에 들어 있다는 근거가 희박했다. 한 가지 예외라면 방사성 붕괴 과정에서 나오는 에너지가 원자가 가진 화학적 에너지의 수백만 배를 웃돈다는 사실이었다. 분명 이전에는 알려지지 않은 막대한 에너지원이 있어야 했는데 아인슈타인이 그것을 찾아낸 것이다. 아인슈타인은 엄청나게 대담한 주장을 던진 것이거나 정말로 질량의 근본적인 진실을 밝혀냈다는 깊은 신념에서 나온 주장 중 하나일 터였다. 내 생각엔 후자인 것으로 보인다.

아인슈타인은 어떻게 시간과 공간에 대한 방정식에서 에너지와 질량의 관계를 이끌어냈을까? 그에게는 직관적인 방법이었다. 그는 시간과 공간에 대한 이해의 변화가 역학법칙에 어떻게 영향을 줄지 자문해보았다. 뉴턴은 F만큼의 힘을 받은 입자는 $F=ma$ 식에 의해 계산되는 a만큼의 가속도를 가지게 된다고 결론지었다. 우리는 그것을 뉴턴의 '제2법칙'이라고 부른다. (제1법칙은 움직이는 물체는 계속 움직인다는 것인데, 사실 제2법칙에서 힘이 0인 특별한 경우에 해당한다.)

아인슈타인은 뉴턴의 법칙이 어떤 좌표계에서 참이더라도 다른 좌표계에서는 아닐 수 있다는 것을 깨달았다. 그래서 그는 모든 좌표계에서 같은 법칙을 만족할 수 있는 새로운 방정식들을 고안했다. 이 방정식들은 시간 지연이나 공간 수축보다는 조금 더 복잡하지만 핵심은 물체의 질량이 감마만큼 더 무거워진다는 것이다. 질량은 이제 단순히 m이 아니라 γm이다. 에너지가 더 크다는 것은 질량도 크다는 것이다. 사실, 에너지 방정식은 더 이상 속도를 포함하는 항으로 나타낼 필요가 없다. 에너지는 그저 '상대론적 질량', γm에 c^2을 곱한 값이다. 아인슈타인은 이런 관계로부터 에너지와 질량의 등가 관계를 깨달았다.

다시 내 실험실로 돌아가 파이온에 대해 생각해보자. 파이온의 시간이 637배 느려지고, 지름보다 637배나 얇은 크레프가 된 것뿐 아니라 질량도 기본 입자 질량표에 나와 있는 것보다 637배 무거워졌다. 게다가 강한 자기장을 지날 때 휘어지는 정도를 측정하여 이 질량 증가를 손쉽게 측정할 수도 있었다. 상대성이론의 현상은 실제로 존재하는 것이고 나에겐 실험실에서 일상적으로 보아온 현상이다.

질량이 에너지로 변환되는 현상도 직접 관찰할 수 있었다. 내가 사용하는 장치는 내 멘토인 루이스 앨버레즈Luis Alvarez가 고안한 액화수소 거품상자다. 이 상자 안에서는 움직이는 입자의 경로를 따라 작은 거품으로 된 궤적이 생긴다. 가장 놀라운 붕괴는 뮤온이라고 불리는 입자들에 의한 것이다. 뮤온이 방사성 붕괴를 일으킬 땐 그 궤적이 갑자기 사라져버리고 훨씬 가볍고 빠른 전자의 궤적으로 바뀐다. 뮤온의 무거운 질량이 바로 전자의 운동에너지로 바뀐 것이다.

나는 실험실에서 종종 반물질도 관찰했다. 반물질에 대해선 뒤에 다시 설명하겠지만, 우리가 지금 다루는 논의에서 가장 흥미로운 부분은 반물질이 감속하다가 물질을 만나서 소멸할 때 둘의 질량이 모두 에너지(보통은 감마선)로 바뀌고 곧 흡수되어 열로 바뀐다는 점이다. 나는 매일 질량이 열로 바뀌는 과정을 봤다. 물질과 반물질의 혼합물은 어떤 연료보다도 많은 에너지를 만들어내는데, 핵융합보다 1,000배, 가솔린보다 10억 배 정도 더 많은 에너지를 낸다. 〈스타트렉〉의 엔터프라이즈 호가 그래서 반물질을 연료로 사용하는 것이다.

물질-반물질이 만나서 소멸하는 현상은 병원에서 영상을 찍을 때도 매일 사용한다. 전자의 반물질을 가장 흔하게 부르는 이름이 '양전자 positron'인데, 병원에서 PET 스캔이라고 부르는 것의 P가 바로 양전자를 뜻한다. PET 스캔은 요오드-121 같은 몇몇 방사성 화학물질이 양전자를 방출하는 성질을 이용한다. 인체 안에서 요오드는 갑상선에 축적된다. 이 요오드가 양전자를 방출하면, 양전자는 주변의 전자를 만나 소멸하고 그 과정에서 감마선을 낸다. 감지 장치들의 신호를 조합하면 감마선이 나오는 위치를 영상으로 만들 수 있고 갑상선의 사진도 만들 수 있다. 만약 갑상선의 일부분이 활동을 하지 않는다면 그 부분은 요오드를 축적하지 않아서 사진에서 텅 빈 공간으로 나타나게 되는데, 이런 성질이 영상의학에 이용된다.

어떤 사람들은 아인슈타인의 방정식이 원자폭탄의 개발에 중요한 역할을 했다고 오해하곤 하는데 그것은 사실이 아니다. 아인슈타인 이전에도 방사성 붕괴가 엄청난 에너지를 낸다는 것은 널리 알려진 사실이었다. 거기에 연쇄반응의 가능성 정도가 원자폭탄을 만드는 데 필요한 지식의 전부였다.

헝가리의 물리학자 레오 실라르드Leo Szilard는 1936년에 이 개념을 이용한 폭탄으로 비공개 특허를 획득했다. (그때까지는 영국 특허였다. 당시 실라르드가 나치 독일에서 망명하여 런던에 거주하고 있었기 때문이다. 그는 1937년에 뉴욕으로 이사한다.) 1939년 실라르드가 초안을 작성하고 아인슈타인이 서명한 편지가 루스벨트 대통령을 설득하여 원자폭탄을 만들기 위한 맨해튼 프로젝트로 이어질 초기 연구가 시작되었다. 우리가 아인슈타인의 방정식에서 알게 된 것은 핵분열 과정의 작은 질량 감소가 엄청난 에너지 방출로 이어진다는 사실이었지만 그런 지식은 폭탄 설계에 필요하지도, 쓰이지도 않았다.

시간과 에너지와 아름다움[11]

어떤 사람들은 '에너지'를 '시간'과 마찬가지로 무슨 신비스러운 방식으로 생각하는 것 같다. 에너지의 가장 놀랍고 유용한 성질은 에너지가 '보존된다'는 점인데, 당연하게 이렇게 되는 것은 전혀 아니다. 에너지가 보존된다는 것은 무슨 뜻일까? 만약 에너지가 보존되고 그 문제에 대해 우리가 선택할 것이 없다면 대체 환경운동가들은 왜 에너지를 절약해야 한다고 하는 걸까? 사실 그 사람들이 하는 말의 진짜 의미는 '엔트로피'를 최소화하라는 뜻이다. 너무 많이 만들지 말라는 뜻이다. 2부에서 엔트로피에 대해 더 자세히 다룰 것이다. 우리가 애써 에너지를 보존하려고 할 필요는 없다. 원래 보존되는 거니까.

시간과 에너지의 심오한 관계를 처음 깨달은 것은 아인슈타인이 가장 창의적이고 주목할 만한 수학자로 꼽았던 여성인 에미 뇌터Emmy Noether였다. 뇌터는 일상적인 물리에서는 역학이든 전자기학이든 양자역학이든 에너지의 보존을 '가정할' 필요가 없다는 것을 밝혔다. 이미 에너지보존을 '증명할' 수 있는 다른 원리가 있기 때문인데, 그것은 바로 '시간 불변성'이다.

간단하게 말하면, 시간 불변성은 물리법칙이 시간에 따라 변하지 않

그림 3.1 시간과 에너지의 관계를 발견한 에미 뇌터

는다는 뜻이다. 고전 물리학의 예를 들면 $F=ma$는 어제도 참이고 오늘도 참이라는 말이다. 뇌터 정리는 시간 불변성을 가정하면 언제나 그 이론의 요소들(질량, 속도, 위치, 장 등)에서 불변량을 계산할 수 있다는 것을 보여준다. 고전 물리학에서 시간 불변성은 뉴턴의 에너지 즉 운동에너지와 위치에너지의 합이 보존됨을 내포한다. 뇌터의 방법은 상대성이론 방정식과 같은 새로운 방정식에서도 에너지를 명확하게 정의할 수 있게 한다. 에미 뇌터와 그녀의 놀라운 추론들에 대해서는 부록2에서 자세하게 논하도록 하자.

시간과 에너지의 연결고리는 더욱 심오해진다. 뇌터의 연구 결과 덕분에 지금 우리는 양자물리학에서 왜 시간과 에너지가 항상 같이 붙어

다니는지 알게 되었다. 3부에서 좀 더 자세히 다루겠지만, 이런 이해는 리처드 파인만이 반물질을 두고 시간을 거슬러 올라가는 물질로 해석한 것에도 영감을 주었다.

이런 심오한 관계, 완전히 서로 무관해 보이는 두 개념이 사실은 연관되어 있다는 점이 바로 물리학자들이 말하는 물리학의 아름다움이다. 그렇다고 여러분도 이런 관계가 바로 아름다움이라는 것에 동의할 필요는 없다. 여러분들에겐 무지개나 아이들의 눈이 더욱 아름답고 황홀할 수도 있으니까. 하지만 적어도 이런 예가 물리학자들이 무슨 말을 하는지 알아듣는 데 도움이 되리라고 본다.

대체 광속의 무엇이 그리도 특별한가?

십대 시절에 상대성이론에 대한 책(조지 가모프George Gamow가 쓴 《하나 둘 셋…… 무한대》라는 멋진 책이었다)을 접하고 궁금증이 일었다. 대체 빛이 뭐 그리 특별해서 상대성이론의 방정식에 광속이라는 상수가 들어가는 걸까? 빛이 전자보다 더 근본적일 이유가 있나?

처음엔 고등학교, 다음엔 대학교, 대학원 그리고 이후 평생 동안 물리학을 배우면서 내가 깨달은 위의 질문에 대한 대답은 빛이 '정지질량'(방정식에서 m으로 쓰는 그것. 상대론적 질량은 γm으로 쓴다)이 0인 특별한 성질을 가지는 것들 중 우연히 가장 먼저 발견되었을 뿐이라는 것이었다. 지금은 그런 성질을 가지는 다른 입자들도 있다는 것을 알고 있다. 중력파는 입자로는 중력자graviton에 해당하는데 이 입자도 정지질량이 0이다. 그러니 상대성이론 방정식에 광속 대신 중력자의 속도를 쓸 수도 있는 셈이다. c는 중력자의 속도가 될 것이다. 정지질량이 0인 중성미자neutrino도 있을 것이다. 무질량 중성미자라고 부른다. 그럼 우리는 c를 무질량 중성미자의 속도라고 부를 수 있다.

이럴 바엔 차라리 c를 '아인슈타인 속도'라고 부르는 게 낫지 않을까? 아니면 질량을 가진 물체가 가질 수 있는 최대 속도라는 의미에서 '제한 속도'라고 불러도 될 것 같다. 이런 속도의 제한은 실제로 그렇게 빨리 움직이는 입자가 있건 없건 간에 존재한다. 상대성이론에 따르면 질량이 없는 입자들은 아인슈타인 속도인 c로 움직인다. 가장 근본적인 것은 아인슈타인 속도다. 광자, 중력자, 무질량 중성미자(만약 있다면) 모두 이 속도로 움직인다. 아주 초기의 우주, 소위 힉스 장field이라는 것이 생겨나기 전이라면 '모든' 입자들(전자, 양성자, 쿼크 등)은 질량이 없었을 것이고 아인슈타인 속도, 즉 광속으로 움직였을 것이라고 생각할 수 있다.

정지질량이 0이라는 것의 역설적인 점은 어떤 방법으로도 광자나 정지질량 0인 다른 입자들을 정지 상태로 만들 수 없다는 것이다. 정지 상태에서는 감마값이 1이 되는데, 질량이 0이므로 에너지가 0이 되어버려서($E = \gamma mc^2 = 0$) 입자는 '존재하지' 않게 된다. 빛을 정지 상태로 만들기 위해서 흑체 표면에 흡수시킨다면, 광자는 보통 표면을 가열하는 데 모든 에너지를 빼앗기고 더 이상 빛은 남지 않는다.

블랙홀

블랙홀은 아주 무거운 천체로서, 당신은 그 안으로 떨어질 수는 있지만 다시 나올 수는 없다. 이런 신기한 성질이 시간의 방향성을 만들어내는 것으로 보인다. 또한 블랙홀에 대해 공부하다 보면 우리가 이미 고찰했던 것보다 훨씬 더 이상한 시간의 성질에 대해서도 알게 될 것이다.

블랙홀의 아이디어는 1763년으로 거슬러 올라가는데, 당시 영국의 과학자였던 존 미첼John Mitchell은 별의 탈출속도가 빛의 속도를 넘을 수 있다는 것을 깨닫게 된다. 그는 만약 빛이 빠져나올 수 없다면 그 별은 검게 보일 것이라고 추론했다. 게다가 그가 계산한 탈출속도에 관한 식은 정확한 것으로 밝혀졌다. 당시엔 이미 빛이 파동으로 알려져 있었고, 많은 사람들이 파동은 중력의 영향을 받지 않는 것으로 잘못 알고 있던 시기라 그의 생각은 주목을 받지 못했다. 지금은 상대성이론으로부터 파동도 에너지를 가지기 때문에 질량으로 볼 수 있으며 중력이 파동을 끌어당긴다는 것을 안다.

아주 높은 탈출속도를 가지는 블랙홀을 만들려면 작은 공간에 엄청난 질량을 밀어넣어야 한다. 태양을 반지름 1킬로미터의 공 안에 밀어넣는다고 해보자. 기초적인 물리학으로 계산해보면 탈출속도는 초당 5억 미터[12], 즉 1.7광속 정도가 되어 빛이 표면에서 빠져나올 수 없다. 압축된 태양은 완전한 검은색이다.

상대성이론에서는 이런 블랙홀의 성질을 다른 방식으로도 유도해낼 수 있다. 바로 상대론적 질량의 증가를 이용하는 방법이다. 위성을 우주로 쏘아 올릴 때 드는 에너지는 위성의 질량에 비례하는데, 위성의 속도가 빠를수록 질량(상대론적 질량)도 증가하게 되어 속도가 빠를수록 중력에 의한 인력도 더 커진다. 별의 질량이 충분히 크거나 크기가 충분히 작다면 상대론적 질량의 증가에 의한 위치에너지를 극복할 만큼의 운동에너지를 공급하는 것이 불가능해진다.

물리학적 용어로 말하자면, 그러한 천체의 표면에서는 언제나 운동에너지가 위치에너지보다 작고 위성은 속도가 얼마가 되었건 다시 떨어지게 된다. 질량 M인 천체를 특정한 반지름 R 안에 구겨 넣을 때 이런 현상이 일어나는데, 과학적 표기법으로는 아래처럼 쓸 수 있다.[13]

$$R = 1.5 \times 10^{-27} M$$

이 반지름 R을 '슈바르츠실트 반지름'이라 부른다.

지구의 질량은 6×10^{24}킬로그램인데 이것을 슈바르츠실트 반지름으로 계산해보면 0.01미터, 즉 1센티미터가 된다. 내 몸무게가 83킬로그램인데, 내가 $R = (1.5 \times 10^{-27}) \times (83) = 1.3 \times 10^{-25}$미터의 공간으로 압축된다면 블랙홀이 되겠지만 이 크기는 원자핵보다 10억 배나 작다.

우리는 태양보다 몇 배 무거운 물체가 블랙홀이 되는 방법이 실제로 있다고 생각한다. 그 과정은 별의 바깥 부분을 날려버리는 동시에 내핵은 붕괴하는 초신성 폭발을 포함한다. 블랙홀로 추정되는 몇몇 천체들이 이런 방식으로 형성되었다고 널리 받아들여지고 있으며, 백조자리의 강한 엑스선 천체인 X-1도 그중 하나다.

백조자리 X-1은 1975년에 킵 손Kip Thorne과 스티븐 호킹의 내기로도 유명한데, 손은 백조자리 X-1이 블랙홀이라는 쪽에, 호킹은 아니라는 쪽에 걸었다. 15년이 지난 1990년에 호킹은 내기에 졌음을 인정했고 손에게 내기 조건으로 걸었던 《펜트하우스》 정기구독권을 끊어주었다. 비록 호킹이 내기에는 졌지만 패배를 인정해서 좋은 점도 있었다. 그가 지적했던 것처럼 만약 블랙홀이 없는 것으로 밝혀졌다면 이전 10년간의 연구가 의미 없는 일이 되어버렸을 테니 말이다. 유감스럽지만 이 책의 뒤에서 나는 상대성이론에 따르면 백조자리 X-1이 블랙홀에 가깝긴 해도 블랙홀이라고 말하긴 어렵다는 것을 설명할 것이다.

어쨌든 적어도 지금 알고 있는 방법으로는 지구나 나를 블랙홀로 만들 방법이 없다.

상대성이론에 대해 얘기할 때 사람들을 미치게 만드는 건 블랙홀이 아니라 시간 지연에서 일어나는 겉보기 모순이다. 움직이는 사람이 정지해 있는 사람보다 나이를 적게 먹는다고? 그래 좋다. 그런데 모든 움직임은 다 상대적인 거라며? 어느 쪽이 움직이는 쪽이고 어느 쪽이 정지해 있는 쪽인가? 둘 다 상대보다 젊어야 한다는 얘기로 들리지 않는가?

적절한 기준 좌표계에서 보면 양쪽이 각각 나이를 덜 먹는 상황이 실제로 있다. 하지만 둘 중 하나가 돌아와서 만난다면 어떻게 될까? 얼굴을 맞댄 상황에서는 양쪽 모두 서로보다 젊을 수는 없을 것이다. 이런 상황과 다른 역설들의 세부적인 부분을 모두 꺼내놓고 보면 시간에 얽힌 현상을 이해하기가 조금은 쉬워질 것이다.

4   모순과 역설

상대성이론은 논리적으로 불일치하는 것처럼 보인다.
가까이에서 유심히 들여다보기 전에는……

모든 진리는 세 단계를 거친다. 처음에는 조롱당하고, 그 다음에는 격렬한 반대에 부딪히고, 마지막에는 자명한 것으로 받아들여진다.

—아르투어 쇼펜하우어(가 한 말이라고 여겨짐)

역설, 역설, 가장 기발한 역설!

—희가극 〈펜잰스의 해적〉

움직이는 물체의 시간이 느리게 간다는 아인슈타인의 발견은 놀라운 것이었다. 사건의 순서조차도 상대적이라는 것은 충격적이었다. 게다가 에너지에 대한 추론은 당시엔 도무지 믿기 힘든 것이었다. 무엇보다도 아인슈타인의 시간에 대한 연구는 시간이라는 주제가 놀라운 것으로 가득하고, 그 결론들이 우주와 일상에 대한 우리의 이해를 통째로 바꾸어 버릴 어떤 것이라는 점을 보여주었다.

당신이 아인슈타인의 연구 결과를 받아들였다고 생각한 시점에서도 그 결과에는 여전히 놀라운 것들이 많다. 어떤 방식으로 기술되면, 이러한 결과들은 모순처럼 보여서 학생들을(그리고 어떤 경우엔 교수들도) 미치게 만든다. 가장 유명하고 골치 아픈 것은 '쌍둥이 역설'과 '창고 안의 장대 역설'이다. 여기서는 세 번째 역설인 '타키온 살인'도 소개한다.

상대성이론은 그 자체로 완벽하게 일관적이지만 그래 보이지 않는다는 게 문제다. 특히 상대성이론에 막 입문한 사람들에게는 더더욱 그렇다. 모순이나 역설처럼 보이는 것들은 사실 1=2라는 증명[14]처럼 단순한 실수 때문에 그런 것이다. 여러분은 이런 역설들이 초심자들만 헷갈리게 한다고 생각할 수 있겠지만 사실 전문가들도 스스로 깨닫지 못하는 편견과 가정에 영향을 받는 건 마찬가지다. 그래서 심지어 교수들도 이런 역설들을 학생들에게 설명할 때 혼란스러운 것이다.

그럼 제일 쉬운 것부터 시작해보자.

창고 안의 장대 역설

어떤 농부가 길이 2미터이고 앞에 문이 달린 창고를 가지고 있다. 그리고 4미터짜리 장대도 가지고 있는데 그는 이걸 창고 안에 넣고 싶어한다고 해보자(그림 4.1 위).

상대성이론을 배운 이 농부는 길이 수축을 이용해서 장대를 창고 안에 딱 맞는 크기로 줄일 계획을 세운다. 우선 장대가 2미터가 되도록 아주 빠른 속도, 즉 감마가 2가 되는 속도로 달린다(그림 4.1 가운데). 그런 다음 장대가 창고 안에 다 들어오자마자 자기 뒤에 있는 문을 닫으려고 한다. 듣고 보니 가능해 보인다.

그런데 장대를 들고 뛰려는 순간, 농부는 자신과 함께 움직이는 새로운 고유 좌표계에서는 장대가 아니라 창고가 반으로 짧아져 1미터가 된다는 걸 깨닫는다. 이 고유 좌표계는 장대와 함께 움직이고 있어서 장대의 고유 좌표계도 되기 때문에 장대는 그대로 4미터다. 물론 4미터짜리 장대를 1미터 길이의 창고에 넣을 수는 없다(그림4.1 아래).

여전히 창고의 고유 좌표계에서 보면 장대는 딱 맞게 들어간다. 그럼 대체 무슨 일이 일어난 것일까? 농부는 장대를 창고에 넣었을까 못 넣었을까? 기준 좌표계에 따라서 답이 달라지는 것이 가능한가? 들어가거나 들어가지 않거나 둘 중 하나이지 둘 다 맞을 수는 없는 문제다.

이 역설은 단어 사용에 주의를 기울이면 쉽게 풀 수 있다. 창고 '안에' 넣는다고 하면 장대의 양쪽 끝이 창고 안에 '동시에' 들어오는 것을 뜻한다. 이것은 창고의 고유 좌표계에서 이루어지는 일이다. 장대의 뒷부분이 안으로 들어오고 문을 닫는 것과 동시에 장대의 앞쪽 끝이 창고의 벽을 치는 것이다. 하지만 이 두 사건은 장대의 고유 좌표계에서는 동시에 일어나지 않는다. 그 좌표계에서는 장대의 앞쪽이 창고 벽을 치고 난 후에야 나중에 뒷부분이 문을 통과한다.

늘 그렇지만 두 좌표계의 관찰자가 본 결과는 같다. 둘 다 장대의 양쪽 끝이 창고 안에 들어왔다고 말할 것이다. 창고 좌표계에서 보면 두 사건은 동시에 일어나지만, 장대 좌표계에서는 양 끝이 다 안에 들어왔다고는 하지만 동시에 일어난 일이 아니다. "창고 안에 집어넣는다"는 표현은 동시성에 대한 문제를 교묘하게 숨기고 있다.

좀 더 자세한 계산에 관심 있는 독자들을 위해서 부록1에 계산 과정을 풀어놓았으니 참고하길.

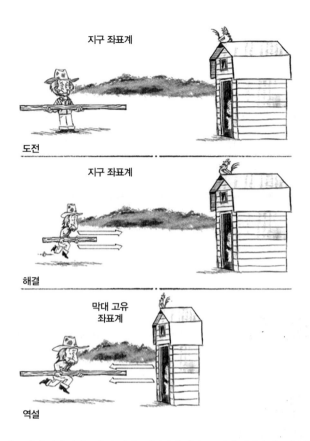

그림 4.1 창고 안의 막대 역설. (위) 농부가 4미터짜리 장대를 2미터 길이의 창고에 어떻게 넣을까 고민하고 있다. (가운데) 빠르게 달려서 장대의 길이가 2미터가 되었다. 성공! (아래) 농부의 기준 좌표계에서 다시 보면 장대는 여전히 4미터이고 창고가 1미터가 되었다. 장대는 들어갈 수 없다. (조이 맨프리 그림.)

쌍둥이 역설

존과 메리는 쌍둥이고 둘 다 스무 살이다. 존은 집에 머물고, 메리는 우주선을 타고 먼 외계 행성으로 빠른 속력으로 이동한다. 메리는 타고 있는 우주선의 속도 때문에 감마 2의 시간 지연을 겪는다. 이 경우 존이 보기엔 메리가 더 젊다. 하지만 메리가 보기엔 존이 더 젊다. 둘 다 맞을 수는 없는데, 메리가 돌아오면 어떻게 될까? 둘이 다시 만나게 되면 확실히 어느 쪽이 더 젊은지 말할 수 있을 것이다. 이런 역설이!

이 역설을 풀기 위해서는 어휘에 주의해야 한다. '동시성'에 관한 숨은 엉터리 가정들과, 관찰자들이 자신의 고유 좌표계에서 본 결과만을 토대로 말해야 한다는 암묵적인 가정들을 주의해야 한다.

메리가 지구에서 멀어지는 여행을 떠나는 동안은 존과 메리의 관찰은 일관적이다. 존의 고유 좌표계를 기준으로 보면 메리가 움직이고 있고, 메리의 고유 좌표계에서 보면 존이 움직이고 있다. 따라서 존의 좌표계에서는 메리가 젊고, 메리의 좌표계에서는 존이 젊다.

그래, 그렇다면 메리가 지구 기준으로 정지했다가 방향을 돌려 돌아와서 존과 대면해서 나이를 비교한다면? 그 시점에서 둘의 고유 좌표계는 동일하다. 누가 더 젊을까? 둘 다 젊을 수는 없다. 실제로는 물론 다르다.

이 역설에는 동시성의 문제를 포함하는 만족스러운 답이 있다. 부록1에 적절한 속도와 거리를 사용해서 계산을 해두었다. 메리가 방향을 돌리기 전까지는 그녀의 고유 좌표계에선 존이 더 젊다. 바꿔 말하면 더 많은 나이의 메리와 젊은 나이의 존이 동시에 생일을 축하하는 일이 생긴다는 뜻이다. 하지만 메리가 방향을 돌린 후에는 그녀의 고유 좌표계에서는 더 이상 나이 많은 메리가 젊은 존의 생일을 동시에 맞는 일은 일어나지 않는다. 새로운 좌표계에서는 메리보다 훨씬 나이가 많은 존이 함께 생일을 맞이하게 된다.

메리가 돌아오는 여정에서는, 그녀의 고유 좌표계에서 볼 땐 존이 움직이는 사람이고 나이를 적게 먹는다. 그럼에도 불구하고 시간의 도약은 훨씬 커서 둘이 다시 만났을 땐 존이 메리보다 훨씬 나이를 많이 먹게 된다. 이 모든 계산을 존의 고유 좌표계에서 했다고 하더라도 똑같은 결과를 얻게 된다. 자세한 식과 숫자는 부록1에 모두 풀어놓았지만, 동시성을 잃어버리게 되는 시간의 도약이 핵심이다.

아니 그렇지만, 모든 운동은 상대적인 것 아닌가요? 누가 방향을 돌렸는지 누가 말할 수 있어요? 메리가 아니라 존이 방향을 돌린 거라고 말할 수도 있지 않나요?

아니, 그렇지 않다. 누가 방향을 바꾼 것인지에 대해서는 전혀 논쟁의 여지가 없다. 로켓을 역추진한 것도 메리고, 그 과정에서 가속도를 느끼는 것도 메리이기 때문이다. 존과 메리 모두 메리의 고유 좌표계가 가속을 겪었으며 존은 그렇지 않다는 것을 알고 있다. 상대성이론에서는 "모든 운동이 상대적이다"라는 것은 사실이 아니다. 등속으로 움직일 때는 어떤 좌표계라도 계산 결과가 서로 일관되게 나오는 것이 사실이지만, 좌표계가 가속하고 있다면 멀리 떨어진 곳에서 일어난 사건의 시간 도약을 감안해야 한다.

타키온 살인

서로 다른 좌표계에서 사건의 순서가 뒤집힐 수 있다는 상대성이론의 결과는 실재라는 것의 새로운 측면을 들여다보게 만든다. 바로 인과율과 자유의지에 대한 논점이다. 이런 문제를 극적으로 보여주는 것이 바로 타키온 살인 이야기다.

타키온tachyon은 빛보다 빠른 속도로 움직이는 가상의 입자다. 놀랍게도 상대성이론에서는 빛보다 빠른 속도로 움직이는 입자의 존재를 부정하지 않는다. 상대성이론에서는 질량이 없는 입자는 반드시 광속으로 움직여야 하고, 실수 질량을 가지는 입자는 광속으로 움직일 수 없다고(그렇게 되면 감마가 무한대가 되고 에너지도 무한대가 된다) 말하고 있을 뿐이다. 방정식 그 자체로는 초광속 여행을 금지하고 있지 않다.

그럼 어떻게 광속을 넘지 않고 광속보다 빠르게 움직일 수 있단 말인가? 해답은 날 때부터 초광속으로 태어나면 된다는 것이다. 안 될 건 뭔가? 광자도 가속해서 광속에 다다르는 것이 아니다. 만들어질 때부터 원래 광속으로 움직인다. 그러니 우리도 처음 존재할 때부터 광속보다 빠른 타키온을 만들어낼 수도 있을 것이다. 이런 아이디어는 상대성이론에 어긋나지 않는다. 이런 가정이 바로 타키온을 찾는 물리학자들이 세운 것이다.

타키온을 발견하고 그 존재를 밝혀내면 당신은 물리학 역사에 한 획을 그을 것이다. 그런 긍정적인 면에도 불구하고 나는 수년 전에 타키온을 찾는 데 시간을 뺏기지 않기로 했다. 내가 그렇게 정한 이유는 종교적인 것에 가깝다. 나는 내가 자유의지를 가지고 있다고 믿으며 타키온의 존재는 그 믿음에 반하기 때문이다. 좀 더 자세히 설명해보겠다.

메리가 존에게서 12미터 떨어진 곳에 서 있다고 해보자. 메리는 타키온 총을 가졌는데 4c, 광속의 네 배로 날아가는 타키온 총알을 쏠 수 있다. 그녀가 총을 쏜다. 빛은 10나노초에 3미터를 움직이고, 타키온은 10나노초에 12미터를 움직인다. 10나노초 후에 타키온 총알이 존의 심장을 꿰뚫어 그의 목숨을 빼앗는다. 고통 없이 단숨에 사망했다고 하자.

이제 메리는 법정에 섰다. 그녀는 방금 위에 말한 사실 중 어느 하나도 부정하지 않지만, 다소 특이한 재판지(배심원들이 소집되는 장소) 변경

요청을 한다. 그녀는 자신이 고른 기준 좌표계에서 변론을 할 권리가 있음을 주장한다. 모두 타당한 이야기이고, 판사도 그것을 알므로 그렇게 하도록 허락한다. 그녀는 광속의 절반으로 움직이는 좌표계를 고른다. 좌표계는 광속보다 느리게 움직이고 있으므로 상대성이론에 어긋나지 않는 유효한 좌표계다.

지구 좌표계에서 보자면 두 사건(발사, 심장에 맞음)은 +10나노초 간격으로 일어났다. 부록1을 참고하면 광속의 절반으로 움직이는 기준 좌표계에서는 −15.5나노초 간격으로 일어난다. 음의 부호는 두 사건의 순서가 뒤바뀌었음을 나타낸다. 메리가 총을 쏘기도 전에 총알이 존의 심장을 꿰뚫은 것이다! 이제 메리에겐 완벽한 알리바이가 생겼다. 존은 그녀가 방아쇠를 당기기도 전에 이미 죽었으니까 말이다. 이미 죽은 사람을 다시 죽일 순 없으므로 메리는 무죄를 받을 일만 남았다.

타키온 살인사건도 앞서 살펴본 쌍둥이 역설과 창고 안의 장대 역설에서 혼란을 일으켰던 것과 같은 상대성이론 원리에 바탕을 두고 있다. 두 사건이 공간적으로 충분히 멀리 떨어져 있고, 시간상으로는 별로 떨어져 있지 않다면 두 사건의 순서가 뒤바뀌는 좌표계가 있다. 이렇게 거리가 떨어진 사건들을 공간꼴space-like 분리 사건이라고 하고, 거리는 가깝지만 시간상으로 차이가 큰 것을 시간꼴time-like 분리 사건이라고 부른다. 공간꼴 분리 사건들의 순서는 좌표계에 따라 달라지지만, 시간꼴 분리 사건들은 그렇지 않다.

다시 한 번 말하지만 부록1에 자세한 계산을 해두었으니 참고하길.

타키온 살인 시나리오는 가능한 이야기인가? 이 이야기가 그토록 불합리한 의미를 내포하는 것이라면, 도대체 1/2광속의 좌표계에서의 분석이 어떻게 유효하다고 할 수 있는가? 이것은 타키온이 없다는 뜻일까,

아니면 상대성이론이 말이 안 되는 이론이라는 뜻일까? 타키온이 정말로 발견된다면 어떻게 될까?

자유의지는 시험 가능하다

이런 타키온 살인의 역설을 풀 만한 설명이 하나 있다. 타키온 총이 존재하는 세상에서는 메리에게 자유의지가 없다는 것이다. 심지어 존이 죽은 후에 그녀가 방아쇠를 당겼다고 하더라도, 그녀에겐 자유의지가 없으므로 그렇게 하는 것 외에 다른 선택이 없다. 그녀의 모든 행동은 그녀 바깥의 힘과 영향에 의해 일어나는 일이다. 존이 죽은 것도 메리가 방아쇠를 당기는 것이 불가피한 일이었기 때문이다.

물리학의 불가피성이 메리가 총을 쏘고 존이 죽게 되는 이 모든 이야기를 만드는 장본인이며 일어난 순서 따위는 상관없는 이야기다. 인과율의 물리학 방정식이 지배하는 세상에 역설은 없다. 시나리오에 문제가 생기는 것은 오직 사람에게 자유의지가 있고, 메리가 총을 쏘지 않는 선택을 할 수도 있었다고 믿을 때뿐이다. 물리학이 모든 것을 지배한다면 그녀는 그저 다양한 힘과 영향력이 시키는 대로 해야 할 일을 하게 될 뿐이다.

이게 바로 내가 타키온을 찾으려고 하지 않았던 이유다. 나는 나에게 자유의지가 있다고 생각한다. 타키온이 존재하지 않는 이상(그리고 상대성이론 방정식이 유효한 이상) 물리학에서 내 말을 부정할 근거는 아무것도 없다. 물론 내 스스로의 자유의지라는 것도 환상일 뿐이고 나는 그저 복잡하게 얽힌 분자들이 밀고 당기는 집합체에 불과할 수도 있다. 만약 그런 경우라면, 내가 타키온을 발견해서 물리학사에 남게 되더라도 내 발견에 대해 아무런 공로도 없음을 깨닫고 우울함에 빠질지도 모른다. 그 발견은 내가 한 일이 아니니까.

한편, 자유의지라는 개념은 적어도 다음과 같은 맥락에서 과학적으로 반박 가능하다는 점에서 아주 흥미롭다. 뒤에서 시간의 방향성을 논할 때 이 반박 가능성에 대해서 다시 설명하겠지만, 지금은 일단 과학자들이 어떤 이론이 과학적이라고 하려면 그 이론이 어떤 방식으로 사실이 아님을 증명할 수 있는지를 설명할 수 있어야 한다는 점에 대체로 동의한다는 것을 밝혀둔다. 지적 설계론 같은 이론들은 이 기준을 만족하지 않는다. 놀랍게도 우리가 자유의지를 가지고 있다는 이론은 그 기준을 만족한다. 이 이론은 적어도 한 가지 반박 가능한 예측을 한다. 타키온이 존재하지 않는다는 것이다.

이 역설은 광속보다 느린 총알에 대해서는 성립하지 않는다. 부록1에서 보듯이, 만약 두 사건이 거리로는 D만큼, 시간상으로는 T만큼 떨어져 있고, D/T가 광속보다 느리다면(즉 총알이 광속보다 느리다면 혹은 두 사건이 시간꼴 분리 사건이라면) 사건의 순서는 모든 좌표계에서 동일하다. 만약 당신이 쏜 것이 보통의 총알이었다면 기준 좌표계를 바꾸는 것은 당신의 심리에 별 도움이 되지 않을 것이다. 어떤 좌표계에서 보더라도 당신이 희생자가 죽기 전에 총을 쏜 것은 마찬가지일 테니.

때때로 이런저런 연구팀에서 타키온을 발견했다고 생각하고 언론에 발표한 경우가 있었다. 2011년에도 그런 일이 있었는데, 스위스 제네바 인근에 있는 대형 국제연구센터인 CERN(유럽입자물리학연구소)에서 연구진이 중성미자 중 일부가 빛보다 빠르게 움직이는 것을 관측했다고 발표했다. 헤드라인에 "초광속 중성미자, 세기의 발견이 될지도"라고 강조했지만 난 별로 감흥이 없었다. 그런 실험은 원래 어렵고 미묘한 오류에 취약하다. 실제로 반년도 채 지나지 않아 CERN은 전자장비의 오류로 인한 착오임을 인정하고 주장을 철회한다고 발표했다.

타키온이 만약 정말 존재한다면(그리고 우리에게 자유의지가 없다면), 그것은 흥미로운 성질을 가지게 된다. 감마값 γ이 허수(제곱하면 음수가 되는 수)가 된다. 그런데 에너지는 (3장에서 본 뇌터 정리에 의해) 실수라는 것을 알고 있으므로 $E=\gamma mc^2$이 실수가 되려면 질량도 허수여야 하므로 타키온은 허수 질량을 가진다. 그건 괜찮다. (6장에서 왜 허수가 정말로 가상의 것이 아닌지에 대해 설명할 것이다.) 하지만 더욱 궁금증을 자아내는 것은, 타키온의 속도가 광속보다 더 빨라져서 무한대에 가까워질수록 에너지가 감소한다는 점이다. 에너지가 0인 타키온은 무한대의 속도로 움직인다. 타키온의 에너지는 속도가 광속에 가까워질수록 무한대로 수렴하는데, 일반적인 입자와는 반대로 행동하는 셈이다.

그건 그렇고, 타키온 살인사건에서 메리는 유죄 판결을 받았다. 판사가 선고를 내리면서, 그는 자유의지가 없고 달리 선택할 수 없어서 유죄 선고를 내리는 것 외에는 할 수 있는 게 없었다고 설명했다.

이들 각각의 역설의 핵심은 동시성이라는 것이 썩 직관적이지 않다는 점이다. 차라리 시간이 느리게 간다거나 움직이는 물체가 짧아진다거나 하는 것이, '지금'이라는 순간이 어떠한 보편적인 의미도 없다는 걸 받아들이는 것보다 훨씬 쉽다.

이제 또 다른 역설을 살펴보자. 멀리 떨어져 있는 물체들을 아주 짧은 시간에 아주 가깝게 붙이는 방법에 대한 이야기다. 거리를 당신이 경험한 시간으로 나누면 결과적인 속도(멀리 떨어진 물체가 가까워지는 비율)는 광속보다 훨씬 커질 수 있다. 게다가 이런 현상은 상대성이론에 위배되지도 않는다.

5 광속이라는 속도 제한과 허점

물체 사이의 거리는 빛의 속도보다 빠르게 바뀔 수 있다……

케셀 런을 12파섹 안에 주파한 게 바로 이 우주선이라고!

— 한 솔로, 〈스타워즈〉

아인슈타인의 등가 원리

비록 어떠한 (정지시킬 수 있는) 일반적인 물체도 광속을 넘어설 수는 없지만, 당신과 멀리 떨어진 물체의 거리에 대해서라면 상대성이론을 위배하지 않고도 광속을 한참 넘어서는 임의의 비율로 거리를 좁힐 수 있다. 속도와 거리의 변화 비율의 차이는 언뜻 역설적으로 보이지만 뒤에서 우주의 팽창과 그것이 시간의 흐름과 어떤 관계에 있는지 논할 때 중요한 역할을 하게 될 것이다. 우선 중력과 가속도의 친밀한 관계부터 알아보자.

SF영화에서 우주인들이 우주선 내부에 마치 중력이 있는 것처럼 돌아다니는 것을 어떤 사람들은 언짢게 여긴다. 〈2001 스페이스 오디세이〉나 〈인터스텔라〉 같은 영화에서는 가상의 중력을 만들기 위해서 회전하는 바퀴 구조를 사용하고 있다. (두 영화 모두 지구와 비슷한 중력을 만들기 위해 필요한 회전 속도를 잘 묘사하고 있다.) 하지만 〈스타트렉〉에서 모선 엔터프라이즈 호는 특별한 회전장치 없이도 중력이 있는 것처럼 묘사되고 있다.

이런 장면이 어떤 사람들에겐 눈에 밟히겠지만 내 경우엔 딱히 그렇지 않다. 커크 선장은 막대한 반물질 연료를 가지고 있을 테니 심우주에서는 우주선을 계속 지구 지표면 중력과 같은 1g로 가속하는 거라고 가정해보면 지구와 완전히 똑같은 인공 중력을 만들어줄 수 있다. 가속의 방향은 선장이 어느 면에 서 있으려고 하는지, 어느 창으로 내다보려 하는지에 따라 진행방향이 될 수도 있고 혹은 그에 수직인 방향이 될 수도 있다.

여기서 1g 가속도에 대한 궁금증이 생긴다. 고전 물리학이 그대로 적용된다면 1년 동안 가속한 결과는 광속을 초월하게 된다. 따라서 1g 가속도는 엄청난 속도를 만들어낼 수 있는 것이다. 이런 계산은 SF영화 속 우주여행에서는 아주 그럴싸한 설정이다.

실은 1년 동안 1g로 가속하더라도 상대성이론 효과 때문에 광속에는 도달할 수 없다. 지구 좌표계 기준으로 1g 가속도를 유지한다고 해보자. 지구와 같은 중력을 만들기 위해서는 로켓의 고유 좌표계와 일치하는 기준 좌표계에서 1g를 가해야 한다. 상대성이론의 공식들을 사용하면 우리 고유 좌표계에서 가속도 a는 지구 좌표계에서는 a를 γ의 세제곱으로 나눈 것과 같다. 즉 지구 좌표계에서 본 우리 우주선의 가속도는 a/γ^3이다.

더 계산할 것도 없이 공식이 간단하기 때문에 우주여행에서 일어나는 일을 계산하는 데는 엑셀 정도면 충분하다. 각 열에 시간, 위치, 고유 가속도 1g($a = 9.8m/s^2$), 감마값, 고유 시간 간격(시간 간격 나누기 감마), 지구 좌표계에서 가속도(a 나누기 감마 세제곱) 등을 넣는다. 시간을 작은 단위로 세분하고, 작은 간격에 대한 고유 시간들을 모두 더하면 전체 고유 시간을 얻게 된다. 여기서 흥미로운 결과가 나온다. (우주선의 고유 시간으로) 1년 동안 1g로 가속하면 광속의 76퍼센트에 도달하고, 2년이면 97퍼센트, 3년이면 99.5퍼센트가 된다. 물론 광속엔 영원히 도달할 수 없다.

커크 선장이 다음 목적지를 시리우스로 잡았다고 해보자. 이번에는 초광속 드라이브를 사용하지 않고 고유 가속도로 1g 정도로 가기로 했다. 이렇게 간다면 9.6년이 걸리지만, 커크 선장이 먹는 나이는 2.9년밖에 되지 않는다(이 숫자와 뒤에 나올 숫자들은 엑셀로 계산한 것이다). 도착할 무렵엔 그의 좌표계에서 시리우스가 광속의 99.5퍼센트로 다가오는 것으로 보인다. 저 멀리 뒤에 보이는 지구는 원래 8.6광년 거리에 있어야 하지만 공간 수축 효과에 의해 0.9광년밖에 안 되는 거리에 있게 된다. 이것은 커크 선장의 여정이 2.9년밖에 걸리지 않는 것과 부합하는 거리다. 시리우스에 정확히 정지하려고 했다면 처음 절반은 1g로 가속하고, 뒤의 절반은 1g로 감속했어야 할 것이다.

커크 선장이 경험한 시간은 2.9년인 반면, 시리우스까지의 거리는 7.7광년이 줄어들었다. 거리의 변화율은 7.7/2.9 = 연간 2.6광년이므로 빛의 속도보다 2.6배나 빠른 것이다. 이것이 내가 '광속의 허점loophole'이라 부르는 것이다. 가속하는 좌표계에서 보는 거리는 임의의 속도로 변할 수 있다. 이런 현상이 나타나는 이유는 언제든 고유 좌표계를 가속시킬 때는 멀리 떨어진 물체와의 거리가 임의의 빠르기로 바뀔 수 있기 때문이다. 고유 좌표계의 속도를 어떤 값에서 다른 값으로 바꾸면, 거리가 갑자기 감마값만큼 줄어든다.

광속에 도달하기

여러분은 정말 광속에 도달할 수 있을까? 만약 그럴 수 있다면 그때 시간은 어떻게 될까? 속도를 나타내는 v/c가 1이 될 것이다. 시간 지연과 길이 수축을 표현하는 감마값은 무한대가 될 것이고, 광속에 도달한다면 (지구 좌표계에서 볼 때) 시간은 정지하고 길이는 영에 수렴하게 됨을 시사하는 것으로 보인다. 또한 감마가 무한대가 되므로 에너지(γmc^2)도 무한대가 될 것이다. 그러므로 무한대의 에너지를 쏟아붓고 무한대의 긴 시간 동안 가속을 한다면 광속에 도달할 수 있을 것이다. 무한대라는 것은 우주 전체 에너지를 합한 것보다도 큰 것이므로 결국 실용적인 해답이 되지 못한다.

그럼 이제부터 실제로 아주 큰 가속도를 달성한 사례를 살펴보도록 하자. BELLA는 (내가 대부분의 연구를 해왔던) 로렌스 버클리 연구소에 있는 전자가속기다. BELLA는 레이저로 전자를 가속하는 장치로 그 약어도 '버클리 연구소 레이저 가속기Berkeley Lab Laser Accelerator'에서 따온 것이다. 길이는 3.5인치(9cm)에 불과하지만 수십억 분의 1초 동안 4.25GeV의 에너지를 가지도록 전자를 가속시킬 수 있다. GeV는 10억 전자볼트인데, 전자의 정지질량에 해당하는 에너지 mc^2은 0.000511GeV다.

BELLA에서 나온 전자의 길이 수축값은 감마$=\gamma=E/(mc^2)$이므로 최종 에너지를 정지 에너지로 나누면 쉽게 계산할 수 있다. 따라서 감마값

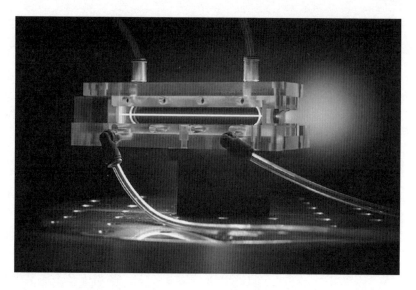

그림 5.1 BELLA. 로렌스 버클리 연구소에 있는 실험장치로서 3.5인치 이동하는 동안 전자를 광속의 99.99999927퍼센트까지 가속시킬 수 있다.

은 4.25/0.000511=8,317이다. BELLA는 놀라운 업적이다. 작은 덩치로 어마어마한 가속을 만들어낸다. 하지만 이 '단순한' 장치 하나를 만드는 개발 과정은 길고도 어려웠다.

BELLA를 8.6광년 떨어진 시리우스로 향하도록 해보자. 막 BELLA에 투입된 전자의 고유 좌표계에서 보면 그 거리는 시리우스까지의 거리 그대로 보일 것이다. 수십억 분의 1초 후에는 전자는 감마=8,317, 즉 광속의 0.9999999927로 움직이고 있다. 이제 전자의 고유 좌표계에서 보면 시리우스는 8,317배만큼 가까워져 겨우 0.001광년밖에 떨어져 있지 않다. 시리우스와 전자의 거리는 전자의 좌표계에서 보자면 10억 분의 1초 동안 거의 8.6광년이나 줄어들었다. 거리가 변화한 정도로 보면 광속의 86억 배나 되는 셈이다.

이런 예시를 보면 '가속하는 계에서 측정된' 거리는 80억 배 혹은 더 빠른, 임의의 빠른 속도로 변할 수 있다는 것을 알 수 있다. 이런 빠른 속도의 거리 변화율은 일반상대성이론에서 중요한 역할을 하는데, 여기서는 중력을 가속도로 다루기 때문이다. 이런 초광속 현상은 우주론의 매우 중요한 효과로 연결된다. 특히, 빅뱅 이론의 공식을 보면 은하는 움직이지 않지만 그 사이의 거리가 증가하는데, 이때 거리의 변화율은 광속의 제한을 받지 않는다. 이런 거동은 우주의 초기에 우주의 크기가 아주 빠른 속도로 팽창하는 '인플레이션'을 논할 때 매우 중요한 역할을 한다. 5부에서는 공간의 팽창이 시간의 팽창을 수반하며 그러한 팽창이 시간의 흐름과 '지금'의 의미를 설명한다고 가정하고 논의할 것이다.

시간은 높은 곳에서 더 빠르게 흐른다

중력도 시간에 영향을 미친다. 높은 층에 살고 있다면 낮은 층에 살 때보다 인생이 더 빨리 간다. 이 현상은 논란의 여지가 없다. 속도에 따른 시간 지연처럼, 고도에 따라 시간이 빨라지는 것도 GPS 위성에 영향을 미치고 있고(게다가 속도에 의한 효과보다 더욱 크다) 정확한 위치를 계산하려면 반드시 이 효과를 고려해야 한다.

시간과 중력의 관계를 밝혀낸 것은 아인슈타인의 또 다른 놀라운 예측이었다. 그것은 중력가속도가 가속하는 좌표계에서 느끼는 가속도와 구분할 수 없어야 한다는 물리적 직관에서 나온 것으로, 이러한 가정을 '등가 원리'라고 불렀다.

커크 선장은 인공 중력을 통해 이런 등가 원리를 경험한 것이다. 가속도는 중력을 모사하기에 아주 훌륭한 도구다. 우리는 엘리베이터가 아래로 막 움직이기 시작하는 순간 체중이 줄어드는 느낌을 통해 등가 원리를 경험해볼 수 있으며, 디즈니랜드에 있는 스타투어 같은 기구에서도 경험해볼 수 있다. 닫힌 방 안에 앉아 있으면 창을 통해 '우주정거장'이 보이는데 잠시 뒤에 갑자기 가속이 시작된다. 등받이 쪽으로 몸이 밀리는 느낌을 받는 동시에 배경도 뒤로 빠르게 날아간다.

완벽하게 진짜 같은 환상이다. 여러분은 활주로에서 가속하는 비행기나 가속 페달을 꽉 밟고 있는 자동차처럼 가속되는 느낌을 받을 테지만 사실 여러분이 실제로 가속을 겪고 있는 것은 아니다. 창밖을 보여주는 비디오가 휘이잉 소리를 내며 뒤로 날아가고 있는 동안, 유압식 리프트가 방 전체를 뒤로 30도 정도 기울이고 있을 뿐이다. 여러분을 등받이 쪽으로 잡아당기고 있는 것은 바로 중력이다. 하지만 창 영상으로는 배경이 뒤로 날아가고 있는 것처럼 보이기 때문에 이 환상에 현혹되는 것이다. 디즈니랜드는 놀이기구에 아인슈타인의 등가 원리를 이용하고 있다. 우리는 중력과 가속도를 구분할 수 없다.

중력은 그저 가속도에 불과하므로 아인슈타인은 가속하는 좌표계에 대한 방정식을 중력의 효과를 계산하는 데에도 사용할 수 있었다. 그뿐 아니라 별과 블랙홀들이 있는 훨씬 복잡한 중력원의 배치에도 적용할 수 있는 일반적인 방정식을 세웠다. 하지만 그의 연구는 근본적으로 중력은 가속도와 구분할 수 없다는 등가 원리에 바탕을 둔 것이다.

그 이론의 결과 중 하나는 앞서 언급한 것처럼, 위층에서 시간이 더 빨리 흐른다는 것이다. 여기서도 아인슈타인의 방정식은 놀라울 정도로 간단하다(부록1에서 유도해두었다). 시간이 빨리 흐르는 정도는 $1+gh/c^2$이다. 1은 보통 상태에서 시간이 흐르는 것을 나타내며, gh/c^2은 빨리 흐르는 것을 나타낸다. h 는 높이, g는 중력가속도($9.8m/s^2$), c는 빛의 속도다.

그럼 숫자를 넣어보자. 여기서는 피트와 초를 사용하겠다. h는 한 층의 높이로 대략 10피트로 두고, g는 32(피트/제곱초), 따라서 gh는 320이다. 빛의 속도는 1피트/나노초이므로, 초당 10억 피트다. c^2은 10억×10억이므로 gh/c^2은 320×10^{-15}이다. 하루는 86,400초이므로, 하루에 0.27나노초가 더 빨리 가는 셈이다.

1915년에 아인슈타인이 중력에 의한 시간 효과를 발표할 때만 해도 그 양은 측정하기엔 너무 작았다. 이후 수십 년간 그 상태로 남아 있었다. 1959년 로버트 파운드Robert Pound와 그의 학생인 글렌 레브카Glen Rebka는 이 작은 변화를 실제로 측정해내서 세상을 놀라게 했다. 그들은 약 20미터 높이에서 감마선을 아래로 쏘아 당시 막 발견된 뫼스바우어Mossbauer 효과를 이용하여 진동수의 변화량을 측정했다.

gh/c^2은 중력이 상수라고 가정한 것인데, 지표에서 멀리 떨어져 있을 때처럼 고도에 따라 중력의 세기가 달라지는 경우에도 이 방정식은 조금 복잡해지는 정도다. 하지만 중력이 없을 때와 비교해서 지구 표면이나 다른 행성의 표면에서 얼마나 시간이 느린지 알고 싶은 특별한 상황에 한정한다면 gh/c^2 대신에 gR/c^2으로 바꾸기만 하면 된다(R은 행성의 반지름, g는 표면 중력).

앞서 말한 것처럼, 이런 시간 효과는 GPS 위성에서는 꽤 크게 나타난다. 보통 GPS 위성의 고도는 2만 킬로미터 정도인데, 지표면에 비하면 거의 무한대의 우주 공간에 있는 시계와 비교하는 셈이라 근사적으로 gR/c^2을 쓸 수 있다. 숫자를 넣고 계산해보면 지구에 있는 시계가 GPS 시계보다 10억 분의 0.7배만큼 느리게 간다는 것을 알 수 있다. 하루 동안 60마이크로초 정도이고, 거리로 환산하면 약 18킬로미터의 오차가 된다.[15] 중력에 의한 효과를 고려하지 않으면 이 오차는 계속 더해져 이

틀날이면 36킬로미터가 된다.

여러분은 다양한 행성과 항성의 반지름과 표면 중력을 찾아서 gR/c^2을 계산해볼 수 있다. 무중력 공간에 있는 시계와 비교한다면 태양 표면에서는 100만 분의 6만큼 느리게 흐르고, 백색왜성은 1,000분의 1만큼 느려진다. 그리고 블랙홀의 표면이라고 할 수 있는 슈바르츠실트 반지름에서는 시간이 멈춘다. 마지막 결과는 뒤에서 블랙홀의 특성을 논의할 때 중요하게 쓰일 것이다.

영화 〈인터스텔라〉는 블랙홀 주변의 시간 지연을 흥미로운 방식으로 묘사하고 있다. 우주비행사 팀이 블랙홀 쪽으로 내려가는데, 완전히는 아니지만 꽤 깊게 내려간다. (원리상으로는 슈바르츠실트 반경에 닿지만 않는다면 갔다가 돌아올 수 있다.) 그중 한 명은 궤도에 머물고 있었는데, 며칠 후 블랙홀 쪽으로 내려갔던 우주비행사들이 돌아왔을 때 궤도에 머물렀던 우주비행사에겐 이미 22년의 세월이 흘러버렸다. 그들이 지구를 위기에서 구하려 하지만, 또한 바깥 세상에 비해 우주선의 시간이 매우 느리게 흐른다는 것, 그리고 그들이 겪는 시간에 비해 지구의 생태환경 재앙은 훨씬 더 빠르게 진행되고 있다는 것도 잘 알고 있었다. 시간 지연이 바로 그들의 적이자 임무를 서두르게 만드는 이유였다. 또 그들에게 그것은 우여곡절 끝에 돌아왔을 때 아이들이 자기들보다 더 나이가 들어 있을 거라는 의미였다. (스토리 측면에선 딱히 그 영화를 추천하진 않지만 시간 지연 효과에 대해서는 매우 정확하고 생생하고 기억하기 쉽게 묘사되고 있다.)

아인슈타인은 사건이 일어난 시각이 위치에 영향을 주고, 사건이 일어난 장소가 그 시각에 영향을 준다는 것을 보여주었다. 하지만 아인슈타인의 연구가 공간과 시간이 더 이상 분리되어 있지 않고 각각이 시공간

의 요소임을 유추하여 결국 시간과 공간을 '통합한' 것이라는 점을 처음
으로 알아본 사람은 그의 수학 교수였다.

6 허수 시간

시간과 공간의 개념은 통합되어 있다……

인간의 인지를 넘어서는 다섯 번째 차원이 있습니다.

—로드 설링, 〈환상 특급The Twilight Zone〉

아인슈타인이 초기 상대성이론 논문을 발표한 후, 그에게 수학을 가르쳤던 헤르만 민코프스키Hermann Minkowski[16]는 놀라움을 표했다. 그의 기억으로는 아인슈타인은 특출하게 눈에 띄는 학생이 아니었다. (몇몇 사람들이 주장하는 것처럼 아인슈타인이 수학을 잘하지 못했다고 하는 것은 잘못된 사실이다. 민코프스키의 강의는 고급 수학이었다.) 하지만 아인슈타인의 논문은 혁명적이고, 놀랍고, 확고한 어떤 것이었다. 이 논문들은 민코프스키의 삶을 바꾸어놓았다.

그 후 민코프스키는 놀라운 개념적 도약을 이룩했고, 그 결과는 다시 아인슈타인에게 엄청난 영향을 미치고, 이어서 현대 우주론의 근간이 되는 일반상대성이론의 방정식들이 나왔다.

아인슈타인의 원래 상대성이론 방정식은 시간과 공간을 서로 엮었다. 그의 수학에 따르면, 한 사건이 일어난 시각은 다른 좌표계에서 본 시간뿐 아니라 그 위치에도 의존한다.

민코프스키는 아인슈타인의 방정식들을 놓고 남들이 보기엔 그저 수학적인 트릭으로 보일 만하지만 실제로는 깊은 의미를 가진 어떤 작업을 했다. 그는 기발한 방법으로 4차원 '시공간'에서 시간과 공간이 좌표로 나타나도록 상대성이론을 공식화했다. 하지만 이렇게 하기 위해서 시간축을 허수로 만들어야 했다.

허수 시간이라고? 그에 따르면, 어떤 사건은 네 개의 숫자로 표현된다. x, y, z와 it, 여기서 $i = \sqrt{-1}$이고 t는 시간이다. 왜 그런 미친 짓을 하는 걸까? 민코프스키가 이런 작업을 한 이유는 시공간 좌표를 그렇게 정의함으로써, 이 좌표를 매우 유용한 성질을 가진 '벡터'라는 수학적 대상으로 바꿀 수 있기 때문이다.

어떤 사람들에겐 수학적인 이점이 있다고 시간을 허수로 만드는 것은 목욕물 버리려다 애까지 버리는 걸로 보일 수도 있다. 우리는 시간이 실수값이라는 것을 안다. 그런데도 이것을 허수로 취급한다는 게 미친 짓처럼 보인다. 하지만 물리학자와 수학자에게 '허수'라는 것은 전혀 허상이 아니다. 이빨 요정이 허상이라고 할 때 그런 의미로는 말이다.

'허수'는 상대성이론뿐 아니라 실수부와 허수부가 조합된 형태로 나타나는 양자물리학의 파동함수에서도 나타나므로 좀 더 제대로 알아볼 필요가 있다. 에너지를 정의할 수 있는 양자 상태에 대해서도, 양자물리학의 시간은 지수함수의 지수가 $\sqrt{-1}$과 결합된 시간의 형태로 표현된다. 그럼 허수에 대해 이야기를 해보자.

영, 무리수, 허수

허수를 이해하기 위해서는 우선 허수의 '허imaginary'가 문학과 심리학에서 사용될 때와 물리학과 수학에서 사용될 때 의미가 다르다는 것을 알아두는 게 좋다. 아이러니하게도, 수학에서 '허'는 단순히 수학자들의 상상력 부족을 반영하는 어휘다. 물리학자도 마찬가진데, 수학자들은 비일상적인 것을 지칭할 때 일상적인 어휘를 쓰는 경향이 있다. 새로운 단어를 찾아낼 만큼 상상력이 풍부하지 못해서 일상용어를 가져다가 새롭고 특정한 의미를 부여해버린다. 많은 과학자들이 그렇다.

여기서 잠깐 '과학 용어'에 대해 불평을 늘어놓는 걸 이해해주기 바란다. 내가 묻겠는데, 과학자들은 대체 무슨 권리로 아메리카버펄로가 버펄로가 아니라고 하거나, 거미가 곤충이 아니라거나, 명왕성이 행성이 아니라고 하는 것인가? 과학자들은 이런 단어들을 마음대로 가져와서는 우리한테 어떨 때 이 단어를 써도 되고 어떨 때 쓰지 말아야 하는지 가르치려고 한다. 그 사람들이 이 단어를 만들었나? 그들에게는 이런 단어들의 의미를 그렇게 좁은 의미로만 한정할 권리가 없다. 나한테는 아메리카버펄로는 '버펄로'다.[17] 1600년대에는 거미뿐 아니라 지렁이, 달팽이도 모두 곤충이라고 불렀다. 언젠가 한번은 어떤 수학자가 나에게 수학적인 정의에 따르면 풀 수 있는 것은 매듭knot이 아니므로 당신은 구두끈으로 매듭을 묶을 수 없다고 한 적도 있다!

누구도 과학자나 수학자에게 일상용어의 의미를 바꿀 권리를 부여한 적이 없다. 이런 논리로, 명왕성도 아직 '행성'이라는 멋진 결론을 얻을 수 있다! 수업시간에 투표를 해본 결과, 451 대 0으로 명왕성은 아직도 행성인 것으로 나왔다. 나는 이 투표에 참가한 학생 수가 국제천문연맹의 의결 수보다 더 많으므로 우리가 이겼다고 본다. 누구도 국제천문연맹에(나도 회원이지만) 그런 결정 권한을 준 적이 없다. 명왕성은 아직도 행성이다. 불평은 여기까지. 다시 허수 이야기로 돌아가자.

학생들을 가르칠 때 종종 아주 똑똑한 학생들도 허수가 나오면 인내심이 한계에 다다르는 것을 본다. 어떻게 존재하지도 않는 것을 다룰 수 있지? 허수와 마주할 때면, 학생들은 우리가 허수를 이해할 수 있도록 만들기 위해 수학이 너무 추상적이고 현실에서 동떨어지게 되었다고 느끼는 것 같다.

과학 용어에 반대하는 사람으로서 나는 허수가 허상이 아니라는 점을 밝혀둔다. 사실 $\sqrt{-1}$은 존재한다. 왜 그런지를 이해하기 위해서 우선 몇 가지 추상적인 수에 대해 알아보자. 숫자 0이 '존재하는가?' 로마인들은 아니라고 생각했다. 그들 생각으로는 존재하지 않는 것은 없다는 것이 자명하다고 보았다. 그 결과로, 로마의 숫자 체계에는 0을 쓸 방법이 없다. 로마인들은 IV 빼기 IV를 그저 빈칸으로 남겨두었다. 그렇지만 빈칸이랑 문제를 풀지 못한 것을 어떻게 구분할 수 있을까? '아무것도 없다'라는 기호를 사용한다는 개념은 로마인들이 해내지 못한 상상력의 도약이었다(프톨레마이오스를 로마인으로 치지 않는다면). 내 생각엔 당시 몇몇 수학자들(혹은 회계사들)은 있으면 편하니까 그런 기호의 사용을 주장했을 것도 같은데, 개념적으로는 아무것도 없는 어떤 것을 기호로 만들어 넣는 것이 어려웠을 것이다. 영은 존재하는가 존재하지 않는가? 그건 그저 당신의 상상 속에 있는 것이다. 안 그런가? 그게 바로 허구적인 것이고. 그렇지 않나?

그리스인들의 수학은 놀라울 정도로 정교했다. 아르키메데스는 구의 부피가 $4/3\pi R^3$이라는 것을 밝히기도 했다. 미적분을 쓰지 않고 직접 유도해보라. 하지만 그들도 알렉산드리아의 프톨레마이오스가 제한된 경우에 사용하기 시작한 서기 130년경까지는 영을 나타내는 기호가 없었다. 그들도 로마인들과 마찬가지로 그저 빈칸으로 남겨두었다.

딸이 다섯 살 무렵에 나와 종종 장난을 치곤 했다. 먼저 내가 "뒷좌석에 누가 앉아 있어?"라고 물으면 딸은 "아무도nobody"라고 답한다. "그 아무도nobody의 창문은 열려 있어?" "아니." "하지만 내 창문은 열려 있는데! 그런데 어떻게 누구의 창문도 열린 게 없다고 할 수 있지?" "아빠!!!!" 딸은 그 짜증만큼 곧바로 똑같이 나에게 말장난을 걸어온다. 내가 일찍부터 추상적인 수학개념을 훈련시키고 있는 것은 알지 못했겠지만 어쨌든 딸은 이 게임을 좋아했다.

그럼 음수는 어떨까? 나는 7학년 때 학생들에게 음수는 존재하지 않는다고 했던 수학 선생님이 떠오른다(최악의 선생님이었다). 그러면서 "그냥 있다고 쳐"라고 말했다. 운 좋게도 나는 또래에 비해 조숙한 편이었고 선생님이 틀렸다고 생각했다. 혼자서 생각하길, "음수는 빚지는 거랑 비슷한 거야"라고 되뇌었던 기억이 난다. 하지만 내 생각엔 그 반의 절반 정도는 그녀의 말 때문에 수학을 포기했을 것 같다. 그 아이들이 존재하지 않는 것을 다루는 데 익숙해지는 일은 없었을 것이다. 하지만 나에겐 음수는 존재하는 숫자였다.

그래서 나는 7학년이었지만 숫자는 대상이 아니라 계산에 유용한 개념이라는 것을 이미 깨달았던 것이다. 숫자는 존재하는 걸까? 아니면 숫자는 그저 우리의 생각을 조직화하는 데 사용하는 추상적 개념일 뿐인가? 이것은 실제로 많은 에세이와 책에 등장하는 '존재'의 의미에 대한 철학적인 질문이다. (내 책장에도 《산타가 존재하는가?》라는 제목의 책이 있는데, 보기와는 달리 '존재'라는 단어의 의미를 파헤치는 진지한 책이다.) 이 책의 뒷부분에서 최근의 물리학 개념 중 '존재할' 수도 아닐 수도 있는 것을 논의할 때 이 주제를 다시 다루도록 하겠다. 양자 파동함수도 이 중의 하나다. 다른 하나는 블랙홀의 슈바르츠실트 표면이다.

고대 그리스인들은 숫자에 대해 오직 정수만이 존재한다고 믿었다 (믿었다는 표현이 정확한 표현이다). 그들은 이 믿음이 자명하다고 보았다. 그 외 숫자들은 모두 22/7와 같이 정수의 비율인 분수로 표시할 수 있다고 생각했다. 피타고라스는 음악에서 음조가 유리수 비율로 되어 있음을 발견한 것으로도 유명한데, 1'옥타브'는 (진동하는 현의 길이가) 정확히 2배임을 의미한다. 옥타브octave는 8음계로 되어 있기 때문에 붙여진 이름이다. 5음계로 구성된 순정 5도는 각 현이 3/2배씩 차이나고, 4도는 4/3배로 구성된다.

그러고는 수학의 역사뿐 아니라 인간의 실제에 대한 이해를 뒤바꿀 놀라운 일이 일어났다. 기원전 600년경, 피타고라스학파가 $\sqrt{2}$가 유리수로 쓰여질 수 없음을 발견한 것이다. 그래서 그들은 $\sqrt{2}$를 '무리수irrational'라고 불렀다. 이성적이지 않다, 미쳤다는 의미로 말이다.

어찌 보면 신비한 수학적 문제일 수도 있겠지만 생각을 해보자. 저 진술이 참이라는 것을 여러분은 어떻게 확신할 수 있을까? 어쨌든 $\sqrt{2}$는 전혀 특별하거나 이상한 숫자가 아니다. 두 변의 길이가 1인 직각삼각형의 대각선 길이와 같다. 물리적인 측정으로는 이 숫자가 무리수라는 결론을 내리는 것은 불가능하다. 가능한 모든 정수의 조합으로 분수를 만들어볼 수는 없을 테니 말이다.

만약에 내가 $\sqrt{2} = 1,607,521/1,136,689$라고 했다고 해보자. 물론 그렇지 않지만 저 분수는 실제 값에 매우 가깝다. 계산기로 분수를 계산한 다음 제곱을 해보거나 엑셀에 넣고 계산해보자.

$\sqrt{2}$ 의 무리수적 성질을 발견함으로써, 피타고라스학파는 비물리적 지식의 실재를 깨닫는 데 중요한 첫걸음을 디딘 것이다. 부록3에 $\sqrt{2}$ 가 무리수의 성질을 가진다는 증명을 실어두었다. 어려운 것이 아니니 한 번 살펴보기 바란다. $\sqrt{2}$ 에 대해서는 뒤에 더 이야기할 기회가 있을 테니 지금은 다시 '허수'의 의미에 대해 고찰하기로 하자.

적어도 $\sqrt{2}$ 는 직각자와 컴퍼스로 그릴 수는 있다. 앞에서 말했듯이 그것은 각 변이 1인 직각삼각형의 빗변 길이와 같다. 하지만 어떤 원의 지름과 둘레의 비율을 나타내는 π는 그렇게 구성할 수가 없다. 훨씬 더 이상한 수인데, 이런 것을 '초월수transcendental'라고 부른다. 초월 명상할 때 그 초월과 같다.

$\sqrt{2}$ 가 무리수라는 사실에서 더욱 놀라운 점은 이것이 역사상 단 한 번만 발견되었다는 것인데, 이것이 얼마나 독특한 사실인지를 단적으로 보여준다. 이 성질에 대한 다른 모든 언급들은 거슬러 올라가면 그리스 수학자들의 연구에 바탕을 두고 있다.

$\sqrt{-1}$은 어떨까? 이것은 정수도, 유리수도, 무리수도, 초월수도 아니다. 허수가 존재하지 않는다는 건 어떤 의미일까? 그건 모든 숫자는 사실 존재하지 않는다는 것과 같은 맥락이다. 그것들은 모두 머리 속에서 어떤 계산을 하기 위한 도구에 지나지 않는다. 어떤 도구가 (0, -7, $\sqrt{2}$ 처럼) 유용하다면 쓰면 그만이다. $\sqrt{-1}$이 앞에서 말한 정수가 아닌 이상한 숫자들 중 하나가 아니라고 해서 그것이 존재하지 않는 것은 아니다. 나나 수학자, 물리학자들에겐 이런 숫자들은 1과 다를 바 없다.

허수의 가장 큰 문제는 그 이름 자체다. 만약 $\sqrt{-1}$을 허수가 아니라 '확장수'라고 불렀다면 학생들에게 울렁증을 선사하지 않았을지도 모른다. 아니면 우리에게 $e^{\pi\sqrt{-1}}+1=0$을 보여준 위대한 수학자 레온하르트 오일러Leonhard Euler의 이름을 따, 'E수'라고 불러야 할지도 모르겠다. 리처드 파인만은 이 방정식을 "수학에서 가장 놀라운 공식"이라고 불렀다. 이 공식은 다섯 가지의 중요한 숫자(자연대수 e, 원주율 π, 허수 $\sqrt{-1}$, 1, 0)를 예상 밖의 방법으로 하나로 묶었고, 후에 전자공학과 양자물리학에서 매우 중요하게 쓰이게 된다. 애석하게도 오일러는 이미 자기 이름에서 딴 e를 자연대수에 써버렸다.

다시 허수 시간으로 돌아가자. 시계에는 허수 $\sqrt{-1}$이 없다. 그저 정수와 시침, 분침뿐이다. 그런데 어떻게 시간이 허수 혹은 확장수가 될 수 있다는 말인가?

정답은 민코프스키의 공식에 있다. 시간은 여전히 시, 분, 초로 표현되며 실수다. 허상인 것은 민코프스키가 만들어낸 추상공간인 시공간이다. 시간은 여전히 실수지만 이 시공간의 축이 되는 것은 실수 시간 t에 허수 i를 곱한 값이다. 그럼에도 불구하고 민코프스키의 개념인 4차원 시공간을 설명할 때면 물리학자들은 it를 '허수 시간'이라고 부른다.

허수 시간과 4차원 시공간

민코프스키의 업적 중 가장 오래 남은 것은 허수 시간이 아니라 '시공간' 개념을 도입한 것이다. 그는 상대성이론에서 새로운 기준 좌표계로 위치와 시간을 계산할 때 사용되는 방정식을 시공간상의 회전으로 볼 수 있다는 것을 밝혔다. 이론물리학자들은 이 아이디어가 매우 매력적이라는 것을 알아차렸다. 이 개념을 사용하면 수식만 가지고 생각하는 게 아니라, 상대성이론의 개념들을 그림으로 생각할 수 있었다. 하지만 그러기 위해서는 4차원 그림을 생각해야 했는데, 몇몇 사람들은 그릴 수 있었지만 대부분의 물리학자들은 문제를 단순화하고 싶어했으므로 공간 차원 하나(앞서 쌍둥이 역설에서 메리가 지구와 별을 오갈 때 그린 직선처럼)와 시간 차원 하나로 줄여서 표현했다. 그러면 시공간 도표를 종이 위에 그릴 수 있게 되어 좌표계의 변환은 단순히 그림을 회전시키기만 하면 끝난다.

처음엔 시공간 개념은 상대성이론의 문제들을 대수적인 문제에서 기하 문제로 바꾸는 데 중요한 역할을 했는데, 이 개념이 아인슈타인에게 미친 영향은 대단했다. 그는 물리학의 모든 방정식을 복잡한 기하 문제로 환원할 수 있는지 탐구했다. 이미 중력장은 등가속과 동일하다는 결론을 얻었기에 중력에 대해 먼저 연구를 시작했고 그 결과로 높은 곳에서 시간이 더 빨리 흐른다는 것을 유추해냈다. 균일한 중력장뿐 아니라 모든 중력장 문제를 기하 문제로 환원할 수 있을까? 전자기력은 어떨까?

내 인생 최고의 연구

아인슈타인은 중력을 기하학적으로 이해하기 위해 10년을 연구했고, 곡률과 신축을 포함하는 임의의 기하학적 구조를 가질 수 있는 시공간 개념을 들고 왔다. 이것은 인류 지성사에서 가장 획기적인 이야기들 중 하나였다. 지구 표면에 산과 계곡이 있듯, 4차원 시공간도 꼬이고 회전하고 압축·팽창할 수 있지만 여전히 연속적이고 부드러운(미분 가능한) 형태를 가진다. 기하학의 시각에서 보면 무거운 천체 주변을 공전하는 행성과 위성들은 그저 '측지선geodesic'이라 불리는 '똑바른 직선'으로 느끼는 길을 따라 직진하고 있을 뿐이다. 뉴턴이 사용한 오래된 중력장의 개념은 사라지고, 주변의 (질량 에너지를 포함하는) 에너지 밀도에 따라 변화하는 기하 구조가 그 자리를 대신하게 되었다.

아인슈타인은 시공간에 담긴 에너지가 시공간의 기하 구조를 결정하는 방정식을 찾는 데 성공했다. 이 접근법에서는 중력장이 필요 없었다. 질량이 있다는 것은 에너지가 있다는 뜻이고 에너지는 시공간을 왜곡시키며, 시공간의 왜곡은 물체가 중력장에 반응하는 것처럼 보이게 만든다. 사실 그들은 그저 복잡한 시공간 속에서 그들이 보기에 직선인 길을 따라 움직이고 있을 뿐이다. 이런 표현 방식에서는 항성 주변을 공전하는 행성도 행성이 느끼기엔 직선으로 움직이는 셈이다. 다만 이 직선은 공간상의 직선이 아니라 시공간상의 직선이다.

1915년 즈음에, 아인슈타인은 최종적인 방정식을 찾았을 뿐 아니라 그것이 옳다는 확신을 가지고 있었다(그리고 곧 전 세계가 그렇게 확신하게 되었다). 방정식의 형태는 아주 단순했다.

$$G = kT$$

여기서 k는 표준 물리학 단위계(MKS)에서 2.08×10^{-43}이다.

저것이 바로 그 일반상대성이론 방정식이다! 모든 복잡한 부분은 G와 T항의 정의 안에 숨어 있다. G는 '아인슈타인 텐서Einstein tensor'라고 부르는 양인데, 시공간의 국부적인 곡률과 밀도를 나타내는 수학적 양이다. 무엇을 의미하는 걸까? 공간은 더 이상 단순하지 않다. 공간은 팽창하거나 줄어들 수 있기 때문이다. 예를 들면 많은 공간을 작은 구역에 우겨넣는 것도 가능하다. 시간에 대해서도 마찬가지인데, 그것이 바로 방정식이 시간 지연을 다루는 방법이다. 근처 구역에 블랙홀이 있다면, 한 곳에서 블랙홀을 가로질러 반대편으로 가는 데 무한한 거리를 가야 한다. 마치 산을 가로지르는 것과 비슷한데, 지도에서 보는 직선거리는 단순히 앞으로만 가는 것이 아니라 오르락내리락 반복하는 것을 포함한다. 하지만 아인슈타인의 이론에는 오르고 내릴 산 대신, 어떤 구역에 다른 구역보다 더 많은 공간과 거리가 우겨져 들어가 있을 수 있는 것이다.

식에서 T는 공간의 에너지와 운동량 밀도를 나타내는 양이다.[18] 이 방정식의 의미는 T로 표현되는 국부적인 영역에 들어 있는 에너지에 따라 시공간의 국부적인 기하 구조가 결정된다는 것이다.

사실, 상수만 빼면 G와 T는 같다. 텅 빈 공간은 $G=0$으로 묘사된다. 그렇다고 이 식이 텅 빈 공간이 언제나 단순한 기하 구조를 가진다는 의미는 아니다. 단지 공간의 곡률을 단순한 방식으로 설명할 수 있음을 의미할 뿐이다. 아인슈타인의 방정식은 지구와 태양 사이의 중력뿐 아니라 블랙홀과 우주의 중력도 설명해준다. 이 방정식의 해는 우주 전체가 유한인가 무한인가 하는 점, 공간의 수축과 팽창, 블랙홀 내부에 바깥의 시간으로는 무한을 뛰어넘는 시간이 있을지도 모른다는 가능성을 내포한다.

아마 가장 놀라운 사실은, 시간과 공간이 늘어나고 줄어드는 효과로 인해 위치는 바뀌지 않지만 가속하는 물체가 있을 수 있다는 점이다. 지구 위 어떤 곳에 앉아 있다면 위로 움직이지 않으면서도 지속적으로 위로 가속하고 있는 것과 같이 느낀다. 이때 연직방향의 가속으로 느끼는 것이 지구의 중력이며, 이 가속도에 의한 효과는 중력에 의한 시간 효과로 생각할 수 있다.

많은 사람들이 물체와 물체 사이의 공간을 찌그러뜨리려면 우리가 알

그림 6.1 알베르트 아인슈타인(1921)

고 있는 네 가지 외에 다섯 번째 차원이 필요하다고 오해하고 있다. 여분의 공간은 다섯 번째 차원으로 휘어져 단순한 경로를 복잡하고 길게 만드는 산과 같은 구조가 있을 것이라고 생각한다. 그런 모양의 다섯 번째 차원은 있을 수도 있지만, 수학적으로는 불필요하다. 공간은 단단히 고정된 형태가 아니다. 어떤 구역region에 포함된 공간space의 크기는 정해진 것이 아니다. 상대성이론에서 말하는 공간의 복잡한 '기하학적' 형태를 설명할 때 여분의 차원을 상상할 필요는 없다. 그저 1905년의 상대성이론에서 설명하듯, 시간 간격과 거리는 유동적이라는 것을 염두에 두기만 하면 충분하다. 당시에도 4미터 장대를 2미터 창고에 집어넣는 데엔 상대성이론의 공간 수축을 설명하는 식으로도 충분했고, 장대를 접기 위해서 숨은 차원 같은 설명은 필요하지 않았다.

특히 일반상대성이론에는 허수가 등장하지 않는다는 점도 눈에 띈다. 결국, 아인슈타인은 허수를 포함하지 않는 시공간의 수학적인 접근법을 찾아내서 발전시켰다. 그가 허수를 제외한 것은 물리학적이지 않아서가 아니라, 비유클리드 리만 기하학이라고 불리는 수학적 접근을 찾았기 때문이다. 그는 그것을 이용해 계산 과정을 더 우아하고 강력하게 만들었고, 새로운 상황에 쉽게 적용하고 해석할 수 있게 되었다.

그리고 태양 주변을 돌 때처럼 약한 중력장(블랙홀은 강한 중력장을 가지고 있다)에서는 아인슈타인의 방정식은 질량 M인 물체에 의한 중력가속도가 $a = GM/r^2$이라고 표현하는 뉴턴의 중력방정식과 구분이 되지 않는다. 뉴턴의 방정식은 매우 잘 맞아떨어지긴 하지만 더 정확한 아인슈타인의 일반상대성이론 방정식의 근사에 지나지 않는다. 아인슈타인과 함께 양자물리학의 창시자 중 하나인 닐스 보어Niels Bohr는 후에 이런 특성을 '대응 원리correspondence principle'라고 불렀다. 새 이론은 과거 이

그림 6.2 시공간의 곡률을 설명하는 캘빈

론이 잘 맞을 거라고 생각하는 영역에서는 반드시 과거 이론과 일치하는 결과를 내놓아야 한다는 것이다. 일반상대성이론에서는 낮은 속도와 약한 중력일 경우에 해당한다.

하지만 새로운 중력이론과 뉴턴의 이론 간에 차이는 있었다. 1915년에 아인슈타인이 새로운 방정식으로 계산한 바에 따르면 태양을 공전하는 수성의 궤도는 단순한 타원이 아니라 천천히 축이 이동하는 타원이었다. 이 계산 결과는 지난 50년간 과학자들을 괴롭혔던 수수께끼를 설명해냈다. 수성의 궤도는 조금씩 움직이는 것이 관측을 통해 알려져 있었고, 이 현상은 근일점 이동advance of perihelion이라 불리고 있었다. 어떤 조정이나 부가적인 숫자 없이, 아인슈타인의 방정식은 이 근일점 이동을 정교하게 설명했다. 근일점 이동은 1859년부터 알려져 있던 현상이라 예측이라기보다는 사후 추정이었지만 말이다.

아인슈타인이 처음으로 수성의 궤도를 계산해낸 결과가, 이미 잘 알려져 있지만 설명되지 않았던 근일점 이동과 맞아떨어진다는 것을 발견했을 때의 심정을 나로서는 상상하기 어렵다. 그는 1913년 미헬레 베소Michele Besso와의 공동 연구로 이 결과를 발견했는데 얼마 뒤 아들 한스에게 보낸 편지에 이렇게 쓰고 있다. "방금 내 인생 최고의 연구를 마쳤

단다." 당시에 이미 상대성이론을 발명하고, 브라운 운동의 해석을 통해 원자가 실재한다는 것을 증명하고, 광전 효과에 대한 논문으로 양자물리학의 기초를 세운 거장이 이러한 표현을 쓴 것이다.

특별하고 역사적인 1916년의 논문에 함께 묶여 출판된 1915년의 연구에서 아인슈타인은 또 다른 두 가지 예측을 제시했다. 그는 태양에 근접한 곳을 지나는 별빛이 1.75각초만큼 휘어질 것이라고 예측했다. 몇 년후, 뒤에서 계속해서 다루게 될 물리학자 아서 에딩턴이 개기일식 중에 이 어렵고 복잡한 측정을 해냄으로써 그 예측이 맞다는 것을 확인했다. 에딩턴의 관측 결과로 아인슈타인은 전 세계에 명성을 떨치게 되었다. 높은 고도에서 시간이 더 빠르게 흐를 것이라는 예측은 44년이 지난 후에야 파운드와 레브카에 의해 확인되었다.

시공간

민코프스키와 아인슈타인이 시공간의 개념을 도입하자, 모든 다른 물리학 이론들이 네 개의 차원을 가지는 것으로 쉽게 해석되었다. 에너지와 운동량은 이전까지 서로 관계가 있으면서도 독립된 것으로 여겨졌지만 4차원상의 물체의 운동을 설명하는 요소로 통합되었다. x, y, z 방향으로 3개의 운동량 요소는 4차원 에너지-운동량 벡터의 3개 요소가 되고, 네 번째 요소가 바로 에너지다. 민코프스키와 아인슈타인이 시간과 공간을 통합한 것과 같은 맥락에서, 아인슈타인이 운동량과 에너지를 '통합'했다.

다른 물리량들도 이 '아름다운' 수학적 표현의 영역으로 들어왔다. 전기장과 자기장은 더 이상 분리된 양이 아니라 '텐서'라는 4차원 물리량의 요소로 표현되었다. 놀랍게도 좌표계를 회전시키면 전기장을 자기장으로 바꾸거나 그 반대로도 바꿀 수 있다. 회전에 관계된 수학은 근본적으로 로렌츠/아인슈타인 변환과 동일하다. 전문 용어로는 이 성질을 '상대론적 공변relativistic covariance'이라고 부른다. 이 회전 공식들은 전기장과 자기장의 관계를 표현하는 고전적인 '맥스웰 방정식'과 수학적으로 동일하다는 것이 밝혀졌다. 모터나 발전기를 설계할 때 사용되는 그 방정식 말이다. 그것은 물리학의 통합으로 가는 멋진 한 발자국이었다.

아인슈타인은 계속해서 놀라운 업적들을 이어나갔다. 일반상대성이론의 초기 논문을 마무리하고 얼마 지나지 않아서, 이전에 발견되지 않은 '유도 방출stimulated emission'이라는 현상을 예측하는 내용을 포함하는 빛의 방출에 대한 몇 편의 논문을 썼다. 그의 연구는 1954년 찰스 타운스Charles Townes에 의해 레이저의 발명으로 이어졌다. 레이저laser는 "유도 방출에 의한 빛의 증폭light amplification by stimulated emission of radiation"의 약어다.

아인슈타인은 1905년의 상대성이론을 기하학을 통해 물리학을 이해하려는 프로그램의 첫 단계로 보았다. 등가 원리를 통해 여기에 중력을 더했다. 하지만 그는 여기서 끝이 아니라고 생각했다. 그는 전자기학도 중력처럼 기하학적인 이론으로 바꾸고 일반상대성이론과 묶고 싶었다. 1928년에 그 작업을 위해 '통일장 이론unified field theory'에 대한 일련의 논문을 시작했다. 오늘날 대부분의 과학자들이 이 시점에서 마침내 그가 잘못된 길로 접어들었다고 보는 것은 아마도 그가 베일을 벗기는 데 기여했던 양자물리학을 통일장 연구에 포함하지 않았다는 것 때문이리라.

근래에 비록 기하학에 바탕을 둔 것은 아니지만 양자물리학을 결합함으로써 많은 이론물리학자들은 드디어 아인슈타인이 꿈꾸었던 통일된 이론에 다가갔다고 믿고 있다. 일반상대성이론과 양자물리학을 결합하는 이 이론은 '끈 이론string theory'이라고 부르는 것인데, 중력과 전기력, 자기력 그리고 방사성 붕괴를 일으키는 '약한' 핵력과, 어마어마한 전기적 반발력에도 불구하고 원자핵을 하나로 붙들어주는 '강한' 핵력을 모두 하나로 통합하는 것이다.

끈 이론은 선풍적인 인기를 일으켰고 많은 대중서적들이 쏟아져 나왔다. 하지만 그 끈 이론은 우리가 찾던 해결책이 아닌 것 같다는 게 내 생각이다. 끈 이론은 새로운 입자의 존재에 대해 많은 예측을 내놓았지만 아직 확인되지 않았고, 내놓은 예측 중 옳다고 확인된 것도 없다. 어떤 이들은 끈 이론의 가장 강력한 증거로서, 표준 양자물리학을 적용할 때 나타나는 무한대를 제거하기 위해 어떠한 임의의 (타당성을 밝히기 어려운) 계산적 요령을 부리지 않아도 되면서 수학적으로 정합성이 있다는 것을 근거로 든다. 어떤 사람은 끈 이론의 가장 위대한 업적이 "중력의 존재를 예측한" 것이라고 말하기도 한다. 물론 중력은 끈 이론보다 훨씬 오래전부터 알려져 있었지만, 여기서 말하는 것은 끈 이론에서는 중력이 다른 힘들에 비해 상대적으로 약할 수밖에 없다는 사실을 뜻한다.

이론적으로 추가된 부분 없이도 아인슈타인이 연구 결과를 내놓고 얼마 되지 않아서 놀라운 현상들이 일반상대성이론 안에서 발견되었다. 이 이론은 매우 밀도 높은 천체를 비롯해 우주 전체에 적용할 수 있었다. 맨해튼 프로젝트의 책임자이자 원자폭탄의 '아버지'로 불리는 로버트 오펜하이머Robert Oppenheimer는 일반상대성이론 방정식을 이용해 매우 무거운 별이 붕괴하는 과정에서 블랙홀이 생길 수 있음을 보인 장본인이다. 실은 지구에서 (천문학자들 표현으로) 겨우 6,000광년 떨어진 거리에도 블랙홀이 있는 것으로 보인다. 블랙홀에 대한 이론적 연구는 우리가 가진 기존의 시간 관념에 도전장을 내밀 새로운 방식으로 시간을 다시 생각하도록 만들었다.

7   무한, 그 너머

블랙홀 근처의 시간은 대부분의 사람들이 생각하는 것보다
훨씬 이상하다……

무한한 공간 저 너머로!

―버즈 라이트이어, 〈토이 스토리〉

물리학자들은 종종 자기가 만든 방정식 때문에 혼란을 겪는다. 뚜렷하게 아주 놀라운 결과라 하더라도 식이 가지는 함의를 잡아내는 것이 언제나 쉬운 일은 아니다. 보통은 방정식을 이해하기 위해서 극단적인 사례를 통해 무슨 일이 일어나는지 따져보게 된다. 그리고 그중에서도 아마 블랙홀의 극단만큼 더 극한인 것은 이 우주에 없을 것 같다. 블랙홀을 들여다봄으로써 시간의 매우 특이한 측면에 대한 중요한 직관을 얻을 수 있다.

당신이 태양 정도 질량을 가지는 아주 작은 블랙홀에서 1,000마일쯤 떨어진 꽤 큰 궤도를 돌고 있다면 딱히 특별하다고 느낄 건 없을 것이다. 그저 보이지 않는 어떤 무거운 물체 주위를 공전하고 있을 뿐이다.

궤도를 돌고 있기 때문에 우주비행사들이 그러하듯 무게를 느낄 수 없다. 블랙홀은 당신을 빨아 당기지 않으므로, (많은 과학소설들이 묘사하는 것과 달리) 빨려 들어가는 일도 없다. 만약 이 정도 거리에서 태양 둘레를 돈다면 당신이 태양 내부에 있는 상황이므로 수백만 분의 1초 만에 바삭바삭하게 구워질 테지만, 블랙홀은 검다. (마이크로 블랙홀은 빛을 방출하지만 큰 블랙홀에서 나오는 양은 매우 적다.)

궤도 한 바퀴의 거리는 1,000마일 반지름에 2π를 곱하면 된다. 동료도 블랙홀 주변을 돌고 있는데 정반대편에서 출발하여 당신과 반대방향으로 돌고 있다면 각자 4분의 1바퀴만큼을 돌면 만날 수 있다. 하지만 동료가 지름방향으로 반대편에 있다면 둘 사이의 직선 경로상 거리는 무한대다. 블랙홀 주변에는 공간의 밀도가 높기 때문이다.

역추진 로켓을 분사해서 궤도 공전을 멈추게 되면 여느 무거운 물체 쪽으로 인력을 느끼는 것처럼 당신이 블랙홀 쪽으로 끌려가게 될 것이다. (인공위성을 궤도에서 벗어나게 해서 재진입시키는 것도 바로 이 방식이다. 역추진 로켓으로 인공위성을 감속시켜 중력이 잡아당기게 한다.) 당신의 기준 좌표계로 10분이 지나기 전, 10분간의 나이를 먹기 전에 당신은 블랙홀의 표면인 (3장에서 언급했던) '슈바르츠실트 반지름'에 도달하게 된다. 이제 시간에 대한 놀라운 일이 벌어진다. 낙하를 시작한 지 10분 후, 그 표면에 닿을 때 궤도 정거장에서 측정한 시간은 무한대가 된다.[19]

그렇다. 외부 관찰자의 좌표계에서 측정하면 블랙홀에 떨어지는 데에는 무한대의 시간이 걸린다. 떨어지고 있는 당사자의 가속하는 좌표계에서는 10분밖에 걸리지 않는다. 11분째 되는 순간엔 바깥의 시간은 무한대를 넘어서게 될 것이다.

말도 안 돼! 그럴 수도 있겠지만, 고전적인 상대성이론에서는 사실이다. 물론, 이런 역설을 겪어볼 방법은 없다. 무한을 넘어선 시간이 흐르는 건 블랙홀의 외부이고, 일단 블랙홀에 들어간 관찰자는 영원히 그 안에 머무르게 되기 때문이다. 따라서 이 경우는 모순을 확인할 길이 없다. 이것은 소위 물리학자들이 '검열censorship'이라 부르는 것의 한 예다. 이 모순은 관측이 불가능하므로 진정 모순인 것은 아니다.

여러분은 블랙홀 바깥의 시간이 "무한대를 넘어서 흘렀지만 알 수는 없다"라는 결론에 만족하는가? 아닐 것 같다. 내겐 너무나 지루했다. 사실 시간에 대한 모든 것이 다 지루한 얘기였다. 또 다른 검열된 모순인 양자 파동함수와 얽힘에 대해서는 뒤에서 다시 보게 될 것이다. 이런 예제들은 우리의 실재 감각에 의문을 던지며 찝찝한 기분을 남긴다. 니체는 말했다. 오랜 시간 심연을 들여다보면 심연 또한 그대를 들여다볼지니.

블랙홀은 빨아들이지 않는다

다시 앞에서 했던 이야기로 돌아가 보자. 나는 블랙홀은 같은 질량을 가진 다른 물체와 마찬가지로 당신을 빨아들이지 않고 궤도를 돌게 할 수 있다고 말했다. 수성이 태양과 똑같은 질량의 블랙홀을 공전하고 있다고 해보자. 이때 궤도는 어떻게 달라질까? 대중적인 믿음에 따르면 블랙홀은 작은 행성을 빨아 당길 것이다. 하지만 일반상대성이론에 따르면 궤도에는 전혀 차이가 없다. 물론 수성은 더 이상 뜨겁지 않을 것이다. 작열하는 태양빛은 사라지고 블랙홀의 차가운 어둠이 그 자리에 있을 테니.

수성은 반지름이 3,600만 마일인 거리에서 태양을 공전하고 있다. 당신이 태양 중심에서 100만 마일 떨어진 거리, 즉 태양 표면 바로 위 높이에서 궤도를 돌고 있다고 해보자. 열이나 태양 대기에 의한 끌림 항력을 무시한다면 대략 10분 정도에 출발점으로 돌아오는 원 궤도를 돌게 될 것이다. 그럼 여기서 태양을 태양과 질량이 같은 블랙홀로 바꿔보자. 당신은 여전히 10분에 한 바퀴를 돌게 된다. 같은 거리에서라면 중력은 태양일 때의 중력과 동일하다. 뭔가 특별한 효과를 경험하려면 블랙홀에 매우 가까이 다가가야만 한다. 다른 천체와 마찬가지로 가까워질수록 궤도를 유지하기 위한 속도는 더욱 높아진다. 경험으로 볼 때, 블랙홀에 아주 가까이 다가가 궤도를 도는 속도가 광속에 가까워지기 전에는 큰 차이를 느낄 수 없을 것이다.

태양에서 중력이 가장 강한 곳은 지구와 마찬가지로 표면이다. 표면 아래로 내려가면 그 아래에서 나를 잡아당기는 질량은 표면에 있을 때보다 작다. 태양의 중심이라면 중력은 영이 된다.

블랙홀의 경우는 표면이 중심에 가깝다. 앞에서 언급한 슈바르츠실트 방정식에 따르면 태양 질량 블랙홀의 반지름은 약 2마일이다. 10마일 거리에서 궤도를 돌기 위해 필요한 속도는 광속의 3분의 1 정도로 한 바퀴 도는 데 1,000분의 1초 정도 걸리게 되는데, 이런 환경에서 계산을 할 때는 반드시 상대성이론을 고려해야 한다.

광속에 이르기, 무한을 넘어서기

블랙홀에 가까이 다가가면 시간은 매우 느리게 흐르고 궤도를 도는 거리는 작을지라도 당신과 블랙홀 사이에는 어마어마한 공간이 존재한다.

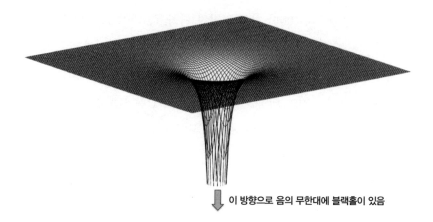

⬇ 이 방향으로 음의 무한대에 블랙홀이 있음

그림 7.1 2차원 블랙홀의 도해. 한 바퀴를 도는 거리는 일상 공간과 같지만, 빛이 도달하는 데 걸리는 시간으로 측정한 블랙홀까지의 거리는 무한대로 나타난다.

물리학과 학생들에게 공간은 일반적으로 〈그림 7.1〉에서 보는 것처럼 묘사된다. 이 그림을 2차원(평면)에 있는 블랙홀을 나타내는 거라고 생각하자. 블랙홀 자체는 저 굽은 공간이 이어지는 아래쪽 중심에 있다.

이런 그림은 유용하긴 하지만 오해의 소지가 있다. 블랙홀 가까이에 있는 막대한 공간을 수용하는 것을 표현하기 위해서 공간이 다른 차원(여기서는 아래쪽 방향의 차원)으로 휘어지는 것처럼 보이기 때문이다. 실은 그런 차원은 필요하지 않다. 공간은 그저 상대성이론의 길이 수축 효과에 의해 압축된 것뿐이다. 이런 그림은 대중적인 영화에서 블랙홀을 묘사할 때도 사용된다. 영화 〈콘택트〉(1997)에서 조디 포스터가 웜홀로 들어갈 때도 〈그림 7.1〉과 매우 비슷한 경치가 펼쳐진다. (웜홀은 마치 두 개의 블랙홀이 슈바르츠실트 반지름에 닿기 전 영역을 맞붙여놓은 것처럼 생겼다. 한쪽으로 들어가면 다른 한쪽으로 튀어나온다.) 사실, 저 그림은 실제 블랙홀의 모습과 전혀 비슷하지도 않다. 질량을 가진 다른 물체가 함께 낙하하고 있는 것이 아니라면, 블랙홀은 그저 완전히 검은 구체로 보일 뿐이다.

그것을 염두에 둔다면, 이런 그림은 어느 정도 유용하다. 블랙홀의 기본적인 성질을 잘 보여주고 있어서 간단한 질문에 답하는 데도 유용하다. 이를테면 바깥(상대적으로 평평한 영역)에서 블랙홀 표면까지의 거리는 얼마인가? 정답은 무한대. 낙하하는 과정을 측정하면 당신은 영원히 낙하하는 무한히 깊은 곳에 있다.

아까는 10마일 거리라고 하고서는 블랙홀 표면까지 거리가 무한대라니? 사실 일부러 오해하도록 만들었다. 10마일은 일반적인 좌표계에서의 거리다. 여기서 반지름은 블랙홀의 둘레가 $2\pi r$이라고 했을 때, 일상 공간에서 계산하는 것처럼 구한 값이다. 〈그림 7.1〉에서 일상적인 x, y 좌표는 눈금에 해당한다. 이제 블랙홀 근처에서 그 한 칸이 얼마나 멀어지는지 살펴보라. 간격이 넓어지는 것은 그 자리에 그만큼의 공간이 있음을 보여주는 것이다. 물리학자들은 방정식에서 이런 일상 좌표를 사용하지만 3마일 표지와 4마일 표지 사이가 사실은 1,000마일일 수도 있다는 것을 염두에 둔다. 여기서는 일상적인 기하학이 통용되지 않기 때문에 거리를 구할 때 두 점의 좌푯값 차이를 따지는 방식으로는 계산할 수가 없다.

블랙홀은 없다

블랙홀로 추정되는 천체의 목록은 천체물리학 책이나 인터넷에서 쉽게 찾아볼 수 있다. 위키피디아의 블랙홀 목록에 70여 개 넘게 들어 있다. 여기 문제가 있다. 나에겐 이 중에 진짜 블랙홀은 하나도 없다고 생각할 만한 이유가 있다.

천문학자들이 블랙홀 후보를 확인하는 방법은 우선 태양의 몇 배 이상의 질량을 가지면서도 빛이나 전자기파를 거의 내지 않는 천체를 찾는 것이다. 후보 천체 중 어떤 것은 X선 버스트를 방출하는데, 이것은 물질들(혜성? 행성?)이 빨려 들어가다가 물체 내부에 걸리는 중력의 차이(조석력)로 인해 조각나고 가열되면서 X선을 방출하는 것으로 추정된다. 또 다른 후보들은 태양 질량의 수억 배에 달하는 초대질량 블랙홀이다.

그런 초대질량 블랙홀 중 하나가 우리은하 중심에도 있다. 이 중심에 매우 가까운 곳에서 공전하고 있는 별들은 매우 빠른 속도로 움직이고 있어서 매우 큰 질량이 그곳에 있음을 시사한다. 하지만 그곳에 빛은 없고, 그 점으로 보아 이 별들을 잡아당기는 것은 별 그 자체가 아니다. 물리학 이론에 따르면 그 정도의 질량이 모여 있으면서 아무것도 방출하지 않는 것은 블랙홀밖에 없다고 한다.

그럼 왜 내가 그 목록에 진짜 블랙홀이 없다고 하는 걸까? 앞에서 계산으로 블랙홀에 낙하하는 데는 무한한 시간이 걸린다고 보였던 것을 떠올려보자. 비슷한 계산으로 유추해보면 블랙홀이 형성되는 데에도 우리의 시공간 좌표계에서 보면 무한한 시간이 필요하다는 것을 알 수 있다. 모든 물질들은 사실상 무한대의 거리를 낙하해야 한다. 따라서 블랙홀이 우주가 생성될 당시부터 이미 존재했거나 원시 블랙홀[20]이 아니라면, 밖에서 보는 우리 시각에서는 블랙홀을 구성하는 물질들이 무한한 거리를 낙하해서 진짜 블랙홀을 형성할 만큼의 시간은 없었을 것이므로 어떤 것도 진정한 블랙홀 상태에 도달하지 못한 것이다. 또한 이 중 어떤 것도 원시 블랙홀이라고 생각할 근거가 없다. (비록 어떤 이들은 이 중 한 개 이상이 원시 블랙홀일 거라고 보고 있지만.)

조금 더 현학적으로 얘기해볼까. 블랙홀에 떨어지는 데에는 영원한 시간이 걸리지만, 당신이 시계를 차고 뛰어든다면 그 시계로는 단 몇 분 안에 제법 깊이 내려갈 수 있다. 바깥에서 보면 당신은 영원히 표면에 닿지 못하고 상대적으로 즉시 아주 납작한 크레프 모양으로 찌그러지게 될 것이다. 그러므로 어떤 면에선 거의 문제가 되지 않는다고도 볼 수 있다. 1990년에 스티븐 호킹이 백조자리 X-1이 블랙홀이냐 아니냐를 두고 1975년에 킵 손과 걸었던 내기에 졌음을 시인한 것도 그런 이유일 수 있다. 기술적으로는 손이 아니라 호킹이 옳았다. 백조자리 X-1은 블랙홀이 되는 과정의 99.999퍼센트까지 진행되었지만 호킹과 손의 좌표계에서는 100퍼센트가 되려면 앞으로도 영원한 시간이 걸릴 것이다.

한 가지 특별한 종류의 양자 허점 조건loophole이라면 블랙홀이 존재하지 않는다는 내 주장을 피할 수도 있을 것이다. 비록 아인슈타인의 일반상대성이론에서라면 블랙홀이 완성되는 데에는 영원한 시간이 걸리겠지만, '거의' 완성되는 단계까지 가는 데에는 아주 오래 걸리진 않는다. 물체가 슈바르츠실트 반지름의 두 배가 되는 지점부터 양자 효과가 크게 나타나는 거리(뒤에서 논할 '플랑크 거리')까지 가는 데에는 1,000분의 1초도 걸리지 않는다. 그런 지점에서는 일반적인 상황의 일반상대성이론이 성립할 거라고 기대하기 어렵다.

그 다음엔 어떻게 될까? 사실 우리도 모른다. 많은 사람들이 그 이론을 연구하고는 있지만 아직 아무것도 관측되거나 확인된 바는 없다. 호킹이 백조자리 X-1이 블랙홀이냐 아니냐를 두고 손과 했던 내기에 패배했음을 인정한 것은 흥미로운 일이다. 아마 충분히 블랙홀에 가까운 상태라서 별 문제가 되지 않는다고 생각했을 수도 있고, 양자물리학에서는 무한대의 시간이 걸린다는 계산의 타당성을 의심해보아야 한다는 지점에 설득된 것일 수도 있다.

적어도 외부 관찰자의 현재 시점에서 블랙홀은 아직 존재하지 않는다고 하는 사실은 일반적으로 비전문가들에게는 언급조차 되지 않는 미묘한 부분이다. 하지만 이것으로 내기를 해서 이길 수는 있을 것이다.

또 다른 광속 허점 조건

앞서 5장에서 1g로 가속하는 관성계에서 당신과 멀리 떨어진 물체 사이의 거리가 광속의 2.6배로 변하는 사례를 보였다. 또 로렌스 버클리 연구소에 있는 전자가속장치인 BELLA를 이용하면 전자의 고유 좌표계 기준으로 시리우스까지의 거리가 광속의 86억 배로 변화한다. 더 빠르게 할 수도 있다. 무한대의 속도로 거리를 바꿀 수도 있다. 여기서 알아보자.

여러분과 내가 공간상으로 몇 피트 정도 떨어져 있고 주변엔 아무것도 없다고 가정하자. 우리의 고유 좌표계는 동일하고, 둘 다 정지 상태에 있다고 하자. 이제 몇 킬로그램 정도밖에 안 나가는 작은 (완전히 형성된) 원시 블랙홀이 있다고 해보자. 이 블랙홀을 당신과 나 사이에 끼워넣자. 이 블랙홀의 인력은 같은 무게의 다른 물체들과 다를 바가 없으므로 딱히 별다른 힘을 느낄 수는 없다. 하지만 블랙홀을 끼우면 당신과 나의 직선거리는 무한대가 된다. 앞에서 봤던 블랙홀 그림에서도 이것을 확인할 수 있다. 우리 사이의 거리는 달라졌지만 우리의 위치는 그대로다.

그럼 우리는 '움직였나?' 그렇지 않다. 당신과 나 사이의 거리가 바뀌었나? 그렇다. 그것도 어마어마하게. 공간은 유동적이고 변형될 수 있다. 늘어날 수도 압축될 수도 있다. 무한한 밀도의 공간이라도 질량은 가볍기 때문에 쉽게 이리저리 옮겨 다닐 수 있다. 그 말은 물체 사이의 거리는 임의의 빠른 비율로 바뀔 수 있다는 뜻이다. 심지어 몇 초 만에 몇 광년 혹은 그보다 더 빠를 수도 있다. 사실은 전혀 움직이고 있지 않은데도 엄청난 속도로 움직이는 것과 같다.

앞서 말했지만, 이런 개념들은 뒤에 현대 우주론을 다룰 때 매우 중요한 것들이다. 특히, 이것들은 우주가 이토록 넓으면서도, 충분한 시간이 흐르지 않았음에도, 이토록 놀라울 정도로 균일하게 보이는 역설을 설명하는 인플레이션 이론의 근간이 된다. 자세한 것은 뒤에 다시 설명하겠다.

웜홀

웜홀은 블랙홀과 비슷한 가상의 물체지만, 블랙홀처럼 공간이 큰 질량을 가지는 물체 쪽으로 휘는 대신 한쪽 끝이 다시 넓어져 다른 공간에서 나타나게 된다. 가장 단순한 형태의 웜홀은 두 개의 블랙홀 비슷한 것이 밑바닥 가까운 지점을 맞대고 이어진 형태다. ('비슷한' 것이라고 한 것은 그 안으로 떨어지면 일정한 시간 후에 다른 공간으로 튀어나오기 때문이다.) 그런 일이 일어나려면, 공간이 접혀 있는 형태를 상상하면 되는데, 웜홀의 다른 쪽 구멍은 그 접힌 공간을 가로지르는 것이다(그림 7.2). 하지만 그런 것을 상상할 필요는 없다. 블랙홀의 바닥은 밖에서 볼 땐 무한대 거리라고 했던 것을 상기해보자. 웜홀은 그다지 깊지 않아도, 어디든 갈 수 있다.

단순 웜홀의 문제점은 불안정하다는 것이다. 휘어진 공간을 그 자리

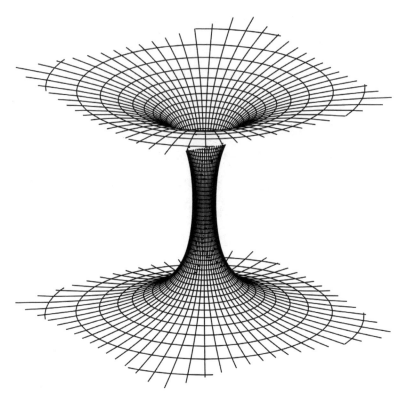

그림 7.2 2차원 웜홀의 개념도. 두 개의 블랙홀에 가까운 구멍이 시공간의 두 지점을 잇고 있다. 한쪽으로 떨어지면 다른 쪽으로 튀어나오게 된다.

에 붙잡아둘 질량이 없기 때문에 웜홀은 사람 하나 지나갈 새도 없이 붕괴되는 것으로 예상된다. 어쩌면 광산이 무너지지 않게 지지대를 세우듯 웜홀을 안정화시킬 수도 있겠지만 현재 이론에 따르면 그러기 위해서는 아직 발견된 적이 없는 특이한 입자가 필요하다. 그 입자는 자신이 만든 장에서 음의 에너지를 가져야 한다. 그런 장의 존재 자체는 가능할 수도 있다. 적어도 그것을 배제할 수는 없다. 그래서 과학소설에서는 그것을 바탕으로 상상의 나래를 펼쳐, 미래에는 안정적이고 유용한 웜홀을 가지게 될 수 있다고 가정한다.

웜홀은 현대 과학소설에서 수광년 거리를 빠르게 여행하게 해주는 전통적인 도구다. 〈스타트렉〉과 〈닥터 후〉에서도 4차원 시공간을 5차원으로 휘게 만들어서 멀리 떨어져 있는 대상을 가깝게 만든다는 워프 드라이브가 등장한다. 영화 〈듄〉의 설정에서도 길드가 공간을 휘게 만드는 특수한 물질인 '스파이스'를 이용한다. (소설에서는 그냥 광속보다 빠르게 이동한다고 표현하고 있지만 영화에서는 상대성이론적인 묘사를 시도했다.)

웜홀은 SF 팬들에게도 매력적인 소재인데, 몇몇 물리학자들이 웜홀을 이용해서 과거로 가는 시간여행이 가능하다고 주장하기 때문이다. 시간의 흐름과 '지금', 시간여행의 의미에 대해 깊게 파헤치다 보면 왜 내가 웜홀을 통하여 과거로 가는 시간여행이 가능하다는 것에 동의하지 않는지 알게 될 것이다.

우리가 시간이 왜 흐르는지에 대해 알지 못하면서도 서로 다른 장소에서 상대적인 시간의 흐름과 그 흐름이 서로 다른 속도로 나타나는 것에 대해 정확하게 설명할 수 있다는 것은 놀라운 일이다. 시간은 물리학에 기반해서 늘어나거나 줄어든다. 다음에 설명할 물리학 이론도 시간이 흐르는 속도를 설명하지는 못했지만, 우리에게 시간의 방향성에 대한 단순한 의문을 던져주었다. 왜 시간은 뒤가 아니라 앞으로 흐르는가?

2부   부러진 화살

8 혼란의 화살

에딩턴은 엔트로피가 증가하는 것이
시간이 미래로 흐르는 것을 설명할 수 있다고 제안했다.

왕의 모든 말馬들과 모든 신하들도
험프티를 다시 하나로 붙일 수는 없었답니다.

—마더 구스

아인슈타인은 시간을 이해하는 데 어마어마한 진보를 이루었지만 가장 근본적인 성질인 시간의 흐름을 설명하는 데에는 완전히 실패했다. 시간은 그저 단순한 네 번째 차원이 아니었다. 다른 차원과는 태생적으로 달랐다.

시간은 계속 흘러간다. 게다가 과거는 미래와 굉장히 다르다. 우리는 과거에 대해 훨씬 많은 것을 알고 있다. '지금'은 시간축을 따라 앞으로 나아간다. 왜? 뒤로 갈 수는 없는 걸까? H. G. 웰스의 타임머신의 작동 방법을 알아내서 만들 수는 없을까? 적어도 부모님들이 우리에게 해준 말씀대로라면 우린 미래를 바꿀 수 있다. 과거는 왜 안 될까? 아니면 바꿀 수 있을까?

아서 에딩턴은 이 수수께끼를 파헤쳐보았다. 에딩턴은 물리학자, 천문학자, 철학자이자 최신 과학을 대중에게 소개하는 사람이었다. 그는 직접 어려운 실험들을 고안하고 수행했으며, 새로운 이론들을 전개했고 중요한 물리학 개념에 그의 이름을 붙이기도 했다. 1919년 어느 인터뷰에서 일반상대성이론은 너무 어려워서 전 세계에 그것을 진정으로 이해하는 사람이 세 명뿐이라는 이야기를 듣게 되었다. 소문에 따르면 그는 이렇게 대답했다고 한다. "세 번째는 누군가요?"

에딩턴은 태양을 지나는 빛의 휘어짐을 처음으로 측정했는데, 이것은 아인슈타인이 주장한 휘어진 시공간을 증명할 중요한 실험이었다. 평소에는 태양빛에 가려 보이지 않던 별들을 볼 수 있는 개기일식을 이용해 1919년에 이 어려운 측정을 해냈다. 이 실험으로 아인슈타인은 세계적인 명성을 얻었고, 에딩턴도 마찬가지였다.[21]

에딩턴은 물리적인 현상에 대해서도 깊이 생각했다. 그 예로, 천문학자와 천체물리학자에게 익숙한 항성의 내부에서 바깥으로 향하는 별빛의 압력과 안으로 잡아당기는 중력의 균형을 설명하는 '에딩턴 한계 Eddington limit'가 있다. 이 개념은 거성들뿐 아니라 퀘이사 같은 특이한 천체를 이해하는 데도 실마리를 제공한다.

에딩턴은 아인슈타인의 위대한 업적에도 불구하고 시간에 대해서는 여전히 풀리지 않은 미스터리가 많다는 것을 알고 있었다. 에딩턴은 1928년에 쓴 《물리적 세계의 본성》에서 다음과 같이 말하고 있다.

시간의 대단한 점은 끊임없이 흐른다는 것이다. 하지만 이런 면은 물리학자들이 때로 무시하고 싶은 것이기도 하다.

그 책에서 에딩턴은 '지금'의 의미에 대해서 설명하지 않았고, 시간이 흐르는 이유에 대한 통찰을 제시하지도 않았지만, 가장 널리 통용되는 시간의 '방향성'에 대한 설명을 제시했다.

에딩턴은 "시간은 왜 앞으로만 흐르는가?"라고 질문을 던졌다. 대부분의 사람들은 처음 그 질문을 듣고 마치 "왜 우리는 미래가 아니라 과거를 기억하는가?"라는 질문과 마찬가지로 멍청한 질문이라 여겼다. 이런 질문들은 깊이 들여다보기 전까지는 실없는 소리로 보일 수도 있다. 물리학은 딱히 미래와 과거를 구분하지 않는 것처럼 보인다. 모든 법칙들은 시간을 뒤로 돌려도 잘 적용된다. 과거를 안다면 고전 물리학을 이용해서 미래를 예측할 수 있다. 또 미래를 알고 있다면 같은 법칙들을 이용해서 과거에 무슨 일이 있었는지를 알아내는 것도 가능하다. 에딩턴은 그저 어이없는 질문만 던진 것이 아니라 지금까지도 물리학자들을 매료시키고 흥미를 불러일으키는 해답도 제시했다.

시간의 방향성에 대한 그의 아이디어를 설명하기 위해서 에딩턴은 일련의 사건들을 시간의 함수로 표현하는 그림을 떠올려보라고 한다. 그는 그것을 앞서 6장에 설명했던 헤르만 민코프스키를 참조해서 '시공간 도표'라고 부른다. 하지만 이번엔 좀 덜 추상적인 버전으로, 중요한 요소들을 전부 담고 있는 영화 필름의 일부를 생각해보자. (예전에는 영화가 지금처럼 저장장치에 디지털로 기록된 것이 아니라 여러 장의 사진이 담긴 연속 필름에 기록되었다.) 한 프레임씩 들여다본다면 지금 보고 있는 것이 필름의 앞면인지 뒷면인지 알 수 있는가? 도로 표지판처럼 어떤 글자라도 나오지 않는 이상은 쉽게 결정하기 힘들 것이다. 만약 도로 표지가 "Right, Berkeley Exit Next"로 보인다면 반대 면을 보고 있는 것이다. 큰 규모의 자연현상은 꽤 좌우 대칭을 잘 유지하고 있지만(산, 나무를 보면 거울상을 봐도 이질감을 느끼기 어렵다) 문화적 요소들은 그렇지 않다. 생물학적 현상들도 대칭이 깨진 사례가 많다. 사람만 오른손잡이가 많은 것이 아니라, 당 분자도 그렇고 대부분의 분자가 오른쪽으로 꼬여 있다.

질문: 여러분은 영화를 상영할 때 필름을 어느 쪽으로 돌려야 할지 말할 수 있는가? 프레임의 올바른 순서는 무엇인가? 이것이 바로 에딩턴이 말했던 '시간의 화살'이다. 영화가 태양을 공전하는 행성들의 움직임을 보여주는 것이라면 아마 적절한 순서가 무엇이라고 말하기 힘들 것이다. 혹은 어떤 기체 안에 있는 원자들이 서로 부딪히고 돌아다니는 것을 가까이서 보는 것이라면 마찬가지로 뭐라고 말하기 힘들 것이다. 그렇지만 대부분의 영화에서는 이런 시간의 화살이 너무나도 뻔하다. 필름을 반대방향으로 돌린다면 사람이 뒤로 걷거나 하게 될 것이다. 도자기 파편이 바닥에서 튀어올라 다시 조립되면서 멀쩡한 찻잔이 되기도 할 것이다. 또는 총알이 시체에서 다시 나와서 총으로 날아 들어간다거나, 물체가 표면을 미끄러지면서 마찰력을 받는 상황에서도 오히려 속도가 올라갈 것이다.

이 중 어느 하나도 물리학 법칙에 어긋나는 것은 없다. 부서진 달걀도 분자 사이의 힘들이 우연히 딱 맞는 방식으로 주어지기만 한다면 원래대로 합쳐져서 탁자 위로 올라갈 수도 있다. 다만 그런 일은 거의 있을 법하지 않을 뿐이다. 마찰력은 물체를 느리게 만들지 가속시키지 않는다. 열은 뜨거운 곳에서 차가운 곳으로 흐르지 그 반대로는 흐르지 않는다. 충돌은 물체를 부술 뿐, 그 조각들을 다시 잡아당겨 붙이지 않는다. 이런 관찰 결과들을 묶으면 정교한 공식을 얻을 수 있는데, 이것을 '열역학 제2법칙'이라고 부른다. (열역학 제1법칙은 에너지는 생성되거나 소멸하지 않는다는 것이다. 이 에너지에는 앞서 말한 아인슈타인의 질량 에너지 $E = mc^2$도 포함된다.)

제2법칙은 물체의 집합에 대해 정의되는 '엔트로피entropy'라는 양이 있으며, 이것은 시간이 흐름에 따라 유지되거나 증가한다는 법칙이다. 항상 일정하게 유지되는 에너지와는 대비된다. 에너지는 이 물체에서 저 물체로 옮겨갈 수 있지만 모든 물체의 에너지의 총합은 변하지 않는다. 제1법칙과 달리 제2법칙은 절대적이지 않고 확률적이다. 이 법칙은 깨질 수 있지만 많은 수의 입자가 모인 상황에서 예외가 나타날 확률은 무시할 만큼 작다.

엔트로피와 시간은 같이 증가한다. 둘은 연관되어 있다. 그것은 잘 알려진 부분이다. 에딩턴의 새로운 추측은 엔트로피가 '시간의 방향성', 시간이 뒤로 흐르지 않고 앞으로만 흐르는 것의 원인이 된다는 것이다. 그는 열역학 제2법칙이 우리가 왜 미래가 아닌 과거를 기억하는지 설명할 수 있다고 주장했다.

에딩턴이 말한 엔트로피와 시간의 흐름의 연관성은 실재를 이해하는 것에서부터 모든 교양인들이 알아야 한다고 생각하는 의식의 이해에 이르기까지 광범위하게 영향을 미칠 만한 함의를 지니고 있었다. C. P. 스노는 1959년에 쓴 매우 영향력 있는 고전인《두 문화와 과학혁명》에서 모든 '교육받은' 사람들이 이런 위대한 진보에 대해 아는 것은 아니라는 사실에 대해 한탄한다.

나는 전통적인 문화의 기준으로 높은 수준의 교육을 받고 상당히 열정적인 사람들이 과학자들이 그토록 무식하다는 걸 믿을 수 없다고 말하는 자리에 가본 적이 몇 번 있다. 한 번인지 두 번인지 도발에 넘어가 그 사람에게 당신들 중에 열역학 제2법칙을 설명할 수 있는 사람이 얼마나 있느냐고 물어보았다. 반응은 냉랭했고 부정적이었다. 하지만 내가 물어본 건 과학세계에서는 셰익스피어 작품을 읽어보았냐는 질문과 같은 것이었다.

저명한 학자가 열역학 제2법칙을 셰익스피어와 비교하다니! 사실 이 책이 내 인생에 상당한 영향을 미치긴 했지만(컬럼비아 대학 시절 신입생 필독서였다) 내가 스노의 의견에 동의하는지 확신은 서지 않는다. 아마도 스노가 언급한 '고등 교육을 받은' 사람들은 열역학 제2법칙을 들어본 적이 없을 수도 있겠지만 내 생각엔 그들 중 대부분은 $E=mc^2$에 대해 한 마디쯤 거들 정도는 알고 있었을 것이다. 셰익스피어에 비유하기엔 상대성이론이 더 적절할 것 같다.

에딩턴은 이 제2법칙의 지위를 한층 더 끌어올려 과학의 정점에서도 신비한 위치에 가져다 놓았다.

나는 열역학 제2법칙이 자연의 법칙들 중에서도 최고의 자리에 있다고 본다. 만약 누군가 우주에 대한 당신의 지론이 맥스웰 방정식과 맞지 않는다고 지적한다면 맥스웰 방정식이 틀렸다고 할 수도 있다. 만약 관측 결과가 당신의 이론과 모순으로 나온다고 해도 실험자들이 가끔 실수를 하곤 하죠 하고 넘길 수도 있다. 하지만 당신의 이론이 열역학 제2법칙에 반하는 거라면 그건 희망이 없다. 심하게 망신당하고 무너지는 것 말고 다른 수가 없다.

이 주장을 보면 저명한 과학자의 발언이라기보다는 종교적인 이야기처럼 들린다. 에딩턴이 했던 열역학 제2법칙이 '최고의 자리'에 있다고 하는 과장된 주장은 단순한 사실에 바탕을 두고 있다. 사실상 그 법칙은 높은 확률을 가진 사건이 낮은 확률의 사건보다 더 자주 일어난다는 말이다. 이것은 동어반복이지만 그래서 참인 셈이다. 곧 확률의 해석에 대해 논하겠지만 우선은 제2법칙의 신비함을 한 꺼풀 벗겨내 보도록 하자.

열역학 제2법칙의 핵심은 엔트로피의 개념과 닿아 있다. 엔트로피란 무엇인가?

9 엔트로피의 신비를 벗기다

엔트로피는 다소 신비하게 들리지만 실은 온도당 칼로리(cal/℃)라는
일상적인 공학 단위를 사용하는 공학적 도구이기도 하다……

나는 항상 부정하는 정령이외다!

그것도 당연한 일인즉, 공허에서 생겨난 모든 것들은

소멸하는 것이 낫기 때문이지요……

— 메피스토, 괴테의 〈파우스트〉에서

물리학에는 일상적으로 사용하는 양에 다소 모호하고 추상적인 정의를
내리는 방법이 있다. 예를 들어, 여러분이 물리학과에서 학위를 받은 게
아니라면 대학원에서 배우는 에미 뇌터(3장)가 정의한 '에너지'가 낯설
어 보일 수 있다.

에너지는 라그랑지안에 시간 의존성이 없을 때 보존되는 양이다.

두말할 것도 없이 이 정의는 고등학교, 심지어 대부분의 학부 물리학

과 과정에서 배우는 것과도 다르지만, 새로운 상황을 만났을 때 매우 유용하다. 예를 들면, 당신이 아인슈타인이고 방금 상대성이론이라는 방정식을 유도했다고 치자. 이 새로운 방정식에 대해 보존되는 에너지를 어떻게 정의해야 할지 알고 싶을 때 뇌터의 방법을 따르면 된다(좀 더 높은 수준으로 에너지를 이해하고 싶다면 부록2를 참고하라).

몇몇 다른 물리량들도 마찬가지로 전문가들에겐 매우 유용하지만 물리학자가 아닌 사람들에겐 추상적이고 혼란스러운 정의를 가지는 것들이 있다. 이런 것들 중 하나가 '엔트로피'의 정의다. 가장 추상적인 정의는 글로 풀어보면 이러하다.

엔트로피는 어떤 계의 가능한 양자 상태들의 개수에 로그를 취한 값이다.

저 정의는 거의 뇌터의 에너지 정의만큼 이해하기 쉬운 것이다. 엔트로피는 대부분의 수학에 능숙한 통계물리학자를 빼고는 모든 사람들에게 그들의 이해를 뛰어넘는 신비하고 추상적인 것으로 보인다.

여러분도 그런 인상을 받았다면 커피 한 잔의 엔트로피가 700cal/K 정도 된다는 걸 듣고 놀랄지도 모르겠다. 여러분 몸의 엔트로피는 대략 100,000cal/K 정도다. 약간의 물리학과 화학 지식만 있으면 화학 핸드북에서 일상적인 물체들의 엔트로피를 알아낼 수 있다. 궁금하다면 인터넷에서 '물의 엔트로피'를 검색해보라.

cal/K? 이건 고등학교 물리학에서 배운 물체의 온도를 올리기 위해서 투입해야 하는 열의 양을 나타내는 열용량과 같은 단위가 아닌가. 가능한 양자 상태들의 개수에 로그를 취한 값처럼 보이진 않는다. 게다가 '무질서의 정도'처럼 보이지도 않고. 엔트로피는 다소 설명하기 힘들 수도 있겠지만 그렇다고 알 수 없는 신비한 어떤 것은 아니다. 그것은 공학에선 일상적이고 중요한 도구다.

불의 원동력

컴퓨터 기술이 정보혁명을 가져온 것처럼, 산업혁명을 이끈 것은 증기기관이었다. 1700년대 초, 증기기관은 건물 전체를 꽉 채울 정도로 거대하고 비효율적이었지만, 깊은 광산에서 물을 퍼올리는 데엔 경제적인 수단이었다. 혁신은 치열한 경쟁 속에서 빠르게 이루어졌다. 1765년 일률의 단위에 자신의 이름을 붙인 제임스 와트James Watt는 이 기관을 소형화하고 에너지의 낭비를 줄일 방법을 발견한다. 1809년에는 로버트 풀턴Robert Fulton이 증기선을 몰고 미국의 강과 체서피크 만을 돌았다. 마침내 엔진은 기관차에 실을 수 있을 정도로 작아졌고, 이동 수단은 변화했으며, 서부시대가 열리게 되었다. 혁명은 여기서 멈추지 않았다. 현대의 석탄·천연가스 발전소는 증기기관이 진보한 형태이며, 석탄 대신 우라늄을 쓰는 핵발전소도 여전히 증기 덕분에 돌아간다.

초기 증기기관의 대부분은 경험에 의존해서 개발되었다. 스코틀랜드의 기술자인 제임스 와트는 피스톤을 움직이는 실린더가 가열과 냉각을 교대로 반복하는 과정에서 증기기관의 에너지가 낭비된다는 것을 깨닫고, 별도의 응축기를 장착해서 효율을 대폭 개선했다. 하지만 시행착오에 기대지 않고 최적의 접근법을 찾아낼 수 있게 만든 이론적인 토대는 프랑스의 공병 장교이자 기술자인 사디 카르노Sadi Carnot에 이르러 만들어졌다. 그는 1800년대 초에 증기기관의 물리적 현상을 계산해냈고 몇 가지 놀라운 결과에 도달했다.

카르노는 엔진의 동작이 근본적으로 증기를 사용하는 것에 의존하는 것은 아니라고 생각했다. 증기 엔진은 그저 뜨거운 가스에서 '유용한' 기계적 에너지를 뽑아내는 엔진의 한 종류일 뿐이었다. 그의 이러한 분석은 오늘날 가솔린 엔진과 디젤 엔진에도 사용되고 있다. 이상적으로는 열에너지 '전부'를 기계적인 에너지로 바꾸고 싶을 수 있겠지만, 카르노는 그것이 불가능하다고 결론지었다. 그런 식으로 전환될 수 있는 에너지의 비율을 '효율'이라고 부른다. 카르노는 엔진의 한쪽을 뜨겁게 유지하는 것 못지않게 다른 쪽을 차갑게 유지하는 것도 중요하다는 것과 고온과 저온의 비율이 효율을 결정짓는다는 것을 보였다. 100퍼센트에서 빠지는 부분은 $T_{차가움}/T_{뜨거움}$으로 표현되며, 온도는 고온부와 저온부의 각각의 절대온도다. $T_{차가움}$이 충분히 낮거나 $T_{뜨거움}$이 충분히 높다면 효율이 100퍼센트에 가까워진다.

오늘날의 핵발전소는 우라늄을 열원으로 사용하여 증기를 만들고 냉각수로 증기를 다시 물로 되돌린다. 냉각탑은 우라늄 핵분열을 일으키는 반응로를 대신해 핵발전소를 상징하는 건물이 되었다(그림 9.1). 핵분열은 그림의 오른쪽 아래에 있는 작은 돔형 건물에서 일어나지만 크고 우아하게 솟아오른 냉각탑에 비하면 눈에 잘 띄지 않는다. 이런 핵발전소도 마찬가지로 고온부와 저온부에 의해 최대 효율이 결정되는 카르노의 공식에 기반을 두고 있다. 이상하게 들리겠지만, 그래서 핵발전소조차도 그저 거대한 증기 엔진에 지나지 않는 것이다. 비슷한 예로 핵추진 잠수함도 증기로 작동한다.

고온의 유체(증기)와 냉각부가 주어져도 열에너지를 낭비하지 않으려면 증기기관을 세심하게 설계해야 한다. 카르노는 최선의 방법을 찾아

그림 9.1 핵발전소. 에너지가 생성되는 곳은 오른쪽 아래의 작은 돔형 건물이다. 크고 우아한 탑은 냉각을 하는 곳으로, 전기를 높은 효율로 얻기 위해 필요하다. '연기'처럼 보이는 것은 호수에서 끌어올린 물로, 방사선이 없는 수증기다.

냈는데, 오늘날 우리는 그러한 최적화된 장치를 '카르노 기관'이라 부른다. 다른 엔진의 효율은 카르노 효율에 비해서 몇 퍼센트를 낼 수 있는지로 순위를 매긴다. (종종 열기관의 효율이 90퍼센트라든가 하는 이야기를 듣는데, 그것은 카르노 기관 효율의 90퍼센트라는 이야기다.) 카르노 기관은 생성되는 초과 엔트로피를 0으로 줄여 높은 효율을 낸다. 조금 있다가 엔트로피를 정의하겠지만 증기기관에서 중요한 점은 엔트로피를 생성하면 에너지가 낭비된다는 점이다. 카르노가 '엔트로피'라는 용어를 만든 것은 아니고, 그의 제자 중 하나인 루돌프 클라우지우스Rudolf Clausius가 에너지에서 en과 y를 따고, 변환이라는 의미의 trope를 끼워넣어 만들었다. 클라우지우스는 1865년에 다음과 같이 썼다.

나는 S라는 양에 그리스어로 변환을 뜻하는 trope를 붙여 그 계의 엔트로피entropy로 부를 것을 제안한다. 나는 고민 끝에 최대한 에너지와 비슷한 단어로 엔트로피를 골랐다. 이 단어들로 대변되는 두 양은 물리적 의미로도 상당히 연관성이 높아서 유사한 이름처럼 보이는 것이 적절하다고 본다.

그러니 여러분이 에너지와 엔트로피가 헷갈린다면 그건 다 클라우지우스 탓이다.

열 흐름에서의 엔트로피

원래 정의에 따르면, 어떤 물체에서 모든 열을 제거했을 때 엔트로피는 0으로 정의된다. 물체가 따뜻할 때의 엔트로피를 알고 싶다면 절대온도 기준으로 0도에서 시작해서 조금씩 열을 가하면서 온도의 증가를 계속 지켜보면 된다. 미량의 엔트로피 증가는 더해진 열을 온도 증가로 나눈 값으로 정의된다. 이런 작은 엔트로피 변화들을 모두 더하면 따뜻한 물체의 엔트로피를 얻을 수 있다. 이것이 바로 한 잔의 물에 해당하는 엔트로피를 측정하는 방법이다. 만약 물체의 온도를 지속적으로 떨어뜨린다면 엔트로피도 감소한다.

일반적으로, 차가운 물체는 낮은 엔트로피를, 뜨거운 물체는 높은 엔트로피를 가진다. 그런 면에서는 엔트로피는 에너지와 비슷하지만, 에너지와 달리 엔트로피는 한계값이 없고 쉽게 생성될 수 있다. 고립된 물체의 집합에서 전체 에너지는 이 물체에서 저 물체로 옮겨지거나 포텐셜 에너지에서 운동에너지로 변환되거나 질량이 열로 변할 수는 있지만 시간에 따라 변하지 않는다. 이것은 에너지 보존이다. 하지만 엔트로피는 보존되지 않으며 제한 없이 증가할 수 있다. 그런 의미에서는 단어와 비슷하다. 말을 함으로써 원하는 만큼 새로운 단어들을 만들어낼 수 있다. 단어는 보존되지 않는다. (리처드 파인만의 아버지는 이걸로 아들을 놀리곤 했다. 어린 리처드에게 조용히 하지 않으면 쓸 수 있는 단어가 동이 나서 더 이상 말을 할 수 없게 될 거라고 말하곤 했다.) 엔트로피도 마찬가지다. 우주는 항상 뭔가를 더 만들어내고 있다.

엔트로피는 당신이 아무것도 하지 않아도 시간에 따라 늘어날 수 있다. 엔트로피를 만드는 건 쉽다. 따뜻한 커피 한 잔을 들고 시원한 방에 놔둔다고 하자. 커피에서 열이 빠져나가면 커피의 엔트로피는 감소하지만(음의 열 흐름), 방의 엔트로피는 그것을 만회하고도 남을 만큼 증가한다.[22] 그러므로 커피가 식도록 내버려두는 것만으로도 여러분은 되돌릴 수도 없는 우주 전체의 엔트로피를 의도적으로 증가시키고 있는 셈이다.

열역학 제2법칙은 모든 고립된 계의 엔트로피는 변하지 않거나 증가한다는 것이다. '고립된 계'라고 명시하는 것은 국소적인 엔트로피(식어가는 커피)는 감소할 수도 있기 때문인데, 이 경우 반드시 다른 어느 곳(방)에서는 엔트로피가 증가한다. 열역학 제2법칙에서는 엔트로피가 일정한 상태도 허용되는데, 이 경우 물체는 평형 상태에 머물러 있다. 이상적인 카르노 기관은 엔트로피를 증가시키지 않으며, 그래서 그렇게 효율적인 것이다.

엔트로피는 많은 실용적인 쓰임새가 있다. 화학자들은 물질들의 엔트로피를 참고해서 반응이 일어날지 아닐지를 알아낸다. 반응 전의 물질들의 엔트로피 계산 값이 반응 후의 엔트로피보다 낮지 않다면 그런 반응은 저절로 일어나지 않는다. 그것이 법칙이다.

정치·환경 분야의 지도자들이 '에너지를 절약하자'라고 외칠 때 사실 그것은 가능한 한 추가로 엔트로피를 만들지 말자는 의미다. 엔트로피가 만들어진다는 것은 에너지가 '낭비'되었다는, 뜨거운 곳에서 차가운 곳으로 열이 이동할 때 피스톤을 미는 것처럼 유용한 형태의 일을 하지 않았다는 뜻이다. 현실 속의 엔진은 카르노 효율을 달성하지 못하므로, 에너지를 절약한다는 것은 가능한 한 적은 일에너지로 어떻게든 해보자는 것도 의미한다. 결국은 유용한 일에너지마저도 열로 변하게 되므로 이것도 우주의 엔트로피를 증가시키게 된다.

혼합 엔트로피

열이 흘러가게 두는 것만이 엔트로피를 만드는 유일한 방법은 아니다. 예를 들면 석탄 화력발전소에서 이산화탄소를 뽑아내서 대기 중에 섞는다고 해보자. 결과물인 '혼합 엔트로피'는 카르노, 클라우지우스나 그의 후예들이 찾아낸 공식으로 쉽게 계산할 수 있다. 그 공식은 학부 수준의 일반적인 주제다. 비슷한 예로, 우유에 초콜릿 시럽을 탈 때는 두 가지 유체를 섞는 셈인데 추가로 에너지를 투입하지 않고는 둘을 분리할 수 없다. 이 혼합 엔트로피 개념은 다음 장에서 엔트로피와 혼돈의 관계를 논의할 때 좀 더 의미가 있을 것이다.

현실적인 예로, 바닷물을 탈염해서 담수화하는 경우를 생각해보자. 바닷물은 염분과 물의 혼합물이고 혼합 엔트로피를 가진다. 바닷물을 탈염한다면 혼합 엔트로피를 없애는 셈이다. 열역학 제2법칙에 따르면 탈염은 오로지 다른 곳의 엔트로피를 증가시켜야만 가능하다. 예를 들면 열을 이용해서 피스톤으로 바닷물에 압력을 가해 삼투막을 통과시켜서 두 성분으로 분리할 수 있다. 계산을 해보면 탈염에 필요한 최소한의 에너지를 구할 수 있는데, 1세제곱미터의 바닷물을 정수하려면 적어도 약 1킬로와트시의 에너지가 필요하다.

이런 숫자는 실용적인 가치가 있다. 예전에 새로운 탈염 방법에 대한 사업제안서를 검토한 적이 있는데, 제일 먼저 한 일이 제안된 방법이 열역학 제2법칙에 위배되는지 여부를 확인하는 것이었다. 검토해보니 열역학 법칙에 맞지 않았고 나는 투자자에게 다시 생각해보는 게 좋겠다고 조언했다. 발명자는 물리법칙에 어긋나는 주장을 하고 있었다.

우리는 엔트로피 계산을 통해 어떤 주장의 진위 여부를 확인할 수 있을 뿐 아니라 달성 가능한 목표를 수립할 수도 있다. 만약 전기에너지가 킬로와트시당 10센트라면, 1세제곱미터의 바닷물을 탈염하는 데 필요한 1킬로와트시의 비용은 적어도 10센트가 된다. 환산해보면 에이커푸트[23]당(5인 가구에서 1년간 사용하는 물의 양에 해당한다) 100달러 정도다. 지금의 담수화 공장은 그렇게까지 저렴하지 않아서 담수 1에이커푸트당 약 2,000달러에 판매하고 있다. 그러니 열역학 법칙에 따르면 원가절감 가능성이 아직 20배 정도 남아 있는 셈이다. 캘리포니아의 일반 농업용수는 보통 에이커푸트당 6~40달러 선이라 담수화가 이익을 낼 수 없지만 2015년 가뭄 기간에 어떤 농가에서는 에이커푸트당 2,000달러를 내기도 했다. 이 정도라면 담수화도 경쟁력이 있다. (물론 담수화 공장에 투자하는 건 여전히 위험하다. 가뭄이 끝나면 수도 요금도 하락하기 때문이다.)

담수화에 드는 비용을 줄이는 한 가지 방법은 전기보다 싼 에너지원을 사용하는 것이다. 예를 들면 공장을 돌리는 데 필요한 열을 태양열에서 얻을 수도 있다. 중동에서는 이런 형태의 공장이 존재한다. 그건 그렇고, 태양광으로 냉각도 할 수 있다. 이 특허의 소유자는 누구일까? 놀랍게도 태양광을 이용한 냉장고의 특허(미국 특허 1781541)는 알베르트 아인슈타인과 (핵폭탄의 특허권자이기도 한) 레오 실라르드가 권리를 가지고 있다. 재미로 인터넷에서 한번 찾아보라. 이런 사실은 충분히 놀랍기도 하고 잘 알려져 있지 않아서 내기를 걸어볼 수도 있을 것이다.

엔트로피 계산은 기후 변화를 걱정하여 대기 중의 이산화탄소 제거를 고려하는 사람들에게도 영향을 미친다. 공기 중으로 이산화탄소를 쏟아내면 천 년쯤 후에도 여전히 25퍼센트 정도는 대기 중에 있을 것이다. 원론적으로 그걸 제거할 수야 있겠지만 엄청난 양의 대기와 섞여 있으므로 혼합 엔트로피 또한 어마어마하다. 이산화탄소를 추출한다는 것은 어딘가에서 (보통은 열의 형태로) 엔트로피를 생성해야 한다는 의미이며, 엄청난 양의 에너지가 든다. 따라서 이산화탄소가 대기와 섞이기 전에 붙잡는 것이 훨씬 값싼 해결책이다. 아니면 그냥 땅속에 묻어두거나.

이 정도면 엔트로피의 실용적인 쓰임에 대해서 충분히 설명한 것 같다. 이제 엔트로피의 추상적인 해석을 통해 엔트로피와 시간의 관계를 이을 차례다.

10 혼란스러운 엔트로피

엔트로피의 더 심오한 의미는 물리학사에서
가장 매력적인 발견 중 하나다……

하지만 진정한 과학의 아름다움은 그러한 법칙을 명백하게 만드는 사
고의 방법을 찾을 수 있다는 것이다.

―리처드 파인만

엔트로피의 가장 놀라운 면은 겉으로 보이는 공학적인 유용성 아래 깊
이 숨어 있었다. 열 유동과 온도의 단순한 개념이 미시세계에서 그 개념
의 근원을 양자 세계 속에 숨기고 있었다. 이러한 숨은 면모는 1800년대
에 과학자들이 당시 검증되지 않았던 원자와 분자의 존재를 가정한 '통
계물리학'이라 불리는 새로운 분야를 시작하고 이해하면서 천천히 베일
을 벗게 되었다. 통계물리학의 의문과 모순들을 해결하면서 과학자들은
양자물리학을 발견했고, 에딩턴은 엔트로피의 증가가 시간의 흐름을 만
들어낸다는 생각을 가지게 되었다.

무수히 많은 입자들의 물리학

물리학은 원자 하나 혹은 두 개의 행동은 아주 잘 예측할 수 있다. 또한 행성 하나나 둘의 움직임도 다룰 수 있다. 가장 어려운 영역은 몇 개의 물체가 상호작용하는 경우다. 세 개의 천체로 구성된 계가 안정한지 아닌지를 예측하는 것은 매우 어려운 것으로 밝혀졌는데, 필요한 방정식들은 알고 있지만 수학적으로 '해를 구하는 것'이 불가능했다. 즉 일반적으로 과학에서 사용하는 함수, 즉 지수함수나 삼각함수처럼 쉽게 계산할 수 있는 것들로 해를 쓸 수가 없었다. 몇 개의 천체에 대해 컴퓨터를 이용해 움직임을 시뮬레이션할 수 있지만 보통은 이미 일어난 일에 대한 것이다. 안타깝게도 세 개의 천체로 이루어진 계의 거동은 혼돈을 나타내는 경향이 있어서 위치와 속도를 아주 정확하게 알고 있어도 겨우 대강의 예측을 할 수 있을 뿐이다. 그 결과로 천문학에서는 종종 특정한 천체계가 안정한지 아닌지 혹은 그중에 하나가 미래 어느 시점에 계를 벗어나 날아가 버릴지 아닐지 확실히 알 수 없을 때가 있다.

놀랍게도 물체의 숫자가 늘어날수록 물리적인 해석은 쉬워진다. 그건 대부분의 중요한 문제에서 우리가 정말 알고 싶은 것은 평균값이기 때문인데, 입자의 수가 아주 큰 수가 되면(공기 1갤런^{24}에는 10^{23}개 정도의 분자가 들어 있다) 평균값을 아주 정확하게 알 수 있다. 또한 표준편차도 계산할 수 있다.

통계물리학이 만들어지기 전에는, 단순한 기체 법칙이 실험적으로 발견되었다. 1676년 아일랜드의 화학자이자 신학자인 로버트 보일Robert Boyle은 실험을 통해 일정한 양의 공기의 압력은 부피와 반비례함을 보였다. 부피가 절반이 되도록 압축하면 (온도를 일정하게 유지할 경우) 압력은 두 배가 되었다. 1800년대에 통계물리학은 이 현상을 설명하기 위해, 기체는 엄청난 수의 미세한 원자로 이루어져 있고 압력은 단순히 이런 원자들이 벽에 부딪히는 엄청난 수의 미세한 충돌의 평균적인 결과라고 가정했다.

원자를 이용해 기체의 성질을 설명한 것은 물리학 초기의 위대한 '통합' 중 하나였다. 원자 이론이 나오기 전에 기체의 성질은 ($F=ma$ 같은) 뉴턴의 법칙과 별개의 것으로 여겨졌다. 열은 기체와 섞여 있는 '칼로릭 caloric'이라는 별도의 유체로 여겨졌다. 하지만 통계물리학자들은 열이 단순히 개별 원자들의 에너지를 대변하는 것으로 빠르게 튕기는 원자들은 '뜨겁고', 느린 것들은 '차갑다'고 했다. 절대온도는 각 원자들의 평균 운동에너지에 대응된다.

여기서 다시 한 번 아인슈타인이 등장해서 중요한 역할을 해낸다. $E=mc^2$임을 보였던 그 1905년, 그는 작은 먼지 알갱이에 미치는 원자의 작용을 계산해서 원자 이론을 시험해볼 수 있겠다는 가능성을 보고 있었다. 이 의문을 해결하는 초기 단계에서 어쩌면 그는 이미 그 효과를 관찰했던 것일지도 모른다는 사실을 깨달았다. 그 효과는 1827년에 식물학자인 로버트 브라운Robert Brown이 발견한 '브라운 운동'이었다. 브라운은 고배율 현미경으로 작은 꽃가루 알갱이를 관찰했는데 꼼지락거리며 움직이는 모습이 마치 수영하는 것처럼 보였다. 당시에 널리 받아들여진 추측은 작은 입자들이 막 태동한 생명을 가지고 있으며, 짚신벌레처럼 내재된 원시적인 생명력을 보여주고 있다는 것이었다.

사실 그렇지 않았다. 아인슈타인은 물 분자가 꽃가루에 마구 부딪힐 때 서로 마주보는 방향의 힘이 정확히 상쇄되지 않으면 이러한 움직임이 나타날 수 있다는 것을 보였다. 한쪽에서 살짝 밀치는 힘이 때로 반대쪽에서 가해지는 힘보다 커지면 작은 알갱이는 그 반응으로 갑자기 움직인다. 입자는 평균적으로는 같은 자리에 머무르는 것처럼 보이지만 그는 평균에서 벗어나는 정도를 계산해냈다. 입자는 알짜 움직임을 나타내게 되는데 이 궤적은 입자가 헤엄을 치기 때문이 아니라 '주정뱅이 걸음'이라고 알려진 무작위적 움직임 때문이다. 임의의 방향으로 여러 번 움직이다 보면 출발점에서 점점 멀어지게 되는데, 이때 출발점에서의 거리는 평균적으로 한 단계의 보폭에 걸음 수의 제곱근을 곱한 것에 비례해서 점점 증가한다.[25] 첫 실험 결과는 브라운 운동에 대한 아인슈타인의 설명이 맞지 않는 것처럼 보였지만 1908년 장 페랭Jean Perrin은 정밀한 측정으로 아인슈타인의 예측이 옳았음을 확인했다. 이 결과는 원자와 분자의 존재 그리고 통계물리학이 널리 받아들여지는 계기가 되었다.

1800년대 후반에 전기, 자기, 질량과 가속도에 대해 많은 것을 알고 있었음에도 1905년과 1908년 사이에 아인슈타인과 페랭의 연구가 이루어지기 전까지는 과학계에서 원자와 분자의 존재가 완전히 받아들여지지 않았다는 건 놀라운 일이다.

나는 10대였던 1950년대에 조지 가모프가 쓴 《하나 둘 셋…… 무한대》를 읽었다. 그 책에는 '헥사메틸벤젠 분자'의 사진이 실려 있었는데, 규칙적인 정육각형 패턴에 12개의 검은 점이 있었다. 난 그 점들이 원자 하나를 나타낸다고 생각했다(그것들이 원자의 집합이라는 걸 지금은 안다). 그 사진은 내게 무척 흥미로웠다. 원자가 사진에 찍히다니! 요즘은 원자 수준의 사진이 흔하지만 1989년에는 IBM이 35개의 제논 원자를 표면에 배열해 'IBM' 모양을 만들고 새로 개발된 '주사 터널링 현미경'을 이용해서 영상으로 만들었던 것이 화제였다. 오늘날 원자는 더 이상 가설 속의 존재가 아니지만, 아인슈타인의 시대에는 그랬다.

사실 브라운 운동에 대한 아인슈타인의 설명은 그해의, 심지어 20세기의 가장 위대한 물리학적 성과로 인정받을 수도 있는 일이었다. 하지만 아인슈타인은 같은 해에 상대성이론 논문 두 편과 빛의 양자적 성질을 상정한 논문까지 세 편의 위대한 논문을 내놓았고, 후자인 '광전 효과'에 대한 연구는 아인슈타인에게 노벨상을 안겨주었다. 물리학자들은 아인슈타인이 놀랄 만한 업적을 쏟아낸 이 해를 '기적의 해annus mirabilis'라고 부른다.

도대체 엔트로피란 무엇인가?

통계물리학은 압력은 입자의 충돌에 의한 것이며 온도는 입자당 운동에너지임을 밝혔다. 엔트로피에게는 더 미묘하고 놀라운 설명이 있는데, 이것은 물리학자이자 철학자인 루트비히 볼츠만Ludwig Boltzmann이 아인슈타인의 브라운 운동 연구보다 거의 40년이나 앞서 연구한 것이다. 볼츠만은 자신의 통계물리학 이론을 옹호하는 데 많은 노력을 들였다. 그는 오늘날 양극성 장애라고 불리는 정신병으로 고통 받고 있었는데, 페랭의 실험으로 볼츠만의 기본 가정들이 옳다는 것이 물리학계에 받아들여지기 딱 3년 전인 1906년에 깊은 우울증에서 벗어나지 못하고 스스로 생을 마감하고 말았다.

볼츠만은 관측된 거시 상태를 만들기 위해 분자들로 부피를 채우는 방법의 가짓수와 엔트로피가 관련이 있다는 것을 보였다. 이 가짓수를 '다중도multiplicity'라고 한다. 공기 1갤런에는 10^{23}개의 분자가 들어 있다.

그중 한 상태에서는 모든 분자가 한쪽 구석에 모두 모여 있을 수 있다. 이런 상태는 그 배열을 만들기 위한 방법이 하나뿐이므로 그 상태의 다중도는 1이다. 또 분자가 넓게 퍼져 있어서 단위 부피(1cm³)당 분자 수가 어디든 동일한 또 다른 상태가 있을 수 있다. 첫 번째 분자를 1갤런에 해당하는 3,785개의 단위 부피 격자 중 한 곳에 넣고, 두 번째는 남은 격자들 중 하나에 넣는 식으로 반복하면서 어느 한 곳도 다른 곳보다 더 많아지지 않게 할 수 있는 배열은 아주 많으므로, 이런 상태의 다중도는 어마어마하게 크다. 1갤런에 들어 있는 공기 분자 수는 10^{23}개로 매우 크기 때문에 단위 부피들을 채울 수 있는 방법의 가짓수인 다중도도 엄청나게 크지만 계산은 할 수 있다(곧 실제 숫자를 따져볼 것이다).

볼츠만은 한 상태의 다중도가 그 상태의 확률이라는 설명을 제시했다. 따라서 분자들이 공간을 균일하게 채우고 있는 쪽이 훨씬 가능성이 높은 것이다. 다중도를 계산할 때, 볼츠만은 입자들이 에너지를 나누어 가지는 방법의 숫자도 포함했다.

볼츠만은 이러한 접근법이 엔트로피를 더 깊이 이해하는 핵심이라는 것을 깨달았다. 어떤 상태의 다중도 W를 계산해낸 그는 그 숫자에 로그를 취한 값이 엔트로피에 비례한다는 것을 발견했다! 그것은 놀라운 발견이었다. 이전에는 엔트로피가 낭비되는 열량을 줄이기 위해 사용되는 공학 용어에 불과했다. 볼츠만은 그것이 통계물리학의 추상적인 수학을 이용해 얻어지는 기본 물리량이라는 것을 보였다. 방정식은 아래와 같다.

엔트로피 $= k \log W$

k라는 값은 단위가 없는 숫자인 $\log W$를 엔지니어들이 쓰는 단위 온

도당 칼로리 혹은 단위 온도당 줄로 측정되는 엔트로피로 환산하기 위해 선택된 것이다. 오늘날 우리는 k를 '볼츠만 상수'라고 부른다. (아인슈타인의 일반상대성이론에서도 k를 사용했지만 이건 다른 숫자다.) 이 상수는 모든 물리학과 학생들이 값을 암기하도록 배울 정도로 유용하다.[26] 볼츠만은 이 업적을 매우 자랑스러워해서 비석에 이 방정식을 새겨달라고 부탁했고, 〈그림 10.1〉에서 볼 수 있듯이 그렇게 되었다.

숫자 '구골googol'은 수학자인 에드워드 캐스너Edward Kasner가 아홉 살짜리 조카 밀턴 시로타에게 1 뒤에 0을 쓸 수 있는 만큼 쓰고 이름을 붙여보라고 해서 지어진 이름이다. 이 둘은 나중에 1 뒤에 0이 100개 붙은 것을 구골이라고 정했다. 우리는 1구골을 10^{100}이라고 쓸 수 있다. (유명한 검색회사인 구글은 창립자인 래리 페이지의 친구 션 앤더슨이 구골의 스펠링을 잘못 써서 지어진 이름이다.) 우주 전체에 있는[27] 원자의 개수는 대략 10^{78}개

정도로 추정되는데, 구글에 비하면 소수점 뒤에 0이 스물한 개 덜 붙을 정도로 작은 숫자다. 하지만 용기 안에 있는 기체의 다중도, 즉 공간을 채울 수 있는 방법의 수는 보통 1 뒤에 0이 10^{25}개 정도 붙는다. 그러니까 $10^{10^{25}}$이다. 그냥 구글보다는 어마어마하게 큰 숫자지만 구글플렉스 googolplex보다는 작다.

'구글플렉스'는 뭘까? 1 뒤에 0이 구글만큼 붙는 숫자다. (이것도 앤더슨이 구글의 이름으로 제안했던 후보 중 하나였다.) $10^{10^{100}}$이라고 쓸 수 있다. 너무도 큰 숫자라 대부분은 실재와는 아무 상관이 없을 거라고 생각한다. 우리가 알고 있는 우주의 크기를 세제곱밀리미터로 나타낸 것보다도 더 큰 숫자다. 하지만 통계물리학에서는 그 우주의 엔트로피를 계산할 때 그런 큰 숫자가 나오는데, 채스 이건Chas Egan과 찰스 라인위버Charles Lineweaver의 추정에 따르면 약 $3 \times 10^{104} k$ 정도라고 한다. 이 거대한 숫자도 사실은 다중도 W에 로그를 취한 값이라는 걸 떠올려보자. W는 훨씬 더 크다.[28] 우리의 현재 상태(항성들이나 다른 것들)에 변화가 없이 우주를 구성하고 있는 모든 것들을 재배치할 수 있는 다른 방법들의 숫자, 즉 우주의 다중도는 대략 $10^{10^{104}}$으로 구글플렉스보다 훨씬 더 크다. 이 말은 우주의 다중도는 구글플렉스보다도 1 뒤에 0이 1만 개나 더 붙는 숫자 배만큼 크다는 뜻이다.

엔트로피의 전횡

실제 분자들은 실제 용기 안에서 어떻게 분포할까? 에너지를 어떻게 나눠 가질까? 볼츠만의 중요한 통찰은 가장 큰 다중도를 가지는 상태가 주로 나타난다는 것이었다. 엔트로피가 높은 쪽이 이기게 되는데, 상대적인 확률은 logW가 아니라 W 자체로 정해지고, W는 logW보다 매우 크기 때문에 단순히 우세한 것이 아니라 압도적으로 우세하게 된다.

통계물리학의 결과들은 어떤 특정한 상태의 확률은 그것이 일어날 수 있는 다른 방법의 숫자인 다중도에 의존한다는 가정에 기반한다. 하지만 이런 가정은 당연한 것이 아니며, '에르고드 가설'이라고 부른다. 사실 엄밀하게는 이 가설은 참이 아니다. 두 개의 용기가 있을 때, 하나는 기체로 채워져 있고 다른 하나는 비어 있다면 가장 엔트로피가 높은 상태는 각 용기가 기체를 반반씩 나눠 가지는 것이다. 하지만 두 용기가 이어져 있지 않다면 기체가 옮겨갈 방법은 없다. 가장 확률이 높은 상태지만 도달할 수 없는 것이다.

사소한 주의사항 정도로 들릴 수도 있겠지만 이것은 시간의 이해에 매우 중요하다. 이 점 때문에 엔트로피의 정의는 다음과 같이 고쳐 써야 한다. 단순히 상자를 채우는 방법의 수가 아니라 '가능한' 방법의 수에 로그를 취한 값이어야 한다. 방법의 수를 셀 때 분자가 벽을 통과한다거나 하는 식으로 다른 물리법칙을 위배하는 방식으로 상자들을 채우는 방법은 제외해야 한다는 뜻이다. 여기서부터는 다중도 W는 공간을 채우는 방법 중 가능한 것들의 수를 뜻한다.

인간은 엔트로피의 증가를 막을 수는 없을지도 모르지만 가능한 상태에 대한 통제권을 행사하는 것은 가능하다. 그러한 이끎이 바로 인간의 자유의지를 대변하는 핵심 가치라는 점을 뒤에서 논할 것이다. 우리가 우주의 엔트로피를 낮출 수는 없지만 두 개의 용기를 연결할 건지 말 건지는 선택할 수 있다. 연결하지 않기로 한다면, 연결했을 때보다 우주의 엔트로피는 낮을 것이다.

우리는 또한 국부적으로 엔트로피를 조작할 수 있고 원한다면 낮출 수도 있다. 에어컨이 바로 그런 물건이다. 실내를 차갑게 하여 집 안의 엔트로피를 낮추고 열을 밖으로 내보낸다. 온도가 약간 올라간 실외의 엔트로피 증가분은 실내 엔트로피 감소분보다 더 크다. 따라서 에어컨을 돌려서 실내를 시원하게 하면 우리 엔트로피는 낮아질 수 있겠지만 우주 전체의 알짜 엔트로피는 증가한다.

생명은 국부적으로 엔트로피가 낮아지는 것을 대표하는 현상이다. 식물은 공기 중에 흩어져 있는 희박한 탄소를 모으고 태양에너지를 이용해서 땅속에서 끌어올린 물과 결합시켜 복잡한 탄수화물을 만들고 그것들을 정렬해서 아주 잘 조직된 구조를 만든다. 식물을 구성하는 분자들의 엔트로피는 낮아졌지만 알짜 엔트로피는 증가하며 그중 대부분은 대기로 방출되는 열이 차지한다.

엔트로피는 혼란이다

엔트로피는 무질서의 척도, 곧 무질서도라고 불리기도 한다. 예를 들면 한 구석에 모든 분자가 몰려 있는 경우처럼 기체의 엔트로피가 낮은 상태는 고도로 정렬된 상태다. 분자들이 흩어져 있는 엔트로피가 높은 상태는 무질서한 상태다. '엔트로피가 높다'라는 것은 그 상태가 임의의 과정들을 거쳐 나타날 가능성이 매우 크다는 의미다. 반면 '엔트로피가 낮다'라는 것은 그러한 조직된 상태가 있을 법하지 않다는 뜻이다. 고도로 조직된 상태는, 거의 정의 그대로 임의적인 자연 과정을 통해서 찾아볼 수 없다는 뜻이다.

예를 들면 이상적인 카르노 열기관을 돌려서 뜨거운 기체에서 기계적인 일을 하는 경우처럼 당신이 계에 뭔가를 할 때, 이론적으로는 전체 엔트로피가 변하지 않고 유지될 수 있다. 하지만 그런 완벽한 기관은 만들어질 수 없으므로 현실에서 엔트로피는 항상 증가한다. 즉 무질서도가 증가하는 것을 피할 수 없다는 말이다. 뜨거운 물체에서 차가운 물체로 열이 흐를 때 엔트로피는 증가한다. 우주는 항상 알짜 조직도를 잃어버리고 있으며 천천히 하지만 확실히 무질서하게 변하고 있다.

찻잔을 때려 부수면 분자들의 엔트로피를 증가시키게 된다. 부서질 때 그 조각들은 원래의 자연적인 무질서 상태에 가까워진다. 컵을 완전히 부수고 개별 분자 단위로 기화시킨 다음 우주로 방출해서 흩어지게 놔두면 질서를 모두 잃고 엔트로피를 최대화하는 것이다. 찻잔 하나를 만듦으로써 국소적인 엔트로피를 감소시키고 대신 우주의 나머지 부분에서는 엔트로피가 증가한다. 우리가 문명이라고 부르는 것의 대부분은 국소적인 엔트로피 감소에 기반을 두고 있다.

엔트로피와 양자물리학

통계물리학은 양자물리학의 발견이라는 매우 놀라운 방향으로 우릴 이끌었다. 어떤 물체를 수천 도로 가열하면 붉게 달아올라 가시광선을 방출한다. 통계물리학에서는 물체를 구성하는 분자들의 진동이 이 방출을 만들어내는 것으로 보았다. 전자기학에 따르면 전자를 흔들면 빛을 방출하기 때문이다. 하지만 통계물리학의 계산에 따르면 이러한 방출이 무한대의 에너지를 가지는 문제가 있었다. 이런 발산은 단파장 (자외선)

빛에서 나타나므로 '자외선 파탄'이라는 이름이 붙었는데 이 문제는 통계물리학에 깊은 고민과 좌절을 안겨주었다.

독일의 물리학자인 막스 플랑크Max Planck는 아주 이상하고 물리적인 직관에 반하는 답을 제시했다. 그는 실제 관찰 결과를 설명할 '플랑크 방정식'이라 부르는 것을 찾아냈다. 하지만 그것은 수학이지 물리학이 아니었다. 그는 이 방정식을 유도할 수 있는 새로운 물리학적 원리를 찾기 시작했고, 마침내 찾아낸 것이 원자가 '양자화된' 값을 가지는 빛만 방출한다는 가정이었다. 이 놀라운 개념이 바로 양자물리학의 기초 이론이었다.

플랑크는 원자가 진동수 f의 빛을 방출할 때 에너지는 아래 식에 쓰여진 기본 에너지 단위의 정수 배로만 나타난다고 가정했다.

$$E = hf$$

그는 뜨거운 물체에서 나오는 방출의 관찰 결과와 공식이 맞아떨어지도록 h를 정했다. 오늘날 '플랑크 상수'라고 불리는 이것은 물리학에서 가장 유명한 상수들 중 하나다. 물리학자들은 공식 중 h가 들어가지 않는 것을 '고전 물리학' 결과, h가 포함된 것을 '양자물리학' 결과라고 부르기도 한다.

플랑크의 가정은 임의적이었고 임시방편이었다. 그의 방정식은 실험 결과와 잘 맞기는 했지만 양자화된 빛의 방출이라는 가정은 물리적 타당성이 없었다. 이것이 1901년의 상황인데, 4년 뒤 아인슈타인은 플랑크 법칙을 약간 다른 방식으로 해석하면 전혀 다른 쪽의 난제였던 광전 효과를 설명할 수 있다는 것을 깨달았다. 광전 효과는 오늘날 태양광 패널과 디지털카메라의 기초가 되는 현상으로 1887년에 하인리히 헤르츠 Heinrich Hertz가 처음 발견했다. (전파를 처음으로 발견한 바로 그 독일 물리학자로, 전기가 60헤르츠라고 얘기할 때 그 단위도 그의 이름을 딴 것이다.)

헤르츠는 빛이 어떤 물체의 표면을 때릴 때 전자가 튀어나오는 것을 발견했다. 그런데 튀어나온 전자의 에너지가 빛의 세기가 아닌 색, 즉 진동수에 따라 변한다는 것을 발견했다. 이 발견은 완전히 미스터리였다. 빛의 세기를 증가시키면 높은 에너지의 전자가 아니라 숫자만 늘어날 뿐이었다. 이런 관찰 결과는 빛이 전자기파라면 말이 안 되는 것이었다.

아인슈타인은 빛 자체가 양자화되어 있다고 가정하면 헤르츠의 광전 효과를 설명할 수 있다는 것을 깨달았다. (플랑크는 빛을 방출하는 원자가 양자화되어 있다고 가정했다.) 아인슈타인은 양자화된 빛을 '양자quanta'라고 불렀는데 후대의 과학자들은 '광자photon'라고 불렀다. 따라서 사실상 광자를 발견한 것은 아인슈타인이라고 할 수 있으며, 적어도 그 존재를 처음으로 깨달은 사람은 그였다. 하나의 광자는 전자 하나를 떼어낸다. 광자는 hf의 에너지를 전자에게 주고, 전자의 에너지는 빛의 진동수에 의존하게 된다. 강한 빛이라는 것은 결국 광자가 더 많은 것이고, 따라서 더 많은 전자가 나오게 된다. 이것이 1921년에 아인슈타인에게 노벨 물리학상을 안겨준 광전 효과에 대한 설명이었다.

아이러니한 것은 양자 개념을 이용한 광전 효과의 설명 또한 아인슈타인을 양자이론의 창시자 중 하나로 만들었다는 점이다. 진짜 아이러니는 그가 양자이론을 받아들인 적이 없다는 것인데, 적어도 현재의 주류가 된 양자이론에 대해서는 그렇다.

엔트로피는 증가한다. 시간은 흘러간다. 이 둘은 서로 연관관계일까 인과관계일까? 아서 에딩턴은 둘이 연결되어 있지만 자명한 방식은 아니라고 주장했다. 엔트로피는 통계물리학자들이 유추한 것처럼 단순히 시간에 따라 증가하는 것이 아니었다. 에딩턴은 그 반대라고 주장했다. 엔트로피가 주인이었다. 엔트로피가 바로 시간이 앞으로만 가게 만드는 이유였다.

11 시간을 설명하다

에딩턴은 엔트로피가 어떻게 시간의 방향을 정하는지 설명한다.

공략할 가치가 있는 문제들은 공략하려는 자를 되받아침으로써 자신의 가치를 증명한다.

—피엣 헤인Piet Hein

우리가 가진 유일한 대답

물리학자 중 아무나 붙잡고 물어보라. "무엇이 시간을 흐르게 만들까요?" 당신이 개인적으로 얼마나 많은 물리학자를 아는지 모르겠다. 그러나 나는 제법 많은 물리학자들을 알고 있으며, 그들 중 많은 이들에게 그와 같은 질문을 던져보았다. 대부분의 경우 다음과 같은 답변을 듣는다. "아마도 엔트로피 때문이겠지요." 그러고는 대답한 물리학자는 다음과 같이 자신의 답변에 대해 조건을 단다. "이 답변이 참인지에 대해 확신이 서지는 않아요. 그러나 그 답변이 우리가 가지고 있는 유일한 대답인 것처럼 보여요."

아마도 이 답변의 가장 흥미로운 부분은, 임의로 선택된 물리학자가 실제로 이 문제에 대해서 한 번쯤 생각해본 적이 있다는 점일 것이다. 100년 전까지만 해도 이러한 종류의 물음을 과학자가 아닌 철학자에게 던졌을 것이다. 만약 쇼펜하우어, 니체, 칸트(비록 칸트는 과학자이기도 했지만)의 저술을 살펴본다면, 이들이 모두 시간의 흐름이라는 주제에 대해 논했음을 발견할 수 있을 것이다. 계몽시대 이전이라면 아마도 아우구스티누스나 오컴 같은 신부 또는 신학자에게 이 물음을 던졌을 것이다. 하지만 아인슈타인 덕분에 이러한 주제들이 물리학의 한 부분이 되었다. 오늘날에 이르러, 만약 당신이 상대성이론을 이해하지 못한다면, 만약 시간과 공간의 성질에 관해 아인슈타인이 이룬 위대한 진전을 이해하지 못한다면, 그와 같은 물음을 제기할 수조차 있겠는가?

아서 에딩턴은 1928년에 출판된 책인 《물리적 세계의 본성》에서 시간의 화살이 엔트로피에 의해서 설정된다고 주장했다. 이 책은 고도로 전문적인 형식으로 쓰이지는 않았다(비록 에딩턴이 고등 수학을 숙달하고 있었지만). 또한 이 책은 전문가를 독자로 상정하여 쓰이지도 않았다. 실제로는 전문가를 대상으로 했지만 말이다. 당신은 오늘날에도 이 책을 읽으며 즐거움을 누릴 수 있다(그리고 이제 이 책의 저작권이 없어졌으므로, 인터넷에서 무료로 구할 수 있다). 이 책은 아인슈타인의 방식과 같이 어린아이와 같은 질문들을 던지지는 않으나, 시간에 관한 주제에 대해서는 단순성이 요구된다는 논제를 확실히 반영했다.

에딩턴은 물리학에서 오직 하나의 법칙만이 시간의 화살을 가지고 있다고 주장했다. 그것은 바로 열역학 제2법칙이다. 고전역학, 전자기학,

그림 11.1 1928년의 아서 에딩턴

심지어는 현재 계속 진화하고 있는 양자물리학 같은 모든 다른 물리학 이론들은 과거를 미래와 구분하지 못하는 것으로 보인다. 행성들은 정확하게 동일한 규칙들을 따르며 궤도를 역행해서 움직일 수 있다. 전파를 송출하는 안테나는 전파를 수신하는 안테나로도 사용될 수 있다. 원자는 빛을 방출하지만 빛을 흡수하기도 한다. 동일한 방정식들이 빛의 방출과 흡수를 모두 기술한다. 영화를 거꾸로 돌려도 열역학 제2법칙을 제외하고는 그 어떤 물리법칙도 위배되지 않는다. 엔트로피가 시간에 따라 언제나 증가할 것임을 말하는 그 법칙을 제외하고는 말이다.

오늘날, 시간의 방향성이 적어도 물리학의 한 가지 추가 영역에 근본적인 성질로 내재되어 있다고 암시하는 강력한 증거가 있다. 바로 방사성 붕괴에 관한 물리학인데, 이는 역사적으로 '약한 상호작용'이라고 불렸다. 오늘날에는 몇몇 그런 붕괴에서 '시간 가역적 대칭성'이 위배된다는 증거가 있다. 그러나 이 사실이 시간의 화살에 대한 물리학자들의 마

150

음을 바꾸지는 못했다. 물리학자들은 여전히 엔트로피를 사용한 설명을 고수하고 있다. 에딩턴의 엔트로피 화살을 논하고 난 뒤에 이 주제로 되돌아올 것이다.

거꾸로 튼 영화

앞 장에서, 탁자에서 떨어지는 찻잔이 나오는 영화의 한 장면을 떠올려 보라고 한 바 있다. 당신은 영화가 어떤 방향으로 재생되어야 하는지 말할 수 있었다. 왜냐하면 찻잔은 바닥에서 튀어 올라서 다시 조립되지는 않기 때문이다. 약한 분자 힘들이 동일한 방향으로 정렬되는 일이 일어날 경우 그와 같은 재조립이 일어날 수는 있으나, 그러한 일이 일어날 확률은 극도로 작다. 따라서 비록 어떤 방향으로 영화를 재생해야 하는지에 대해서 설명을 듣지 못하더라도, 시간의 방향은 명백하다. 찻잔은 자주 사용되는 예지만, 분명히 숱하게 많은 다른 예들을 생각해볼 수 있다. 별들은 타서 없어진다. 매장된 석유는 점점 고갈된다. 산은 침식된다. 우리는 죽어서 썩는다. 엔트로피의 증가에서 벗어날 수 있는 방법은 없다.

　당신이 두 개의 순간에 대해 우주의 신과 같은 완벽한 지식을 가지고 있다고 가정해보자. 이제 두 순간 중에서 어떤 순간이 먼저인지를 판가름해야 한다. 당신은 어떻게 판단해야 할까? 대답은 단순하다. 두 순간의 엔트로피를 계산하라. 더 낮은 엔트로피를 가진 순간이 먼저 일어난 순간이다. 물리학자들은 엔트로피가 매우 신뢰할 수 있는 방향성을 알려준다는 것을 발견했다.

물리학의 근본법칙과 파생법칙

엔트로피가 증가함을 진술하는 열역학 제2법칙은 다소 이상한 법칙이다. 이 법칙은 좀 더 확률이 높은 행태가 좀 더 잘 일어난다는 진술 말고는 물리학에 실제로 추가하는 내용이 없다. 왜 이러한 것에 물리학의 '법칙' 자격을 주는가? 이 법칙은 그저 자명하고 사소한 동어반복에 불과한 것 아닌가? 진정한 물리학인 역학, 전자기학의 방정식들이 시간에 방향을 제공하지 않는다면, 이러한 방정식들 위에 기초한 단순한 법칙이 어떻게 그 일을 할 수 있을까?

에딩턴은 이러한 역설을 잘 알고 있었다. 실제로 그는 물리학의 법칙들을 근본법칙과 파생법칙으로 나누었다. 엔트로피는 분명 파생법칙이었으며, 다른 법칙에서 도출되며 스스로는 지탱되지 않는 법칙이었다.

이 역설을 좀 더 강력하게 만들어보자. 열역학 제2법칙이 기초하고 있는 고전 물리학의 타당성을 가정하자. 고전 물리학에서는 모든 입자들의 위치와 운동을 안다면(양자물리학의 불확정성 원리는 무시한다), 적어도 원칙상으로는 미래를 정확하게 예측할 수 있지 않은가? 따라서 확률 연산, 우연에 관한 법칙이 필요 없게 된다. 따라서 시간의 화살을 가지고 있지 않은 근본법칙들이 어떻게 시간의 화살을 가지는 파생법칙을 유도할 수 있다는 말인가?

이에 대한 대답은, 에딩턴이 시초에 간파하지 못했던 이유들 때문에 현재의 우주가 고도로 조직화되어 있다는 점이었다. 우리는 낮은 엔트로피를 가지고 있다. 만약 상자의 구석에 기체를 가두어놓았다가 기체가 상자 안으로 퍼지게 한다면 상자 안의 엔트로피는 급격하게 증가할 것이다. 구석에 갇혀 있는 기체처럼 우주에 있는 물질은 거의 밀집되어 있다. 가시적인 질량의 대부분은 항성들에서 발견되고 일부는 행성들에서 발견되는데, 이 질량들은 거의 텅 빈 공간으로 둘러싸여 있다(나는 당시 에딩턴에게는 알려지지 않았던 암흑물질을 무시하고 있다). 우주에는 채워 넣음으로써 엔트로피를 증가시킬 수 있는 빈 공간이 무척 많다. 이를 달리 말하면, 우리 주변에서 볼 수 있는 조직화는 아주 있을 법하지 않다는 것이다. 우주가 놀라울 정도로 잘 조직화되어 있다는 사실 덕택에, 그리고 우주가 좀 더 무질서한 상태로 이행할 가능성이 큰 까닭에, 시간은 앞으로 나아가는 것이다.

만약 당신이 우주가 무한하게 오래되었고, 그래서 우주가 진화할 무한한 시간이 있었다고 믿는다면, 우주에는 엔트로피가 증가할 무한한 시간이 있었을 것이고 아마도 엔트로피가 아주 오래전에 최대치에 다다랐을 것이라 생각할 것이다. 그런데 왜 우주는 그렇게 되지 않았던 것일까?

우주가 그토록 있을 법하지 않은 이유가 무엇일까?

몇몇 사람들은 (우주가 가질 수도 있었던 상태와 비교해서) 상대적으로 높은 조직화와 낮은 엔트로피를 가지는 우주의 현재 상태가 신의 존재를 함축한다고 생각한다. 에딩턴은 이를 좀 더 우아하게 표현했다. 그는 (1928년에 쓴 그의 책에서) 다음과 같이 서술했다.

시간의 화살 방향은 열역학 제2법칙이라고 알려져 있는 통계학과 신학의 조화되지 않는 혼합에 의해서만 결정될 수 있다. 좀 더 명료하게 말하자면, 화살의 방향은 통계적인 규칙들을 통해 결정될 수 있으나, "세상을 이해할 수 있게 하는" 지배적인 사실로서 시간의 방향은 오직 목적론적인 전제들 위에서만 연역될 수 있다.

당신이 철학 용어들에 대해 익숙하지 않을 수 있으므로,《옥스퍼드 영어사전》이 제시하는 '목적론적'이라는 표현의 의미를 알려주고자 한다.

목적 혹은 최종 원인과 관련되는 것. 특히 자연현상에 대해 설계 혹은 목적을 다루는 것.

시간이 흐르는 까닭은 현재 우리의 상태가 너무나 있을 법하지 않기 때문이다. 우리의 세계에는 질량이 대량으로 응축되어 있고, 빈 공간이 아주 많으며, 온도 역시 균일하지 않다. 그러므로 열은 흐르고 사물들은 부서지고 질량은 빈 공간으로 흩어진다. 신이 반드시 우주를 조직화된 것으로 만들 필요는 없었으나, 사실상 우주는 조직화되어 있다.

물론 낮은 엔트로피의 우주를 만든 것이 신이라면 이와 같은 신은 스피노자의 신일 수 있다. 신은 세계를 창조한 후 세계가 진화하도록 내버려둔 것이다. 이와 같은 관점을 이신론理神論이라 부른다. 그와 같은 신이 자신을 숭배하는 것에 신경 쓰는지 혹은 자신이 숭배를 받을 만한 가치가 있다고 생각하는지는 분명하지 않다. 다수의 신학자들은 이신론을 무신론의 한 형태라고 간주한다. 이신론이란 실제로는 신을 믿지 않으면서도 말로만 신을 믿는다고 말하는 하나의 방법이라는 것이다.

실제로 에딩턴이 자신의 책을 집필하고 있을 무렵에, 또 다른 환상적인 발견이 세계의 다른 편인 캘리포니아 패서디나에서 천문학자 에드윈 허블Edwin Hubble에 의해 이루어지고 있었다. 그의 발견은 물리학에서 시간이 방향을 가지도록 만든 고도의 조직화를 설명할 수 있는 이론이 등장하도록 이끌었다. 이 이론은 우주가 조직화된 이유가 상대적으로 아직 어리기 때문이라고 설명했다. 이와 같은 설명을 제시하는 이론의 이름은 천문학자 프레드 호일Fred Hoyle이 지었고, 우리는 오늘날 그가 지은 이름을 사용하고 있다. 호일은 이 이론을 비웃기 위해 이름을 붙였는데, 그가 붙인 이름이 '빅뱅'이었다.

12 있을 법하지 않은 우리 우주

에딩턴이 요구한 바 있듯, 엔트로피가 증가하려면 현재의 우주는 낮은
엔트로피를 가져야만 한다. 어떻게 그러한 일이 일어날 수 있었을까?

만약 당신이 심연을 노려보면, 심연 역시 당신을 노려볼 것이다.

—프리드리히 니체

1929년 에드윈 허블은 과학을 400년 전으로 되돌려놓는 것처럼 보이는
발견을 했다. 분명 코페르니쿠스가 말한 것처럼 지구는 태양 주위를 돌
고 있었지만, 거시적인 규모에서는 프톨레마이오스가 옳은 것처럼 보였
다. 우리 주변을 둘러싸고 있는 별들의 집합체인 우리은하는 우주의 중
심인 것처럼 보였다.

허블의 발견을 이해하기 위해서 먼저 그가 무엇을 보고 있었는지 검
토해보자. 허블은 우리은하와 유사한, 별들의 거대한 집합체인 은하들
을 연구하고 있었다. 〈그림 12.1〉은 만약 우리은하 바깥에 나가 사진을
찍으면 우리은하가 어떻게 보일지를 보여준다. 실제로 이 사진은 안드
로메다 별자리 근처에 있는 한 은하의 모습이다.

그림 12.1 만약 우리은하를 바깥에서 본다면 이와 같이 보일 것이다. (실제로 이 사진은 안드로메다 은하의 사진이다.)

이 사진에서 대략 1조(10^{12}) 개의 별들이 원형에 가까운 궤도를 따라 움직이고 있다. 이 사진이 우리은하의 사진이었다면 태양은 중심으로부터 중간 정도 떨어진 거리에 위치해 있을 것이다. 우리가 밤에 하늘에서 보는 대부분의 별들은 실질적으로 우리은하에 속해 있다. 만약 어느 청명한 겨울밤에 도시의 불빛이 비치지 않는 곳에서 하늘을 올려다본다면, 대략 보름달 정도의 각 크기를 가지는 조그만 얼룩 같은 것을 머리 위에서 볼 수 있다. 그것이 바로 사진에서 볼 수 있는 안드로메다은하다.

만약 밤하늘에서 근처에 있는 별들 사이를 우리가 가지고 있는 최고의 망원경으로 들여다본다면, 수조 개가량의 은하들이 눈에 보일 것이다. 우리은하에 있는 별들의 수보다 그와 같은 은하들의 수가 더 많다.

안드로메다은하 사진 속에서 보이는 개별적인 별들은 배경이 아니라 전면에 있다. 우리는 별들 사이를 헤쳐 가며 뒤에 있는 안드로메다은하를 보고 있는 것이다.

사진 속에 보이는 은하 중심에 있는 밝은 점에는 수십억 개의 별들이 포함되어 있다. 이 별들은 천문학자들이 극도로 큰 질량을 가지고 있다고 믿고 있는 블랙홀 주변을 감싸고 있는데, 블랙홀의 질량은 대략 400만 개의 별들이 가지는 질량과 같다.

허블의 발견이 있기 전까지 대부분의 천문학자들은 그와 같은 은하들이 근처에 있는 별들을 배경에 두고 있는 인근의 기체 덩어리라고 생각했다. 1926년에 허블은 이 은하들이 실제로는 별들의 광대한 집합체이며, 은하들이 별자리로 알려진 별들보다 훨씬 더 멀리 있다는 것을 보여주는 믿을 만한 증거를 발견했다. 그리고 자신이 연구 중이던 24개의 은하들이 모두 우리로부터 주목할 만한 패턴으로 멀어지고 있다는 놀라운 발견을 했다. 더 멀리 있는 은하일수록 멀어지는 속도도 빨랐다. 이는 마치 우리가 있는 장소에서 커다란 폭발이 일어난 것 같았다. 가장 빨리 움직이는 파편 덩어리가 지금 가장 멀리 떨어져 있는 것이다.

허블은 폭발이 대략 40억 년 전에 일어났으리라 추산했으나, 그의 거리 계산에는 오류가 있었다. 동일한 자료를 이용해 계산 오류를 정정한 결과, 오늘날 우리는 폭발이 대략 140억 년 전에 일어났을 것으로 추정하고 있다. 더 나아가 오늘날 우리는 허블의 발견이 근처에 있는 24개의 은하에 대해서뿐만 아니라 수천억 개의 다른 은하들에 대해서도 참임을 알고 있다. 이 은하들은 허블을 기념하여 이름 붙인 '허블 우주망원경'으로 볼 수 있다.

허블의 발견은 20세기에 이루어진 가장 중요한 실험적 발견들 중 하

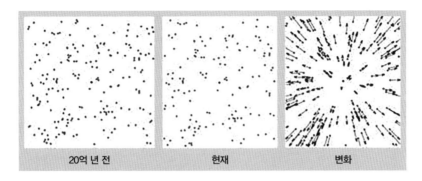

그림 12.2 마구잡이로 공간 속에 흩어져 있는 은하들의 허블 팽창을 보여주는 그림. 과거(왼쪽 그림), 현재(중간 그림), 과거와 현재(오른쪽 그림). 오른쪽 그림에서 화살표들은 각각의 은하가 변한 위치를 나타낸다. 중간 그림을 유심히 살펴보면 당신은 왼쪽 그림과 유사하지만 약간 확장된 패턴을 볼 수 있다. 은하들은 중앙으로부터 멀어지는 것처럼 보이지만, 우리가 어떤 은하에 위치한다고 해도 은하들은 우리가 위치한 은하로부터 멀어지는 것처럼 보일 것이다.

나였다. 20세기는 여러 위대한 발견들이 이루어진 세기였다. 허블의 발견은 400년 전에 니콜라우스 코페르니쿠스가 지구는 태양 주위를 돈다고 결론 내린 이래로 목적론과 가장 관련이 큰 발견임이 분명했다. 허블은 우리은하를 우주의 중심에 두는 듯 보였다.

그러나 그와 같은 해석은 옳지 않다. 허블이 알고 있었던 것처럼 허블의 발견은 우리를 우주의 중심으로 되돌려놓은 것이 아니었다. 밖으로 빠르게 움직이는 은하들 중에서 하나의 은하를 고유 좌표계로 삼아 그 은하에 당신을 위치시켜보자. 당신의 고유 좌표계에서 볼 때 모든 사물들이 당신으로부터 멀어져 간다. 이는 당신이 어떤 은하에 위치하더라도 똑같다. 허블의 법칙은 모든 은하에서 동일하게 적용된다.

허블 법칙의 이와 같은 주목할 만한 측면은 건포도 빵의 비유를 이용해서 쉽게 시각화할 수 있다. 당신이 지금 굽고 있어 점점 팽창하고 있는 빵 덩어리 속에 있는 하나의 건포도라고 상상해보라. 이웃한 모든 건포도가 점점 더 멀어진다. 당신으로부터 두 배 멀리 있는 건포도는 두 배 빠르게 당신으로부터 멀어진다. 빵의 껍질을 볼 수 없다면 자신이 중심에 위치해 있다고 결론을 내릴 수도 있겠지만, 아마도 당신은 중심에 있지 않을 것이다. 당신은 어떤 건포도를 기준으로 해도 동일한 법칙을 얻을 것이다. 따라서 비록 대중들은 허블의 발견이 지구를 우주의 중심에 두었다고 (잘못) 생각했지만, 허블은 금방 그것이 사실이 아니라고 설명했다.

껍질이 필요하지 않다

그러나 우주 팽창에 대한 또 다른 해석은 더욱 더 환상적이었다. 이 해석은 허블의 발견이 있기 2년 전에 루뱅 가톨릭 대학교의 물리학 교수이자 신부였던 벨기에 사람 조르주 르메트르George Lemaître에 의해서 제안되었다. 르메트르는 일반상대성이론에 기초해서 우주 모형을 제시했는데, 이 모형에서 그는 초기 우주를 "창조의 순간에 폭발한 우주 알"이라고 기술했다. 그는 또한 이 모형을 "원시 원자 가설"이라 부르기도 했다. 몇몇 사람들은 팽창하는 우주 개념 창시의 공로가 허블이 아닌 르메트르에게 돌려져야 한다고 생각한다. 그러나 르메트르의 연구는 허블의 몇몇 초기 관측 결과에 기초해 있었으며, 벨기에 이외의 지역에서는 거의 읽지 않는 벨기에 내의 한 학술지에 출판되었다. 르메트르는 "당신이 전혀 들어보지 못한 과학자 중 가장 위대한 과학자"로 불렸다.

르메트르는 일반상대성이론을 연구하였고 이를 우주 전체에 적용했다. 허블의 발견에 힘입어 르메트르는 우주가 실제로 팽창하고 있다고

그림 12.3 팽창 우주론을 제시한 조르주 르메트르.

결론 내렸다. 그러나 르메트르의 계산 결과 팽창하는 것은 고정된 공간 속의 물질이 아니라 공간 그 자체였다. 이 개념은 아인슈타인의 방정식들에 의해서 쉽게 수용되었다.

아인슈타인은 우주가 정적static이라고 가정했고 자신의 방정식들 속에 '우주 상수'라고 불리는 항을 추가했다. 이 항은 상호 중력에 의한 우주의 붕괴를 극복하는 반발력을 제공했다. 아인슈타인은 르메트르가 제시한 팽창하는 우주 개념이 말이 안 된다고 생각했다. 그는 르메트르에게 이렇게 말했다. "당신의 계산은 정확합니다. 그러나 당신의 물리학은 기괴하군요."

허블의 발견 이후 르메트르는 갑자기 유명해졌다. 1931년 1월 19일, 《뉴욕타임스》는 머리기사에서 다음과 같이 선언했다. "르메트르가 모든 에너지를 품고 우주를 시작시킨 하나의 거대한 원자를 제시하다." 아인슈타인은 자신의 우주 상수를 철회했을 뿐 아니라 자신이 우주 상수를 추가한 것에 대해서 후회했다. 조지 가모프에 따르면 아인슈타인은 자신의 방정식에 우주 상수를 추가한 것을 "내 생애 가장 큰 실수"라고 기술했다고 한다. (이러한 진술에는 아이러니가 있다. 왜냐하면 오늘날 우리들은 사실상 우주 상수가 존재하며 우주론에서 중요하다고 믿고 있기 때문이다. 이후 암흑 에너지에 대해서 이야기할 때 이에 대해서 좀 더 이야기하도록 하겠다.)

1933년의 한 신문 기사에 따르면 프린스턴 대학에서 행해진 르메트르의 강연이 끝나고 아인슈타인이 일어서서 다음과 같이 말했다고 한다. "이 강의는 지금까지 내가 창조에 대해서 들었던 설명 중에서 가장 아름답고 만족스러운 강의였습니다." 그는 분명 르메트르의 '기괴한' 물리학에 대해 자신의 마음을 바꾸었다. 르메트르는 또한 1912년에 발견된 우주로부터의 방사선인 우주선cosmic ray이 폭발로 인해 남은 산물일지 모른다고 제안했다. 이 주제와 관련해서는 르메트르가 틀렸다. 폭발의 잔여물이 있긴 있었으나 그것은 우주선이 아니라 마이크로파임이 밝혀졌다. 사람들은 이론가가 제시한 틀린 이론을 잊어버리는 경향이 있다. 사람들은 오직 옳은 이론만 기억한다. 안타깝게도 이는 실험물리학자들에 대해서는 들어맞지 않는다.

르메트르의 수학에서 모든 은하는 공간상의 고정된 점에 자리한다. 허블의 법칙은 은하의 운동으로부터 비롯되는 것이 아니라 은하들 사이의 공간의 팽창으로부터 비롯된다. 이는 아인슈타인의 방정식들이 공간의 신축적인 성격을 허용함을 보여주는 또 다른 예에 지나지 않는다. 우리는 이미 상대성이론의 몇몇 측면들에서 공간의 유연성을 살펴보았다 (2장). 창고 안의 장대 역설을 살펴보았으며(4장), 두 가지 광속 허점 조건에 대해서도 살펴보았다(5장).

르메트르 모형이 우리가 오늘날 사용하고 있는 모형이며, 이와 비슷한 접근법을 취했던 다른 우주론자들의 이름을 따서 프리드만-르메트르-로버트슨-워커(FLRW) 모형이라고도 불린다. 이 모형은 아주 멀리 떨어진 우주의 본성에 대해서 충실한 예측을 할 수 있도록 해준다. 우주론자들은 이와 같은 근사를 요약하는 하나의 용어를 새로 만들었다. 바로 '우주론적 원리'로, 우주는 이곳과 마찬가지로 어디에서나 똑같다는 원리다.

대략 140억 년 전에 물질은 빽빽이 압축되어 있었고 우주가 폭발했다. 고정된 공간 좌표계에 있던 물질이 이러한 폭발에 참여했고, 움직이진 않았지만 서로 더욱 더 멀리 분리되었다. 국소적으로 물질은 상호간의 중력으로 인해 지금 우리가 성단이라고 부르는 커다란 거품을 형성했다. 그러한 거품 안에서 물질들이 중력에 의해서 밀집되어 은하를 형성했고, 그 은하 안에서 다시 중력에 의해 물질들이 밀집되어 분자구름과 별들과 행성들과 우리가 형성되었다(이와 같은 역사를 기술하는 시를 살펴보고 싶으면 부록4를 참조하라).

왜 르메트르의 이름은 허블의 이름보다 덜 알려졌을까? 이유 중 하나는 그의 이름을 딴 중요한 우주망원경이 없기 때문이다. (필자는 뉴욕에서 자랐는데, 그 도시에서 가장 큰 다리의 이름을 이탈리아의 탐험가인 베라차노 Verrazano를 따서 짓기 전까지는 그에 대해서 들어본 적이 없었다.) 그러나 모든 천문학자들과 우주론자들은 르메트르에 대해 안다. 우리가 허블 팽창이라고 부르지 르메트르 팽창이라고 부르지 않는 이유 중 하나는 르메트르의 분석이 허블의 초기 자료에 기초하고 있었기 때문이다. 이 초기 자료는 르메트르의 확고한 결론을 지지하지 않는 것으로 보였다.

르메트르가 사용했던 은하의 초기 표본들을 살펴보면, 38개 은하들 중 36개가 멀어지고 있었지만(실제로 안드로메다은하는 가까워지고 있다), 후퇴속도는 르메트르 모형이 요구했던 것과 달리 거리에 비례하지 않았다. 사실상 점들은 평균을 중심으로 한 무작위적 분포와 거의 일치했다. 르메트르는 이러한 불일치가 자기 이론의 결함을 뜻한다기보다는 실험상의 오차라고 믿었던 것으로 보인다. 이 문제의 해결은 좀 더 나은 자료가 획득될 때까지 기다려야 했다. 더군다나, 만약 자신의 이론이 틀렸다고 밝혀질 경우 아무도 그 이론에 주목하지 않도록 하기 위해서, 그는 그것을 거의 알려지지 않은 학술지에 출판했다.

사실상 허블의 초기 자료는 르메트르의 예측을 반박하는 것으로 해석될 수 있었다. 만약 르메트르가 "나는 좀 더 정확한 측정이 이루어질 경우 은하들이 일직선상에 놓일 것이며 이들의 후퇴속도가 우리로부터 떨어져 있는 거리에 비례할 것이라고 예측한다"와 같은 단어들을 사용하여 자신의 입장을 대담하고 명백하게 표현했다면, 아마도 지금 우리는 그의 이름을 따서 우주의 팽창을 르메트르 팽창이라고 부르고 있을지도 모른다. 그리고 르메트르는 그의 이름을 딴 망원경을 가지게 되었을 것이다.

태초에 일어난 일

오늘날 대부분의 전문가들이 받아들이고 있는 르메트르 모형의 중요한 특징은 공간 팽창이다. 물론 팽창의 개념은 아인슈타인의 신축적 공간 개념으로부터 탄생하였으며, 더 직접적으로는 일반상대성이론 방정식으로부터 비롯되었다. 하지만 여기서 잠시 공간 팽창에 관한 좀 더 일반적인 생각으로 들어가, 그 철학적 함의에 대해 생각해보는 것은 매우 흥미로운 일이다.

빅뱅(대폭발)은 공간 내에 포함된 물질의 팽창이 아니라 공간 그 자체의 팽창이었다. 공간은 우주가 팽창함에 따라 생성될 수 있으며 지금도 생성되고 있다. 그렇다면 빅뱅이 일어났던 바로 그 '순간'에는 무슨 일이 벌어졌을까? 공간은 빅뱅 이전에 존재하기라도 했을까?

이 물음에 대해 필자가 선호하는 대답은 '아니요'다(과학적 지식에 근거한 것이 아니라 사변에 근거한 것이다). 공간은 빅뱅이라는 최초의 순간 이전에는 존재하지 않았다. 그렇다면 공간은 어디서 비롯되었는가? 명백히 이 물음은 대답될 수 없는 물음이다. 왜냐하면 이 물음에 대한 어떠한 대답도 (거투르드 스타인Gertrude Stein의 문구를 빌리자면) 어떤 곳이 거기에 있었음을 가정하고 있기 때문이다. 만약 공간이 존재하지 않는다면 무엇인가가 생겨날 곳이 없게 된다. 우리는 (로드 설링을 인용하여) "인간에게 알려지지 않은 다섯 번째 차원"이 존재한다고 가정할 수도 있다. 아마도 공간이 거기에서 비롯되었을 수도 있겠지만, 그것은 진실로 답변 회피에 지나지 않는다. 따라서 이 물음은 무시하고 다른 질문을 함으로써 다른 식으로 꽁무니를 빼보자.

물리학자들에게는 공간을 텅 빈 것이 아니라 일종의 실체로 생각하는 경향이 있다. 공간은 물질적인 실체가 아니라 좀 더 근본적인 것이다. 공간은 여러 가지 다양한 방식으로 진동할 수 있다. 진동하는 공간은 물질과 에너지로서 스스로를 드러낸다. 진동의 한 양상은 스스로를 빛 파동으로 드러낸다. 진동의 또 다른 양상은 우리가 전자라고 부르는 것이다. 만약 빅뱅 이전에 공간이 존재하지 않았다면 어떤 것도 진동할 수 없었을 것이며, 물질과 에너지도 존재할 수 없었을 것이다. 공간의 생성이 물질의 생성을 가능하게 했다. 공간이 창조되기 전에는 우리가 '실재한다'고 생각하는 어떤 사물도 존재하지 않았다. 우리에게는 그러한 사물들을 기술할 수 있는 방법이 없다.

나는 이와 같은 개념들이 과학의 일부분에 속하지 않는 것임을 강조한다. 이러한 생각들은 한 과학자의 사변에 지나지 않는다. 나는 내가 이러한 생각들을 떠올린 최초의 과학자가 아님을 확신한다. 이러한 생각들은 과학적 문헌들에 쓰이기에는 적절하지 않다. 그러나 과학자들은 이러한 종류의 개념들을 가지고 놀면서 과학자라는 직업의 엄격함으로부터 휴식을 취한다. 이러한 생각들이 과학자들을 어딘가로 이끌기는 하겠지만, 아직까지는 그저 공상에 지나지 않는다.

공간과 시간은 상대성이론에 의해서 연결되어 있다. 우리는 공간과 시간 속에 살고 있는 것이 아니라 시공간 속에 살고 있다. 이제 이 사실의 철학적 함축에 대해서 생각해보자. 만약 공간이 빅뱅과 함께 시작되었다면, 만약 공간이 생성된 것이라면, 이는 시간에 대해서도 마찬가지일 것이다. 공간과 시간 모두 빅뱅 '이전에는' 존재하지 않았다. 사실 이와 같은 그림에서 '이전'이라는 단어에는 아무런 의미도 없다. 시간이 시작되기 전에 무엇이 일어났는지를 묻는 것에는 의미가 없다. 왜냐하면 그때는 이전이라는 것 역시 존재하지 않기 때문이다. 이는 마치, 두 사물 사이의 거리가 0보다 작을 때 무슨 일이 일어나는지를 묻는 것과도 같다. 만약 당신이 고전적 물체를 절대영도보다 낮은 온도로 만들면 무슨 일이 일어나겠는가? 이 경우 아무런 운동도 존재하지 않는데 그것보다도 운동이 더 느려질까? 이러한 질문들은 대답될 수 없다. 왜냐하면 이들은 무의미한 질문들이기 때문이다.

그림 12.4 캘빈과 홉스가 웜홀 안으로 떨어지고 있다.

아우구스티누스는 이와 같은 질문들로부터 편안함을 느낄 것이다. 그는 신의 존재가 시간을 초월해 있고, 신은 시간의 바깥에 존재한다고 주장했다. 나는 만약 아우구스티투스가 오늘날 살아있다면 그가 여전히 공간과 시간을 창조한 것이 신이라고 설교할지에 대해서 의심한다.

캘빈—종교 지도자가 아니라 만화 속 인물—은 〈그림 12.4〉에서 웜홀로 보이는 곳으로 떨어지면서 시간의 의미와 씨름한다. 홉스는 '지금'에 대해서 더 큰 관심을 가지고 있는 것으로 보인다.

수수께끼에 대한 해답

허블 팽창의 발견을 통해서 우리는 우주가 왜 이토록 질서정연한지에 대해서 설명할 수 있게 되었다. 에딩턴은 시간의 화살을 설명하기 위해 우주의 질서정연함을 조건으로 제시한 바 있다. 초기의 우주는, 당신이 이를 무한한 공간에서 떠다니는 밀집된 암석 덩어리로 생각하든 르메트르 모형처럼 우주 전체를 채우고 있는 질량으로 생각하든, 밀집된 상태였다. 공간이 물질 주변에서 생성되면서 점점 공간이 넓어졌고, 이는 물질과 에너지가 분포할 수 있는 가능한 방법들이 많아진다는 것을 의미했다.

공간의 팽창은 물질이 가질 수 있는 상태들 가운데 상대적으로 낮은 엔트로피의 상태에 있음을 의미했다. 공간의 생성은 추가적으로 접근 가능한 상태들의 추가적인 엔트로피를 위한 빈 공간이 많음을 의미했다. 그리고 이제 고작 140억 살밖에 먹지 않은 우주는 가장 확률이 높은 고高엔트로피 상태를 차지할 기회를 얻지 못했다. 비록 엔트로피가 증가하지만 우주에 허용되는 최대 엔트로피의 값이 더 빨리 증가한다는 개념을 최초로 표명한 사람은 하버드 대학의 물리학자인 데이비드 레이저 David Lazer일 것이다.

뒤따르는 설명은 어떻게 팽창이 더 많은 엔트로피를 위한 공간을 생성하는지를 밝혀줄 것이다. 기체가 들어 있는 원통을 생각해보라. 원통의 한쪽은 기체로 가득 차 있고, 다른 한쪽은 진공이며 둘 사이를 피스톤이 구분하고 있다. 잠시 후 이 원통에서는 기체가 최대의 엔트로피 상태에 다다른다. 이제 아주 갑작스럽게 피스톤을 움직여 기체가 차지할 수 있는 공간을 두 배로 증가시키자. 피스톤 이동을 아주 빠르게 해서 기체는 여전히 원통의 한 쪽에만 있고 다른 쪽에는 진공이 있게 하자. 이제 기체는 더 이상 최대의 엔트로피 상태에 있는 것이 아니다. 기체는 한쪽에만 머무르지 않고 텅 빈 부분을 채울 것이며, 더 높은 엔트로피 값에 이를 때까지 확산할 것이다. 결국 기체는 더 넓어진 원통을 채우게 될 것이다.

어떤 의미에서는 이것이 바로 빅뱅에서 일어난 일이다. 더 넓은 공간이 제공되면서 이전의 좁은 공간에서 최대 엔트로피 상태에 있었던 물질은 더 넓어진 새로운 공간에서는 더 이상 최대 엔트로피 상태에 있지 않게 되었다. 물질은 변하지 않았으나 물질이 우주를 채울 수 있는 가능한 방법들의 수가 변했다. 이러한 설명은 지금의 낮은 엔트로피라는 미스터리에 대한 해답을 제시하며, 이는 에딩턴에 따르면 시간의 화살에게 분명한 방향을 제시한다. 물론 과학에서는 하나의 질문에 대해 답변하고자 할 때, 더 많은 질문들을 제기하는 경우가 자주 있다. 이제 우리는 더 이상 왜 우리가 낮은 엔트로피 상태에 있는지 물을 필요가 없다. 이제 우리는 다음과 같은 질문들을 던져야 한다. 왜 우주의 팽창이 일어났는가? 무엇이 우주를 팽창하게 했을까? 우주의 팽창이 언젠가 멈출 것인가?

과연 우리가 최종적인 대답에 이를 수 있을까? 나는 아닐 것이라고 생각한다. 우리는 새로운 것들을 계속 발견하고 있으며, 이들은 대답에 영향을 미친다. 최근에 발견된 '암흑에너지'(이에 대해 나중에 다룰 것이다)는 우주의 향후 팽창 방정식들을 극적으로 변화시켰다. 우리가 물리학의 법칙들을 아주 잘 이해하고 있지만 우주에 대한 지식과 우주가 무엇으로 구성되어 있는지는 여전히 새롭고 불확실하다. 아마도 몇 십 년 혹은 몇 백 년 이후 우리는 우주가 팽창하는 방식에 관한 완전히 새로운 것을 발견할 것이고, 이는 다시 한 번 우리의 결론을 변화시킬 것이다. 필자는 우리에게는 발견할 수 있는 중요한 것들이 아직 많이 남아 있다고 추측하는 즐거움을 우리가 누릴 수 있다고 생각한다.

고대 그리스의 신화에 따르면, 코린트의 왕 시시포스는 하데스에 있는 언덕에 평생 동안 커다란 돌을 굴려 올리도록 저주를 받았다. 언덕에 올린 돌은 반대편으로 굴러 떨어졌기 때문에 시시포스는 다시 돌을 굴려 올려야 했고, 그의 작업은 끝없이 반복되었다. 위대한 실존주의 철학자였던 알베르 카뮈Albert Camus는 이와 비슷한 것을 삶에서 보았다. 우리는 태어나서 살다가 죽는다. 대체 무슨 목적으로 삶이 이루어지는 걸까? 카뮈는 삶을 산다는 것 자체가 목적이라고 선언했고, 그는 시시포스가 행복하다고 결론을 내렸다.

이러한 결론은 과학자들에게도 적용된다. 우리는 결코 모든 질문들에 대해서 대답할 수 없다. 하나의 대답을 하면 새롭고 더 어려운 질문들이 튀어나온다. 또 다른 고전적인 유비로 히드라의 머리를 들 수 있다. 만약 당신이 히드라의 머리 하나를 자른다면, 잘린 자리에서 두 개의 새로운 머리들이 자라날 것이다. 과학자들은 이러한 사실을 사랑한다. 우리가 할 일이 없어질 일은 결코 없을 것이다. 이러한 사실이 바로 우리를 행복하게 만든다.

13 밀려오는 우주

창조의 물리학—빅뱅의 본성……

거대한 화염이 작은 불꽃을 뒤따른다.

—단테 알리기에리

이것은 원시 신호.

그 옛날 절대온도 3도의 아일럼$_{ylem}$으로부터 뿜어진

마이크로파 배경복사가

별빛 속에서 희미하게 속삭이네.

—헨리 워즈워스 롱펠로의 시 〈에반젤린〉의 패러디

르메트르 모형의 경이로운 성과는 이 모형이 우리에게 시간을 거슬러 볼 수 있는 방법을 제시했다는 점이다. 나는 개인적으로 140억 년 이전을 거슬러 본 경험을 가지고 있다.

사실 당신은 항상 시간을 거슬러 과거를 보고 있다. 5피트(약 1.5미터)

떨어져 있는 사람을 볼 때, 당신은 그 사람의 현재 모습을 보고 있는 것이 아니라 50억 분의 1초 전의 모습을 보고 있는 것이다. 빛이 5피트를 움직이는 데 대략 그 정도의 시간이 걸리기 때문이다. 달을 바라볼 때 당신은 달의 현재 모습이 아니라 1.3초 전의 모습을 본다. 태양을 바라볼 때 당신은 8.3분 전의 모습을 본다. 만약 태양이 7분 전에 폭발했다면 우리는 이에 대해 모를 것이며 이에 대한 어떤 단서도 가지고 있지 못할 것이다.

지금까지 우리가 관측한 가장 멀리 떨어져 있고 오래된 신호는 우주 마이크로파라는 원시 신호다. 우리는 이 신호가 140억 년 전에 시작되었다고 믿고 있으며, 우리가 (마이크로파 카메라를 이용하여) 이 신호를 관측함으로써 140억 년 전의 우주의 모습을 본다고 믿고 있다. 물론 이 빛은(마이크로파는 낮은 진동수의 빛이다) 아주 오래전에, 아주 멀리 떨어진 곳에 무엇이 존재했는지를 우리에게 보여준다. 이 빛은 140억 광년이라는 거리를 거쳐서 우리에게 도달했기 때문이다.

우리가 시간을 되돌아본다고 말하기 위해서는 140억 년 전의 우주에 해당하는 먼 우주가, 우리와 가까이 있는 그 시기의 우주와 매우 비슷했다는 가정을 해야만 한다. 앞에서 이야기했듯, 이러한 가정은 '우주론적 원리'라는 화려한 이름을 가지고 있다. 구체적으로 말해 이 원리는 우주가 균일하고(이는 마치 균질 우유와도 같다. 커다란 덩어리 없이 성분이 균일한 우유를 떠올려보라), 등방적이라고(특별한 방향이 없고, 거시 규모의 조직화된 운동을 하지 않는다. 예를 들어 회전하지 않는다) 주장한다. 만약 당신이 과감한 추정을 하고 있음을 다른 사람들이 깨닫지 못하게 하고 싶다면, 그 추정을 원리라고 불러라. '우주론적 원리'는 근사한 이름이다. 만약 당신이 이를 건포도 빵 모형이라 불렀다면 이처럼 근사하게 들리지는 않았을 것이다. '완벽한 우주론적 원리'는 '일반적' 우주론적 원리를 확장한 것에 대한 더 멋진 이름인데, 이 확장된 원리는 그릇된 것으로 밝혀졌다. 이에 대해서는 잠시 후에 논의하겠다.

우주론적 원리가 대략적으로 참이라는 것, 적어도 우리의 목적을 위해서는 참이라는 것에 대한 좋은 증거가 있다. 우리가 근처의 우주를 둘러보면 우리 주위에 있는 것들과 아주 비슷한 것들을 발견한다. 우리는 우리은하에 속하지만(맨눈으로 볼 수 있는 모든 개별적인 별들은 수천억 개의 별들이 한데 뭉쳐 회전하고 있는 우리은하에 속한다), 우리은하 밖에는 우리와 비슷한 은하들이 엄청나게 많이 있으며 이들은 우주공간에 걸쳐서 두루 퍼져 있다. 하늘의 특정한 작은 영역을 선택하고 우리가 가진 최고의 망원경을 이용해서 은하들의 수를 센 후, 이를 기초로 측정하지 않은 영역들에 대해서도 추정해보라. 그러면 당신은 관측 가능한 은하들이 1,000억 개 이상 있으며, 대부분의 은하들이 우리은하에 비해서 더 적은 수의 별들을 가지고 있다고 결론 내릴 것이다.

〈그림 13.1〉에서 볼 수 있는 사진은 허블 우주망원경이 최대의 확대율로 찍은 사진이다. 이 사진에는 약 2,000개의 별들이 있는 것처럼 보이지만, 사진 속 작은 점들의 대부분은 실제로는 대개 수십억 개의 별들을 포함하고 있는 은하들이다. 이 사진은 우리은하에 포함된 별들 사이를 헤쳐서 그 너머를 찍은 것이다. 이 사진에는 우리와 가까이 있는 별들이 2개 이상 있다. 이 별들의 점과 같은 크기로 인해 발생하는 교차회절 패턴을 통해서 이 별들을 가려낼 수 있다. 이 사진 속에서 가장 멀리 있는 은하는 120억 광년 떨어져 있는데, 이는 우리가 120억 년 전에 존재했던 은하의 모습을 보고 있음을 의미한다. 만약 우주론적 원리가 정확하다면, 그러한 은하에 대한 연구는 우리은하가 그 시절 어떠했는지에 대

그림 13.1 지금까지 찍은 사진 중에서 우주의 가장 멀리 떨어진 영역을 보여주는 사진. 밝게 보이는 점들의 대부분은 은하들이지 개별적인 별들이 아니다.

해 우리에게 이야기해줄 것이다.

우주에는 은하성단이 존재하지만, 성단은 모든 곳에서 대략 균일한 밀도로 분포하고 있는 듯 보인다. 1970년대에 버클리 대학에 있던 필자의 팀은 마이크로파를 측정했는데, 측정 결과는 0.1퍼센트 이내에서 우주가 균일함을 보여주었다. WMAP(윌킨슨 마이크로파 비등방성 탐사선)에 의해 수행된 최근 측정에 따르면 우주는 0.01퍼센트 이내에서 균일함을 보여준다. 하지만 감도를 높이면 우리는 비균일성을 보게 된다.

빅뱅 후의 불덩어리

빅뱅을 입증하는 가장 신빙성 있는 증거는 폭발의 마이크로파 잔여물을 발견한 것이다. 이 신호가 발견되지 않았다면 빅뱅은 반증되었을 것이다. 즉 빅뱅은 부정확한 이론임이 밝혀졌을 것이다. 프린스턴 대학의 물리학자 로버트 디키Robert Dicke와 제임스 피블스James Peebles는 1960년대 초반에 빅뱅 이론을 발전시켜, 만약 빅뱅 가설이 맞다면 마이크로파가 관측되어야 한다고 생각했다. 만약 그들이 이 파동을 발견한다면, 허블이 우주의 팽창을 발견한 것과 비견될 정도로 놀라운 20세기의 가장 위대한 발견들 중 하나가 될 것이었다. 그들은 데이브 윌킨슨Dave Wilkinson과 피터 롤Peter Roll을 포함한 팀을 구성했고, 마이크로파를 관측할 수 있는 장비를 만들기 시작했다.

이들이 발전시킨 이론은 일반상대성이론에 기초한 우주론이 그렇듯 매우 직설적이었다. 이 이론은 조지 가모프와 랠프 앨퍼Ralph Alpher가 만든 최초의 빅뱅 이론을 정교화한 것이었다. 지금보다 우주가 30조 배 압축되어 있던 초기 우주에서, 우주를 채우고 있던 물질—오늘날 우리가 별과 은하에서 볼 수 있는 것과 동일한 물질—은 아주 조밀하고 뜨거웠다. 우주 전체가 현재 태양 표면에서 볼 수 있는 것과 같은 뜨거운 플라즈마로 가득했으며, 아주 강렬한 빛으로 가득 차 있었다. 가모프와 앨퍼는 이 뜨거운 플라즈마를 '아일럼ylem'이라 불렀다.

가모프는 아일럼이 '수프'를 뜻하는 이디시어라고 주장했지만, 나는 이 단어를 이디시어 사전에서 찾지 못했다. 아마도 이형 방언이었을 것이다. 앨퍼는 이것이 《웹스터 신국제어학사전》에서 찾아볼 수 있는 사어로, "원소들이 그로부터 형성된 원시적 실체"를 뜻한다고 쓴 바 있다. 그러나 나는 《웹스터 개정 완전판 어학사전》 1913년판 또는 1828년판에서도 이 단어를 찾지 못했다. 《옥스퍼드 영어사전》은 존 가워John Gower가 1390년에 쓴 《사랑의 고백》 3장 91절에 중세 영어로 쓴 한 구절을 언급하고 있다. "그 보편적 물질을 특별히 아일럼이라 일컫는다."

가모프와 앨퍼가 '아일럼'이라는 단어에 새로운 의미를 조합했을 수는 있겠으나, 이들 중 누구도 '빅뱅'이라는 이름을 만들지는 않았다. 이 이름을 만든 것은 빅뱅 이론을 믿지 않았던 저명한 천문학자 프레드 호일이었으며, 그는 단지 빅뱅 이론을 조롱하기 위하여 이 이름을 붙인 것이었다. 호일로서는 원통한 일이었지만, 가모프는 기꺼이 그 이름을 받아들여서 스스로 그 이름을 사용했다.

가모프의 유머 감각을 보여주는 또 하나의 예가 있다. 가모프와 앨퍼가 공동논문을 썼을 때 가모프는 뛰어난 물리학자였던 친구 한스 베테 Hans Bethe를 논문의 저자로 추가했다. 베테는 논문 작성에 공헌한 바가 없었고, 자신을 저자로 추가해도 된다고 허락도 하지 않았는데 말이다. 사실 베테는 논문이 출판될 때까지 자신이 공동저자인지도 몰랐다. 가모프는 논문 출판 후 그것이 하나의 장난에 불과했다고 말했다. 그는 앨퍼, 베테, 가모프가 저자인 논문을 출판할 기회를 잃고 싶지 않았다. 이러한 저자들의 이름 조합이 그리스 알파벳의 처음 세 문자인 알파, 베타, 감마를 떠오르게 했기 때문이다. 그래서 이 논문은 이따금 'αβγ 논문'이라고 불리기도 한다.

가모프는 또한 대중과학 저술가이기도 했다. 이 책을 쓰며 돌이켜 생각해보니, 내가 10대 시절 너무나 사랑했던 책이 바로 가모프의 《하나 둘 셋…… 무한대》였고, 그 책은 이 책을 저술하는 데 일부 영감을 주었다. 나는 프레드 호일의 1955년 저서 《천문학의 선구자들》 역시 읽었는데, 그 책에서 호일은 빅뱅을 대신해 그가 제시한 '정상 상태' 이론을 옹호하고 있었다. 호일은 우주의 팽창이 환영에 지나지 않고, 물질은 지속적으로 생성 및 파괴되며, 우주는 변하지 않는다고 주장했다. (당시 어린 아이였던 필자에게는 누가 옳은지에 대한 견해가 없었다.)

호일은 그가 '완벽한 우주론적 원리'라 부른 것을 고안했는데, 이 주장에 따르면 우주는 공간적으로 균일할 뿐만 아니라 시간에 따라서도 변하지 않았다. 되돌아보면 호일이 자신의 이론이 빅뱅 이론보다 더 나은 이론임을 주장하기 위해서 '오컴의 면도날' 원리, 즉 가장 단순한 이론이 올바른 이론이라는 원리에 호소한 것이 나에게는 특별히 흥미롭게 여겨진다. 이러한 역사로부터 얻을 수 있는 핵심적인 교훈은 바로 이것이다. '원리들'을 경계하라. 원리들은 가정들이며 항상 사실에 기초한 것은 아니다. 또 다른 교훈은 '오컴의 면도날'이 종종 진리를 향해 제대로 인도하지 못한다는 것이다.

앨퍼와 가모프가 최초로 빅뱅 이론을 제안했을 때는 이 이론을 시험하거나 반증할 방법이 없었다. 그러나 디키와 그의 팀이 그러한 문제에 대한 해답을 찾았다. 이들의 계산에 의하면 빅뱅 이후 50만 년이 지나서 핵심적인 순간이 찾아왔다. 이때 팽창하는 공간으로 인해 플라즈마가 투명해 보일 정도로 냉각되었기 때문이다. 이 순간에 밀집된 빛은 갑자기 자유롭게 움직일 수 있게 되어, 더 이상 전자들 사이에서 튕기지도 않고 휘어지지도 않고 움직일 수 있었다. 초기의 불덩어리로부터 생성된 그와 같은 빛이 바로 프린스턴의 연구자들이 찾던 것이었다. 그들은 이 빛을 모든 방향에서 검출할 수 있을 것이라고 기대했다. 왜냐하면 빅뱅은 완전히 균일했기 때문이다. 그것이 바로 우주론적 원리다. 그 빛은 대략 140억 광년을 여행했을 것이고, 우리에게 다다르는 데 140억 년이 걸렸을 것이다.

물론 우리가 있는 곳에서도 140억 년 전에는 물질이 뜨겁고 밝고 빛으로 가득 차 있었다. 그리고 이때 빛이 밖으로 방출되었다. 여기서 방출되었던 빛은 우리로부터 아주 멀리 떨어진 곳에 있는 물질에 지금 도달하고 있다.

우주의 급속한 팽창으로 인해 140억 광년 떨어진 곳에서 방출된 밝은 복사선은 색 이동color shift을 겪었다. 이 복사선의 근원인 멀리 떨어진 물질은 (허블 팽창 때문에) 우리의 현재 위치로부터 빠르게 멀어지고 있었으며, 이 빛은 도플러 이동을 겪었다(도플러 레이더가 진동수 이동을 통해 당신의 속도를 탐지하는 것과 같은 방식으로). 그 결과, 우리의 고유 좌표계에서는 복사선이 가시광선 진동수에 포함되는 것이 아니라 마이크로파 진동수에 포함된다. 이는 마치 당신의 마이크로파 오븐(전자레인지)에서 생성된 파동들과 비슷하다(물론 그것보다는 훨씬 약하지만).

디키, 피블스, 롤, 윌킨슨이 원시 신호를 찾기 위해 그들의 기구를 준비하고 있을 무렵, 벨 전화연구소에서 근무하던 아르노 펜지어스Arno Penzias와 로버트 윌슨Robert Wilson 팀은 커다랗고 민감한 마이크로파 안테나를 우주공간으로 향하게 하고 있었다. 그들은 빅뱅을 찾고 있었던 것이 아니라, 텅 빈 하늘을 조준해 '아무런' 신호가 없음을 확인하길 기대했다. 만약 그렇게 된다면, 그들의 수신기에 감지되는 것은 기구의 내부에서 생성된 고유의 전기 잡음을 나타낼 것이었다. 그들의 목적은 이 잡음을 최대한 줄이는 것이었다.

그들은 어떻게 해도 없앨 수 없는 한계치, 특정한 양의 잡음에 도달했는데, 이는 절대온도 3도에 해당하는 양이었다(그들은 온도의 증가를 이용해서 잡음을 측정했다). 그들이 어떤 방향으로 안테나를 향하든 상관없이 항상 3도의 잡음이 감지됐다. 그들은 이 잡음이 우주공간으로부터 오는 것이 틀림없다고 결론 내렸지만, 그들은 이 잡음이 무엇이고 어디서부터 오는지, 왜 우주공간이 이 잡음을 복사하며 무엇이 이 잡음의 원인인지에 대해서 알지 못했다.

사실 우주공간으로부터 모든 방향에서 균일한 신호를 받는다는 것 자체가 이상했다. 최소한 그 당시에는 그랬다. 펜지어스와 윌슨은 그처럼 아주 터무니없는 결론에 도달하자 자신들의 기구에 이상이 있다고 틀림없이 생각했을 것이다. 사실상 다른 어떤 실험가들도 방향에 관계없는 그러한 복사가 기구 내부에서부터 비롯된 것이라고 판단했을 것이다.

피블스의 팀이 자신들의 기구를 준비하고 있을 무렵, 피블스는 자기 팀의 예측에 관해 발표를 했다. 그 발표를 들었던 사람 중의 하나가 켄 터너Ken Turner였고, 터너는 버나드 버크Bernard Burke에게 이에 대해 이야기했고, 버크는 이를 다시 아르노 펜지어스에게 이야기했다. 펜지어스는 디키에게 전화를 했다. 펜지어스가 전화했을 때 디키의 팀은 우연히 그 방 안에 있었다. 디키는 팀원들에게 이렇게 말했다. "우리가 선수를 뺏겼어."

펜지어스와 윌슨이 자신들의 발견을 발표하는 논문을 출판했을 때, 이들은 빅뱅을 언급하지 않았다. 논문의 제목은 조심스럽게도 다음과 같았다. 〈4080메가헤르츠에서 측정한 잉여 안테나 온도〉.[29] 이들은 논문에서 다음과 같이 간단하게 진술했다. "관측된 잉여 잡음 온도에 대한 설명이 디키, 피블스, 롤, 윌킨슨의 논문(1965)에 제시되어 있다." 그러나 1년이 채 되지 않아 마이크로파 복사는 우주의 폭발 기원에 대한 확정적인 증거로 간주되었다. 이제 예측이 현실이 되었다. 빅뱅이 관측된 것이다.

피블스가 했던 발표와, 펜지어스에게 그 정보를 전한 과학계의 소문 덕분에 이 발견의 주인공은 프린스턴 팀이 아니라 펜지어스와 윌슨이 되었다. 프린스턴 팀은 몇 달 뒤에 해당 신호의 존재를 입증했다. 펜지어스와 윌슨은 자신들의 공로를 인정받아 노벨상을 공동 수상했다. 프린스턴 팀은 (나와 같은) 동료들의 인정을 제외하고는 그와 같은 공식적인 인정을 받지 못했다. 이 상은 최소한 펜지어스, 윌슨, 디키, 피블스에게 수여되어야 했으나, 알프레드 노벨의 유언은 세 사람 이상의 공동 수상을 금지했다.

시간의 시작을 탐구하다

나는 기초입자 물리학으로 UC 버클리 대학에서 박사학위를 받은 직후인 1972년, 나만의 연구와 관심, 능력과 바람을 토대로 같은 분야에서 첫 주요 독립 과학 프로젝트에 착수할 준비를 했다. 스승인 루이스 앨버레즈와 관계없이 이루어지는 첫 번째 프로젝트였다. 피블스가 쓴 《물리 우주론》을 읽고 빅뱅으로부터 비롯된 마이크로파를 관측해보고자 결정했다. 140억 년 전에 우주가 어떠했는지를 알고 싶었고 우주론적 원리의 타당성을 시험해보고 싶었다. 내가 시작한 프로젝트는 결국 초기 우주의 지도 작성으로 이어졌다. 우주가 지금 나이에 비해 0.00004배인 아기 우주였을 때의 모습을 보여주는 지도였다. 예를 들어 당신이 지금 20살이라면, 20살의 0.00004배는 대략 당신이 태어난 이후의 6시간에 대응한다.

펜지어스와 윌슨은 대략 10퍼센트의 정확도로 마이크로파가 균일하다고 결론지었다. 이들은 '비등방성'을 탐지할 수 없었다. 즉 방향이 달라도 그 세기가 다르지 않았다. 추가적인 실험을 통해 그 오차가 1퍼센트 정도로 낮아졌다. 0.1퍼센트로 정확도가 높아지면 우주를 통과하는 지구의 움직임에 따른 비등방성이 탐지된다. 당신이 빗속에서 뛰어갈 때 얼굴에 부딪히는 빗물이 머리 뒤에 부딪히는 빗물보다 많은 것처럼, 마이크로파의 세기가 앞쪽 방향에서 약간 더 커진다. 그 세기는 방향에 따른 분명한 코사인 의존성을 보여주며 이는 당신이 빗속에서 뛰어갈 때 얻는 형태와 동일하다. 더 높은 정확도로 나아가 0.01퍼센트 오차 수준에 다다르면 우리는 은하성단의 계기가 된 초기 뭉침(응집)의 흔적들을 볼 수 있다.

피블스는 자신의 저서에서 먼 우주에 대한 지구의 운동을 "새로운 에테르 흐름"이라고 불렀다. 이는 절대공간에 대한 측정이 아니었다. 아인슈타인은 그러한 측정이 불가능함을 보여주었다. 그러나 당신 주변에서 우주의 물질이 완전히 대칭적이고 균일한 단 하나의 기준 좌표계, 우주론적 원리가 적용되는 좌표계가 존재한다. 그것은 빅뱅 이론의 '정준正準, canonical 좌표계'인 르메트르 좌표계다. 이 좌표계에서는 모든 은하들이 거의 정지 상태에 있으며, 은하가 운동하는 것이 아니라 은하 사이의 공간이 확장됨으로써 우주가 팽창한다.

나는 측정을 하기 위해서 두 개의 진동수를 동시에 관측해야 한다고 결론 내렸다. 하나는 우리 자신의 대기로부터 방출된 마이크로파를 측정하는 것이었고, 다른 하나는 우주 신호를 탐지하는 것이었다. 실험은 높은 고도에서 이루어져야 했고, 산 정상에서도 가능하긴 했지만 기구나 비행기에서 이루어지는 게 좋을 듯 보였다. 기구 안에서 실험해본 후 기구에서의 실험이 너무 어렵다고 판단하게 되었다(예를 들어 충돌할 가능성이 높았다). 나는 또한 일을 간단하게 하기 위해서 일상적인 온도에서 기구들을 이용해서 작업이 이루어져야 하며, 잡음을 낮추기 위해서 냉각된 탐지기를 사용해서는 안 된다고 믿었다. 상대적으로 따뜻한 온도를 가진 안테나를 사용하기 위해서는 수신용 복사계가 훌륭한 열전도성

그림 13.2 1976년 마크 고렌스타인(왼쪽)과 필자가 나사NASA의 U-2 항공기의 뒷부분에 마이크로파 탐지기를 설치하고 있다.

을 가져야만 했다. 그래야만 기구 자체에서 나오는 명백한 비등방성이 발생하지 않을 것이었다. 따라서 나는 생애 처음으로 열 흐름 디자인을 연구했다.[30]

　나는 버클리 우주과학연구소에 있던 또 다른 물리학자인 조지 스무트George Smoot에게 우리 팀에 참여하겠느냐고 물었고, 그는 동의했다. 나사의 에임스 연구소장이었던 한스 마크Hans Mark는 나사의 U-2 항공기를 사용할 수 있도록 해주었고, 우리는 장비가 항공기 안에 들어맞도록 조정했다. 나는 지구로부터 오는 복사를 제거하고 광범위한 각도에서 유입되는 신호들을 감소시키기 위해 첨단 광학을 이용한 마이크로파 탐지 고깔을 사용할 필요가 있다고 결론 내렸다. 스무트는 출판물 중에서 그와 같은 탐지 고깔 디자인을 찾아냈고, 우리는 탐지 고깔을 여러 개 만들었다. 나는 버클리의 마이크로파 연구실에서 이 탐지 고깔들을 시험했는데, 이때 나의 첫 번째 대학원생이었던 마크 고렌스타인Marc Gorenstein으로부터 도움을 받았다. 그는 이 작업을 통해 결국에는 자신의 박사학위를 취득했다.

작업 과정은 길고도 어려웠지만, 수차례의 U-2 비행 후 우리는 복사가 완벽하게 균일한 것은 아님을 발견했다. 사자자리 바로 남쪽 부분이 제일 밝았고 가장 어두운 부분은 정확하게 그 반대쪽인 물고기자리에 있었다. 이 두 극단 사이의 변이는 매끄러웠는데, 사자자리로부터의 각도가 가지는 코사인의 값과 비례했다. 이는 복사가 우주의 멀리 있는 물질에 대한 지구의 운동 때문임을 보여주는 명백한 증거였다. 이와 같은 '우주적 코사인'의 진폭으로부터 나는 우리은하의 속도를 계산했고, 그 속도가 대략 시속 100만 마일(약 161만 킬로미터)임을 발견했는데 이는 대체로 정확하면서 인상 깊은 결과였다. 우주적 코사인은 〈그림 13.3〉에 제시되어 있는데, 그림에서는 별들과 별자리가 중첩되어 있다. 이 그림은 최근에 WMAP 위성으로부터 얻은 좀 더 정확한 측정 자료에 근거하지만, 이 자료는 우리가 1976년에 출판했던 값의 불확정성 범위 내에서 일치한다.

만약 우리가 시속 100만 마일의 속도로 움직인다면 어떻게 우리은하가 르메트르 모형에서는 정지해 있을 수 있을까? 이에 대한 대답은 그렇지 않다는 것이다. 르메트르 모형은 개별 은하가 '특이운동'이라 불리는 소규모의 국소 운동을 할 수 있다고 허용한다. 아마도 국소 성단 주변을 빙빙 도는 것이나, 우리은하처럼 근처에 있는 안드로메다은하로부

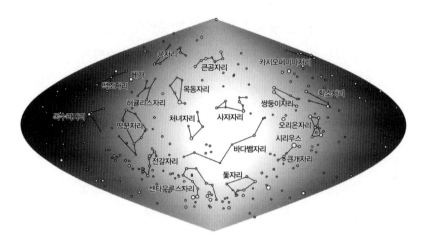

그림 13.3 우주적 코사인. 코사인에 따른 마이크로파 복사 세기의 변화가 배경의 밝기로 표시되어 있는 별 지도. 만약 당신이 마이크로파를 볼 수 있다면 하늘은 이와 같이 보일 것이다. 가장 강한 신호(사자자리 바로 아래쪽)는 우리 지구 운동의 방향을 나타낸다. 지도 내의 다른 위치에서는 마이크로파의 세기가 사자자리로부터 따진 각도의 코사인에 비례한다.

터 중력을 받아 끌리는 것이 그런 운동일 수 있다. 르메트르는 그와 같은 국소 운동의 크기가 평균적으로 작으며 방향이 무작위적이라고 단순하게 가정했다.

우리는 양자 요동이다

프로젝트의 다음 단계는 대기에 의해 방출되는 교란 마이크로파를 완전히 없애기 위해 관측기구를 위성에 탑재하는 것이었다. 이 시점에서 스무트가 프로젝트의 대표직과 (예산 확보를) 맡게 되었고 나는 점차 이 프로젝트에서 손을 뗐다. 스무트가 더 이상 나의 도움을 필요로 하지 않는다는 것이 분명했고, 나 또한 나사 관료제의 영향으로부터 벗어나고 싶었다. 실제로 나사의 관료제가 핵심적인 장애물임이 밝혀졌다. 관측기구의 변화는 사소한 것이었으나 미국 정부의 관료주의는 큰 영향을 미쳤다. 조지는 프로젝트를 계속 진행해 나갔지만 우주로 기구를 가지고 나가서 측정을 하기 위해서는 14년이 넘는 시간이(1978~1992) 필요했다.

왜 이토록 오랜 시간이 걸렸는지에 대한 근본적인 이유는 없었다. 아마 4년 정도가 합리적인 소요 기간일 것이다. 다만 정부와 함께 작업한다는 것이 관료제적으로 복잡했으며 이 작업이 과학의 필요에 의해서 추진되지 않는 경우가 빈번했다. 몇 년 동안 나사는 스무트에게 측정기구가 여러 종류의 서로 다른 우주비행체에 적합하도록 변경되어야 한다고 이야기했다. 일정 시기 동안 측정기구는 무인 로켓에 탑재될 예정이었다. 그 후 나사는 우주탐사선에서 더 많은 과학 활동이 이루어져야 한다고 결정했고(우주탐사선의 비용을 정당화하기 위해!) 이러한 결정이 프로젝트를 지연시켰다. 이에 더해, 인간과 함께 탑재된다는 것은 측정기구가 추가적인 여러 시험들을 통과해서 이것이 비행사들의 생명에 위협을 미치지 않음을 확신시켜야 함을 의미했다. 그런데 나사는 다시 마음을 바꿔 이 기구를 무인 로켓에 탑재하기로 결정했으나, 이때는 복사 스펙트럼(서로 다른 진동수에서의 세기)을 측정하기 위해 고안된 완전히 다른 실험과 조화를 이루어야 했다.

스무트와 그의 새로운 팀은 대기의 간섭이 없는 우주공간에서 측정을 해서 우리의 U-2 항공기 측정 결과보다 30배 더 민감한 측정 결과를 얻었고, 그들은 최초로 고유 비등방성 즉 우주론적 원리와 약간 어긋나는 비등방성을 관측했다. 그들이 관측한 들쭉날쭉한 자료들은 빅뱅으로부터 예측된 것이었다. 이 이론은 우주가 아주 균일하지만 완벽히 균일하지는 않다고 가정했다. 하이젠베르크의 불확정성 원리에 의한 '양자 요동quantum fluctuation'이 국소 중력으로부터 성장할 수 있는 작은 덩어리의 원인이 되었고, 이는 결과적으로 거대 은하단이 되는 구조를 형성했다.[31]

아주 커다란 영역을 다루는 우주론이, 오직 아주 작은 영역만을 다루었던 양자물리학을 통해서 아주 잘 이해될 수 있다는 사실은 매혹적이었다. 스티븐 호킹은 이러한 발견을 두고 그가 자신의 삶에서 경험했던 것 중 "물리학의 가장 흥분되는 발전"이라고 불렀다. 빅뱅 이론을 입증했던 발견인 우주 마이크로파 복사는 이제 대폭발 이후 최초 약 50만 년의 본성을 알려주는 가장 자세한 정보원이 되었다. 스무트는 그의 작업을 통해 노벨상을 수상했다.

우리가 시간의 시작에 다다른 것은 아니다. 시작 이후 대략 50만 년 이후에 다다랐을 뿐이다. 인간의 척도로 볼 때 50만 년은 긴 시간으로 여겨지지만, 우주의 나이 140억 년과 비교하면 우리는 태어난 지 몇 시간 지나지 않은 아기 우주의 사진을 찍을 수 있었던 것이다. 그리고 가장 중요한 것은 그 사진이 이론이 아니었다는 점이다. 그것은 실제로 관측된 결과였다.

측정 결과는 이후 WMAP 위성(프린스턴 팀의 원래 구성원 중의 한 명의 이름을 따서 명명되었다)에 의한 측정 덕분에 개선되었다. 관측된 패턴은 빅뱅 이후 대략 50만 년이 지난 우주의 상세한 구조를 보여주며 이는 〈그림 13.4〉에 나와 있다. 이 그림은 가장 멀리 있는 하늘을 찍은 사진이며, 눈에 보이지 않는 마이크로파를 사진으로 나타낸 것이다. 이 그림은 140억 광년 떨어져 있는 140억 년 전의 우주 구조를 보여준다. 이 사진을 보면 대략 50만 년이 지난 시점에서 이미 우주가 더 이상 완전히 균일하지는 않으며 덩어리를 구성하고 있음을 알 수 있다.

그림 13.4 WMAP 마이크로파 카메라를 이용하여 찍은 초기 우주의 사진. 이 사진에서 매끄러운 우주 코사인은 제거되었다. 그렇지 않았다면 우주 코사인이 이 사진을 완전히 차지했을 것이다.

서스턴 우주

나는 우리 시대의 가장 위대한 수학자들 중의 한 명을 처남으로 두는 행운을 얻었다. 그는 바로 빌 서스턴Bill Thurston이다. 빌과 나는 버클리에서 아주 가까이에 살았으며, 우리는 직장, 수학과 물리학에 대해서 많은 대화를 나누었다. (대학원생일 때 그는 자신이 결코 좋은 직장을 가지지 못할 거라 확신했다.) 그는 우리가 우주에 대해서 무엇을 알고 있는지에 대한 내 설명에 매료되었다. 그는 다중 연결된 우주에 대해서 진지하게 고려해본 사람이 있었는지를 물었다. 그가 우주의 한 부분을 다른 부분과 연결하는 잠재적 통로인 웜홀을 의미했던 것일까? 아니다. 그는 훨씬 더 단순하고 우아한 우주의 모습을 마음에 품고 있었다.

빌은 위상수학의 공로로 특히 유명했는데, 이 복잡한 기하학은 우리의 평균적인 상상력을 한참이나 넘어서는 것이었다. 그는 자신이 4차원에서 생각하는 기술을 숙달했다고 내게 말했다. 몇몇 사람들만 그의 말을 믿었으나, 그는 자신의 마음속에 있는 4차원 공간의 표면들을 들여다보는 것만으로도 발견할 수 있었다며 수많은 멋진 정리들을 생산해냈다. 3차원 이하의 수학 문제들과 5차원 이상의 수학 문제들은 비교적 쉽지만 4차원에 관련된 문제들이 어렵다는 이상한 사실이 드러났다. 4차원에서의 업적을 통해 빌은 40세가 되기 전에 필즈 메달을 수상할 수 있었는데, 이 상은 "수학에서의 노벨상"이라고 불린다.

위상수학에서 당신은 공간 앞으로 계속 진행하다가 원래 있던 자리로 되돌아왔음을 발견할 수 있다. 그와 같은 결과는 (지구의 표면처럼) 굽은 공간에서는 당연한 것이지만, 굽지 않은 공간에서도 이러한 일이 일어날 수 있다. 굽지 않은 공간을 우주론자들은 '편평한 공간'이라 부른다. 비록 이 공간이 3차원으로 존재하지만 말이다. 이것이 의미하는 바는 거시 규모에서 빛이 곡선이 아닌 직선을 따라 움직인다는 것이다. 일상적 기하학은 여전히 유효하다. 삼각형의 내각의 합은 180도다.

빌의 질문은 실제의 우주가 단순 연결된 우주인지 다중 연결된 우주인지를 묻는 것이었다. 그는 우주론에서 어떤 측정이 우주가 다중 연결되어 있음을 배제할 수 있는지를 알고 싶어했다. 나는 그런 측정을 생각할 수 없었다. 과연 어떤 측정으로 이를 입증할 수 있을까? 분명 이 물음은 진지하게 생각해볼 만한 가치가 있었다.

나는 (내가 명명한) 이 '서스턴 우주'가 위대하며 또한 틀을 벗어난 훌륭한 사변이라고 생각한다. 서스턴 우주는 웜홀들처럼 다중 연결되어 있으면서도 강한 공간적 뒤틀림이 없으며, 또한 시험 가능하다는 커다란 이점을 가지고 있다. 나는 서스턴 우주가 몇몇 끈 이론에서 사용되는 11차원 시공간만큼 정신 나간 것이라고는 생각하지 않는다.

나는 서스턴 우주가 참이 아님을 보이기 위해 몇 주 동안 노력했고, 또한 그것이 참이라면 그러한 우주를 발견할 방법을 찾아보았다. 이 추측을 검증하려면 필자는 아주 먼 우주 공간을 살펴보고 또 우리은하를 볼 수 있어야 한다. 허블 우주망원경이 찍은 심우주 사진(그림 13.1)에 보이는 은하계들 중 하나가 실제로는 우리일 수 있다! 그러나 나는 그것을 현재 보이는 그런 방식이 아니라, 수십억 년 전에 보이던 방식으로 보는 셈이 된다. 와우! 만약 빌의 추측이 옳다면 우리는 더 이상 균일한 우주라는 가정 없이도 과거를 되돌아볼 수 있게 될 것이다. 실제로 우리는 우리 자신을 '보는' 것이다. 문제는 우리 자신임을 '인지하는' 것이다. 수십억 년 동안 은하와 은하단은 진화한다. 나는 빌의 추측을 시험하기 위해 골똘히 생각해보았으나 결국 포기했다. 물론 그때는 1980년대 초였다. 그동안에 도구들이 개선되었으므로, 나는 다시금 이 문제에 대해서 고민하고 있다.

이 예는 실험가들이 여유 시간에 무엇을 하는지를 보여준다. 나의 물리학 멘토였던 루이스 앨버레즈는 금요일 오후를 미친 생각들을 하는 시간으로 정해두곤 했다. 그런 시간을 따로 챙겨두지 않는다면 결코 그런 생각을 할 시간을 얻지 못할 것이다. 이는 마치 짬을 내어 운동을 하는 것과도 같다.

14   시간의 종말

이제 우리는 지난 140억 년 동안 무슨 일이 일어났는지를 안다.
앞으로 다가올 1,000억 년에는 어떤 일이 일어날까?……

모래 한 알에서 세계를 보고

들꽃 한 송이에서 천국을 보려면

그대의 손바닥 안에 무한을

그리고 순간 속에 영원을 담으라.

— 윌리엄 블레이크, 〈순수를 꿈꾸며〉

1990년대 후반을 돌이켜보면, 나는 우주론을 가르치며 학생들에게 다음
과 같이 말했다. 비록 장기적인 관점에서 우주의 미래가 어떠할지에 대
해서는 이야기할 수 없지만, 아주 중요한 발견이 임박했다는 것은 확실
하다. 향후 5년 이내에 우주가 무한한지 유한한지, 또는 우주가 계속해
서 팽창할지 아니면 언젠가는 팽창을 멈추고 다시 쪼그라들어 빅 크런
치Big Crunch(대함몰)가 일어날지 알 수 있을 것이다. 만약 빅 크런치가 일
어난다면 그것은 공간과 시간의 영원한 종말이 될 것이다. 시간이 더 이

상 존재하지 않는 상황에서 영원이라는 단어를 쓰는 것이 의미가 있다면.

나는 또한 우리가 (공간과 시간 모두에 대해) 무한함과 유한함을 가르는 경계선 사이에서 조심스레 잡고 있는 균형을 끝내는 것은 가능하며, 비록 우리가 우주에 대해서 정확하게 추정할 수 있을지라도, 영원이 진정으로 영원할지에 대한 물음에는 답변할 수 없을지도 모른다고 얘기했다.

나는 우리가 곧 문제에 대한 해답을 알 수 있을 것이라는 예측이 옳다는 것을 절대적으로 확신했다. 그 이유는 나 자신이 이 문제를 결론 낼수 있는 과학 실험의 토대를 놓았기 때문이다. 그리고 내 제자이자 프로젝트 책임자가 된 솔 펄머터Saul Perlmutter에 대한 신뢰를 가지고 있었다.

시간의 종말에 대한 탐구

앞의 장에서 기술했던 마이크로파 프로젝트는 빅뱅의 구조를 살펴보는 것, 아주 초기의 순간에 우주가 구조화된 방식을 살펴보는 것이었다. 다음 실험 프로젝트의 목표는 우주의 미래를 확인하는 것이었다. 이를 위한 방법은 이전보다 훨씬 더 정확하게 허블 팽창의 작용을 판정하는 것이었다.

이론적 예측은 우주 팽창이 서로 급속히 멀어지는 은하들의 자체 중력, 상호 인력 때문에 느려진다는 것이었다. 우리는 근처에 있는 은하와 멀리 있는 은하의 허블 팽창을 검토함으로써 이러한 감속을 측정할 수있다. 멀리 있는 은하는 수십억 년 전의 허블 법칙 작동방식을 보여줄것이고, 우리는 그때 이후로 팽창이 얼마나 느려졌는지를 살펴볼 수 있을 것이다. 우리는 경찰이 사용하는 스피드건의 표준 방법으로 은하들의 속도를 측정할 수 있다. 바로 도플러 효과를 이용하는 것이다.

어려운 점은 은하의 거리를 정확하게 측정하는 일이었다. 나는 이를 이루는 데 초신성이 핵심적인 역할을 한다고 결론 내렸다. 일단 우리가 우주의 감속을 감지하게 된다면 우리는 팽창이 영원히 지속될 것인지의 여부를 계산할 수 있을 터였다. 이 계산은 탈출속도 계산과 아주 유사했다. 팽창하는 우주가 달아날 것인가, 아니면 빅 크런치로 되돌아올 것인가?

우주론자들은 감속 변수에 그리스 알파벳의 마지막 글자인 대문자 오메가Ω 기호를 부여했다. 우리의 목표는 오메가를 결정하는 것이었고, 나는 우리의 실험을 잠정적으로 '오메가 프로젝트'라고 불렀다. 오메가는 일어날지 모를 시간의 종말에 대해서 우리에게 알려줄 터였다.

오메가 프로젝트는 내가 1978년에 스탠퍼드에서 로버트 웨거너Robert Wagoner의 발표를 듣고 영감을 받아 시작되었다. 그는 멀리 떨어진 유형 II 초신성의 고유 밝기가 초신성 껍질의 팽창 비율 및 이것이 팽창하는 데 걸리는 시간에 의해 결정될 수 있음을 지적했다. 속도 곱하기 시간하면 이것의 크기가 나올 것이다. 만약 우리가 먼 거리에 있는 초신성을 발견하고 그 밝기를 추정하고 초신성이 속한 은하의 도플러 이동을 통해 초신성의 속도를 측정한다면, 우리는 초신성을 '수정 표준촉광'으로 이용할 수 있다. 초신성의 관측된 밝기를 고유 밝기와 비교하면 초신성까지의 거리를 결정할 수 있다.

핵심은 멀리 있는 많은 수의 초신성으로부터 자료를 얻는 것이었다. 허나 초신성은 드문 현상이다. 은하 하나에서 그와 같은 폭발이 오직 수백 년에 한 번쯤 일어나며, 초신성을 의미 있게 이용하려면 처음 며칠 동안에 초신성을 포착해야 한다. 수천 개의 은하들을 관찰하고, 결정적인 팽창 단계에 있는 은하들을 보고 싶다면, 며칠 지나지 않아 은하들을 다시 바라보아야 한다.

내 멘토이자 지도교수였던 루이스 앨버레즈에게 웨거너의 발표에 대해 말했을 때, 그는 뉴멕시코 공대의 물리학 교수인 스털링 콜게이트 Stirling Colgate가 최근에 자동적으로 초신성을 발견하는 프로젝트를 꾸렸다고 말했다. 나는 콜게이트를 방문했고 그가 너무 어려워 그 프로젝트를 포기했음을 알았다. 그러나 그는 나에게 시도해보라고 용기를 주었고, 그가 실패한 지점에서 어떻게 성공할 수 있는지에 대해 많은 조언을 주었다.

나에게는 망원경과 이를 구동할 수 있는 아주 강력한 컴퓨터가 필요했다. 운 좋게도 내가 발견한 마이크로파 복사의 코사인 비등방성이 미국국립과학재단의 앨런 T. 워터만 상을 수상했고, 내가 선택한 주제에 대해서 제한 없이 사용할 수 있는 15만 달러의 연구자금을 받았다. 이 얼마나 멋진 상인가! 나는 심사위원들에게 내 자격을 증명할 필요 없이 초신성 연구를 시작할 수 있었다. 워터만 상이 이 프로젝트를 가능하게 했다. 나는 필요했던 컴퓨터를 사고(당시에 강력한 컴퓨터는 아주 비쌌다) 최근에 갓 졸업한 물리학자 칼 페니패커 Carl Pennypacker를 조수로 고용하는 데 상금을 사용했다.

프로젝트는 대담한 것이었고 추가 지원을 얻어야 했다. 우리는 그러한 지원을 얻었다가 곧바로 잃었다. 프로젝트는 행정가들에 의해 두 번 취소되었다(한 번은 로렌스 버클리 연구소 물리분과장에 의해서, 다른 한 번은 버클리 입자 천체물리학 연구소장에 의해서). 그러나 가까스로 기금을 모아 프로젝트를 계속 진행할 수 있었다. 종신교수직을 가진다는 것은 멋진 일이었다. 상사의 명령에 복종하지 않고도 직장(과 봉급)을 유지할 수 있었다. 내게는 관료제의 위협이 물리학의 문제보다 더 심각한 것으로 여겨졌다. 조지 스무트가 나사와의 관계에서 겪었던 것처럼 말이다.

초신성 연구를 시작한 지 8년이 지난 1986년에 나의 네 번째 대학원생인 솔 펄머터가 우리 팀에 박사 후 연구원으로 합류했다(내게서 박사학위를 받은 직후에 채용된 것이었다). 그는 단번에 놀랄 만한 리더십을 보여주었다. 솔은 우리의 자동화된 컴퓨터 소프트웨어를 완전히 새로 썼다. 수백 개의 은하들을 반복해서 살펴봄으로써 우리는 초신성을 찾기 시작했다. 1992년까지 우리는 20개의 초신성 발견을 보고했고, 그중에는 당시까지 발견된 것 중에서 가장 멀리 있는 것도 포함되어 있었다.

우리가 발견한 초신성 대부분은 우주적인 기준으로 볼 때 우리 가까이에 있는 것들이었다. 솔과 칼은 여기서 더 나아가 아주 멀리 있는 초신성을 찾기 시작했다. 이러한 초신성을 찾기 위해서는 더 큰 망원경이 필요했지만 이를 찾을 경우에는 팽창의 감속을 확인할 수 있을 것이라 기대되었다. 나는 다소 의심스럽기는 했지만 그들을 믿어주었고 탐구의 새로운 방향을 승인했다. 솔은 '프랙탈fractal' 수학을 이용하여 국제통신망의 느린 속도를 극복하고 자료를 전송하는 혁신적인 방법을 고안했다. 내가 아는 한 그는 과학적 측정에 이와 같은 첨단 방법을 사용한 최초의 인물이다. 이제 이 방법은 광범위하게 사용되고 있다.

그 후 솔은 나를 완전히 곤혹스럽게 했던 핵심 문제를 해결했다. 그는 초승달이 뜨기 직전의 하룻밤 사이에 많은 초신성들을 발견하고 (우주망원경과 같은) 커다란 망원경으로 다음날 밤에 이 초신성들을 뒤따라 관측하는 방법을 고안했다. 내 생각에는 그와 같은 혁신적 접근방법 때문에 우리의 프로젝트가 유지될 수 있었다.

실험가가 아닌 사람들은 내가 추후 이루어질 측정이라는 중요한 문제를 어떻게 해결할지 알지 못한 채로 프로젝트를 시작한 것을 놀랍게 여

길 것이다. 그러나 나는 스승인 루이스 앨버레즈로부터 그와 같은 대담함이 필요함을 배웠다. 그렇지 않으면 커다란 문제에 도전하지 못할 것이다. 자신이(또는 팀원 중 한 명이) 필요한 경우에 해결책을 만들어낼 것이라고 확신을 가져야 한다. 만약 워터만 상 수상으로 예산을 확보하지 못했다면 그와 같은 모험적인 접근을 하지 못했을 것이다. 심사위원들은 자신들의 모든 질문들에 대한 답변을 요구했을 것이고 그들이 만족하는 답변을 얻기 전까지는 모든 예산 요청을 거절했을 것이다.

솔은 외부 심사위원들이 추가 예산 지원이 승인되어야 하는지 여부에 대해 조언하기 위해 우리의 업적을 평가하는 비공개 회의에서 자신의 해법을 발표했다. 이 심사위원 조직은 예전에 초신성 프로젝트가 취소되어야 한다고 권고했던 조직과 동일했다. 솔의 발표가 끝난 후 심사위원회에게는 이 프로젝트가 성공할 것임이 분명해 보였다. 사실 심사위원 중 한 명이었던 로버트 커슈너Robert Kirschner는 솔의 착상이 아주 신빙성 있다고 생각하여, 이후 우리 버클리 팀과 경쟁하여 해답을 찾을 독립적인 연구조직을 만드는 데 도움을 주었다.

나는 이제 솔이 프로젝트의 진정한 리더가 되었다고 생각했다. 그리하여 프로젝트가 시작된 지 15년째이자 솔이 팀에 참여한 지 6년째 되던 해인 1992년에 솔에게 팀 운영을 맡아달라고 제안했다. 나는 조금씩 팀에서 손을 뗐고 다른 프로젝트를 시작하고자 했다. 5년 후에 솔은 큰 진전을 이루었고, 내가 버클리의 우주론 수업에서 제시했던 물음, 즉 시간이 영원히 계속될 것인가 아니면 빅 크런치와 함께 종말을 맞이할 것인가에 대한 대답에 한층 가까워졌다.

가속하는 우주와 암흑에너지

국제 협업으로 확대된 솔의 팀은 1999년에 놀랍고 믿기 힘든 발견을 했다. 이들은 이전의 어떤 측정보다도 더 정확하게 허블 법칙을 측정했는데, 그 결과 아주 멀리 떨어진 은하들이 이 법칙과 차이를 보임을 탐지했다. 우주는 예상했던 것과 달리 상호 중력으로 인해서 팽창이 느려지지 않았다. 우주의 팽창을 더 빠르게 하는 거대한 힘이 존재했다. 이는 전혀 예상하지 못했고 당혹스러운 성과였다. 솔이 이러한 결과를 나에게 보여주었을 때 나는 몹시 회의적이었다. 솔과 그의 팀은 자신들이 실수로 그릇된 결론을 얻지 않았는지 열심히 검토해보았으나 그러한 실수를 찾을 수 없었다. 그들은 자신들의 성과를 반증할 수 없었다. 그들은 우주의 팽창이 가속됨을 발견한 것이다!

196

그림 14.2 2011년 스웨덴 왕궁에서 노벨상 시상식 이후 솔 펄머터(오른쪽)와 함께.

거의 비슷한 시기에 커슈너가 조직 구성을 도왔던 연구팀 역시 비슷한 결과를 발표했다. 몇 년 후에 솔은 경쟁 팀이었던 브라이언 슈미트 Brian Schmidt, 애덤 리스Adam Riess와 함께 이 발견으로 노벨상을 공동 수상했다.

우주 팽창의 가속이 입증된 후 빅 크런치의 문제는 해결되었다. 빅 크런치는 일어나지 않을 것이다. 우주는 영원히 계속될 것이고 시간 역시 계속될 것이다. 물론 알아내야 할 다른 현상, 아직 효과가 입증되지 않았으나 끝내 우주를 돌려놓을 수도 있는 어떤 것이 있지 않다면 말이다. 결과적으로, 솔과 그의 팀이 발견한 가속은 내가 이 책의 뒤에서 설명할 이론, '지금'의 의미를 설명하기 위해 제안할 4차원 빅뱅 이론에 대한 실험이 되어주었다.

나는 우주 팽창이 가속되고 있음을 예상하지 못했다. 그 누구도 예상하지 못했다. 그러나 내가 학생들에게 말한, 우주가 영원히 팽창할 것인지의 여부를 알 수 있을 것이라는 예측은 옳았다. 그리고 솔이 연구 결과를 발표했을 때, 그 결과가 신문에 보도되기 전에 나는 물리학 수강생들에게 우리가 해답을 얻었다고 말할 수 있었다.

아인슈타인의 가장 큰 실수

우주 팽창의 가속은 아인슈타인의 일반상대성이론에 쉽게 수용되었다. 허블이 우주 팽창을 발견하기 전에 아인슈타인은 우주가 정적이라고, 은하들은 그저 제자리에 머물러 있는 것이라고 가정했던 것을 떠올려보자. 그는 은하들의 상호 중력을 없애기 위해 '우주 상수'라는 반발력을 도입해서 우주를 정적인 것으로 만들고자 했다(허블 팽창이 발견되기 전이었다). 허블은 이 상수에 그리스 대문자인 람다Λ라는 기호를 붙였다. 우주 상수는 일종의 반중력인 반발력을 나타냈지만, 이 힘은 질량이 아니라 빈 공간으로부터 비롯되었다. 나는 이를 공간이 그 자체를 밀어내는 것이라고 생각한다.

허블이 우주의 팽창을 발견한 후 람다 항은 더 이상 필요가 없었기 때문에 우주론 학자들은 단순히 이 항의 값을 0으로 가정했다. 12장에서 언급했듯 가모프에 따르면, 아인슈타인은 람다 항을 포함시킨 것을 생애의 가장 큰 실수라고 불렀다. 만약 그가 이 항을 포함시키지 않았다면 그는 우주의 '팽창'을 예측할 수 있었을 것이다! 내가 아인슈타인의 삶에서 가장 큰 아이러니라고 생각하는 것은 다음과 같은 사실이다. 우리는 아인슈타인의 더 큰 실수는 람다를 추가한 것이 아니라 그것을 뺀 것이라는 사실을 알고 있다. 만약 아인슈타인이 람다를 빼지 않았다면 그는 우주 팽창의 '가속'을 예측할 수 있었을 것이다. 아인슈타인의 가장 큰 실수는 우주 상수를 실수라고 부른 것이었다.

우주 상수 람다를 일반상대성이론의 방정식에 포함시키는 간편한 방법은 이 상수를 방정식의 에너지 부분으로 (수학적으로) 옮기는 것이다. 즉 우주 상수를 에너지 밀도를 나타내는 양인 T와 결합하는 것이다. 이는 람다를 에너지 항으로 생각하는 것과 동등하다. 사실 그와 같은 접근은 오늘날에 관습화되어 있고, 우주 상수가 존재한다는 것은 텅 빈 공간이 람다의 값에 의존하는 밀도와 압력을 가지는 '암흑에너지'로 가득 차 있다고 말하는 것으로 기술된다. 우주 상수가 이와 같은 방식으로 포함되면 일반상대성이론 방정식은 바뀌지 않는다. 람다 항이 있지는 않지만 텅 빈 공간의 에너지와 압력은 더 이상 0이 아니다.

텅 빈 공간을 채우고 있는 암흑에너지는 모든 공간을 채우고 있는 에테르와도 비슷하게 들리며 실제로 그러하다. 현대 우주론에서 텅 빈 공간을 정말 비어 있다고 보기는 어렵다. 암흑에너지와 더불어 물리학자들은 이제 '텅 빈' 공간이 '힉스 장Higgs field'을 포함하고 있다고 믿고 있다. 힉스 장은 입자들이 원래의 질량보다 더 큰 질량을 가지도록 만들어 주는 역할을 한다. 그리고 폴 디랙Paul Dirac은 심지어 텅 빈 공간이 음의 에너지를 가진 전자들의 무한한 바다로 가득 차 있다고 제안했다. 이는 분명 저명한 물리학자로부터 비롯된 가장 놀라운 제안일 것이다(이에 대해서는 20장을 참고하라). 진공은 텅 비어 있지 않다.

이론가들이 람다 항을 에너지 항으로 옮겨 이를 암흑에너지로 만드는 것을 선호하는 이유 중 하나는, 양자물리학을 고려할 때 이것과 비슷한 항이 나타날 것이라고 이미 예상되었기 때문이다. 이론가들은 '양자 진공 요동'이 암흑에너지를 실어 나르고, 솔이 발견한 암흑에너지처럼 음의 압력을 나타낼 것이라고 예측했다. 그렇다면 왜 우리는 이 이론가들이 암흑에너지를 예측했다고 인정하지 않을까? 그것은 그들이 잘못된 수치를 예측했기 때문이다. 오늘날 우리는 우주 팽창을 가속시키는 암흑에너지가 1세제곱센티미터당 10^{-29}그램의 질량 밀도를 가지는 것을 알고 있으나, 그들이 양자물리학으로부터 예측한 값은 10^{+91}이었다. 이론은 10^{120}만큼 잘못된 것이었다. 이와 같은 불일치는 "물리학 역사상 최악의 이론적 예측"이라고 불린다. 암흑에너지에 대한 양자이론의 예측은 구골의 1해(10^{20}) 배만큼 차이가 났다.

양자 요동이 여전히 암흑에너지의 근원일 수 있을까? 아마도 그럴 것이다. 몇몇 이론가들은 필수적인 양만큼 자신들의 이론을 조정할 방법을 찾고 있으나, 누구도 그와 같은 큰 규모로 숫자를 조절하는 그럴듯한 방법을 찾아내지는 못한 듯 보인다. 나는 양자 요동 에너지의 정확한 값이 0으로 드러날 것이며(만약 우리가 옳은 양자이론을 가지게 된다면), 암흑에너지는 전혀 다른 어떤 것, 힉스 장(15장에서 논의할 것이다)과 유사한 것으로 판명될 것이라고 추측한다. 물론 이는 추측일 뿐이다.

인플레이션

빛의 속도보다 빠른 속도로 우주가 팽창한다는 것이 '인플레이션' 이론의 핵심 부분으로, 이 이론은 앨런 구스Alan Guth와 안드레이 린데Andrei Linde가 제시했고 안드레아스 알브레히트Andreas Albrecht, 폴 스타인하르트Paul Steinhardt 등의 물리학자들이 발전시켰다. 이들은 우주의 놀랄 만한 균일성 문제를 해결하고자 했다. 만약 우리가 140억 광년 떨어진 곳을 본다면 우리는 140억 년 전에 마이크로파를 방출한 위치를 관측하는 것이다. 이때의 복사는 140억 년을 여행한 후 지금 우리에게 닿고 있다. 그러나 만약 우리가 반대방향을 본다고 해도 우리는 동일한 곳에서 출발해 140억 년을 여행해서 온 복사를 보게 된다.

이 두 영역 사이에는 280억 광년이라는 거리가 있다. 그런데 우주의 나이는 140억 년에 지나지 않는다. 따라서 두 지역 사이를 신호가 이동할 시간이 없었다. 비록 빅뱅의 초기 순간들에는 두 영역이 서로 가까웠겠지만 두 영역은 서로 접촉할 수 없을 정도로 급속하게 멀어져버렸다. 그렇다면 어떻게 두 영역이 복사가 동일한 밀도, 온도, 세기에 다다를 것임을 '알' 수 있었을까? 어떻게 두 영역은 서로 접촉해서 평형에 이를 시간이 없었음에도 불구하고 그토록 비슷할 수 있을까? 280억 광년 떨어진 장소에서 관측된 신호들이 극도로 유사한 것으로 관측되었다. 어떻게 그렇게 유사하게끔 배열될 수 있었을까?

구스와 린데는 우주 팽창이 충분히 느려서 상호작용할 수 있던 시점에서 서로 아주 가까웠던 점들이 지금은 멀리 떨어져 있게 된 것이 가능함을 보였다. 그들의 이론에 따르면 이 점들은 유사한 온도와 밀도에 도달할 만큼 가까이 있었으나, 갑작스럽게 진공의 본성이 변화하여 이들은 빛의 속도보다 빠르게 서로 분리된 것이다. 이 점들은 움직이지 않았으나 점들 사이의 공간이 급속하게 생성되어 둘 사이가 분리된 것이다. 이와 같은 공간의 증가를 그들은 '인플레이션'이라 부른다. 이 이론을 위해 수학이 사용되었다. 구스와 린데는 새로운 종류의 장field을 가정해야 했는데, 이 장은 팽창과 더불어 변화하고 인플레이션이 멈추었을 때 최종적으로 하나의 상태에 정착하는 장이다. 이러한 장은 일반상대성이론을 통해 손쉽게 수용되었다.

우주가 어떻게 그토록 균일한지에 대해서 우리에게 알려진 유일한 해답을 제공했기에, 여러 해 동안 인플레이션 개념은 인기가 있었다. 인플레이션 이론의 해답은 다음과 같았다. "한때 우주의 모든 공간이 밀접하게 접촉해 있었다." 그런데 최근에 인플레이션 이론이 제시한 다른 예측들이 검증되었다. 이에 대한 하나의 예로 마이크로파에서 볼 수 있는 패턴의 유형이 있다. 우주 팽창의 가속이 발견되었을 때 인플레이션 개념이 더욱 더 그럴싸한 것으로 여겨졌다.

15　엔트로피 버리기

나는 시간의 화살에 대한 에딩턴의 설명에 대해
의심을 가지고 있음을 인정한다……

물리학자들이 엔트로피라고 부르는 양으로 측정되는 우주의 총체적 무
질서는 우리가 과거에서 미래로 나아감에 따라 꾸준히 증가한다. 다른
한편, 조직화된 구조들의 복잡성과 영속성으로 측정되는 우주의 총체
적 질서 역시 우리가 과거에서 미래로 나아감에 따라 꾸준히 증가한다.

―프리먼 다이슨

이제 시간의 화살이라는 미스터리가 풀렸다고 느끼는가? 내가 지금껏
재구성한 에딩턴의 논증에 의해서 설득되었는가? 아니면 내가 물어보
았던 동료 물리학자들처럼, 이 논증이 옳다는 것을 완전히 확신하지는
못하는가?

　고백할 것이 있다. 나는 시간의 화살에 대한 엔트로피 설명이 심각한
문제를 가지고 있으며 거의 확실하게 잘못된 것이라고 생각한다. 11장
'시간을 설명하다'에서부터 지난 몇 개의 장을 집필하는 것이 나에게는

어려운 일이었으나, 반대 의견을 내놓기 전에 에딩턴을 지지하는 최상의 논거를 제시하고 싶었다.

그렇다면 시간의 화살에 대한 대안적인 설명이 존재하는가? 그렇다. 몇 가지가 있다. 그중 하나의 가능성은, 상대성이론보다 훨씬 더 신비로운 학문인 양자물리학이 시간의 화살을 설정한다는 것이다. 또 다른 가능성은 지속적으로 새로운 공간을 생성하는 빅뱅에 의해 새로운 시간이 생성되고, 이러한 생성이 화살을 결정한다는 것이다. 이 중 어느 것이 옳은지 증명할 수는 없지만 나는 에딩턴의 설명이 틀렸다는 것을 확신한다.

한 이론이 타당함을 결정하기 위해서 우리는 어떤 시험들을 적용해야 하는가?

이론에 대한 성공적인 시험들

이론이 갖춰야 할 정성적 특성의 기준이 무엇인지를 알아보기 위해 아인슈타인을 살펴보자. 훗날 특수상대성이론이라 불리는 초기 상대성이론을 고안했을 때, 그는 시간과 길이의 성질에 관한 명확한 예측들을 제시했다. 10년 후 그는 시간과 길이가 중력장에서 어떻게 변화하는지에 대한 추가적인 예측을 했다. 1919년에 에딩턴이 태양 근처에서 빛이 휘어진다는 아인슈타인의 예측을 검증했다. 에너지-질량 등가에 대한 최초의 탐지는 조지 가모프의 1930년 논문일 것인데, 그는 핵에서 볼 수 있는 '질량 결손'이 핵력의 음에너지와 관련되어 있음을 지적했다. 아인슈타인의 이론으로부터 디랙은 반물질의 존재를 예측했으며, 이는

1932년에 칼 앤더슨Carl Anderson에 의해서 발견되었다. 1938년에 허버트 아이브스Herbert Ives와 조지 스틸웰George Stilwell은 시간 지연에 대한 아인슈타인의 방정식을 탐지하고 검증했다. 질량-에너지 등가는 1940년대의 전자-양전자 소멸에서 극적으로 관측되었다. 그리고 모든 표준적인 상대성 효과들—시간 지연, 길이 수축, 질량-에너지 등가—은 이제 현대 물리학 연구소들에서 매일 볼 수 있다.

아인슈타인은 자신의 이론들의 반증가능성에 대해 매우 구체적이었다. 1945년에는 (방사성 암석에서 측정된) 지구의 나이와 (허블 팽창에 의해 결정된) 우주의 나이 사이에 심각한 불일치가 있었다. 그해에 자신의 책 《상대성이론의 의미》를 개정하며 아인슈타인은 다음과 같이 썼다.

> 여기에서 사용된 의미로서의 우주의 나이가 지구의 단단한 껍질에서 발견된 방사성 광물로부터 측정된 나이보다 분명하게 많아야 한다. 이 광물들에 의한 나이 판정이 모든 측면에서 믿을 만하므로, 여기서 제시된 우주론적 이론이 광물들에 의한 측정 결과와 모순될 경우 틀렸다고 증명될 것이다. 이 경우 나는 합리적인 해답을 알지 못한다.

아인슈타인은 일반상대성이론을 철회할 필요가 없었다. 틀린 것은 그의 이론이 아니라 실험이었다. 허블은 자신이 측정을 할 때 아주 비슷한 두 가지 유형의 별들을 혼동했다는 것을 알지 못했다. 이와 같은 오류가 발견되고 개선된 계산이 시행되자 우주의 수정된 나이가 지구의 나이보다 많다는 사실이 드러났고, 이는 응당 그래야 하는 것이었다. 그러나 아인슈타인이 실험 수치가 변하지 않는다면 이론이 틀렸다고 증명될 것이고, 어떠한 "합리적인 해답"도 없을 것이라고 말한 것은 다시 한 번

새겨볼 만하다.

다음 문단에서 필자는 1928년에 에딩턴이 제시한 시간의 방향 이론으로부터 비롯된 예측의 목록을 보여주고자 한다. 이 목록에는 이 이론을 연구한 다른 학자들이 훗날 제시한 모든 예측들도 포함된다.

[의도적인 공백 문단]

위의 텅 빈 문단은 시간의 화살과 엔트로피를 연결하는 에딩턴 및 다른 물리학자들이 제시한 예측들을 나타낸다. 이러한 예측들은 존재하지 않았고 지금도 그렇다. 시간의 방향에 관한 엔트로피 이론을 제시하는 현대의 저자들은 가끔씩 이러한 결함을 인정한다. 그들은 가끔씩 곧 예측이 이루어질 것이라는 낙관적인 견해를 표시한다. 그러나 이 책이 출판된 2016년 현재, 즉 시간의 화살을 설명하기 위한 에딩턴 이론이 제시된 지 88년이 지났지만 이에 대한 단 하나의 실험도 없었다. 어떤 실험도 성공하지 못했고, 심지어 단 하나의 실험도 제안되지 않았다.

혹시 그런 실험이 있었을까? 만약 특정한 효과들이 에딩턴의 엔트로피 화살 이론과 일치한다고 드러났다면, 이 효과들은 엔트로피 화살 이론을 증명했다고 널리 인용되었을 것이다. 그러나 이러한 효과들이 보이지 않으면 그와 같은 부정적인 결과는 이론에 반하는 증거라고 여겨지지 않을 것이다. 왜냐하면 에딩턴의 이론은 예측을 하지 않기 때문이다. 이 이론은 오직 현상을 '설명해줄' 뿐이다. 예측을 하지 않는 이론은 반증될 수 없다. 나는 검증될 수 있지만 반증될 수 없는 이론을 가리키는 데 '사이비' 이론이라는 용어를 사용하기를 제안한다.

만약 시간이 엔트로피와 관련되어 있다면 당신은 이에 대한 효과들을 관찰할 수 있으리라 기대할 수 있을까? 상대성이론은 그와 같은 현상들로 가득하다. 국소 중력은 시계의 흐름에 영향을 미친다. 국소 엔트로피도 이러해야 하지 않을까? 밤에 지구 표면의 엔트로피가 떨어질 때, 우리는 시간 흐름의 변동을 관찰할 수 있어야 하지 않을까? 아마도 국소적으로 느려져야 하지 않을까? 그러나 이러한 일은 나타나지 않는다. 왜그럴까? 만약 그와 같은 느려짐이 관측되었다면 이는 분명 에딩턴 이론의 승리라고 간주될 것이다. 비록 에딩턴이 이를 예측하지 않았지만 말이다.

표준 모형에 따르면 '우주' 엔트로피의 증가는 시간의 화살을 결정한다. 따라서 우주 엔트로피에 대해서 살펴보자. 우주 엔트로피는 어디에 있는가?

우주의 엔트로피

에딩턴이 알고 있었던 엔트로피는 지구, 태양, 태양계, 다른 별들, 성운, 별빛 등과 같이 우리가 보고 탐지할 수 있는 것들의 엔트로피였다. 그가 살던 시대 이후 우리는 그와 같은 엔트로피가 우주의 전체 엔트로피 중 극히 작은 부분에 지나지 않음을 발견했다.

펜지어스와 윌슨이 우주 마이크로파 복사를 발견했을 때 예상치 못했던 막대한 양의 엔트로피가 최초로 드러났다. 마이크로파 복사는 1세제곱미터당 많은 양의 엔트로피를 가지고 있지는 않으나, 다른 평범한 물질과 달리 이는 모든 공간을 채우고 있다. 그 결과 우리는 이 마이크로파의 엔트로피가 모든 별들과 행성들의 엔트로피보다 대략 1,000만

배 정도 더 클 것이라고 추정한다.

이와 같은 우주 마이크로파의 막대한 엔트로피는 시간에 따라서 어떻게 바뀔까? 놀랍게도 이 엔트로피는 변하지 않는다. 우주가 팽창함에 따라서 마이크로파가 더 많은 공간을 채우지만 마이크로파는 에너지를 잃는다. 마이크로파가 가진 엔트로피의 총합은 일정하다. 별들의 엔트로피보다 훨씬 큰 이와 같은 엔트로피의 거대한 저장소는 변하지 않는다. 그러나 시간은 앞으로 흘러간다. 이와 같은 엔트로피 불변은 엔트로피 화살을 반증하는 것으로 여겨져야 하지 않을까?

물리학자들은 우주에 추가적인 세 개의 거대한 엔트로피 저장소가 있다고 믿는다. 그러나 이들은 지금까지 관측되거나 검증되지 않았다. 이들은 그 본성상 이론적이다. 첫 번째 저장소는 빅뱅 이후 남은 중성미자들이다. 이 중성미자들은 마이크로파 광자들만큼이나 풍부하지만, 물질과의 반응은 훨씬 적다. 세 종류의 서로 다른 중성미자가 존재하고 이들은 서로 상호작용하지 않으므로, 중성미자의 엔트로피 역시 마이크로파처럼 변하지 않는다.

숨은 엔트로피의 두 번째 거대 원천은 초대질량 블랙홀 안에 있다. 블랙홀의 엔트로피를 최초로 계산한 사람은 야코브 베켄슈타인Jacob Beken-stein과 스티븐 호킹이었다. 대부분의 이론가들은 그들의 작업을 받아들이는 듯 보이나 아직까지는 이에 대한 실험적 입증이 이루어지지 않았다. 베켄슈타인과 호킹의 작업은 우리가 가지고 있는 상대성이론 및 양자물리학 지식의 최첨단에 있으므로, 이것의 옳고 그름이 밝혀지면 이는 아주 중요한 성과가 될 것이다.

논증의 전개를 위해 베켄슈타인과 호킹이 계산한 엔트로피가 옳다고 가정해보자. 이 엔트로피는 질량이 초대질량 블랙홀에 밀집될수록 증가한다. 초대질량 블랙홀의 현재 엔트로피 추정치는 마이크로파 엔트로피의 수십억 배가 넘는다고 한다. 가장 가까운 초대질량 블랙홀은 우리은하의 중심에 숨어 있고 물질을 끌어당기고 있는 것으로 보인다. 이는 이것의 엔트로피가 증가하고 있음을 뜻한다.

베켄슈타인-호킹 공식이 맞다고 가정하면 초대질량 블랙홀들이 가지고 있는 엔트로피는 우주에 있는 물질, 마이크로파, 중성미자의 엔트로피를 합친 것을 압도한다. 우리은하의 중심에 있는 블랙홀이 지구에서의 시간의 화살을 결정하는가?

블랙홀 엔트로피에 관한 핵심적인 사실은 다음과 같다. 이 블랙홀은 지구로부터 1만 4,000광년 떨어져 있다. 그러나 엔트로피는 블랙홀 표면 아래의 깊숙한 곳에 묻혀 있다. 블랙홀 형성이 실제로 종료되었다고 가정하면, 이 엔트로피는 우리로부터 무한히 먼 거리에 있다. 블랙홀이 형성되기 시작한 이후부터 경과된 시간과 빛의 속도를 곱해서 근삿값을 구하면 이 거리는 실제로 아주 먼 거리가 될 것이다. 그렇다면, 이 엔트로피는 최소한 수십억 광년 떨어져 있다. 어떻게 그렇게 멀리 있는 엔트로피가 우리의 시간에 영향을 미칠 수 있을까?

엔트로피를 가지고 있는 더 큰 저장소가 있다. 그것은 우주의 '사건의 지평선'이라 불리는 것으로, 약 140억 년 떨어져 있다. 이것의 엔트로피는 우주가 팽창함에 따라 급속하게 증가한다. 그러나 이것은 거의 빛의 속도에 가깝게 우리로부터 멀어진다. 이것은 너무나 멀리 떨어져 있다.

엔트로피 증가와 시간 흐름 사이에는 확립된 연관성이 없음을 기억하자. 이는 둘 다 앞으로 나아간다는 상관관계에 기초한 사변에 지나지 않는다. 사실 일반상대성이론을 이론이라고 부르는 의미에서 보면, 엔트로피와 시간의 방향에 대해서는 '이론'이라고 불릴 수 있는 것이 없다.

아마도 언젠가는 진정한 이론이 나타날지 모른다. 그 가능성을 배제하지는 않지만, 그러한 이론이 멀리 있는 엔트로피가 시간의 화살을 판정한다는 것을 보여주거나, 변하지 않는(그리고 거의 상호작용하지 않는) 마이크로파 엔트로피와 우리를 연결시킬 것이라고 믿기는 어렵다.

우리 모두는 상관관계가 인과관계를 뜻하는 것은 아님을 알고 있다. 심지어 이와 관련된 사고 오류에 대한 라틴어 표현도 있다. *cum hoc ergo propter hoc*. 문자 그대로 해석하면 "함께 있으므로 이것이 원인이다"를 뜻한다. 이는 상관된 두 사건이 필연적으로 인과적인 관련성을 가진다고 잘못된 가정을 하는 것을 가리킨다. 즉 하나의 사건이 다른 사건의 원인이라는 것이다. 그와 같은 논리를 사용하면 신발을 신고 자는 것이 숙취의 원인이 된다거나, 아이스크림 판매량의 증가가 익사 사건을 증가시켰다거나, 이와 비슷하게 어리석은 결론을 낼 것이다. 그러나 물리학자들은 시간의 방향이 엔트로피에 의해서 결정된다고 주장할 때, 번번이 자신들 역시 이와 같은 덫에 걸린다는 사실을 알아채지 못한다.

위대한 과학철학자 칼 포퍼Karl Popper는 어떤 이론이 과학적이기 위해서는 이 이론이 어떻게 반증될 수 있는지를 구체화할 수 있어야 한다고 주장했다. 시간의 방향에 대한 엔트로피 이론은 포퍼의 기준을 만족시키지 못한다.

심령론, 지적 설계, 점성술, 시간의 화살과 엔트로피 사이의 연결 등은 반증 가능하지 않은 이론들에 속한다. 이들 중에 점성술이 그나마 반증 가능성에 가장 근접해 있다. 숀 칼슨Shawn Carlson이 실시한 신중한 실험(나도 과학 조언자로 참여해서, 워터만 수상금 중 일부를 점성술 도표를 사는 데 썼다) 결과는 권위 있는 학술지인《네이처》[32]에 출판되었다. 숀은 태어난 시각이 개인적인 특성과 상관관계를 가진다는 점성술의 근본 논제를 시험했고, 그는 이 시험을 이중맹검법 방식으로 실시했다. 이는 세계에서 가장 존경받는 점성술사들이 (손의 시험결과가 나타나기 전까지) 채용한 방법이었다. (그렇다, 실제로 그런 사람들이 있다. 이들 중 많은 사람들이 심리학 박사학위를 가지고 있다.) 손의 결과가 점성술의 근본 논제를 반증했을 때, 점성술사들은 충격과 실망을 표현했지만(이들은 실제로 자신들의 영역을 진지하게 생각한다) 그 누구도 점성술의 수용을 철회하지 않았다. 과학자들에게 점성술은 반증 가능하며 반증되었지만, 점성술사들은 신뢰를 잃은 자신들의 영역을 계속 고집하고 있다.

그리스 신화에는 오직 땅에 발을 붙이고 있을 때만 거대한 힘을 발휘하는 씨름선수 안타이오스가 나온다. 나는 그가 남자 농부에 대한 은유라고 상상한다. 그가 손을 더럽히지 않으면 농사에 실패할 것이다. 안타이오스의 취미는 그의 옆을 지나가는 모든 사람들에게 씨름 시합으로 도전하는 것이다. 그는 항상 경기에서 이겨 패배자들을 죽이고 죽은 자의 해골로 탑을 쌓았다. 결국 안타이오스는 헤라클레스와 싸웠다. 헤라클레스는 싸움에서 지고 있다가, 안타이오스가 땅에 발을 붙여야 한다는 비밀을 기억했다. 그는 안타이오스를 들어 땅에서 떼어낸 후 팔로 휘감아 죽였다.

실험가로서 나는 때때로 안타이오스 효과를 경험한다. 만약 내가 몇 달 동안 공작실에서 일을 안 하면 나사 하나 박는 데 10분이 걸리는 것을 잊어버리고 학생들에게 지나치게 가혹해질 수 있다. (제대로 나사를 박으려면 조심스레 측정을 하고 두 개의 드릴 구멍을 뚫고 적합한 드라이버를 찾아야 한다. 하나의 나사를 박는 데는 10분이 걸릴지 모르나, 다섯 개를 박는 데는 12분밖에 걸리지 않는다.)

이론물리학은 시험 가능하고 반증 가능한 실험 결과들을 찾기를 주장함으로써 땅에 맞닿아 있어야 한다. 에딩턴이 일식 때 빛 휘어짐에 대한 다른 값을 관측했다면 아인슈타인이 틀렸음이 밝혀졌을 것이다. 만약 빨리 움직이는 입자들의 수명이 연장되지 않았다면 아인슈타인이 틀렸음이 밝혀졌을 것이다. 만약 GPS가 중력과 속도에 의한 시간 보정을 필요로 하지 않았다면 아인슈타인이 틀렸음이 밝혀졌을 것이다.

사실상 아인슈타인이 브라운 운동 이론을 발표한 직후에는 그의 이론이 잘못된 것으로 증명된 것처럼 보였다. 일련의 실험들이 그의 이론을 반증했다. 여전히 논쟁 중에 있던 통계물리학의 아버지 루트비히 볼츠만이 자살한 것이 이 즈음이었다. 그러나 뒤따른 실험들은 초기의 실험들에 오류들이 있었음을 보였고, 아인슈타인의 예측들은 검증되었다. 이러한 과정에 4년이 걸렸다.

신의 입자가 엔트로피의 화살을 깨뜨리다

에딩턴이 제시하지는 않았지만 내가 생각하기에 그의 이론으로부터 따라 나와야 하는 또 다른 예측을 공식화해보겠다. 우리의 표준 우주론 모형에 따르면 아주 초기의 우주에서는 입자들이 질량을 가지고 있지 않았다. 전자, 쿼크 등 모든 입자들은 광자처럼 질량이 없었다. 이와 같은 놀랄 만한 상태가 초기 우주가 작동하도록 하는 데 열쇠를 제공했고 대통일이론이 수학적인 의미를 가지도록 했다. 이후 우주가 진화하면서 입자들은 (표준 이론에 따르면) 이른바 '힉스 메커니즘Higgs mechanism'을 통해서 '질량을 획득했다.'

단순하게 말하자면, 힉스 메커니즘이란 우주 전체가 '자발적 대칭성 붕괴'라는 과정을 통해 갑작스럽게 힉스 장으로 가득 찼음을 의미한다. 전까지는 질량이 없던 입자들이 이 장을 통과하면서 질량을 가진 것처럼 행동하기 시작했다. 힉스 메커니즘에서 질량은 하나의 환영에 지나지 않는다. 비록 질량이 상대성이론에서 기대되는 모든 속성을 포함하고 있기는 하지만 말이다.

이론은 충분하게 에너지를 가지고 있는 충돌에서 대량의 힉스 장이 생성될 것이라고 예측했고, 그 예측은 제네바에 있는 거대 입자 연구소인 CERN이 그 발견을 발표한 2012년 7월 4일에 입증되었다. 〈그림 15.1〉에 있는 이미지는 힉스 입자의 방사성 붕괴로부터 생겨난 폭발적인 잔해를 보여주고 있다.

뮤온 중성미자의 발견으로 노벨상을 받았고 컬럼비아 대학에서 나의 스승이었던 레온 레더만Leon Lederman은 힉스에 대한 책을 썼는데 그 제목이 《신의 입자》였다. 그는 그 제목이 편집자의 생각에서 비롯되었다고 주장했다. 이 제목은 아마도 책 판매량을 10배 이상 증가시켰을 것이다. 힉스 장이 입자들에게 질량을 부여했고 만약 그러한 질량이 없었다면 입자들은 결코 원자, 분자, 행성, 별이 될 수 없었을 것이기 때문에 책의 이름이 그와 같이 지어졌다. 이는 참이기는 하나, 그와 같은 추론에 의하면 우리는 전자도 신의 입자라고 불러야 한다. 전자가 없었다면 우리들과 같은 존재가 가능하지 못했을 것이기 때문이다. 광자나 기초 입자들의 목록에 있는 대부분의 입자들 역시 마찬가지다. 물리학자들 사이에서는 '신의 입자'가 어떤 입자를 부르기 위한 이름으로서는 최악의 이름이라는 데 의견이 일치한다. 심지어 두 개의 쿼크에다 '참'과 '아름다움'이라고 이름을 붙이는 것보다 더 좋지 않다(몇몇 물리학자들이 그러한 시도를 했다). 그럼에도 불구하고 신의 입자라는 이름은 대중들의 관심을

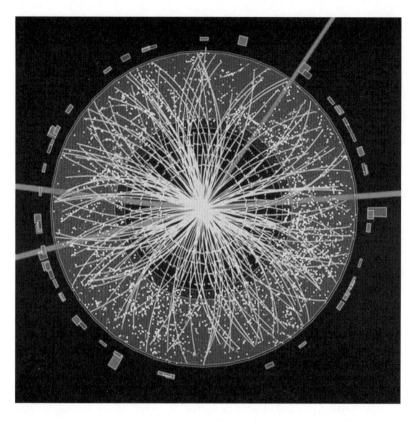

그림 15.1 (물리학자라면) 눈을 뗄 수 없는 힉스 입자의 폭발 이미지. 제네바 근처에 있는 CERN 연구소에서 찍었다.

끌었고 나 역시도 이 절의 제목에 이 이름을 집어넣었다.

피터 힉스Peter Higgs와 프랑수아 앙글레르François Englert가 2013년 노벨 물리학상을 공동 수상했을 때 힉스 이론은 과학적인 포상을 얻었다. 물론 힉스 자신에게 노벨상 수상은 작은 것에 불과했다. 물리학의 핵심적인 측면이 그의 이름을 따서 명명됨으로써 그에게 주어진 불멸성에 비교한다면 말이다. 불쌍한 앙글레르는 오직 노벨상 수상으로만 만족해야 했다.

그러나 힉스의 발견은 엔트로피와 시간 사이에 인과관계가 있다는 에 딩턴의 주장에 대한 또 다른 공격이다. 왜 그런지를 살펴보자. 힉스가 등장하기 전의 초기 빅뱅에서는 모든 입자들이 질량을 가지고 있지 않 았다. 또한 이 시기에 우주가 팽창했다고 하더라도 질량이 없는 입자들 이 에너지의 '열적' 분포를 가지고 있었을 것이라 믿을 만한 좋은 근거 가 있다.[33] 즉 이 분포는 엔트로피를 최대화했을 때 얻는 분포의 유형과 대응된다.

1970년대 이래로 질량 없는 입자들의 집합이 가지는 엔트로피는 우 주가 팽창하더라도 변하지 않는다는 것이 알려져 있었다. 핵심은 초기 우주에서 모든 물질의 엔트로피는 질량이 없고 열평형을 이룬 입자들 뭉치 속에 있었고 증가하지 않고 있었다는 점이다. 만약 시간의 화살이 진정 엔트로피 증가 덕분에 나아가고 있었다면, 초기 우주에는 시간의 화살이 없고 시간이 멈추었어야 했을 것이다. 우리는 결코 그 시기를 벗 어날 수 없었을 것이다. 시간이 정지함에 따라서 우주 팽창 역시 정지했 을 것이다(또는 결코 진행하지 못했을 것이다). 시간 없이는 당신이 지금 여 기서 이 책을 읽고 있지도 않을 것이다.

시간은 멈추지 않았다. 우주는 팽창했고 질량 없는 입자들로 구성된 아일럼은 식었으며 힉스 장은 자발적 대칭성 붕괴 덕분에 작동하여 입 자들은 마치 질량을 가지고 있는 것처럼 움직이기 시작했다. 그래서 우 리가 여기 있는 것이다.

물리학자들은 아주 초기(최초의 100만 분의 1초)의 우주에서 시간이 가 지는 의미에 대해 고민해왔다. 공간이 아주 균일하게 뜨거웠으므로 물 리학자들은 그 시기에 시계로서 기능했던 것을 찾아낼 수 있는 좋은 방 법이 없을 것이라고 걱정한다. 입자들의 에너지와 높은 밀도 때문에 방사성 붕괴조차도 역행했을 것이다. 그럼 시간이 어떻게 정의될 수 있었을까?

이 수수께끼의 핵심에는 시간이 엔트로피에 의해서 나아갔다고 보는 사고의 오류가 있다. 사실은 그 반대다.

에딩턴이 어떻게 우리를 속였는가?

왜 에딩턴의 엔트로피 화살 논증이 그토록 설득력이 있었을까? 나는 E. F. 보즈먼이 에딩턴의 1928년 저서에 쓴 머리말에 등장하는, 무심코 한 것 같은 설명을 좋아한다. 그는 에딩턴이 자신의 예시를 "세련된 유비와 부드러운 설득"을 통해 제시했다고 말한다. 이러한 접근법은 한 이론이 옳은지에 대해 물리학자들을 확신시키기 위한 조건인 일반적인 실험적 검증과는 심각하게 거리가 있다. 포퍼는 이러한 접근법으로부터 큰 인상을 받지 않았을 것이다.

에딩턴은(그리고 이 주제에 대해 쓴 대중적인 저술가들 대부분 역시도) 엔트로피가 증가하는 사례들을 드는 것을 좋아한다. 찻잔을 떨어뜨리면 조각조각 흩어질 것이다. 그 영상을 거꾸로 돌리면 이상하게 보일 것이다. 찻잔은 스스로를 만들지 못한다. 그러나 우리는 찻잔을 가지고 있다. 어떻게 찻잔이 만들어진 것일까? 부서지는 찻잔에 관한 영상 대신 찻잔 공장에 대한 영상을 보여준다면 당신은 정반대의 인상을 가지게 될 것이다. 인간이 찻잔을 만든다. 인간들이 높은 엔트로피를 가진 원재료들을 가져다가 잘 구성하고 정렬하고 구성성분들을 조합하여 찻잔을 만든다. 공장이 없다면 부서질 낮은 엔트로피의 찻잔도 없을 것이다. 이 영상을 거꾸로 돌리면 찻잔은 찰흙과 물로 되돌아갈 것이고 시간이 역행되었음이 명백해질 것이다.

우리 주변에는 엔트로피 감소에 해당하는 많은 보기들이 있다. 우리는 책을 쓰고, 집과 도시를 만들며, 배운다. 결정체는 성장한다. 나무는 이산화탄소(대기 중에 있는 미량의 기체)를 선택적으로 흡수하고 토양으로부터 물과 용해된 무기질을 분리 및 흡수하여 아주 조직화된 구조를 만든다. 나무의 엔트로피는 나무의 재료가 되는 기체, 물, 용해된 무기질의 그것보다 엄청나게 낮다.

인간은 이렇게 낮은 엔트로피의 나무를 베어 다양한 판자들을 만들고 건물을 짓는다. 만약 집이 건축되는 영상을 본다면, 당신은 증가하는 혼돈이 아닌 증가하는 질서로부터 시간의 방향을 알 것이다. 즉 당신은 '낮아지는' 엔트로피로부터 시간의 방향을 아는 것이다. 부서진 찻잔에 대해서 얘기하는 저자들이 제시하는 논증은 일반 논증이 아니다. 이들은 엔트로피가 증가하는 것을 보여주는 몇몇 선별된 예들을 제시하지만, 우리가 실제로 살아가고 있는 세계는 엔트로피의 국소적 감소를 통해 더 잘 이해된다. (선별한다는 것 자체가 국소적 엔트로피 감소의 한 형태다. 책을 쓰는 것도 마찬가지다.)

물론 '우주'의 엔트로피는 우리가 집을 지을 때 증가한다. 대부분의 엔트로피 증가는 공간으로 배출되는 열복사 때문이다. 국소적으로 엔트로피는 감소한다. 저 멀리로 던져진 광자들을 포함하면 전체 엔트로피는 증가한다.

심지어 우주공간에서조차도 우리는 엔트로피 감소를 본다. 기체, 입자, 플라즈마의 혼합된 원시 수프로부터 별과 주변의 행성이 형성되고, 그 행성 위에서 생명이 시작된다. 초기 지구는 원래 균일하고 뜨거운 액체 덩어리였다. 지구가 식어가면서 분화하고 조직화하여 철 성분은 핵으로 가고 암석들은 표면에, 기체들은 대기로 갔다. 지구는 엄청나게 조직화되었는데, 이는 식어가는 커피 컵이 엔트로피를 잃는 것과 같았다. 물론 이러한 과정에서 지구는 많은 양의 열을 방출하여 우주의 엔트로피를 증가시켰다. 이렇게 우주공간으로 엔트로피는 방출되었으나 그 사이에 지구의 엔트로피는 감소했다.

지구가 형성되는 내용의 영상을 앞으로 돌려서 보고 뒤로 돌려서 보면 엔트로피가 감소하는 것을 보여주는 것이 옳은 것임이 명백하다. 당신은 지구 위에 구조가 형성되는 것을 보지 혼돈으로 파괴되는 것을 보지 않는다. 지구에서 기체가 액체로 되고 고체로 되는 과정, 생명의 역사, 인류의 역사는 국소적 엔트로피의 증가가 아닌 엔트로피 감소의 역사다. 문명의 역사는 찻잔을 부수는 역사가 아니라 만드는 역사다.

또한 에딩턴은 우리로 하여금 그가 과학을 제시한다고 믿게 유도했으나, 그가 실제로 제시한 것은 뉴턴, 맥스웰, 아인슈타인의 작업과 닮은 것이 아니었다. 그의 것은 아우구스티누스, 쇼펜하우어, 니체가 제시한 것과 비슷한 부류에 속한다. 그는 가치 있는 철학을 제시했으나 그것은 과학이 아니었다.

에딩턴이 엔트로피와 시간의 화살을 연결한 것은 절대로 반증 불가능했다. 더 큰 문제는 이것에는 전혀 경험적 기초가 없고, 최초로 제시된 이후 거의 90년이 지난 시점까지 어떠한 경험적 기초도 발전시키지 않았다는 것이다. 이 연결을 위한 유일한 정당화는 엔트로피와 시간 모두 증가한다는 사실 뿐이다. 그것은 상관관계이지 인과관계가 아니다. *Cum hoc ergo propter hoc*(함께 있으므로 이것이 원인이다). 에딩턴이 어떻게 우리를 속인 걸까?

그림 15.2 캘빈이 생각한다. "뭐가 잘못되었을까? 난 이것이 행성과 별에 기초한다고 생각했는데!
…… 이건 어떤 종류의 과학이지?"

〈그림 15.2〉의 만화 세 번째 칸을 보면 캘빈은 다음과 같이 말한다.
"뭐가 잘못되었을까? 난 이것이 행성과 별에 기초한다고 생각했는데!
어떻게 잘못 읽을 수가 있지? …… 이건 어떤 종류의 과학이지?"

에딩턴은 우리를 속이지 않았다. 우리가 우리 스스로를 속인 것이다.

16 대안적 화살들

엔트로피가 시간의 화살을 정하지 않는다면, 무엇이 그렇게 하는가?

(살아있는 유기체는) 음의 엔트로피를 먹고 산다. 즉 유기체는 환경으로부터 질서를 소모한다…… 그러한 변화가 유기체가 살아가며 일으키는 엔트로피 증가를 상쇄한다…… 유기체가 고도로 질서를 유지하는 비결은 사실상 환경으로부터 끊임없이 질서를 '빨아들이는' 것이다.

— 에르빈 슈뢰딩거,《생명이란 무엇인가?》

시간의 엔트로피 화살에 대한 많은 대안들이 제시되었다. 이 대안들에는 블랙홀 화살, 시간 비대칭성 화살, 인과성 화살, 복사 화살, 심리학적 화살, 양자 화살, 우주론적 화살 등이 포함된다.

나는 이 중에서 마지막 두 대안—양자 화살과 우주론적 화살—이 가장 설득력이 있다고 생각하지만, 모든 대안이 논의해볼 가치가 있다.

엔트로피 감소 화살

엔트로피 감소 화살은 에딩턴의 엔트로피 화살의 한 변종으로 여겨질 수 있다. 실제로는 둘이 개념상 근본적으로 다름에도 말이다. 찻잔을 부수는 것이 아니라, 당신에게 부술 수 있는 찻잔을 제공하는 찻잔 제작에 초점을 맞춰보자. 이 접근은 공간이 텅 비고 차갑기 때문에 시간이 앞으로 나아가며, 따라서 우리는 공간에 여분의 엔트로피를 쓰레기처럼 던져버리고 우리의 국소적 엔트로피를 감소시킬 수 있게 된다고 주장한다. 엔트로피 감소 화살에 의하면 국소적 엔트로피 감소가 시간의 방향을 결정한다.

엔트로피 감소 화살을 위해 나는 기억이 엔트로피 감소를 필요로 한다는 암묵적 가정을 하고 있다. 즉 기억을 하기 위해서는 뇌가 좀 더 조직화되어야 하고, 우리는 뉴런들 사이의 무질서한 연결들을 과거의 사건들과 과거의 연역들의 세부 내용을 상기시킬 수 있는 뉴런들의 조직화된 연결들로 대체한다. 지난 장에서 논의한 바 있듯 엔트로피의 감소는 생명과 문명 창조의 핵심적인 측면이다. 슈뢰딩거는 내가 이 장의 서두에서 인용한 그의 책 《생명이란 무엇인가?》에서 이 물음에 답했다.

무엇이 시간의 흐름을 균일하게 만드는가? 시간 흐름의 균일성에 대한 증거는 다음과 같은 사실에 있다. 멀리서 일어나는 사건들을 보면 이 사건들의 시간 흐름 비율이 우리와 가까운 사건들의 비율과 합치하는 경향을 보인다. 만약 시간이 들쑥날쑥 흐른다면 우리가 멀리서 일어나는 사건들을 볼 때 이러한 들쑥날쑥함이 우리의 현재 사건들과 정렬되지 않아 불규칙성을 보게 될 것이다. 그러나 시간이 점진적으로 가속(또는 감속)할 수 있으며, 그러한 미묘한 변화를 눈치채지 못할 수도 있다.

우리가 여기서 다루고 있는 주제는 시간의 속도가 아닌 시간의 화살이며 기억이 생성되는 방향이다. 우리 자신의 심리적 경험은 기억의 형성으로부터 생성된다. 우리는 시간을 근본적인 단위로 경험하는 경향이 있다. 1초에 24개의 정지 화상이 나오는 영화는 우리의 두뇌에 의해서 겉보기에는 연속적인 움직임으로 합쳐지는 경향이 있다. 밀리초의 세계에서 살아가는 파리에게는 사정이 아주 달라진다. 톨킨의 이야기 속에서 등장하는 움직이는 나무 엔트(엔트로피와는 관련이 없다)에게는 밀리초가 아닌 하루가 시간의 자연 단위로 여겨질 것이다.

엔트로피 감소 화살은 표준적인 에딩턴 이론이 가지고 있는 많은 문제점들을 가지고 있다. 낮 동안에는 국소적 엔트로피가 증가하고(왜냐하면 온도가 올라가기 때문이다. 뜨거운 물건은 차가운 물건보다 덜 조직화되어 있다), 밤에는 감소한다. 그러나 우리가 경험하는 시간은 계속 앞으로 나아간다. 시간의 속도를 조절하는 바퀴 같은 것이 있어 짧은 기간 동안의 변동들을 평균화하고 우리에게 균일한 시간 진행을 가져다주는 것일까? 이러한 의견이 제안되었으나 이는 반증 가능성이 없는 임시방편의 부가물일 뿐이다.

아마도 우리는 생물권의 엔트로피는 무관하다는 이유로 무시하고 오직 우리 마음의 엔트로피라는 중요한 엔트로피에 초점을 맞춤으로써 이 문제를 피해갈 수 있을 것이다. 내가 말하는 마음의 엔트로피란 온도에 의해서 대부분 결정되는 우리 뇌의 전체적인 물리적 엔트로피를 의미하지 않는다. 내가 의미하는 것은 사고, 기억, 조직화, 재생산의 엔트로피다.

클로드 섀넌Claude Shannon이 정보의 엔트로피를 정의하기 위해서 처음 발전시킨 방법을 사용해본다고 해도, 마음의 엔트로피는 거의 정의하기 불가능하다. 사실 최근 몇 년 동안 이 분야에서 많은 연구들이 이루어졌고 이 분야는 '정보 이론'이라고 불린다.

정보의 엔트로피는 물리 세계의 엔트로피와 많은 공통점을 가지며 많은 정리들을 공유한다. 정보의 엔트로피 역시 역설들을 가지고 있다. 수 3.1415926535……에는 얼마나 많은 정보가 저장되어 있을까? 이 수에는 무한한 정보가 저장되어 있을까, 아니면 기호 π에 저장되어 있는 것과 같은 정보가 저장되어 있을까?

이와 같은 공통점들에도 불구하고, 나는 시간의 화살에 대한 정보 엔트로피 이론이 에딩턴의 물리적 엔트로피 이론에 비해서는 훨씬 더 그럴듯하다고 생각한다. 정보 엔트로피 이론에서 아직 우리가 성공하지 못한 것은 인간 뇌에 있는 정보 엔트로피를 추정하는 것이고, 이 엔트로피가 시간에 따라서 증가하는지 감소하는지를 판단하는 것이다. (만약 두뇌에서 0비트의 집합이 1과 0의 혼합으로 바뀐다면, 기억은 엔트로피의 '증가'임에 틀림없다.) 분명 우리의 기억은 재조직화하며, 우리는 중요한 것을 배우기 위해 매우 열심히 노력한다. 그러나 그 누구도 중요한 정보에 대한 좋은 측정을 고안하지 못했으며, 이러한 측정을 고안하는 것은 이 이론을 그럴듯한 이론으로 만드는 데 핵심적인 역할을 할 것이다.

블랙홀 화살

우리 우주에 있는 많은 물체들이 이미 존재하고 있는 블랙홀이거나, 거의 형성이 끝난 블랙홀이라고 널리 생각되고 있다. 이 블랙홀들에는 '작은' 물체들도 있고 아주 커다란 물체들도 있다. 여기서 작은 물체란 태양보다 겨우 몇 배 정도 무겁다는 의미다(오직 천문학에서만 그것이 작다고 여겨질 것이다). 아주 커다란 물체들은 은하들의 중심에 있는 거대 블랙홀로, 태양질량의 100만 배에서 10억 배 사이의 무게를 지닌다(질량을 무게라고 말하는 것은 비유적 표현이다).

무엇인가를 블랙홀에 던지면 결코 빠져나오지 못한다. 블랙홀 복사에 대한 최근의 이론적 예측은 이와 같은 비대칭성을 변화시키지 못한다.[34] 우리가 논하고 있는 거대 블랙홀의 경우에 그러한 복사가 너무나 작아서 무시할 만하며, 복사는 실제로 블랙홀의 표면에서 나오는 것이 아니라 표면 바로 위에서 나온다. 따라서 당신은 사물들이 블랙홀 속으로 떨어지는 것을 봄으로써 시간의 화살을 결정할 수 있다.

여러 해 동안 스티븐 호킹은 블랙홀로 떨어지는 물체들이 열역학 제2법칙을 위배했다고 생각했다. 왜냐하면 떨어지는 물체는 자신의 엔트로피를 가지고 본질적으로 우주에서 사라지며, 우주의 엔트로피가 감소하는 것처럼 보이게 만들기 때문이다. 나는 이 논증이 설득력 있다고 생각하지 않는다. 우리는 블랙홀을 필요로 하지 않는다. 왜냐하면 광자를 무한 공간 속으로 보내는 것 역시 관측 가능한 우주로부터 엔트로피를 없애는 것이기 때문이다(당신은 결코 그와 같은 광자를 따라잡을 수 없다). 결국 호킹은 생각을 바꾸었다. 그의 학생 야코브 베켄슈타인은 블랙홀 자체가 엔트로피를 포함하고 있으며, 물체가 블랙홀 속으로 떨어지면 블랙홀의 엔트로피가 증가함을 호킹에게 확신시켰다. 따라서 (이 요소를 포함한다면) 우주의 엔트로피는 증가하고 열역학 제2법칙은 구제된다.

블랙홀 화살은 어떤가? 세심하게 분석해보면 블랙홀 화살은 유지되지 못한다. 그 근본적인 이유는, 지구 좌표계와 같이 블랙홀 바깥에 있는 좌표계에서 측정했을 때 물체는 결코 블랙홀에 다다르지 못하기 때문이다. 나는 이에 대해 7장 '무한, 그 너머'에서 논의한 바 있다. 따라서 실제로 (지구 좌표계에서 측정한) 유한한 시간 간격 내에서 블랙홀로 떨어지는 물체는 원리상으로는 여전히 탈출할 수 있다.

이와 같은 탈출 가능성은 '화이트홀'이라는 가상의 존재로 공식화되었다. 화이트홀은 시간이 역전된 블랙홀이다. 일반상대성이론 방정식에 따르면 그와 같은 물체가 실제로 존재할 수 있다. 정말 존재할까? 적어도 우리가 아는 한 그렇지 않다. 그러나 화이트홀의 존재 가능성은 블랙홀 방정식이 어떠한 고유의 시간 비대칭성도 입증하지 않음을 보여준다. 외부에 있는 우리의 고유 좌표계에서도 그러하며, 시간의 화살이 미스터리인 블랙홀의 좌표계에서도 그러하다.

복사 화살

고전 전자기론의 기발한 한 측면이 1900년대 초반에 저명한 스위스 물리학자 발터 리츠Walter Ritz와 알베르트 아인슈타인 사이의 논쟁을 불러일으켰다. 이 논쟁은 전자의 진동이 전자기파의 방출을 일으킨다는 알려진 사실에 기초한 것이었다. 이는 바로 우리가 라디오 안테나를 가지고 하는 일이다. 우리는 일정 길이의 선을 앞뒤로 흔들어서 전자들을 움직이고, 이를 통해 전자들은 전파를 방출한다. 더 작은 규모에서 보면 (전구의 텅스텐 필라멘트 같은) 뜨거운 물체는 뜨거운 전자들로 가득하고, 뜨거운 전자들은 높은 진동수로 진동하기 때문에 붉게 또는 희게 보이게 된다. 앞뒤로 전자를 흔드는 일이 우리가 가시광선이라고 부르는 높은 진동수의 전자기파를 생성한다.

그와 같은 복사 방출은 맥스웰이 도출한 고전 전자기 방정식들로 계산할 수 있었으나, 그렇게 하기 위해서는 시간의 방향에 대한 가정이 필요했다. 이 때문에 복사가 시간을 앞으로 밀어가고 있다는 생각이 유래했다. 현대의 전자기학 초급 및 상급 교과서의 복사 부분을 보라. 복사를 기술하는 방정식은 1897년에 이를 처음으로 유도했던 아일랜드의 물리학자 조지프 라머Joseph Larmor의 이름을 땄다. 교과서는 복사 방정식을 유도하기 위해서는 '인과성'의 원리에 호소하는 것이 필요하다고 주장한다. 즉 (내가 본 대부분의 교과서들에 의하면) 진동이 복사보다 선행한다고 가정해야 한다. 인과성은 이른바 '뒤처진 포텐셜retarded potential'을 포함하고 '앞선 포텐셜advanced potential'을 빼는 것에서 명시적으로 호소된다. 달리 말하면 당신이 빛 또는 전파의 복사를 계산하기 위해서는 시간의 화살에게 방향을 할당해야 한다.

복사 방정식을 도출하기 위해서 인과성에 호소해야 한다는 사실에 힘입어 많은 물리학자들은 고전적 복사 과정, 현재 물리학 전체에서(빛뿐만 아니라 물의 파동, 소리의 파동, 지진의 파동에서) 광범위하게 찾아볼 수 있는 현상이 시간의 화살의 원인이라고 믿게 되었다. 사실 국소 엔트로피의 감소를 보이기 위해 내가 든 (찻잔이나 건물 제조 같은) 예들에서 방출된 복사는 보충되는 엔트로피보다 많은 양의 엔트로피를 가지고 나가기 때문에 엔트로피 감소를 설명한다. 따라서 복사가 화살을 설정한다.

리츠는 복사가 어떻게 계산되어야 하는지를 특히 명확하게 보여주는 전자기 방정식들이 사실상 시간에 대해 내장된 방향을 가지고 있다고 느꼈다. 아인슈타인은 그렇지 않다고 주장했다. 수학적 주제에 대한 논쟁이 있을 수 있다는 것이 이상하게 여겨질지도 모른다. 그러나 문제는 수학에 있는 것이 아니라 수학을 해석하는 방법에 있었다. 이들의 논쟁은 세상에 알려졌고, 저명한 학술지인 《물리학 연보》에 수록된 일련의 서한들에서 진행되었다. 결국 학술지 편집자는 두 물리학자에게 자신들의 논쟁을 설명하는 공동 서한을 제출해달라고 부탁했다. 이들은 자신들이 "어떤 것에 서로 동의하지 않는지에 대해서 동의한" 내용의 서한을 제출했다. 논쟁은 '앞선 포텐셜'을 포함시켜야 할지를 두고 이루어졌는데, 방정식에서 이 부분은 복사에게 흔들리는 전자가 앞으로 무엇을 하려 하는지를 미리 알려주는 듯 보였다. 리츠는 그것이 물리적이지 않다고 말했고, 아인슈타인은 그것이 이론의 한 부분이므로 포함되어야 한다고 주장했다.

이들의 논쟁을 되돌아볼 때, 나는 리츠가 수학 속 신빙성 있는 사실 덕분에 나아갔다기보다는 그가 도달하고자 원했던 결론에 이끌린 것으로 생각한다. 리츠는 당시에는 여전히 새로운 이론이었던 상대성이론에 대해 확신하지 못했으며, 당시에는 아인슈타인의 이름이 천재와 동의어가 아니었다. 그러한 시기는 몇 년 뒤에 도래하게 된다. 아인슈타인은 객관적인 태도를 유지했다. 아인슈타인이 수학적 작업을 진행하지 않고 1945년에 리처드 파인만이라는 이름의 어린 학생이 그 작업을 진행해서 자신 앞에서 발표할 때까지 가만히 있었던 것이 이상하게 여겨진다.

파인만이 발전시키다

1945년에 리처드 파인만은 맨해튼 (원자폭탄) 프로젝트에서 막 돌아온 상태였다. 프로젝트에서 그는 (아직 박사학위 없는) 신참 과학자로 일했다. 그는 뉴멕시코에서 최초로 원자폭탄 폭발 실험을 할 때 명령을 듣지 않고 그 장면을 눈뜨고 지켜본 유일한 사람이 자신이었다고 주장했다(물론 그는 어두운 필터를 통해서 그 장면을 보았다). 파인만의 논문 지도교수였던 프린스턴 대학의 존 휠러John Wheeler는 파인만에게 복사 방정식의 도출에서 비대칭성을 연구해서 복사가 뒤처진 포텐셜뿐 아니라 앞선 포텐셜을 사용해서 도출 가능한지를 확인해보라고 했다. 이는 미래의 지식이 과거를 예측하는 데 쓰일 수 있는지를 묻는 것과 같다고 할 수 있다. 고전 복사 방정식이 시간이 앞으로 나아가기를 요구하는가, 아니면 복사는 역방향으로도 작용할 수 있는가?

파인만은 실제로 방정식들이 앞선 포텐셜과 뒤처진 포텐셜 모두를 포함해서도 작동이 됨을 증명했고, 이는 아인슈타인의 입장을 지지하는 결과였다. 그는 복사 방정식이 시간에 대칭적임을 보였다. 내재적인 화살은 없었다. 이 증명은 어린 대학원생으로서는 놀랄 만한 성취였으며, 이후 파인만이 하게 될 위대한 일들에 대한 하나의 전조였다. 이후 그는 양자물리학을 재발명하고, 반물질을 시간을 역행해서 움직이는 물질이라고 해석한다.

휠러는 파인만이 얻은 결과에 대해 기뻐했고, 파인만에게 유진 위그너Eugene Wigner가 매주 운영하는 세미나에서 그의 연구에 대해서 소개해달라고 부탁했다. 유진 위그너는 수학적 천재성을 통해 현대 이론물리학의 많은 부분의 기초를 확립한 물리학자였다. 이것은 파인만이 한 최초의 과학 발표였고, 그는 위그너 앞에서 강의한다는 것에 대해서 겁을 먹었지만 이를 승낙했다. 휠러는 파인만에게 별과 원자 이론에 대한 공헌으로 유명한 헨리 노리스 러셀Henry Norris Russell 역시 세미나에 초청했다고 말했다. 파인만은 더욱 더 긴장했다. 휠러는 어느 시대에 내놓아도 괄목할 만한 천재인 존 폰 노이만John von Neumann을 초대했는데, 그는 물리학과 수학뿐 아니라 통계학, 디지털 컴퓨터 이론, 경제학에 공헌을 한

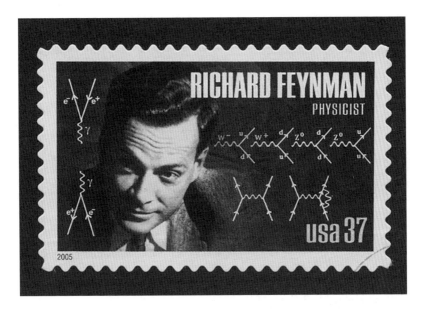

그림 16.1 리처드 파인만과 그의 업적을 기념하기 위해 만들어진 미국 우표. 배경에 몇 개의 '파인만 다이어그램'이 보인다. (우표의 왼편에 있는) 양전자 선에 있는 화살표는 양전자가 시간을 거슬러 역행함을 나타낸다.

사람이었다. 엎친 데 덮친 격으로 휠러는 현대 물리학의 공동 창시자이자 양자 시대의 위대한 물리학자들 중에서 가장 두려운 존재이며, 원자의 안정성을 설명하는 파울리의 배타 원리의 발견자인 볼프강 파울리 Wolfgang Pauli를 초대했다. 파울리는 수준이 낮다고 생각하는 업적에 대해서는 날카롭고 가차 없이 비판하는 것으로 유명했다. 파인만은 상황이 이보다 더 나빠질 수는 없을 것이라 생각했다.

하지만 그런 일이 실제로 일어났다. 아인슈타인이 세미나에 참석해 달라는 초대를 받아들인 것이다.

파인만은 완전히 겁을 먹었다고 말했다. 그는 자신의 책《파인만 씨, 농담도 잘 하시네요》에서 이렇게 회상한다. "나의 앞에 이런 괴물 같은 인물들이 앉아 있을 예정이었다." 휠러는 다음과 같은 미덥지 않은 말로 파인만을 안심시키고자 했다. "걱정 말게. 질문에 대해서는 내가 다 답변할 테니까."

파인만은 드디어 발표를 시작했을 때 갑자기 모든 긴장이 사라졌다고 말했다. 그는 순수 물리학에 푹 빠졌고, 이 주제에 관한 전문가는 위그너, 폰 노이만, 파울리, 아인슈타인도 아니고 리처드 파인만이라는 사실을 발견했다. 휠러가 아니라 그가 모든 질문들에 답했고 모든 일이 잘 진행되었다.

파인만은 고전적 복사 이론이 과거와 미래를 구분하지 않음을 보여주었다. 리츠가 아니라 아인슈타인이 옳았다. (놀랐는가?) 전자기 복사는 시간의 화살을 규정하지 않는다.

심리학적 화살

이 화살은 제안된 시간의 화살들 중에서 여러 모로 가장 매력적인 화살이다. 우리가 만약 물리학이 시간에 대해 완전히 가역적이라고 가정한다면, 즉 거꾸로 튼 영화가 어떤 법칙도 위배하지 않는다면, 삶에 의해서 결정되는 시간의 화살이 여전히 남아 있을까? 비록 물리학의 법칙들이 대칭적일지라도, 무엇인가가 우리로 하여금 미래가 아닌 과거를 기억하게 하는 것 아닌가?

대부분의 물리학자들은 시간의 방향에 관해 정신적인 것은 없다고, 삶의 특정한 본성과는 아무 관련이 없다고, 문제에 대한 답은 전적으로 물리학의 범위 내에 있다고 믿는다. 예를 들어 스티븐 호킹은 심리학적 화살이 엔트로피 화살에 기초한다고 주장한다. 그러나 이는 속임수 같은 결론이다. 이러한 주장은 제대로 논증되지 않고 그저 자명한 것처럼 진술된다. 호킹은 말한다. "무질서는 시간에 따라 증가한다. 왜냐하면 우리는 무질서가 증가하는 방향을 따라서 시간을 측정하기 때문이다. 이보다 더 확실한 것은 없다!" 이러한 진술은 독단ipse dixit, 권위에 의한 증명이라고 알려진 논리적 오류의 한 사례다.

기억이란 무엇인가? 기억은 당신이 예상하는 것보다 더 정의하기도, 이해하기도 어렵다는 사실이 드러난다. 우리 모두는 무엇인가를 배울 때 우리 두뇌의 무질서를 줄이고 있다고 생각한다. 그와 같은 감소가 엔트로피의 감소일까? 만약 우리의 두뇌가 단순히 아주 잘 조직된 빈 서판과 같다면(1이 없이 0으로만 가득한 컴퓨터 메모리처럼) 그리고 우리가 학습할 때 정보적 의미에서 우리의 두뇌를 더 복잡하고 '무질서'하게 만든다면, 우리 두뇌의 엔트로피가 증가한다고 볼 수도 있다. 그러나 만약 기억이 무질서의 감소라면 학습과정에서 많은 양의 열이 형성되고 버려져 우주의 엔트로피는 증가한다는 것이 일반적으로 받아들여지고 있다. 따라서 비록 두뇌의 국소 엔트로피는 감소할지라도 우주 전체의 엔트로피는 증가한다. 우리에게 가장 문제가 되는 것은 감소하는 국소 엔트로피다.

몇몇 사람들은 삶과 의식이 물리학을 초월하는 현상이라고 생각한다. 나는 그와 같은 가능성을 책의 뒷부분에서 논의하겠다. 우리가 인간을 외부 자극에 반응하는 하나의 커다랗고 복잡한 화학물질의 조합으로 생각하는 한, 심리학적 화살을 가정할 필요가 없다. 우리는 그저 흐름과 함께 가면 된다. 계속 새로운 엔트로피가 생성되는 흐름과 함께 말이다. 순수하게 물리학 방정식들에 기초해서 작동하는 컴퓨터는 '심리학', 의식, 삶 없이도 완벽하게 과거를 기억할 수 있고, 미래의 사소한 측면들까지 모두 연역하는 데서 어려움들을 해결해왔다. 이와 같은 그림에서 타키온 살인 역설에 나오는 메리는 방아쇠를 당길 수밖에 없다. 그녀의 자유의지는 환영이었으며 그녀의 행동은 물리학 방정식들에 의해 완전히 결정되어 있었다.

인류 화살

인류 화살anthropic arrow에서 'anthropic'은 '인간과 관련 있음'을 의미한다. 《옥스퍼드 영어사전》(1859)에 기록된 이 용어의 가장 오래된 용례는 고릴라를 관찰하고 고릴라의 인간과 같은 행동을 언급하는 내용이다. '인류 원리'는 현 시대의 많은 이론가들, 특히 끈 이론가들이 즐겨 사용하고 있다. 이 원리에 따르면 우리가 우주의 나이, 크기, 구성, 시간의 방향 등과 같은 우주의 매개변수들을 결정할 수 있는 것은 지적 생명체가 태어날 확률이 극히 작았다는 사실에 근거한다.

인류 원리에 따르면 오늘날 우리가 우주의 기원에 대해서 생각한다는 사실 자체가 우리 우주가 아주 특별한 것이기 때문에 일어날 수 있는 일이다. 나는 생각하기 때문에 존재하며, 그에 더해 이는 시간이 앞으로만 진행되지 뒤로는 가지 않음을 의미한다. 호킹은 인류 원리가 너무나 강력하기 때문에 이 원리가 우리의 심리학적 화살이 왜 엔트로피 화살과 같은 방향인지를 결정하기까지 한다고 말한다. 그가 말하기를, 만약 그렇지 않다면 우리는 이 주제에 대해서 논의하고 있지도 않을 것이다. 증명 끝QED.

나는 개인적으로 인류 원리를 무용한 것으로 여긴다. 내 경험에 따르면 이 원리는 물리학자들이 무엇인가를 계산하는 데 실패했을 때 변명거리로 사용된다. 물리학자들은 이 원리를 근거로 다음과 같이 주장한다. 사물들은 지금 있는 대로 존재해야 하는데, 그렇지 않을 경우에 우리는 이 주제에 대해서 여기서 논의하고 있지도 않을 것이기 때문이다. 이와 같은 추론은 어떤 형태의 지적 생명이든 우리와 아주 유사해야 한다는 가정에 의존한다. 시간은 반드시 앞으로 진행되어야 하는데, 시간이 역행할 경우 실재가 달라지기 때문이다.

내 동료인 홀거 밀러Holger Müller는(우리가 아는 한 둘 사이에는 아무런 혈연관계가 없다) 인류 원리의 공허함을 보여주는 하나의 예를 제시했다. "왜 태양이 존재할까?"라고 묻는 과학자들을 상상해보자. 인류 원리의 대답은 다음과 같을 것이다. "태양이 존재하지 않았다면 우리가 여기에 없을 테니까!" 이는 18세기의 철학자들에게서나 나올 법한 단순한 대답이다. 이보다 훨씬 더 만족스럽고 가치 있는 답변이 물리학에서 나온다. 이전의 초신성 폭발 이후 남은 파편들의 덩어리가 중력에 의해 밀집된다. 파편들이 뭉치면서 이들의 운동 속도 및 중력 압력이 열로 변하고 열핵 반응이 점화될 정도로 온도가 높아진다…… 등등. 이것이 바로 과학의 패러다임에 부합하는 종류의 설명이며, 인류 원리의 공허한 접근법보다 훨씬 뛰어나다.

1900년대 초에 양자이론의 창시자들 중 한 명인 볼프강 파울리는 엉성하고 혼동으로 가득 찬 한 편의 논문을 보았다. 그는 이 논문에 대해 "심지어 틀리지도 않았다"라고 평했다. 그의 생각에 과학 이론의 덕목 중 하나는 반증될 수 있다는 것이다. 파울리가 본 논문은 이러한 기준을 충족시키지 못했다. 컬럼비아 대학의 수리물리학자인 피터 워이트Peter Woit는 인류 원리가(그리고 끈 이론도) 파울리의 평가 기준인 '심지어 틀리지도 않았다'를 만족시킴을 우아하게 논증했다. 그는 이 논증을 자신의 블로그와 저서에서 제시했는데, 둘 다 제목이 (자연스럽게도)《심지어 틀리지도 않았다》이다. 내 생각에 '심지어 틀리지도 않았다'라는 표현은 시간의 화살에 대한 엔트로피 설명 역시 잘 기술한다.

시간 역행 위반

'지금'에 대해서 탐구하면서 우리는 (상대성이론에 더하여) 20세기의 또 다른 이론적 혁명인 양자물리학의 영역으로 곧 들어갈 것이다. 양자물리학의 몇몇 핵심 개념들은 상대성이론에서 가장 어려운 주제인 동시성 상실, 사건들의 역전 등과 같이 다루기가 매우 까다롭다. 아마 좀 더 골치 아플 것이다. 이 개념들에는 시간을 거슬러 올라가는 입자들(반물질), 고유의 화살을 가지고 있는 것처럼 보이는 신비로운 현상인 '측정'이 포함된다. 그러나 이런 주제들을 논의하기 전에 나는 시간의 화살과 직접적으로 관련되는 하나의 양자적 현상에 대해 이야기하고자 한다. 2012년에 발견된 이 현상은 '시간 역행 위반' 또는 'T 대칭성 위반'이라 불린다.

시간 역행 위반이란 기초 입자의 상호작용을 찍은 영화가 앞으로 진행되어야 하는지 뒤로 진행되어야 하는지를 모호함 없이 결정할 수 있음을 뜻한다. 엔트로피 연결과는 완전히 독립적이면서도 기초 입자들의 미시세계에 내재되어 있는 시간의 방향이 실제로 존재한다. 그와 같은 과정의 발견은 장기적인 목표(나는 과도하게 사용되고 있는 은유인 '성배'라는 표현은 사용하지 않을 것이다)였으며, 아주 천천히 성취되었고, 실험적으로 매우 힘든, 위대한 업적이었다. T의 위반은 아주 오래전부터 예상되었다. 왜냐하면 입자와 반입자의 성질에서 중요한 차이점들이 관측되었고 이는 T 위반 역시 기대됨을 함축하는 것처럼 보였기 때문이다.

1960년대에 대학원생이었던 나는 필 도버Phil Dauber와 함께 입자 상호 작용을 연구했다. 도버는 로렌스 버클리 연구소에 있던 나의 멘토 루이스 앨버레즈가 이끄는 팀에 최근 고용된 인물이었다. 나는 우리가 연구하던 입자들 중 하나였던 종속 중핵자cascade hyperon가 붕괴할 때 T 위반을 나타내는 것으로 보이자 매우 흥분했다. 그와 같은 발견은 매우 중요한 것이었기 때문에, 필은 자료를 붙잡고 면밀한 분석을 했다. 그는 상상할 수 있는 모든 시험을 하고, 가능한 체계적 오류를 열심히 찾음으로써 그 발견을 반증할 수 있도록 최선의 노력을 다했다.

결국 그는 관측된 T 위반을 2표준편차로 줄일 수 있었다고 내게 말했다. 이는 맞을 확률이 '겨우' 95퍼센트라는 뜻으로, 진정한 시간 역행 위반이 일어날 확률이 95퍼센트이고 이것이 틀릴 확률이 5퍼센트라는 의미다. 그는 이와 같은 확률은 중요한 발견으로 인정받기에는 충분하지 않다고 설명했다. 즉 이 확률에 따르면 완전히 말도 안 되는 것을 출판할 확률이 5퍼센트가 된다. 나는 기분이 상했다. 나는 95퍼센트의 확률이라면 그와 같은 위대한 발견에는 아주 좋은 확률이라고 생각했다. 그러나 그 생각은 틀린 것이라고 도버는 인내심을 가지고 설명해주었다. 그는 입자물리학을 하는 물리학자들은 높은 기준을 가지고 있다고 말했다. 그는 논문의 대부분을 작성했고(나는 공저자였다), T 위반을 나타내는 매개변수는 0으로부터 오직 2표준편차만큼 떨어져 있으므로 (그의 표현에 따르면) 0과 통계적으로 일관된다는 것을 지적했다. 우리는 T 위반에 대해서 보고하지 않았다. 이 내용은 신문의 헤드라인에도 등장하지 않왔다.

내가 느꼈을 실망감을 상상해보라. 나는 모든 시대를 통틀어 가장 중요한 발견들 중 하나가 될 잠재성이 있는 것을 발견한 프로젝트에 참여했고, 이는 내 자손들이 먼 훗날 역사책에서 읽을 만한 내용이었고, 이 내용이 맞을 확률이 95퍼센트였다! 그러나 필은 맞을 확률 95퍼센트가 충분히 높은 확률이라는 것을 납득하지 못했을 따름이었다.

수십 년이 지난 후에 나는 그간의 성과를 확인했다. 종속 중핵자의 T 매개변수에 대한 좀 더 정확한 측정이 이루어졌고, 올바른 최종 값은 실제로 0이었다. 이는 우리가 얻을 수 있었던 것보다 훨씬 더 작은 오차 불확정성 범위 내에 있는 것이었다. 필이 지킨 엄격한 과학적 기준은 전적으로 옳았으며, 나는 이로부터 발견에 대한 매우 중요한 교훈을 얻었다.

무엇이 잘못되었던 것일까? 어떻게 95퍼센트로 옳은 확률을 가지고 있던 발견이 결국 잘못된 것으로 밝혀졌을까? 이에 대한 해답은 우리가 많은 수의 서로 다른 현상들을 연구하고 있었다는 사실로부터 비롯된다. 우리는 서로 다른 입자들의 붕괴, 상호작용, 질량 및 예상된 대칭성을 들여다보고 있었다. 우리의 논문에서는 20개가 넘는 새로운 결과들이 보고되었다. 만약 각각의 결과가 5퍼센트의 틀릴 확률을 가지고 있다면, 실제로 우리는 20개 중 하나는 틀릴 것이라고 기대해야 한다. 심각한 실수를 피하기 위한 유일한 방법은 높은 기준을 유지하는 것뿐이다.

앨버레즈 연구팀의 역사를 생각하면, 나는 세계 최고 수준의 물리학자들이 모인 곳에서 일하는 행운을 누렸음을 실감한다. 1960년대에서 1970년대 초반에 이르기까지 팀 구성원들은 입자물리학의 최전선에 있었으며 거의 매달마다 새로운 발견들을 보고했다. 이들이 보고한 중요한 발견들의 수는 역사상 그 어떤 다른 물리학 조직의 발견 수를 초과할 것이다. 그러나 나는 그들이 보고한 결과가 훗날 잘못된 것으로 밝혀진 단 하나의 사례도 알지 못한다. 이는 참으로 놀라운 기록이다. 이러한 기록을 얻기 위해서 높은 기준이 필요했던 것이다.

2012년에 스탠퍼드 선형가속기센터의 한 연구팀이 B라 불리는 드문 입자의 방사성 붕괴와 관련 있는 두 개의 다른 반응에 대한 연구 결과를 발표했다. 입자 B는 여러 형태로 존재하는데, 이 중에는 $\overline{B}^0$('비 제로 바'라고 읽는다)가 있고 B^-('비 마이너스')가 있다. 연구팀은 두 가지 반응을 연구했다. 하나는 $\overline{B}^0$가 B^-로 바뀌는 것이고, 다른 하나는 정반대의 반응으로 B^-가 $\overline{B}^0$로 바뀌는 것이다. 이들은 시간 역행 반응들이다. 만약 당신이 한 반응의 영상을 본다면, 그 영상을 거꾸로 틀면 다른 반응의 영상이 될 것이다. 그러나 연구팀은 두 반응을 연구하면서 대칭성으로부터 14표준편차가 있음을 발견했다. 통계이론에 따르면 그와 같은 결과가 틀릴 확률은 고작 10^{44}분의 1밖에 되지 않는다. 이 결과는 분명 필 도버조차도 충분히 만족시킬 만한 것이었다.

이는 우연한 발견이 아니었다. 케이온(K 중간자)이라 불리는 유관한 입자들이 보인 특정한 성질에 대한 사전 관측들에 기초해서, 이 특별한 반응들을 들여다볼 좋은 근거들이 있었다. 연구자들은 시간 역행 위반을 관측할 수 있을 것이라 기대하면서 이 반응들을 들여다보았다. 이제 우리는 2012년 이전에는 오직 추측만 할 수 있었던 것을 분명히 말할 수 있게 되었다. 시간 역행은 양자물리학의 법칙들 속에서 완벽한 대칭성이 아니다. 물리학 자체의 핵심적인 부분에서, 앞으로 가는 시간은 뒤로 가는 시간과 다르다.

이 발견은 시간의 본성에 대한 우리의 연구에 아주 중요한 통찰을 준다. 그러나 이 효과가 시간의 화살, 시간의 흐름, '지금'의 의미를 결정하는 데 역할을 할까? 나는 그렇지 않다고 생각한다. 시간 역행 위반은 아주 작은 효과다. 비유를 들어 말하자면, 시간 불변의 법칙은 깨졌지만, 그것은 주차 위반 딱지 정도지 악행이 아니며 흉악한 범죄는 더더욱 아니다. 우리가 가지고 있는 유일한 증거는 오직 이국적인 고에너지 물리학 실험실에서 볼 수 있는 특정한 종류의 방사성(B붕괴) 현상에서 나온다. 어떻게 그와 같이 작고 관측하기 힘든 현상이 시간의 방향을 설정하는 데 역할을 할 수 있다는 말인가?

이와 같은 고찰을 통해 나는 시간 역행 위반이 우리의 현재 시간 경험에 어떤 역할도 하지 않는다고 생각한다. 그렇다고 이 발견이 우주 초기에도 중요하지 않았다는 이야기는 아니다. 모든 공간이 (극히 초기 우주에서) 다량의 K 중간자들과 B 입자들을 포함한 여러 입자들의 두껍고 뜨거운 아일럼으로 가득 차 있던 시기에는 이 발견이 중요한 역할을 했을 것이다.

사실, 서로 밀접하게 관련되어 있는 물질-반물질 대칭성 위반이 우리가 아는 우주의 생성에서 핵심적인 역할을 했음을 보여주고자 하는 논증이 제시된 바 있다.

소련의 수소폭탄 제조에 기여한 물리학자이자 (소련 정부에게 반대한 용기 때문에) 노벨 평화상을 수상한 안드레이 사하로프Andrei Sakharov는 1967년에 다음과 같은 사실을 지적했다. 'CP 대칭성'이라 불리는 물질-반물질 대칭성 위반은 우주 생성 초기에 물질의 양을 반물질의 양보다 아주 조금 초과하게 만들었을 것이다. 물론 1,000만 분의 1이라는 작은 양이긴 하지만 말이다. 그러나 그러고 난 뒤 우주의 기묘한 초기 순간에 우주가 조금씩 식어가면서 모든 반물질은 물질과 함께 사라지고 광자로 변했다. 그런데 물질의 양이 아주 조금 더 많았기 때문에 남은 소량의 물질이 있었다. 이것이 우리가 '물질'이라 부르는 것으로서, 현재 우주의 모든 물질을 구성한다. 별, 행성, 사람 등의 모든 것은 대규모 소멸에서 남은 아주 작은 양의 물질로부터 만들어진 것이다. CP 대칭성 위반은 작았고, 이로부터 아주 작은 양의 물질이 초과되었을 뿐이지만, 이후 진정 커다란 차이를 낳았던 것이다!

시간 역행 위반의 관측은 다른 이유에서도 매우 중요하다. 이 현상은 양자이론의 근본적인 측면에 기초해서 예측되었는데, 구체적으로 말해 'CPT 정리'[35]라고 불리는 추상적인 결과에 근거한 것이었다. 이 정리가 예외적인 현상을 예측했고 이 예측이 검증되었다는 사실은 양자이론이 견고한 토대 위에 있다는 것을 알려주는 또 하나의 사례다.

양자 화살

시간 비대칭성은 아마도 '측정'이라 알려져 있는 양자물리학의 신비로운 측면에 숨어 있을 수 있다. 측정은 과거가 아니라 미래의 양자 상태에 영향을 미치는 것처럼 보이는 과정이다. 다음 몇 개의 장에서 이 과정에 대해 자세히 논의할 예정이다.

측정 이론에 의존하는 것의 주된 단점은, 우리가 이에 대해 너무 부실하게 이해하고 있어서 측정 이론에 의존하는 설명은 진정한 설명이 아니라 두 개의 미스터리(시간과 측정)가 하나로 환원될 수 있을 것이라는 희망에 지나지 않는다는 것이다. 그럼에도 양자 화살에 대해서 진지하게 검토해볼 필요가 있다.

우주론적 화살

에딩턴이 엔트로피 화살을 제안한 이유는 엔트로피 증가가 시간의 방향을 가지는 것으로 보이는 유일한 물리학 법칙이었기 때문이다. 여전히 다음과 같은 물음이 남아 있다. 왜 엔트로피가 증가하는 것일까? 이 물음에 대한 대답을 빅뱅에서 찾을 수 있었다. 이 환상적인 발견은 우리의 우주가 왜 아직까지 완전히 혼돈 상태에 이르지 않았는지를 설명해줄 수 있었다. 빅뱅 이론은 우주가 아직 어리며─그래서 아직 완전히 무질서해지지 않았다─공간의 팽창이 추가적인 엔트로피 증가를 위한 많은 여유 공간을 만들어준다고 설명했다.

그러나 빅뱅의 발견과 함께 우리는 시간의 화살이라는 주제를 진정 새롭게 살펴보아야 한다. 엔트로피 기제는 실제로는 잘 작동하지 않는다. 과연 엔트로피가 필요한가? 만약 우리가 우주를 시공간의 측면에서 생각한다면, 왜 우주는 공간의 측면에서만 팽창해야 하는가? 시간에서도 팽창할 수 있지 않은가? 사실, 사태는 분명히 그렇다. 매초마다 우리는 시간에 새로운 초를 더하는 셈이다. 아마도 시간의 흐름이란 이렇게 새로운 시간의 생성으로 생각하는 편이 좀 더 정확할 것이다. 3D 빅뱅을 생각하지 말고, 새로운 공간과 새로운 시간이 모두 연속적으로 생성되는 4D 빅뱅을 생각해보라.

11장에서 다음과 같은 도전적인 질문을 한 바 있다. 당신이 두 순간의 우주에 대한 완벽하고 신적인 지식을 가지고 있는데, 누군가가 어떤 순간이 먼저인지를 묻는다고 하자. 당신은 이를 어떻게 판단할 것인가? 11장에서 내가 제시했던 답은 두 순간 각각의 엔트로피를 계산하라는 것이었다. 두 순간 중 낮은 엔트로피를 가지고 있는 쪽이 먼저 등장한 순간이다. 그 대신 당신은 우주의 크기를 살펴볼 수도 있다. 더 작은 우주가 더 먼저인 우주다.

이를 완전히 이해하기 위해서 우리는 20세기의 또 다른 위대하고 혁명적인 발견 속으로 뛰어 들어가야 한다. 이 발견은 여러 측면에서 상대성이론보다 더 당황스러우며 반직관적이다. 그것은 바로 양자물리학이 제시하는 당혹스러운 실재다.

3부

유령과도 같은 물리학

17 죽어 있으면서도 살아 있는 고양이

가장 황당한 예를 통해 양자물리학을 소개한다……

"나는 그것을 정의할 수는 없지만…… 보면 안다."

—포터 스튜어트Potter Stewart 대법관(측정이라는 주제에 대해서 한 말은 아님)

우리의 정신을 당혹스럽게 만드는 상대성이론의 개념들이 마치 20세기에게 충분히 파괴적이지 않았다는 듯이, 똑같이 당혹스러우면서도 똑같이 중요한 또 하나의 혁명이 곧바로 뒤이어 일어났다. 바로 양자물리학의 발전이었다. 양자물리학의 창시자들 중 한 명이 알베르트 아인슈타인이었는데, 그는 빛의 에너지가 양자화되어 우리가 오늘날 '광자'라 부르는 덩어리째로만 탐지될 수 있음을 연역했다. 그러나 양자물리학은 상대성이론이 그랬던 것처럼 빠르게 정착하지는 못했다. 양자물리학은 너무도 이상하고 신비로운 특성들을 가지고 있어서, 이 이론을 발명한 사람들조차도, 이것이 무엇을 의미하며 어떻게 해석되어야 하는지, 양자물리학이 감춰져 있지만 앞으로 발견될 진정한 실재에 대한 좀 더 완전한 기술의 일시적인 근사인지의 여부에 대해서 계속해서 논증하고 논쟁해왔다. 이 논쟁은 오늘날까지도 계속되고 있다.

양자이론의 문제는 이 이론의 공식화에서 비롯된다. 양자물리학은 실제 세계가 '진폭'이라 불리는, 그림자 같고 순식간에 사라지며 심지어는 원리상 측정할 수 없는 어떤 것에 의해 기술된다는 것을 기본 공리로 삼는다. 하나의 진폭은 단일한 수일 수 있고, 실수부와 허수부로 구성된 복소수일 수 있으며, '파동함수'라 불리는 수들의 집합일 수도 있다. 양자물리학은 진폭이 유령과 같고, 닿을 수 없으며, 실재의 모든 것을 데리고 다니는 배경 영혼이라고 기본적으로 가정한다. 심지어 진폭을 정확하게 안다고 하더라도, 측정의 결과를 정확하게 예측할 수 없고, 측정이 특정한 결과를 만들어낼 확률만을 예측할 수 있을 뿐이다.

이 모든 얘기들이 신비롭고 잠정적인 것처럼 들린다고 하더라도 이 원리들은 오늘날 우리의 스마트폰, 태블릿, 텔레비전, 디지털카메라, 컴퓨터 등과 같은 전자기기들을 설계하는 데 사용된다. 사실상 모든 물리학자들이 유령과도 같은 진폭과 파동함수를 가지고 작업한다. 대부분의 학자들은 양자이론의 측정되지 않는 측면들을 무시하고 자신들의 일에 몰두한다.

아인슈타인은 그렇지 않았다. 물리학에서 이룬 그의 모든 혁신은 역설적 결과, 설명되지 않은 현상, 그에게 물리적으로 이해되지 않는 것들에게 집중함으로써 이루어졌다. 새로운 양자물리학은 이러한 범주에 딱 맞아 떨어지는 측면들을 가지고 있었다. 시간 지연 및 길이 수축보다 더 수수께끼 같았고, 블랙홀보다 더 이상했으며, 사건들의 시간 가역성보다 더 상상하기 어려웠다. 아마도 오늘날까지도 가장 당혹스러운 양자물리학의 측면은 에르빈 슈뢰딩거가 제시한 하나의 이야기 속에 잘 표현되어 있다. 슈뢰딩거의 이름은 '슈뢰딩거 방정식'을 통해 모든 물리학도들에게 알려져 있는데, 이 방정식은 기초 양자물리학에서 가장 중요한 방정식이다. 그는 아인슈타인의 동료이자 동조자였으며, 아인슈타인이 양자물리학에 대해서 느꼈던 불편함을 공유하고 있었다.

슈뢰딩거의 고양이

슈뢰딩거는 양자물리학에 근본적으로 오류가 있다는 아인슈타인의 주장을 지지하는 하나의 생생한 예를 고안했다. 이 이야기의 설정은 잔혹하기는 하지만 단순하기 때문에, 아마도 당신의 주의를 사로잡고 이 이야기가 일으키는 인지 부조화를 실감하도록 만들 것이다.

슈뢰딩거는 우리에게 상자 안에 있는 고양이 한 마리를 떠올려보기를 권한다. 상자 안에는 또한 다음 1시간 동안 50%의 확률로 붕괴하는 방사성 원자도 포함되어 있다. 방사성 원자가 붕괴하면 고양이를 죽이는 장치가 작동될 것이다. 슈뢰딩거는 이러한 장치의 생생한 예로 청산가리가 든 유리병을 깨는 망치를 들었다. 이러한 상황에 대한 시각적 묘사를 보고 싶은가? 인터넷에서 '슈뢰딩거의 고양이'로 검색해보라.

한 시간이 지난 후 상자를 열면 죽어 있는 고양이를 발견할 확률이 50%이고 살아 있는 고양이를 발견할 확률도 50%다. 이것은 잔혹하기는 하지만 아주 단순한 결론인 듯 보인다. (이 상황을 집에서 시험해보지는 말라.)

아인슈타인과 슈뢰딩거를 당혹스럽고 불편하게 만든 것은 이 상황을 양자물리학의 언어가 기술하는 방식이다. 사실상 모든 물리학자들이 사용하는 표준 접근법에 따르면, 원자와 고양이를 기술하는 진폭은 1시간 동안 변한다. 처음에 이 진폭은 살아 있는 고양이와 폭발하지 않은 원자를 기술한다. 그러나 시간이 지남에 따라서 진폭은 변한다. 한 시간의 막바지에 다다르면 변화된 진폭은 동일한 두 부분으로 구성된다. 즉 폭발하여 조각난 원자와 죽은 고양이가 있는 부분이 폭발하지 않은 원자와 살아 있는 고양이가 있는 부분과 중첩되어 있다. 누군가가 엿보기 전까지 고양이는 살아 있기도 하고 죽어 있기도 한 것이다. 양자물리학의 규칙에 따르면 상자를 열고 안을 들여다보는 행위가 '측정'을 구성하고, 측정되자마자 파동함수는 '붕괴'하고 당신은 두 개의 중첩된 실재가 아닌 오직 하나의 실재만 마주하게 된다. 관측이 되면 고양이는 온전히 살아 있거나 죽은 것이지 더 이상 두 상태를 동시에 가지고 있지는 않다. 이런 단순화는 당신이 상자를 엿보는 경우에만 일어난다.

나는 아내 로즈머리(건축가)에게 이 장을 읽어보라고 부탁했다. 그녀는 지금까지 제시된 슈뢰딩거의 고양이 관련 내용을 읽고, 도저히 믿을 수가 없었다. 그녀는 과학자들이 살아 있는 동시에 죽어 있는 고양이를 진지하게 상정할 수 있다는 사실을 믿기를 거부했다. 이와 같은 개념이 너무나 터무니없고 어리석었으므로, 그녀는 이 시점에서 독서를 멈추고 더 이상 읽으려고 하지 않았다. 양자물리학이 그와 같은 어리석은 개념을 포함하고 있다는 인상을 준 이 멍청한 묘사를 내가 교정해주기 전까지 말이다.

그러나 어떤 물리학자든 붙잡고 물어보라. 그것이 바로 사물이 작동하는 방식이라 말할 것이다. 당신을 불편하게 만드는 똑같은 문제가 아인슈타인과 슈뢰딩거를 불편하게 만들었으며, 슈뢰딩거가 이에 영감을 받아 이토록 이상한 사례를 제시했다는 사실에서 위안을 얻으라. 나는

그림 17.1 슈뢰딩거의 고양이를 설명하는 슬라이드 필름. 시간이 흐름에 따라 두 개의 양자 상태가 전개된다. 한 상태에서는 고양이가 살아 있고, 다른 상태에서는 고양이가 죽어 있다. 인간이 상자 안을 엿보는 경우에만 이 상태들 중 하나가 임의로 선택되어 실재를 나타내게 된다(크리스티안 시엄의 일러스트).

이러한 내용을 아내 로즈머리에게 이야기했고, 그녀는 경계하면서도 독서를 계속 진행해나가기로 했다. (그리고 그녀는 다른 사람들에게 위안이 되도록 그녀의 경험을 책에 기술하는 것을 허락해주었다.)

슈뢰딩거와 아인슈타인은 이 이야기를 일종의 '귀류법reductio ad absurdum'으로 간주했다. 어리석은 결론이 양자물리학이 불합리하며 그러므로 그릇된 것임을 증명한다고 생각한 것이다. 당신이 보기 전까지 고양이는 죽어 있기도 하고 살아 있기도 하다고? 말도 안 돼! 슈뢰딩거와 아인슈타인의 생각으로는, 이 사례가 승리하여 논쟁을 끝냈고 양자물리학이 근본적으로 결함을 가지고 있음을 증명했다고 여겼을 것이다.

확률 해석의 원조이자 지지자였던 막스 보른Max Born과 베르너 하이젠베르크는 물러서기를 거부했다. 비록 슈뢰딩거의 고양이 이야기가 황당한 것은 사실이지만, 아인슈타인이 처음에 시간 지연과 공간 수축을 제시했을 때에도 황당한 것은 마찬가지였다. 일상적인 물질이 원자들로 구성되어 있다는 이론조차도 한때는 상식에 반하는 것이었다. 고양이 이야기 속에는 아무런 모순도 포함되어 있지 않다. 오직 이 상황이 직관에 모순될 뿐이다.

이 논증은 대략 80년 전쯤에 등장했다. 오늘날의 상황은 어떨까? 놀랍게도, 사실상 모든 물리학자들이 보른-하이젠베르크의 관점을 수용하고 있다. 그러나 슈뢰딩거 고양이 이야기의 황당함에 대해서는 지금까지 만족할 만한 답변이 제시된 적이 없다. 오늘날의 물리학자들은 슈뢰딩거의 고양이라는 어리석은 예시가 제시하는 귀류법에 어떻게 응답할까? 그들은 응답하지 않는다. 슈뢰딩거의 고양이는 오늘날에도 여전히 물리학자들이 이 문제를 생각할 때면 그들을 불편하게 하지만, 그들은 이 문제를 무시하고 계속 일을 진행해 나가는 것을 선택한다.

코펜하겐 해석

보른과 하이젠베르크(이들은 양자물리학의 창시자이기도 하다)의 접근방법은 '코펜하겐 해석'[36]이라고 불리게 되었는데, 이 이름은 코펜하겐에서 닐스 보어의 조수로 일했던 하이젠베르크가 지은 것이다. 오늘날 대부분의 물리학자들은 코펜하겐 해석을 받아들인다. 아인슈타인은 1955년에 숨을 거둘 때까지 이 해석을 계속 논박했다. 여전히 소수의 자부심에 찬 사람들이 모여서 양자물리학의 실재성에 대해 논쟁하는 회의들을 열고 있으며, 이 회의들에서는 가능한 대안들에 대한 길고 난해한 수학적 논의들이 등장한다. 그러나 대부분의 물리학자들은 이러한 회의들을 무시한다. 양자물리학은 잘 작동하고, 이는 대부분의 물리학자들이 침묵하는 충분한 이유가 된다. 만약 어떤 물리학자에게 질문한다면 아마도 다음과 같은 답변을 들을 것이다. "나는 이 이야기가 이상하게 들리리라는 것을 알지만, 결과에 영향을 주지 않고서 고양이가 살아 있는지 죽어 있는지를 말할 수 있는 방법이 우리에게는 없어요. 따라서 우리는 둘 사이의 차이를 말할 수 없어요."

몇몇 과학자들은 양자물리학을 잘못 이해해서 고양이가 죽어 있거나 살아 있지 둘 다는 아니며, 관측자는 그저 상자가 열리기 전까지 고양이의 상태를 알지 못한다고 그릇되게 믿는다. 이것이 바로 아인슈타인과 슈뢰딩거가 생각했던 바다. 이와 같은 접근법은 오늘날 '숨은 변수 이론'이라고 불린다. 이 경우, 숨은 변수는 고양이의 살아 있음이다. 이것이 학부 과정에서 양자물리학이 빈번하게 교육되는 방식이기도 하나, 코펜하겐 해석이 말하는 바는 아니다. 내가 이후 보여줄 것처럼, 양자물리학이 가지고 있는 특성인 얽힘에 관한 실험들은 아인슈타인-슈뢰딩거의 숨은 변수 관점이 아니라 코펜하겐 해석이 올바른 것임을 함축한다. 나는 19장에서 스튜어트 프리드먼Stuart Freedman과 존 클라우저John Clauser에 의해 수행된 그와 같은 최초의 실험을 기술할 것이다. (물론 그들은 고양이를 사용하지 않았다.) 우리가 가지고 있는 최고의 이론은 사실상 코펜하겐 해석이 옳은 해석이라고 말한다. 측정을 하기 전까지 고양이는 죽어 있으면서도 살아 있는 것이다.

만약 고양이의 신체 상태나 혈액의 온도, 다른 생리학적 징후 등을 통해, 고양이가 더 일찍 죽었는지의 여부를 얘기할 수 있지 않을까? 사실

"슈뢰딩거 씨, 당신의 고양이에 관한 좋은 소식과 나쁜 소식이 있습니다."

그림 17.2 《뉴요커》지에 실린 에르빈 슈뢰딩거

상 원자와 고양이의 진폭은 모든 가능한 붕괴 시간을 포함하고 있어서, 초기와 말기 방사성 붕괴의 대조적인 확률을 반영하도록 적절히 조정되어 있다. (만약 측정에 이러한 추가적인 측면을 포함시킨다면 진폭은 단일한 수보다는 조금 더 복잡해질 것이다.) 만약 온도계를 상자에 집어넣는다면 이 또한 측정으로 간주될 것이다. 당신이 상자를 열었을 때 금방 죽은 고양이 또는 죽은 지 1시간 지난 듯 보이는 고양이를 볼 수 있을지 모르지만, 그럼에도 코펜하겐 해석에 따르면 고양이의 운명 직전의 순간은 아직까지 결정되지 않았다.

고양이는 알 수 있지 않을까? 우리가 '측정'을 통해서 의미하는 것은 무엇일까? 측정을 위해서는 사람이 필요한 것일까 아니면 고양이도 측정을 할 수 있는 것일까? 고양이를 사람으로 대체한다면 어떨까? 이 질문이 놀랍고 불편하게 들릴지 모르겠으나, 이 모든 질문들에 대한 대답은 '우리가 측정이 무엇인지 모른다'라는 것이다. 측정에 관한 참된 이론은 아직까지 존재하지 않는다. 측정의 참된 이론은 물리학자들의 마음속에만 있는 희망 사항이다. 몇몇 물리학자들은 아직 공식화되지 않은 측정 이론에 시간의 기원, 시간의 화살, 시간의 진행 양상에 대한 대답이 포함되어 있을 것이라고 믿는다. 당신이 상자를 엿볼 때 당신은 오직 미래의 진폭, 즉 고양이가 살아 있거나 아니면 죽어 있는 진폭에만 영향을 미친다. 당신은 죽은 고양이와 산 고양이가 모두 포함되어 있는 과거의 진폭에는 영향을 미치지 못한다. 따라서 측정에는 비대칭성이 있으며, 이는 이전까지의 물리학에서는 찾아볼 수 없었던 것으로, 미래와 과거를 구분한다.

실재의 밑에 도사리고 있는 유령

슈뢰딩거의 고양이에게 삶/죽음 진폭은 그것을 제곱했을 때 특정 시간대의 끝에서 어떤 확률이 얻어지는지를 알려주는 숫자에 지나지 않았다. 앞서 언급했듯, 어떤 진폭이 위치와 시간에 의존한다면 그 진폭은 파동함수라 불린다. 고양이 이야기를 만든 슈뢰딩거는 파동함수가 외부 힘에 어떻게 반응하는지, 어떻게 파동함수가 시간과 공간에서 이동하고 변화하는지를 보여주는 유명한 방정식인 '슈뢰딩거 방정식'을 만들었다. 모든 물리학과 학생들과 화학과 학생들은 이 방정식을 공부한다.

파동함수는 공간을 통과하거나 원자 주위를 도는 전자를 기술할 수 있다. 화학에서 파동함수는 '오비탈orbital'[37]이라 불린다. 파동함수는 점과 같은 것이 아니라 퍼져 있으므로, 입자의 (탐지될) 위치가 불확실하다. 파동함수의 패턴에 의해서 정의되는 입자의 속도 역시 불확실하다. 모든 파동함수는 시간에 따라서 변화하며, 입자의 에너지는 진동수와 직접적으로 관련이 있는데, 이때 아인슈타인이 광자에 대해 발견한 것과 동일한 공식인 $E=hf$를 따른다. 만약 진동수가 정확하지 않다면, 만약 진동의 패턴이 (여러 음들을 포함하고 있는) 음악의 화음 패턴과 같다면 혹은 더 나쁘게 소음의 패턴과 같다면, 에너지 역시도 불확실하다.

입자의 예상 위치를 찾기 위해서는 모든 곳에서 파동함수의 값을 제곱한다. 이를 통해 모든 곳에서 입자를 찾을 수 있는 상대 확률을 얻는다. 입자가 얼마나 빨리 움직이는지를 결정하기 위해서는 파장을 분석한다. 짧은 파장은 높은 속도와 대응한다. 프랑스의 물리학자 루이 드브로이Louis de Broglie는 파동함수의 운동량(질량 곱하기 속도)이 플랑크 상수 h를 파장으로 나눈 값인 h/L로 주어짐을 보였다.

몇몇의 경우 파동함수는 복소수들의 복잡한 중첩일 수 있다. 당신이 측정을 하면 파동함수는 '붕괴하여' 당신의 측정 결과와 일치하게 된다. 이러한 변화를 '붕괴'라 부르는 이유는 이 변화가 파동함수를 전형적으로 단순화시키기 때문이다. 슈뢰딩거의 고양이를 보기 위해 상자를 열면 파동함수는, 살아 있거나 죽어 있는 고양이를 나타내기 위해 붕괴한다. 우리가 보는 모든 것은 측정의 단순한 결과이며, 이 결과에는 죽어 있으면서도 살아 있는 이상한 조합이 포함되지 않는다. 그저 죽어 있거나 살아 있을 뿐이다.

이러한 파동함수는 진정 유령과도 같다. 파동함수 자체는 측정되지 않는다. 함수의 모든 점들은 대개 두 개의 수로 구성되어 있으며(실수부와 허수부), 만약 중첩이 있으면 그 수는 더 많아진다. 측정을 하면 새로운 파동함수는 훨씬 단순해진다. 이것이 보른-하이젠베르크의 코펜하겐 해석 중 일부이며, 여전히 오늘날에도 받아들여지고 있다. 오늘날 물리학자들은 파동함수를 양자컴퓨터에 이용함으로써 파동함수의 숨은 유령과 같은 측면들을 이용하고자 시도하고 있다. 컴퓨터 용어로 말하면, 진폭 비트는 '양자 비트quantum bit' 또는 '큐비트qubit'라고 불린다.[38]

전자의 파동함수 영역은 원자핵 주변을 돌 때와 같이 작을 수도 있고, 지구와 태양 사이의 공간을 채우는 경우처럼 클 수도 있다. 만약 파동함수의 과거 및 파동함수에 작용하는 힘을 알면, 파동함수가 미래에 어떻게 될 것인지를 (예를 들어 슈뢰딩거 방정식을 이용하여) 결정할 수 있다. 그러나 파동함수를 변화시켜 붕괴시키지 않는 한 도구를 써서 파동함수를 검사할 수 없다. 전자의 위치를 측정할 때, 붕괴된 새로운 파동함수는 고도로 국소화되거나 측정 불확정성에 의해 주어진 크기로 퍼져나갈 것이다.

과연 파동함수를 붕괴시키는 것이 무엇일까? 우리는 그 답을 모른다. 나는 진지하게 말하고 있다. 물리학자들은 자신들이 무엇인가를 이해하지 못할 때, 이 퍼즐에 대해서 이야기할 수 있도록 이름을 붙이는 경우가 많다. 우리가 다루고 있는 문제의 경우, 파동함수를 붕괴시키는 것의 이름이 '측정'이다. 방금 언급했듯 우리는 측정이 무엇을 의미하는지 모른다. 일반적으로 물리학자들은 이 문제를 무시하고 대법관 포터 스튜어트가 한 유명한 말에 의지한다. "나는 [그것을] 정의할 수는 없지만…… 보면 안다." 하지만 사실은 우리가 봐도 그것이 무엇인지를 진정으로 알지는 못한다. 몇몇 사람들은 측정이 특정 종류의 '의식'을 요구한다고 주장한다. 이것은 별 도움이 되지 않는데, 우리가 의식을 제대로 이해하고 있지 못하기 때문이다. 아인슈타인은 다음과 같은 비꼬는 말을 하며 이러한 주장을 비웃었다. "당신은 우리가 보지 않으면 달이 저기에 존재하지 않는다고 정말로 생각하나요?"

아인슈타인을 불편하게 한 것은 상자 안의 고양이만이 아니었다.

양자이론은 상대성이론을 위반한다

고양이를 죽이지 않고서도 양자의 역설로 빠져들 수 있다. 아주 큰 파동함수, 즉 지구에서 태양까지 뻗어 있는 파동함수에 의해 기술되는 전자를 상상해보라. 그 전자를 탐지하면 파동함수는 즉시 순간적으로 붕괴할 것이며, 새롭게 생성되는 파동함수는 당신의 탐지 도구보다 더 작게 될 것이다. 우리는 전자 하나가 있다는 것을 알았고, 이제는 전자가 지구에 있다는 것을 안다. 따라서 우리는 전자가 지금 태양에 있지 않음을 안다. 양자이론은 파동함수가 순식간에 붕괴한다고 말한다. 과연 이것은 상대성이론에 대한 우리의 이해와 양립 가능한가?

나는 '순간적으로'라는 단어를 사용하였으나, 이 단어의 의미는 좌표계에 의존한다. 상대성이론을 따르면, 두 개의 분리된 사건들은(파동함수가 지구에서 탐지되는 것과 태양 근처에서 사라지는 것) 비록 탐지 장치가 위치한 고유 좌표계에서는 동시적이라고 할지라도 모든 좌표계에서 동시적이지는 않을 것이다. 이는 파동함수의 사라짐이 측정보다 선행하는 좌표계가 있음을 의미한다. 뿐만 아니라 측정이 이루어진 이후에도 한동안 파동함수가 머물러 있는 좌표계도 있다. 따라서 양자물리학의 규칙을 따르면, 지구에서 탐지된 전자가 태양에서도 여전히 0이 아닌 값을 가지는 좌표계가 존재한다. 이는 전자가 태양에서 탐지될 가능성이 여전혀 남아 있음을 의미한다. 그러나 이것은 불가능하다. 전자는 이미 지구에서 탐지되었다. 그리고 오직 하나의 전자만이 존재한다. (그렇다. 우리는 오직 하나의 전자만이 현존한다는 것을 확신함으로써 이 모든 문제를 정리할 수 있다.) 무엇인가 잘못된 것이다.

이에 대한 통상적인 설명은 전자가 연장된 물체가 아니라 점과 같은 물체이며, 파동함수는 전자가 실제로 어디에 있는지에 대한 우리의 무지를 표현할 뿐이라는 것이다. 양자물리학은 자주 이와 같은 방식으로 교육되며 많은 직업 물리학자들이 이런 방식으로 이 문제를 생각하지만, 이는 잘못된 것이다. 좀 더 거대한 실재가 있고 양자물리학은 단순히 우리의 무지를 기술한다는 개념은 그저 숨은 변수 이론에 지나지 않는다. 우리에게 알려져 있지 않은 전자의 '실제' 위치가 여기서 숨은 변수다. 어떤 이론이 옳은지를 알기 위해 많은 실험들이 행해졌다. 지금까지 행해진 모든 실험에서 양자이론이 승리했으며 숨은 변수 이론은 반증되었다.

이는 파동함수가 상대성이론을 따르지 않음을 의미한다. 이것은 참으로 충격적인 사실이다. 상대성이론은 지난 세기 동안 수많은 실험들을 통해서 광범위하게 시험되었기 때문이다. 상대성이론과 양자물리학 사이의 이 갈등을 우리는 어떻게 해결할 수 있을까?

18   양자 유령을 간지럽히다

측정이라는 신비로운 주제, 그리고 우리가 양자 파동함수를
얼마나 부실하게 조사하는지에 대해서……

[그것은] 초콜릿 상자와 같다. 무엇을 집게 될지 알 수 없다.

—포레스트 검프

파동함수는 유령의 유비가 단순한 은유 이상으로 보이게 하는 많은 속
성들을 가지고 있다.

　이미 우리가 논의한 것처럼 파동함수의 붕괴는 빛의 속도에 의해서
제한되지 않는다. 따라서 특정한 좌표계에서는 파동함수의 붕괴가 시간
에 역행할 수 있다. 파동함수가 실재와 유일하게 연관을 가지는 것은 우
리가 파동함수를 조사할 때, 우리가 파동함수가 나타내는 입자의 위치
또는 에너지를 측정하고자 시도할 때뿐이다. 양자물리학을 따르면 우리
가 그와 같은 행동을 할 때 파동함수는 우리의 직관을 위배하는 방식으
로 변화하고, 상대성이론에 대한 우리의 이해를 따르지 않는 것처럼 보
인다.

현대 물리학이 그와 같은 괴물을 포함하고 있다는 점에 대해 충격을 받았는가? 양자물리학의 창시자들 중 한 명인 닐스 보어는 다음과 같이 말했다. "양자이론에 의해서 충격을 받지 않은 사람은 이 이론을 전혀 이해하지 못한 것이다." 리처드 파인만은 다음과 같이 말했다. "아무도 양자역학을 이해하지 못한다고 말해도 괜찮다."[39] 파인만의 멘토이자 양자물리학이 발전하는 데 핵심적 역할을 했던 존 휠러는 다음과 같이 말했다. "만약 당신이 양자역학에 의해서 완전히 혼란스러워지지 않는다면 당신은 양자역학을 이해하지 못한 것이다." 오늘날 양자물리학의 의미에 대해서 탐구하는 선도적 학자인 로저 펜로즈Roger Penrose는 다음과 같이 썼다. "양자역학은 절대적으로 말이 되지 않는다."

이와 같이 이상하고 이해하기 불가능한 이론인 양자물리학은 그것의 유령 같고 혼란스러운 본성에도 불구하고 현대 물리학의 핵심에 있다. 양자물리학은 다른 세상의 것처럼 여겨질 수도 있지만 정밀하고 정확한 예측을 제공한다. 유령 같은 특성을 그저 무시하고 그 방정식을 푸는 방법을 배우면 미래를 놀라운(하지만 포괄적이지는 않은) 정확도로 계산할 수 있다.

슈뢰딩거 방정식 같은 양자물리학의 방정식들은 가령 전자의 파동함수에 당신이 힘을 가했을 때 어떻게 변화하는지를 계산할 수 있게 해준다. 그러나 파동함수가 실제로 전자는 아니다. 파동함수의 진폭은 전자의 정신, 유령, 영혼이다. 우리는 결코 파동함수를 탐지하거나 측정하지 못한다. 우리는 오직 *그것*을 계산하거나, 한 점에서 그 값을 조사할 수 있을 뿐이다. 그러나 우리가 측정을 함으로써 그러한 조사를 하는 순간, 우리는 즉시 되돌릴 수 없는 방식으로 영원히 파동함수를 변화시킨다.

입자-파동과 파동-입자

당신이 전자의 파동함수 앞에 측정 장치를 가져다 댄다고 가정해보자. 예를 들어, 전류를 감지하는 도선을 가져다 댄다고 하자. 만약 전자의 파동함수가 넓게 퍼져 있다면 오직 파동함수의 일부만 도선과 부딪칠 것이다. 이는 전자가 탐지될 가능성이 아주 작을 뿐임을 의미한다. 파동함수와 도선의 크기를 이용해서 전자가 도선과 부딪칠 확률과 전자가 측정될 확률을 계산할 수 있다.

전자가 움직일 때 파동함수는 파동처럼 행동하며, 그래서 파동함수라는 이름이 붙었다. 당신은 단일 전자 파동을 두 개의 서로 다른 분리된 경로들을 통해 동시에 보낼 수 있는데, 이는 단일 음파가 당신의 두 귀에 다다를 수 있는 것과 같다. 그러나 전자가 탐지될 때는 하나의 파열, 갑작스러운 충격인 '양자'로서 탐지된다. 여러 측면에서 이는 입자처럼 여겨진다.

그렇다면 전자는 무엇일까? 파동인가 입자인가? 이에 대한 정답은 둘 다 아니라는 것이다. 우리는 오직 새롭게 구성된 용어인 입자-파동 또는 파동-입자 등을 통해서만 전자를 이해할 수 있다. 나는 몇 번 학생들에게 전자를 '파동-입자wavicle'라고 불러야 할지 '입자-파동pwave'이라고 불러야 할지에 대해서 투표해보라고 했다. 투표 결과 압도적으로 선택된 이름은 없었다.

전자는 파동도 아니고 입자도 아니다. 전자는 파동과 입자의 특성들을 가지고 있지만, 이 둘의 조합은 아주 이상하다. 전자는 파동처럼 공간을 통과하며, 측정에 대해서는 입자처럼 반응한다. 질량과 전하를 나르는 것은 파동이다. 전자는 퍼져나가고 반사할 수 있으며, 마치 소음

260

제거 이어폰이 음파를 제거하는 것처럼 그 자신을 상쇄시킬 수도 있다. 그러나 당신이 전자를 탐지했을 때 사건은 갑작스럽게 일어난다. 탐지된 전자는 계속 존재하지만 파동함수는 되돌릴 수 없는 방식으로 변경되었다. 만약 당신이 작은 도구로 전자를 탐지했다면, 그전까지는 거대했던 파동함수가 순간적으로 작게 변할 것이다.

미궁에 빠져들다

아인슈타인은 광전 효과를 논하는 자신의 1905년 논문에서 처음으로 입자-파동 이중성을 제안했다. 이 논문에서 그는 빛이 어떻게 금속으로부터 전자를 방출시키는지에 대해 논했다. 그는 빛이 사실상 파동이지만 빛이 탐지되었을 때, 또 표면으로부터 전자를 방출시킬 때는 항상 파열하는 방식으로 작동한다고 제안했고, 이는 파동이 아니라 입자와 같은 행동이었다. 가끔씩 이 과정은 고전적인 전자기 파동이 충분한 에너지를 전달하기 전에 재빨리 일어났다. 앞서 언급한 바 있듯 아인슈타인은 빛 양자의 에너지가 파동의 진동수와 관련이 있다고 말했다. 이 관련은 $E=hf$라는 방정식으로 주어지는데, 여기서 h는 플랑크 상수로서 플랑크가 뜨거운 물체들이 내는 빛을 탐구하면서 연역한 수였다.

  아인슈타인은 동일한 방정식이 전자에도 적용될 것이라고는 전혀 상상하지 못했다. 루이 드브로이가 1924년에 제출한 박사학위 논문에서 그와 같은 제안을 했다. 그것은 양자물리학의 급속한 발전에 불을 지핀 돌파구가 되었다. 드브로이 덕택에 전자와 광자는 서로 퍽이나 닮은 것으로 인지되었다. 한때 핵심적인 차이라고 생각되었던 것(하나는 0의 정지질량을 가지고 있고 다른 하나는 전하를 가지고 있다는 사실)은 부차적인 것이 되었다. 광자와 전자 모두 입자-파동일 뿐이었다. 이는 물리학에서 위대한 통합이었다.

이후 3년 동안 슈뢰딩거, 보른, 하이젠베르크 및 다른 학자들이 어떻게 파동이 힘에 반응하는지를 기술하는 방정식을 만들어냈다. 그리고 디랙은 전자에 관한 파동방정식이 상대성이론과 조화를 이루는 방법을 보였다(비록 그가 측정이라는 난제를 다루지는 않았지만). 그는 전자의 '상대론적 파동방정식'을 고안했다. 1920년대는 믿을 수 없을 정도로 급속한 발전의 시기였다. 이는 심지어 물리학자들 자신에게도 눈부신 시기였다.

양자물리학의 유령 같은 느낌은 당시의 많은 물리학자들을 괴롭혔고 지금도 그러하다. 물리학과 화학을 공부하는 학생들은 대개 양자물리학에 익숙해지는 데 몇 년이 걸린다. 수리물리학자인 프리먼 다이슨 Freeman Dyson은 학생들이 양자물리학에 적응하는 데 세 단계를 거친다고 언젠가 나에게 말한 적이 있다. 첫째 단계에서 학생들은 대체 어떻게 그럴 수 있는지에 대해서 놀라워한다. 둘째 단계에서 학생들은 모든 수학적 조작들을 어떻게 하는지 배우고 양자물리학 계산의 위력을 발견한다. 수학은 놀랄 만큼의 정확성으로 실험 결과들을 예측한다. 다이슨에 따르면, 양자물리학이 처음에 그토록 신비로운 주제였다는 사실을 학생들이 더 이상 기억하지 못할 때가 마지막 셋째 단계다.[40]

모든 물리학자들이 흡족한 세 번째 단계에 다다르는 것은 아니다. 내 생각에 아인슈타인의 위대한 계승자는 리처드 파인만이었다. 20세기에 살았던 어떤 사람보다도(엔리코 페르미를 제외하고) 파인만은 깊이 있는 직관을 가지고 있었고 이를 통해 물리학의 다양한 측면들에서 비범한 통찰과 발견을 이루었다. 그러나 파인만은 양자물리학의 '해석'으로부터 거리를 두었다. 파인만은 그의 다채로운 브루클린식 말투로 다음과 같이 경고했다. "만약 당신이 피할 수만 있다면 '대체 어떻게 이럴 수 있지?'라고 계속 질문하지 말라. 왜냐하면 그런 질문을 던질 경우에 당신은 누구도 빠져나오지 못했던 막다른 곳으로 '빠져들' 것이기 때문이다."

내재적 불확정성

새로운 양자물리학의 핵심적인 측면은 오늘날까지도 학생들과 교수들을 불편하게 하는 하나의 발견이었다. 이 발견은 '하이젠베르크의 불확정성 원리'라 불린다.

전자에 파동과 같은 속성을 부여하는 절차는 우리의 고전적인 이해와 직접적으로 문제를 일으킨다. 일반적인 파동인 수면파를 생각해보자. 이 파동은 정확한 위치를 가지지 않고 퍼져 나간다. 아마도 당신은 다수의 수면파가 정확한 속도를 가지지 않는다는 사실에 대해서 놀랄 것이다. 적당한 깊이의 수영장에 돌멩이 하나를 던지고 파동이 퍼지는 모습을 보라. 이 파동의 속도는 얼마인가? 아마도 당신은 자신이 속도를 안다고 생각하며 파동의 마루가 움직이는 것을 볼 것이다. 그러나 당신은 곧 마루가 사라지는 것을 보게 된다. 파동은 여전히 남아 있지만 당신이 선택한 마루는 사라졌다! 새로운 마루가 예전의 마루를 대체하는 것으로 보이지만 이 새로운 마루는 당신이 선택했던 마루를 뒤따라 온 것이다. 분명 여전히 동일한 파동이 존재하며, 이 파동은 단지 당신이 돌멩이를 던졌기 때문에 존재한다.

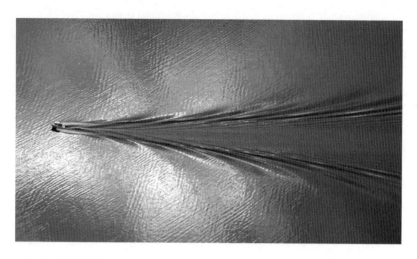

그림 18.1 배의 뒤에 생긴 수면파의 모습

돌멩이를 물에 던지거나 배를 움직여 형성된 파동을 보면서 물리학자들은 파동이 전형적으로 마루와 골의 군群으로 구성되어 있음을 인지한다. 수면파의 경우, 개별적인 마루들은 군의 속도와는 다른 속도로 움직인다. 깊은 물에서 발생된 파동의 마루 속도는('위상속도'라고도 불린다) 군속도group velocity의 2배다. 그렇다면 어느 쪽이 파동의 속도인가? 양자물리학에서는 발생원으로부터 멀리 떨어져 있는 입자를 탐지하고자 할 때 군속도가 중요하다.

혼란을 가중시키는 것은 파동이 진행하면서 군이 점점 더 넓어진다는 점일 것이다. 파동이 시작될 때는 아주 협소했을지라도 먼 거리를 움직이면 훨씬 넓어진다. 그렇다면 파동의 속도는 무엇일까? 마루들의 속도인가, 군 앞부분의 속도인가, 군 뒷부분의 속도인가, 아니면 그 속도들의 평균인가? 당신은 이 모든 효과들을(나타났다 사라지는 마루, 점점 넓어지는 파동의 군) 항공사진인 〈그림 18.1〉에서 볼 수 있는데, 이 사진은 배로부터 발생한 파동들을 보여준다.

수면파가 복잡해 보이나, 입자-파동은 마찬가지로 이상한 속성들을 가지고 있다. 이것의 광범위한 구조와 부분별 서로 다른 속도 때문에 베르너 하이젠베르크의 불확정성 원리가 비롯된다. 많은 사람들은 이 원리가 양자물리학에 고유하다고 생각하지만 사실은 그렇지 않다. 이 원리는 1800년대에 발전된 파동과 광학 이론에서 잘 알려져 있었다. 이 원리를 양자물리학에 적용하자고 제안하기 오래전부터 말이다.

하이젠베르크는 불확정성에 대해 정확하게 진술했다. 아주 짧고 협소한 파동은 정확한 위치를 가질 수 있지만, (수면 또는 다른 물질의) 그와 같은 파동은 특정한 속도들의 영역을 가지고 있다. 다양한 종류의 파동에서 파동 군의 전방은 후방과 다른 속도로 움직이기 때문이다. 운동량(질량 곱하기 속도)을 측정함으로써 속도를 측정하면 당신은 다양한 값들 중의 하나를 얻게 될 것이다. 파동의 위치를 측정하면 당신은 파동의 너비 안에 있는 어떠한 값도 가질 수 있다. 사실상 모든 파동들은 속도와 위치에 대한 일정한 불확정성을 가진다.

하이젠베르크 불확정성 원리의 수학은 고전적 파동의 수학을 정확하게 따른다. 부록5 '불확정성의 수학'은 이것을 분명하게 보여준다. 하이젠베르크 원리의 수학적 진술은 많은 경우 $\Delta x \Delta p \geq \frac{h}{4\pi}$[41]로 표기되는데, 이는 수면파와 음파, 전파를 포함하는 고전적 파동을 기술하는 방정식과 동일하다(플랑크 상수 h를 곱한다는 것만을 제외하고).

불확정성은 물리학이 너 이상 정확한 예측을 할 수 없음을 의미한다. 불확정성은 한 입자의 미래의 위치가 정확하게 예측될 수 없음을 의미한다. 왜냐하면 그렇게 하기 위해서는 위치와 속도 모두의 정확한 값이 필요하기 때문이다.

더 큰 문제는 혼돈에 대해 우리가 지금 가지고 있는 이해와 결합될 경우, 양자물리학에 의해 생성된 작은 불확정성들이 시간에 따라 급속하게 성장하여 우리의 거시 세계에 심도 있게 영향을 미친다는 것이다. 몇몇 이론들에 의하면 아주 초기 빅뱅에서 있었던 양자 불확정성이 은하와 은하단이 존재하게끔 만들었다. 이것의 구조를 〈그림 13.4〉에서 볼 수 있다.

아인슈타인은 새로운 양자물리학의 불확실한 측면을 좋아하지 않았다. 비록 그가 이 영역이 등장하는 데 중요한 역할을 했지만 말이다. 불확정성은 물리학이 불완전하여 미래는 과거가 아닌 다른 무엇인가에 의해서 결정됨을 함축했다. 양자물리학은 그 다른 무엇인가가 무엇인지를 말해주지 못했으므로, 이것은 오직 무작위적인 것으로만 보였다. 아인슈타인은 1926년에 막스 보른에게 쓴 편지에서 다음과 같이 말했다.

> 양자역학은 분명 인상적이네. 그러나 내 마음속의 목소리는 아직 양자역학이 실재적인 것이 아니라고 말하네. 이 이론이 말해주는 것은 많지만, 우리를 '오래된 그분'의 비밀에 좀 더 가까이 다가갈 수 있게 하지는 못하네. 어쨌든 나는 신이 주사위를 던지지는 않는다고 확신하네.

베르너 하이젠베르크는 한 학회에서 있었던 일을 다음과 같이 회고했다. 아인슈타인이 이와 비슷한 언급을 하자 닐스 보어는 다음과 같이 답했다.

"그러나 여전히 신이나 신이 어떻게 세계를 운영하는지는 우리가 말할 수 있는 게 아닙니다."

가장 짧은 거리

아마도 우리가 의미 있게 논의할 수 있는 가장 짧은 거리가 존재한다(우리가 이 거리에 대해 논의할 수 있는지가 분명하지는 않다). 이 거리는 '플랑크 길이'라고 불리며, 상대성이론과 양자물리학을 결합하고자 하는 시도에서 비롯되었다. 플랑크 길이는 대략 1.6×10^{-35}미터다.

플랑크 길이는 불확정성 원리의 귀결이다. 불확정성 원리를 따르면 '텅 빈' 공간의 작은 영역은 0의 에너지를 가지지 못한다. 만약 그렇게 될 경우 에너지가 실제로 확실해지기 때문이다. 따라서 양자물리학은 대개 텅 빈 공간에도 아주 미량의 진공 에너지를 부여한다. 영역이 작아질수록 이 진공 에너지는 더 커진다. 만약 영역이 충분히 작고, 작은 반지름 내에서 큰 에너지가 형성되면 이는 슈바르츠실트 공식의 조건을 충족시키게 될 것이고, 진공은 미시적인 블랙홀을 가질 것이다.[42]

따라서 양자물리학을 일반상대성이론과 결합하는 것은 진공이 작지만 광범위하게 퍼져 있는 블랙홀들로 이루어진 미시적인 거품임을 함축한다. 더 나아가 각각의 블랙홀은 '플랑크 시간'에 의해 주어지는 시간 간격 안에서 급속하게 요동치고 있다(나타났다가 사라진다). 플랑크 시간이란 빛이 플랑크 길이를 통과하는 데 걸리는 시간이다. 몇몇 이론가들은 다음과 같은 가설을 제시했다. 아마도 공간은 컴퓨터와 같이 디지털화되어 있어, 공간은 대략 플랑크 길이 단위로 분리된 흩어진 점들의 형태로만 존재한다.

나는 그와 같은 모든 추측들에 대한 일반적이고 광범위한 비판적 태도를 가지고 있다. 문제는 이론이 실험의 범위를 넘어선다는 것이다. 과거의 이론들은 측정 및 실험적 발견들 덕분에 추진되었다. 만약 무엇인가가 실제로 일어난다면 이는 반드시 가능한 것이다. 이론에 대해서는 이와 동등한 정리가 존재하지 않는다. 만약 이론이 사실을 예측한다면 이는 참이거나 거짓일 것이다. 플랑크 길이에 대한 모든 논의를 포함하는 이론들은 그 어떤 실험적 사실들도 따지지 않는다. 이 이론들은 수학적 우아함에 대한 열망에 의해서 추진된 것이다. 만약 이것이 물리학이 발전하는 방식이라면 이는 전례가 없던 것이다. 우리는 강한 중력에 적용되는 일반상대성이론에 대한 시험 결과를 본래 가지고 있지 않으며 (블랙홀의 영역으로부터 멀리 떨어져 있는 약한 중력의 극한적 경우에 대해서만 시험되었다), 블랙홀의 속성들에 관해 확신을 주는 증거들을 가지고 있지도 않고(우리는 가시광선을 전혀 방출하지 않는, 거대 질량을 가진 물체들이 존재한다는 것만을 알고 있다), 블랙홀 복사 또는 블랙홀 엔트로피에 대한 실험적 검증을 가지고 있지도 않다.

이 주제들에 대해 논하고 있는 모든 이론들은 그저 상상의 추측들에 지나지 않는다. 이는 과거에 물리학이 발전했던 방식이 아니다. 전통적인 '네 개의 힘'(전자기력, 핵력, '약력'이라고도 알려져 있는 방사성의 힘, 중력)을 넘어서는 추가적인 힘들이 존재할 수 있지만, 이 힘들이 진정한 이론 속에 포함되기 위해서는 우선 발견부터 되어야 할 것이다.

아인슈타인은 통일장 이론을 발전시키는 과정에서 부적절한 힘들을 통일하고자 시도하면서 덫에 걸려들었다. 현재의 거창한 통일 이론들 역시 똑같은 실수를 범하고 있다.

몇몇 이론가들은 다른 힘들이 존재하지 않는다고 주장하는데 그들의 주장이 맞을지도 모른다. 그러나 나는 그들의 추론이 신빙성 있다고 생각하지 않는다. 중력은 극도로 약한 힘이며, 만약 다음과 같은 두 가지 이유가 없었다면 우리는 결코 중력을 인지하지 못했을 것이다. 첫째, 중력은 중력의 양에 대한 오직 하나의 부호만을 가지기 때문에(모든 질량은 양의 값이다) 중력은 스스로를 상쇄시키지 않는다. 둘째, 중력은 긴 적용 영역을 가지기 때문에 많은 입자들에 의해서 구성된 합력이 아주 먼 거리에서도 느껴질 수 있다. 서로를 상쇄하는 유사한 약한 힘의 경우(양성자와 전자에 의한 전자기력처럼) 또는 좁은 거리에서 작용하는 힘의 경우에는 발견되지 않았을 것이다.

우리가 감각하고 경험하는 세계에서는 양자물리학의 불확정성이 증폭되는데, 이는 '혼돈'이라고 알려진 현상에 의한 것이다.

혼돈의 불확정성

아래의 대중 노래는 최소한 1390년 이래로 여러 판본으로 알려져 왔다.

> 못 하나가 없어서 말발굽을 만들지 못했네.
> 말발굽이 없어서 기마를 만들지 못했네.
> 기마가 없어서 기마병을 만들지 못했네.
> 기마병이 없어서 전갈을 전달하지 못했네.
> 전갈이 없어서 전투에서 패배했네.
> 전투에서 패배해서 나라를 잃었네.
> 이 모든 것이 못 하나가 없어서 일어난 일이라네.[43]

위와 같은 노랫말은 현대 혼돈 이론의 핵심을 나타내고 있다. 아주 작은 원인이 궁극적으로는 막대한 효과를 일으킬 수 있다는 것이다. 영화

〈쥬라기 공원〉에서 허세에 찬 수학자인 이언 맬컴은 '나비 효과'의 고전적인 예를 기술한다. 나비가 날개를 퍼덕이면 그 결과로 일주일 뒤에 센트럴 파크에서 햇빛이 비치는 대신 비가 내린다. 대중적으로 널리 사용되고 있는 용어인 '나비 효과'는 혼돈 이론이 등장하기 전인 1941년에 G. R. 스튜어트의 베스트셀러 《폭풍》에서 기술되었다.

혼돈은 행성들의 움직임, 날씨의 패턴, 개체군 동태론 등에서 관측된다. 혼돈에 관한 수학 이론은 최소한 초기에는 작은 변화의 결과가 시간에 따라서 지수함수적으로 증가할 수 있음을 보여준다. 따라서 미래를 예측하기 위해서는 무한소의 정밀함이 필요하다. 그 결과, 비록 우리가 몇 시간 이후의 또는 며칠 이후의 날씨에 대해서 예측할 수 있더라도, 우리는 일주일 또는 한 달 앞의 날씨를 제대로 예측하지 못한다.

그러나 혼돈의 효과는 많은 경우 한정되어 있다. 때때로 결과는 단순히 두 개의 아주 제한된 행태 사이를 왔다갔다 반복한다. 지수함수적 증가는 영원히 이어지지 않는다. 아무리 많은 나비들이 날개를 펄럭이더라도 봄이 지나면 여름이 온다. 기후 변화는 나비보다는 더 큰 원인을 필요로 하는데, 예를 들자면 지구의 궤도 변화나 수십억 톤의 이산화탄소를 대기 내로 주입하는 것이다. 〈쥬라기 공원〉에서 나오는 이언 맬컴의 훈계조 선언에도 불구하고, 우리는 나비의 날개 퍼덕임이 뇌우의 행동을 변화시킬 수 있는지에 대해서 알지 못한다. 그의 주장은 추측일 뿐이지 과학이 아니다.

혼돈 이론은 인과성 또는 결정론을 부정하지 않는다. 이 이론은 단지 먼 미래에 무엇이 일어날지를 알기 위해서는 예외적인 정확성을 갖춘 측정이 필요함을 의미한다. 그와 같은 점에서 혼돈은 하이젠베르크의 불확정성과는 근본적으로 다르다. 양자물리학에서는 원리상 위치와 운동량 모두의 정확한 값을 알 수가 없다. 깊은 의미에서 보면 이 값들은 측정하기 전까지는 존재하지조차 않는다.

우리가 혼돈 이론을 양자 불확정성과 결합할 경우, 우리는 미미한 양자 불확정성이 거시적인 행동에조차 영향을 미칠 수 있다는 결론에 이른다. 아마도 나 자신의 자유의지는 몇몇 원자들 사이에서 일어나는 양자 변동에 의해서 결정되는 것인지도 모른다. 이 변동이 혼돈의 사슬을 통해 내 신경체계에 영향을 미쳐서 내 친구들, 가족들, 심지어 나 자신조차 예상하지 못했고 설명할 수 없는 내 행동을 촉발하는 것일지도 모른다.

불행하게도 혼돈 이론은 대중문화 속에서 많은 경우 크게 과장되어 있다. 실재하는 물리계에서 대개 혼돈은 아주 좁은 한계 안에서만 작동한다. 지구의 궤도는 혼돈스럽지만 변동은 아주 작다. 수십억 년이 지나지 않는 한 변동은 과도하게 커지지 않는다. 우리는 계속해서 원 궤도에 아주 가까운 궤도로(소수점 2자리의 정확도 내에서) 태양 주변을 돌고 있다. 나비의 날갯짓이 실제로 거시 규모의 사건을 유발하는 것인지, 아니면 혼돈의 영향이 작고 국소적인 것으로만 남아 있는지는 지금껏 결코 판정된 적이 없다.

영화 〈쥬라기 공원〉은 혼돈에 대한 과장과 잘못된 해석으로 가득 차 있다(소설이 그나마 합리적이다). 맬컴은 다음과 같이 경고한다. "당신은 공룡이 정해진 패턴 또는 공원의 일정을 따르지 않음을 알게 될 것이다. [공룡의 행동이] 바로 혼돈의 본질이다." 그는 거드름을 피우면서 공룡이 결코 잡히지 않을 것이라고 말하며, 이러한 결론이 혼돈 이론의 귀결이라고 주장한다.

그와 같은 진술은 완전히 말도 안 되는 주장이다. 맬컴의 과장을 가장

잘 반박한 것은 이 영화의 과학 감수자인 고생물학자 잭 호너Jack Horner
다. 호너는 영화에 나오는 통제 불가능한 공룡들의 문제는 지수함수적
으로 증가하는 혼돈스런 행동의 불가피성에 의해서 생긴 것이 아니라
동물원을 제대로 관리하지 않아서 생겼음을 지적했다. 사자와 호랑이는
대부분의 경우 동물원에서 도망치지 않는다. 공룡들이 도망친 것은 결
코 어쩔 수 없는 일이 아니었다. 영화에 등장하는 공원의 설립자 존 해
먼드가 동물원 상담사를 고용했더라면 공룡들의 탈출을 막을 수 있었을
것이다.[44]

양자 벽장 속의 해골

물리학자들에게 가장 당혹스러운 것은 우리가 측정에 의해서 의미하는
것을 정의할 능력이 우리에게 전혀 없다는 사실이다. 우리는 슈뢰딩거
의 고양이에 대해 이야기하며 킬킬 웃지만, 마음 깊은 곳에서 우리는 이
것이 웃을 일이 아니라는 것을 안다. 슈뢰딩거의 고양이에 대해 묻는 학
생의 질문에 우리가 제대로 답변하지 못하는 경우, 우리는 이렇게 변명
한다. 우리는 미궁에 빠져들지 않기 위해서 이 문제에 대해서 생각하는
것을 피하라는 파인만의 충고를 따를 뿐이라고.
　'측정 이론'에 대한 많은 책들, 회의들, 논문들이 있다. 구글에서 이 제
목으로 검색하면 2억 3,900만 건이 검색되고 빙에서는 1,780만 건이 검
색된다. 이러한 결과는 측정 이론이 존재한다는 잘못된 인상을 줄 수 있
다. 그러나 당신이 이 결과들을 열심히 들여다본다면 사실상 서로 일치
하지 않는 많은 생각들이 있을 뿐이고 그 어떤 생각도 만족스러운 결론

에 이르지 못했음을 발견할 것이다.

 한 가지의 가능성은, 타당한 측정을 위해서는 인간 즉 감각하며 스스로를 의식하며 생각하는 영혼을 가진 인간이 있어야만 한다는 것이다. 슈뢰딩거는 자신의 고양이 예시를 통해 바로 이와 같은 생각을 공격하고자 했다. 진정 당신은 인간 동료가 상자 안을 들여다보기 전까지 고양이가 죽어 있으면서 살아 있다고 믿는가? 마틴 리스Martin Rees는 인간이 포함되기 전까지는 측정이 성사되지 않는다는 이러한 놀랄 만한 믿음을 다음과 같이 패러디했다. 그는 말했다.

> 태초에 확률이 있었다. 우주는 누군가 우주를 관측했기 때문에 비로소 존재할 수 있었다. 관측자가 수십억 년 이후에 나타났다는 것은 문제가 되지 않았다. 우리가 우주를 지각하고 있다는 바로 그 이유 때문에 우주는 존재한다.

 나는 이것이 측정은 인간의 개입을 필요로 한다는 자기중심적인 개념에 대한 리스의 풍자라고 생각한다. 아인슈타인 역시도 이 개념에 대해서 우리가 보기 전에는 달이 존재하지 않느냐고 물으며 비웃었고, 슈뢰딩거 역시도 고양이 사례를 통해 이 개념을 비웃고자 했다.

 로저 펜로즈는 우주 그 자체가 측정을 행한다고 제안했다. 우리는 일반적으로 그와 같은 측정을 인지하지 못한다. 왜냐하면 이 측정은 순간적으로 이루어지는 것이 아니라 어느 정도 시간이 걸리기 때문이다. 달은 자신을 바라봐줄 아인슈타인을 필요로 하지 않는다. 달은 충분히 멀리 있어서 우주는 아인슈타인이 달을 보기 전에 어떤 방법을 써서 달이 실재하도록 만든다. 펜로즈는 이를 '객관적 환원' 또는 '객관적 붕괴'라고 부른다. 그는 이것이 "두 개의 시공간 기하학 및 두 개의 중력 효과가 서로 크게 다를 때는 항상" 일어난다고 추측한다. 나는 펜로즈가 올바른 방향으로 가고 있다고 생각하지만, 그의 이론은 정당화될 필요가 있다. 곧 그의 이론은 예측을 해야 한다. 무엇인가가 파동함수로 하여금 인간에게 도달하기 전에 붕괴하도록 만든다. 나는 이것이 무엇인지 모르며, 이것이 파동함수를 붕괴시키는 데 얼마나 걸리는지 모른다. 펜로즈 역시 자신이 이에 대해 안다고 주장하지 않는다. 그는 이것이 무엇인지를 찾고 있다. 위대한 사고는 가치 있지만 우리는 어려운 물리학 주제들에게 실험과 함께 접근할 필요가 있다. 서로 얽혀 있는 변수들에 대한 실험들은(이에 대해서는 다음 장에서 논할 것이다) 적어도 실험실에서는 이 마법과 같은 시간 간격이 최소한 100만 분의 1초임을 암시한다.

측정이라는 난제를 해결하기 위한 또 다른 시도는 다세계 해석ma-ny-worlds interpretation이라고 불린다. 나는 이에 대해서도 다음 장에서 논할 것이다.

지금까지 우리는 하나의 위대한 실험적 돌파구를 얻었다. 이 돌파구는 이 주제에 대해 서로 싸우는 이론가들의 꽥꽥거리는 소리보다 우리에게 훨씬 더 큰 통찰을 준다. 스튜어트 프리드먼과 존 클라우저는 자신들의 발견을 1972년에 출판했다. 이들의 연구 결과는 아인슈타인이 틀렸음을 증명했다.

19 위협 받는 아인슈타인

양자물리학이 그 자체로 잘못되었다는 아인슈타인의 주장은
핵심적인 실험에 의해 잘못되었음이 밝혀졌다……

우리가 실재라 부르는 모든 것들은 실재적인 것으로 간주될 수 없는
것들로 이루어져 있다.

—닐스 보어, 양자물리학의 창시자

하늘과 땅에는 당신의 철학에서 꿈꾸는 것보다 더 많은 것들이 존재한다.

—햄릿

'유령과도 같다.' 아인슈타인의 이러한 표현은 적합했다. 아인슈타인이
생각할 때 양자물리학에는 무엇인가 불가능한 것이 있었다. 일반적인
양자물리학은 파동함수가 빛보다 빠르게 변하기를 요구하는 것처럼 보
였다. 그것이 가능할 리가 없었다. 그러나 그것은 실제로 사실임이 밝혀
졌다. 실험은 그것이 실제로 일어남을 보여주었고, 만약 그러한 현상이
실제로 일어난다면 그것은 분명 가능함이 틀림없었다.

결정적인 실험은 UC 버클리 대학의 스튜어트 프리드먼과 존 클라우저에 의해서 이루어졌다. 나는 그들의 극도로 어려운 프로젝트에 대해 느꼈던 경외감을 기억한다. 그들은 극도로 신중할 수밖에 없었다. 왜냐하면 그들이 어떤 결과를 발견하든 그 결과는 한 부류의 이론들 전체를 뒤흔들고 한 부류의 이론가들 전체에게 마음의 상처를 줄 것이기 때문이었다. 나와 스튜어트는 친한 친구가 되었고, 그는 자신이 어떤 새로운 것도 발견하지 않았다고 농담을 하곤 했다. 즉 그는 그저 다른 물리학자들이 '틀렸음'을 밝힌 것이었다. 여기서 그가 틀렸다고 증명한 사람은 바로 아인슈타인이었고, 나는 그것이 아주 큰 성취임에 분명하다고 생각한다.

아인슈타인이 양자물리학에 대해 반대한 이유 중의 하나는 순간적 파동함수 붕괴라는 이해하기 곤란한 측면이었다. 그는 이러한 붕괴와 다른 급속한 변화를 "유령 같은 원격작용spooky action at a distance"이라 불렀다. 코펜하겐 해석에 따르면 한 입자의 위치에 대한 측정은 순간적으로 수 광년 떨어져 있는 다른 입자의 진폭에 영향을 미친다.

아인슈타인은 이전에 자신의 상대성이론에서 서로 분리되어 있는 사물들에게는 순간적이라는 개념 자체가 의미 없음을 보여준 바 있었다. 사건들이 일어나는 순서마저도 좌표계에 의존한다. 그것은 하나의 사건이 다른 사건을 유발했음에도 불구하고 다른 좌표계에서는 원인이 되는 사건이 결과가 되는 사건보다 나중에 일어날 수도 있음을 의미했다(내가 제시한 타키온 살인 역설에서처럼). 아인슈타인은 이 문제를 보리스 포돌스키Boris Podolsky, 네이선 로젠Nathan Rosen과 공동 집필한 기념비적인 논문에서 탐구했으며, 그 분석이 (그들 이름의 앞 글자를 따서) 'EPR 역설'로 알려지게 되었다.

그러나 이 EPR 역설을 해결할 손쉬운 해결책이 있었고, 이는 아인슈타인 자신이 선호한 것이었다. 그는 파동함수에 대한 다른 해석을 제안했다. 파동함수는 모든 실재를 나타내는 물리적 대상이 아니라 우리의 불확실한 지식을 반영하는 통계적 함수에 지나지 않는다. 아인슈타인은 전자가 항상 실재하지만 숨은 위치를 가지는데, 양자물리학은 단지 이 위치가 무엇인지 모른다고 믿었다. 실재하는 파동이 사라지는 것이 아니다. 아무런 붕괴도 일어나지 않는다. (실제 위치와 같은) 숨은 변수가 양자물리학에는 빠져 있다. 숨은 변수를 추가하면 물리학은 다시금 '완전'해지고, 다시금 과거는 완전히 미래를 결정하게 된다.

이에 대한 유비를 기체에 대한 우리의 이해에서 찾을 수 있다. 우리는 모든 분자가 어디에 있는지 알지 못하지만 평균적인 특성들을 기술하는 이론을 가지고 있다. 우리가 탐지하는 압력과 온도는 그저 막대한 수의 분자들이 보이는 특성들의 평균에 지나지 않는다. 이는 통계적 이론이다. 기체의 압력을 부피 및 온도와 관련짓는 '이상 기체 법칙'은 그와 같은 통계적 평균이다. 분자들의 거대한 집합이 벽에 부딪힐 때 측정되는 순간 압력은 브라운 운동에서 볼 수 있는 것처럼 서로 다를 수 있다. 아인슈타인은 양자물리학 역시 이와 비슷하다고 생각했다. 그는 숨은 변수들이 옳은 이론이며 양자물리학은 단지 통계적 요약이라고 믿었다.

존 벨John Bell은 아인슈타인-포돌스키-로젠의 역설을 더욱 강화시켰다. 그는 숨은 변수 이론이 양자물리학의 모든 예측들을 재현하지 못함을 증명했다. 이는 양자이론과 숨은 변수 이론 모두 반증가능함을 의미했다. 누군가는 적절한 실험을 통해서 어떤 이론이 옳은지 결정할 수 있을 터였다. 그는 두 개의 입자가 서로 반대 방향으로 방출된 상황을 분석했고(이는 데이비드 봄David Bohm에 의해서 제안된 것이었다), 실험을 적절하게 한다면 오늘날 '벨 부등식'으로 알려져 있는 극한값을 점검함으로써 어떤 접근법이 옳은지—코펜하겐 해석 또는 숨은 변수 이론—판정할 수 있을 것이라고 주장했다. 벨의 작업은 존 클라우저로 하여금, 코펜하겐 해석 지지자들에게 양자 행태에 대한 아인슈타인의 설명인 숨은 변수 이론이 옳았음을 증명할 수 있는 실험을 찾도록 영감을 불어넣었다.

숨은-변수 제거자

존 클라우저는 레이저를 발명한 찰스 타운스에 의해서 버클리 대학에 갓 고용된 젊은 이론물리학자였다. 클라우저는 타운스에게 숨은 변수 이론이 물리적 결과들을 설명하는 데 가장 적합하다는 것을, 코펜하겐 해석이 틀렸다는 것을 실험적으로 증명하고 싶다고 말했다. 타운스는 유진 커민스Eugene Commins와 상담을 했는데, 커민스는 오늘날 우리가 '얽힘'이라 부르는 현상을 관측하기 위한 실험적 방법을 발전시킨 교수였다. 커민스와 타운스는 함께 실험을 지원하기로 동의했다. 커민스 아래의 대학원생인 스튜어트 프리드먼이 실험과 관계된 대부분의 일들을 담당하게 될 터였다.

프리드먼과 클라우저는 칼슘 원자 빔에서 방출되는 광자로부터 숨은 변수의 효과를 찾아보기로 계획을 세웠다. 이러한 선택을 제안한 이는 그들의 동료였던 에위빈드 비흐만Eyvind Wichmann이었는데, 그는 (내가 보기에는) 항상 논쟁에 마음이 사로잡히는 것처럼 보였던 위대한 이론가였다. 그들은 편광, 즉 칼슘 원자에서 방출된 두 광자의 편광을 측정할 예정이었다. 두 광자는 비슷해야 했지만 양자이론에 의해서 예측된 유사성은 숨은 변수에 의해서 예측된 유사성과 달랐다. 잠시 후에 그것이 무엇인지를 더 상세하게 보여주겠다.

나는 프리드먼과 클라우저 모두를 알고 있었고(이 시기에 나는 버클리 대학의 대학원생이었고 이후 박사 후 연구원이 되었다), 그들의 프로젝트가 극도로 어려운 것이라고 생각했다. 나는 칼슘에서 방출된 두 광자가 비슷한 편광이 아니라 동일한 편광을 가진다고 가정함으로써 그와 같은 어려움을 숨기고자 한다. 나는 모든 광자가 동일한 지점으로부터 비롯하며 원자들은 움직이지 않는다고 가정할 것이다(이는 실제 실험에서는 참이 아니다). 나는 두 개의 광자가 정확히 반대 방향으로 방출된다고 가정할 것이다. 나는 광학 디자인이 단순하고 광행차의 영향이 없다고 가정한다.

그림 19.1 아인슈타인이 틀렸음을 증명한 실험을 하고 있는 스튜어트 프리드먼

나는 원자가 광자를 방출하도록 자극받을 때 탐지기를 혼란스럽게 하는 다른 빛이 생성되지 않으며, 허위 반사도 일어나지 않는다고 가정한다. 나는 탐지기가 광자를 100퍼센트의 효율로 기록한다고 가정한다. 실제의 값은 20퍼센트이지만 말이다. 이와 같은 단순화는 실험을 실제보다 훨씬 단순하게 만들겠지만, 이를 통해 나는 실험의 본질을 정확하게 서술할 수 있을 것이다.

숨은 변수 이론(과 내 단순화된 가정)에 의하면, 칼슘 원자에서 방출된 두 광자는 방향은 정반대이며 우리에게 알려지지 않은 편광은 동일하다. '편광'이란 광자의 전기장의 방향성을 뜻한다. 이는 광자 운동의 방향에 대해서 직각이지만, 수직일 수도 수평일 수도 있으며 그 사이의 어떤 값도 가질 수 있다. 많은 선글라스들은 수평적으로 편광된 빛을 차단하는 필터를 가지고 있다. 이 빛은 표면으로부터 반사되어 '번쩍거리게' 보이기 때문이다. 만약 선글라스를 90도 기울이면, 수평 편광된 모든 번쩍임이 렌즈를 통과하여 많은 번쩍임을 보게 될 것이다. 만약 45도 기울인다면 번쩍거림의 절반을 보게 될 것이다.

편광된 안경은 3D 영화에도 사용된다. 한 눈은 수평의 빛만을 보고 다른 눈은 수직의 빛만을 본다. 두 그림이 두 개의 편광으로 투사되어 각각의 눈이 다른 이미지를 볼 때 3D 효과가 일어난다.[45] 그와 같은 안경은 극장 밖에서는 제대로 작동하지 않을 것이다. 번쩍거림은 오직 한쪽 눈에 대해서만 감소된다.

프리드먼-클라우저 실험으로 돌아가자. 이제 칼슘 원자로부터 두 광자가 정반대의 방향으로 방출되는 상황을 상상하자. 두 방향에 탐지기를 설치하고 탐지기 앞에 편광기를 설치한다. 〈그림 19.2〉처럼 두 편광기의 방향을 서로 수직이 되도록 설정한다. 만약 두 광자가 수직이라면

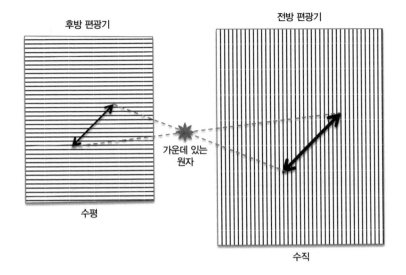

전방 편광기

가운데 있는
원자

수평

수직

그림 19.2 아인슈타인이 틀렸음을 증명한 실험의 단순화된 판본. 45도 각도로 편광된 빛은 50퍼센트의 확률로 각각의 편광기를 통과하나, 숨은 변수 이론에서는 전방 편광기를 통과할 확률이 후방 편광기를 통과할 확률과 상관되어 있지 않다. 양자물리학에서는 하나의 경로는 다른 편광기 쪽으로 가는 경로가 없음을 함축한다. 왜냐하면 두 광자는 서로 '얽혀 있기' 때문이다.

오직 전방 편광기만 빛을 통과시킬 것이며 오직 전방 편광기만 광자를 기록할 것이다. 만약 두 광자가 수평이라면 오직 후방 편광기만 광자를 기록할 것이다. 만약 두 광자가 45도 기울어져 방출된다면 각각의 탐지기에 탐지될 확률은 50퍼센트다. 이는 그와 같이 45도 각도로 방출된 광자가 두 개의 탐지기 '모두'에서 동시에 기록될 확률이 25퍼센트임을 의미한다.

놀랍게도 그와 같은 예측은 양자물리학의 예측이 아니라 숨은 변수 이론의 예측이다. 양자물리학에서 두 개의 기울어진 양자들은 두 개의 진폭을 가지는데, 하나는 수직이고 하나는 수평이다. 두 진폭은 죽은 고양이와 산 고양이의 진폭과도 같다. 상황은 두 선택지 중간에 있는 혼합이 아니라 두 가능성이 중첩되어 있는 것이다. 수직인 광자가 편광기를 통과하여 탐지된다고 하면 다른 광자의 진폭은 순간적으로 변한다. 파동함수의 수평 성분은 사라지고—붕괴하고—오직 수직 성분만 남게 된다. 다른 탐지기는 수평이므로 광자는 탐지기를 통과하지 '못할' 것이다.

기울어진 각도가 어떻든지 간에 하나의 광자가 탐지되면 파동함수는 순간적으로 붕괴되어 두 번째 광자 편광은 다른 수직 편광기와 결코 대응되지 않을 것이다. 결과는 편광의 각도가 어떻든지 상관없이 동일하다. 결론은 당신은 '결코' 일치를 얻을 수 없다는 것이다. 이것이 바로 이 이상화된 실험에 대한 양자물리학의 예측이다. 숨은 변수 이론에서는 모든 각에 대한 평균값인 12.5퍼센트의 확률로 일치가 일어나야 함을 예측한다.

두 개의 편광기가 수백만 마일 떨어져 있다고 가정해보자. 양자이론에서는 하나의 광자가 탐지되자마자 진폭 중 하나가 모든 곳에서 붕괴하고 사라져 설혹 수백만 마일 떨어진 곳에서마저도 없어진다. 그것이 바로 아인슈타인이 유령 같은 원격작용이라 부른 것이다.

뿐만 아니라, 만약 두 편광기 모두 수직일 경우 양자이론은 모든 사건이 일치할 것이라고 예측한다. 광자들 중 절반이 통과할 것이나, 통과할 때마다 다른 편광기 역시 광자를 통과시킬 것이다. 고전 이론은 많은 광자들이 일치를 기록하지 않을 것이라고 예측한다. 예를 들어 45도로 편광되어 있다면 그와 같은 사건들 중 오직 4분의 1만이 두 개의 편광기를 통과하여 두 개의 탐지기 모두에 기록될 것이었다.

프리드먼과 클라우저는 자신들의 결과를 1972년에 발표했다. 양자이론과 코펜하겐 해석이 실험 결과를 올바르게 예측했다. 숨은 변수 이론은 반증되었다. 이 결과는 사람들로 하여금 유령을 믿게 하는 데 거의 충분했다. 불행히도 아인슈타인은 1955년에 사망했다. 유령 같은 원격 작용은 실험실에서 신빙성 있는 방식으로 관측되었다.

클라우저는 낙심했다. 브루스 로젠블럼Bruce Rosenblum과 프레드 커트너Fred Kuttner에 따르면(그들의 책 《양자 수수께끼》에서) 클라우저는 다음과 같이 말했다. "양자역학을 폐기하려 했던 나 자신의 허망한 희망이 실험 데이터에 의해서 산산조각이 났다."

프리드먼과 클라우저는 아인슈타인이 틀렸음을 보였다. 그러한 작업을 한 사람들은 세계에서 지극히 소수에 지나지 않는다. 이들의 작업을 이어받아 더 개선한 사람은 알랭 아스페Alain Aspect인데, 그는 양자역학을 싫어하는 회의주의자들이 제시하는 가능한 도피처들을 다루었다. 로젠블럼과 커트너는 한 목소리로 이 작업이 노벨상을 받을 만한 가치가 있다고 말한다. 나는 이 견해에 동의한다. 프리드먼과 클라우저는 양자 물리학의 기초 가정인 코펜하겐 해석을 실험적으로 시험했고 이것이 숨은 변수 접근법보다 뛰어남을 발견했다. 또한 그들은 커민스와 함께 얽힘에 관한 오늘날의 큰 관심을 촉발시켰다. 나는 그들의 실험이 더 많은 주의를 끌지 못한 것은 오로지 대부분의 물리학자들이 이 문제를 무시하기 때문이 아닐까 하고 추측한다. 물리학자들은 미궁에 빠지지 않기 위해서 이 문제에 대해 생각하지 않으려고 온갖 노력을 다하고 있다.

얽힘

프리드먼-클라우저 실험은 오늘날 '얽힘entanglement'이라고 널리 불리고 있는 현상의 가장 분명한 예다. 서로 멀리 떨어져 있는 두 입자가 탐지되는데, 두 입자는 동일한 파동함수를 공유한다. 다시 말해, 각각의 입자가 가지고 있는 개별 파동함수가(만약 당신이 이러한 방식으로 생각하고 싶다면) 서로 얽혀 있는 것이다. 1미터 또는 100미터 또는 100킬로미터 떨어져 있는 입자들이 탐지될 경우, 하나의 입자를 탐지하는 것이 다른 입자에게 즉시 영향을 미친다. 이는 즉각적인 '원격작용'으로서, 이전의 이론들에서는 볼 수 없었던 비국소적인 행태다.

전기장, 자기장, 중력장은 빛의 속도보다 빨리 변하지 못하며 이것이 인과성에 부합한다는 것은 여전히 참이다. 그러나 양자 원격작용은 파동함수 또는 관측되지 않은 장면 뒤에서 작동하는 유령 같은 양자의 측면 안에 숨어 있다. 원격작용은 즉시 일어난다. 비록 아인슈타인이 우리에게 '즉시'가 모든 좌표계에서 동일한 것을 의미할 수는 없음을 가르쳐주었지만 말이다.

양자물리학이 상대성이론을 위배하게 하는 데는 두 개의 입자도 필요 없다. 상대성 위반은 단일 전자가 탐지되었을 때 전자의 파동함수가 무한히 빠른 속도로 붕괴할 때도 일어난다. 그러나 '얽힘'이라는 용어는 일반적으로는 파동함수가 두 개 이상의 입자들을 포함하는 경우에 사용된다. 나는 그 이유가 두 입자의 경우에 좀 더 당혹스러움을 잘 보여주기 때문이라고 생각한다.

만약 아인슈타인이 살아 있어서 프리드먼과 클라우저의 실험에 관한 논문을 읽었다면, 추측컨대 그는 숨은 변수에 대한 자신의 사랑이 잘못된 것이며 코펜하겐 해석이 옳다는 것을 확신했을 것이다. 그러나 그는 자신이 설득당하는 것을 싫어했을 것이다. 그는 코펜하겐 해석은 양자물리학이 불완전함을 함축한다고 비판했다. 과거에 대한 완벽한 지식이 미래에 대한 완벽한 예측을 제공하는 것은 아니다. 분명 이보다 더 나은 이론이 있을 것이다.

뒤에서 나는 양자이론이 불완전할 뿐만 아니라 물리학을 비롯한 모든 과학이 근본적으로 불완전함을 논증할 것이다.

빛보다 빠른 메시지

우리가 임의의 거리 너머로 순간적인 신호를 보내기 위해서 파동함수의 붕괴를 사용할 수 있을까? 프리드먼-클라우저의 두 개 광자 방법을 하나의 편광기로부터 반대편 편광기로 빛보다 빠른 정보를 보내기 위해서 사용할 수 있을까? 이 문제에 대해 생각하는 많은 사람들은 이것이 가능하며 분명 이를 위한 방법이 있을 것이라 믿는다. 아마도 나는 하나의 광자를 탐지하고자 시도함으로써가 아니라 하나의 광자를 탐지하고자 시도하기로 결정함으로써 하나의 신호를 보낼 수 있을지 모른다. 그러나 만약 이에 대해서 잠시만 생각해본다면 이러한 방법으로는 신호를 보낼 수 없음을 깨달을 것이다. 멀리 있는 탐지기에서는 광자들의 절반이 여전히 관측될 것이다. 이곳에서는 사람에 의해서는 그 어떤 정보도 탐지되지 못할 것이다. 탐지된 광자들은 도착하는 광자들 중에서 무작위로 선택된 것처럼 보일 것이다. 멀리 떨어진 실험가에게는 그의 측정 결과가 당신의 결과와 상관된다는 것을 인지할 수 있는 방법이 없을 것이다.

아마도 나는 내 편광기의 편광방향을 변화시킴으로써 메시지를 보낼 수 있지 않을까? 아니다. 이 방법은 제대로 작동하지 않는다. 멀리 떨어진 지점에서의 탐지는 여전히 무작위적인 것처럼 보일 것이다. 탐지된 광자들은 사실 무작위적인 것이 아니다. 이 광자들은 내가 탐지하는 광자들과 상관될 것이며 내 편광기의 편광방향에 의존할 것이지만, 여전히 이들은 무작위적인 것처럼 보일 것이다. 실험가는 그가 입자를 탐지하는 시간을 통제하지 못하기 때문에 정보를 보내려는 시도는 실패한다.

빛보다 빠른 신호를 보내기 위해서 어떻게 파동함수의 붕괴를 이용해야 하는지를 밝히려는 시도들은 모두 실패했다. 당신 자신이 이에 대해 한번 도전해보라. 단, 이에 대해서 너무 많은 시간을 투자하지는 말라. 우리는 이제 당신의 노력이 헛될 것임을 알고 있다. 1989년에 통신 불가능 정리[46]가 증명되었다. 이 정리는, 만약 양자물리학의 규칙들과 코펜하겐 해석이 옳다면 파동함수의 붕괴를 이용해서는 그 어떤 속도로도 정보를 보낼 수 없음을 보여준다.

나는 이 정리가 양자물리학에 대한 아인슈타인의 반대를 만족시켜주었을지 여부에 대해 궁금하다. 이 정리는 그 어떤 측정 가능한 양도 상대성이론을 위반하지 않음을 보여준다. 오직 측정 불가능한 파동함수만이 상대성이론을 위반한다. 나는 이 정리가 아인슈타인을 달래지 못했으리라 생각한다. 한 이론이 상대성이론을 위반하는 구조를 가지고 있다는 것은, 그것이 탐지되지 않는 것이라고 하더라도 문제가 된다. 그리고 양자이론이 불완전하다는 것은 여전히 참이다. 이 이론은 주사위를 던지는 신의 요소를 포함하고 있으며, 아인슈타인은 이러한 요소가 물리학을 훼손한다며 좌절했던 것이다.

측정 이론에 대한 다른 연구가 진행되고 있다. 21장에서 나는 복제 불가능 정리에 대해 말할 것이다. 이 정리는 당신이 알려지지 않은 파동함수를 파괴하지 않는 이상 이것을 복제하지 못함을 말한다. 이는 파동함수를 수천 개 복사하여 각각의 파동함수를 약간씩 다른 방법으로 조사하여 파동함수의 상세 구조를 식별하는 것을 불가능하게 한다. 이 구조는 측정을 할 수 있는 우리의 능력을 넘어서 있다. 그것은 언제까지나 유령과도 같이 남아 있을 것이다.

물리학의 목발

연구 경력 초반부에 나는 유령 같은 원격작용을 다루는 방법을 가지고 있었다. 나는 단순하게 파동함수가 일종의 목발이라고 생각했다. 즉 양자물리학을 생각할 때는 유용하다는 것이 증명되었지만 실제로는 필요하지 않은 무엇인가로 간주했다. 언젠가는 이 목발을 필요로 하지 않는 이론, 즉 파동함수 붕괴가 등장하지 않는 이론이 탄생할 것이다. 하지만 프리드먼-클라우저 실험은 나의 그와 같은 희망에 찬물을 끼얹었다. 한 편광기에서의 탐지는 다른 편광기에서의 탐지에 영향을 미쳤다. 심지어 두 사건이 빛의 속도에 의해서 '연결'되어 있지 않은 경우에도, 두 사건이 서로 너무나 떨어져 있어 어떤 탐지가 먼저 이루어졌는지에 대한 답변이 좌표계에 의존하는 경우에도 말이다. 유령 같은 원격작용은 단순히 이론의 한 측면인 것이 아니었다. 그것은 바로 실재의 한 측면이었던 것이다.

　물리학의 역사 속에서는 오래전부터 목발들이 등장했다. 초기의 이해 및 이론 수용에 도움을 주기 위해 도입되었다가 이후 불필요하고 오도할 수 있다고 판단되어 폐기된 개념들 말이다. 제임스 클러크 맥스웰은 자신의 전자기 이론에서 공간이 전파와 빛을 전달하는 작은 역학적 장치들로 가득 차 있다고 상상했다. 〈그림 19.3〉에 나타나 있는 도해는 그

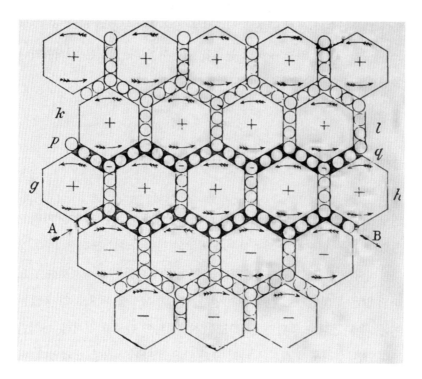

그림 19.3 맥스웰이 텅 빈 공간에 대한 자신의 생각을 표현한 그림. 역학적 바퀴들이 줄지어 이어지고 있다. 이 도해는 19세기 과학자들에게는 추상적인 개념인 '장'보다도 물리적으로 더 그럴듯하게 여겨졌다.

가 직접 쓴 논문에서 가져온 것이다. 이 도해는 공간이 거리를 가로질러 역학적으로 작용을 전달하는 작은 굴림대와 바퀴들로 가득 차 있음을 보여준다. 아마도 이것이 바로 맥스웰이 실제로 전자기를 상상한 방법이었을 수 있다. 또는 아마도 이것이 바로 맥스웰이 자신이 전자기에 대해 가지고 있던 개념을 다른 물리학자들에게 전달했던 유일한 방식이었을 수 있다. 다른 물리학자들은 역학에는 친숙했지만 텅 빈 공간 속을 퍼져나가는 '장field'이라는 새로운 추상 개념에는 친숙하지 않았기 때문이다.

오늘날 맥스웰의 도해는 오직 재미로만 언급된다. 이 도해를 통해 위대한 이론가마저도 멍청한 그림을 그릴 수 있음을 보여주고자 하는 의도를 가지고서 말이다. 그러나 만약 빛이 파동이라면 그 매개체는 무엇인가? 이에 대해 새로운 목발이 금세 고안되었다. 이것이 바로 '에테르'였으며, 이는 전자기파가 요동칠 때 함께 요동치는 물질이었다. 에테르의 개념은 1887년에 마이컬슨과 몰리가 에테르 바람 탐지에 실패하면서 위협을 받았다. 아인슈타인은 상대성이론에서 빛의 속도가 모든 방향에서 일정하므로 그와 같은 움직임은 탐지될 수 없음을 보여주었다. 어떤 의미에서 에테르는 파동함수와도 같았다. 관측될 수가 없었던 것이다.

현재의 양자이론은 여전히 순간적으로 붕괴하는 파동함수를 가지고 있다. 파동함수에는 좋은 점이 없다. 탐지되지 않으며, 신호를 보내기 위해서 사용될 수도 없다. 어떤 종류의 우주적인 검열이 존재해서 파동함수를 진정한 실재로부터 분리시키는 것으로 여겨진다(내가 7장에서 시간을 "무한 너머로" 허용한 블랙홀 검열에 대해 말한 바 있음을 기억하라). 나는 언젠가는 순간적으로 붕괴하는 파동함수가 계산을 위해 불필요하다는 것이 밝혀져서 잊혀질 것이라고 기대한다. 그러나 그러한 날이 아직 오지 않았다. 왜냐하면 우리는 아직 파동함수 없이 계산할 수 있는 방법을 밝혀내지 못했기 때문이다.[47]

그러나 프리드먼-클라우저 실험은 파동함수의 사용과는 무관하게 인과성의 문제가 존재할 것임을 암시한다. 하나의 실험 결과가 빛의 속도보다 빠른 속도로 멀리 떨어진 곳의 실험 결과에 영향을 미칠 수 있기 때문이다.

'유령과도 같은' 것이 왜 문제인가?

표준적인 양자물리학―코펜하겐 해석―은 유령 같은 원격작용을 가지고 있다. 그게 어떻다는 말인가? 양자물리학의 어떤 실험적 예측도 상대성이론을 위반하지 않는데, 누가 이를 신경 쓴단 말인가? 흠, 적어도 나는 신경을 쓴다. 나는 파동함수의 붕괴가 빛보다 빠른 통신에 사용되지 못한다는 사실로부터 아주 사소한 위안을 얻을 뿐이다. 무한대의 속도로 파동함수가 붕괴하는 것은 나를 불편하게 하며, 나는 그것을 현재의 공식화가 틀렸다는 단서로 간주한다. 다른 많은 물리학자들 역시 이에 동의한다. 그래서 그들은 계속 '물리학의 기초'에 대한 회의에 참석한다. 그들은 무엇인가 구린 냄새를 맡고 있는 것이다. 그들은 위대한 발견을 하기 위해서 미궁 속으로 빠져드는 위험을 감수하고자 한다.

최근에 이루어진 한 회의에서 참석자들은 자신들이 가장 선호하는 양자물리학 해석에 관해 투표를 실시했다. 놀랍게도 42퍼센트라는 다수의 인원이 코펜하겐 해석에 손을 들어주었다.[48] 다음으로 높은 득표율을 얻은 것은 '정보-기반' 해석으로, 24퍼센트를 얻었다. '다세계 해석'이라 불리는 흥미로운 개념은 더 낮은 18퍼센트의 득표율을 얻었다. 내가 18장에서 언급한 개념인 펜로즈의 '객관적 붕괴', 즉 우주가 지속적으로 스스로를 측정하고 있다는 견해는 오직 9퍼센트의 득표율을 얻었을 뿐이다(나는 이 견해에 한 표를 던졌다).

우리가 다루는 주제들에 대해서 가장 깊이 있게 생각하는 사람들이 모이는 회의에서조차도 코펜하겐 해석에 대한 선호가 압도적인 우위를 보인다는 사실은 아주 흥미롭다. 비록 이 해석이 유령과도 같은 특성을 가지고 있다고 할지라도 이 해석은 실험적인 시험들을 견뎌온 것이다.

사실상 몇몇 대안들은 코펜하겐 해석만큼이나 유령 같다. 다세계 해석은 많은 주목을 받고 있는데(비록 득표율은 낮음에도 불구하고), 그것은 아마도 이 해석이 화려한 명칭을 가지고 있기 때문일 것이다. 이 해석은 단순하게 파동함수는 결코 붕괴하지 않는다고 상정한다. 슈뢰딩거 고양이에 대한 도해에서 필름 조각들이 분기되는데(그림 17.1), 이때 두 개의 미래 모두가 발생한다. 이 그림에서는 두 개의 세계만 보여주지만, '실재'에서는 무한히 많은 수의 세계들이 존재할 것이다. 만약 영화가 수천억 분의 1초마다 쪼개진다고 한다면 말이다.

나는 이 시나리오가 무한대의 속도로 붕괴하는 파동함수만큼이나 유령 같다고 간주한다. 무한한 수의 우주들 중에서 실제로 내가 경험하는 우주는 어떤 것인가? 나의 영혼이 어떤 방식으로든 하나를 선택할 것이다. 그러나 다른 누군가가 아주 다른 경로를 여행하고 있을 수 있으며, 나 역시 그 우주의 일부일 수 있다. 나는 나 자신이 무한한 수의 우주들에서 동시에 존재하는 그림보다는 원격작용을 수용하는 것이 더 낫다고 생각한다.

어쩌면 그것은 내 상상력이 부족해서 그런 것이 아닐까? 물론 그럴 수 있겠으나, 다세계 해석의 그림이 가지는 유일한 잠재적 가치는 그것이 내 상상력을 진정시킨다는 것뿐이다. 이 해석은 시험 가능하지 않다. 이 해석은 자신을 코펜하겐 해석과 구분시켜주는 예측을 내놓지 않는다. 그럼에도 이 해석에 대한 몇몇 지지자들, 그중에서도 대표적인 지지자인 션 캐롤은 이것이 자명하다고 말한다. (이러한 주장은 사실적인 것이기도 하면서 독단적인 주장이다.) 이 해석의 지지자들은 이것이 방정식들을 단순히 반영하며 '측정'의 의미를 맞닥뜨릴 필요를 회피한다고 말한다. 그럼으로써 이 해석은 새로운 개념을 제시한다. 즉 우리 각자는 여러 세계들에 존재하지만 오직 하나의 자신을 경험한다고 말이다. 당신이 이 개념을 유령 같다고 생각할지 아닐지 모르지만, 필자는 이 역시도 유령 같다고 생각한다.

유령과 함께 계산하기

프리드먼과 클라우저가 실험을 하던 시기에는 양자 측정의 분야가 많은 경우 무시되었다. 그러나 최근에 이 분야는 큰 인기를 얻게 되어, 미국 국립과학재단과 에너지부 및 국방부, CIA, NSA로부터 재정 지원을 받고 있다. 그 이유는 양자 컴퓨팅의 환상적인 잠재성 때문이다.

양자 컴퓨팅의 핵심은 파동함수 안에서 정보를 저장하고 조작할 수 있다는 것이다. 1과 0으로 제한되어 있는 비트를 이용하지 않고 양자 진폭으로 구성된 '큐비트'를 이용하는 것에는 커다란 이점이 있다. 큐비트는 계산에서 조작되고 사용될 수 있다. 좀 더 중요한 의미로는 큐비트가 일반적인 비트보다 훨씬 많은 정보를 포함한다는 것이다. 예를 들어 프리드먼-클라우저 실험에서 양자 파동함수를 생각해보라. 두 편광 진폭의 비율은 고전적인 편광 각도와 유사해서 0과 90도 사이의 어떤 값도 가질 수 있다. 이는 1 또는 0을 저장하는 것보다 훨씬 더 많은 정보다. 큐비트는 두 상태의 중첩이며 정보는 두 상태의 비율에 달려 있다. 문제는 이 숫자를 되돌릴 수 없다는 것이다. 오직 위-아래 또는 좌-우 편광에 대한 확률만을 얻을 수 있을 뿐이다.

파동함수를 측정하지 못하고 오직 파동함수의 표본만을 검사할 수 있다는 사실(이 과정에서 파동함수를 붕괴시킨다)이 파동함수를 계산할 수 없음을 의미하는 것은 아니다. 파동함수는 힘과 상호작용에 의해서 영향을 받으므로 파동함수는 측정 없이도 조작될 수 있다. 예를 들어, 비록 편광이 오직 확률적으로만 탐지될 수 있다고 하더라도 파동함수의 편광은 정확하게 회전할 수 있다. 양자 컴퓨팅의 기법은 모든 조작을 큐비트에 저장된 비가시적인 파동에 대해 수행하고 계산이 종료된 다음에만 측정을 하는 데 있다. 최종적인 답은 소수의 큐비트에 저장될 수 있는 것이 될 것이다. 설사 모든 계산이 그렇지는 않다고 해도 말이다.

당신이 2,048자리의 아주 큰 수를 인수분해하고 싶다고 상상해보자. (인수분해는 몇몇 고등 암호 해석의 핵심이다.) 당신은 실패한 인수분해 시도에 대해서는 신경을 쓰지 않는다. 실제로 필요로 하는 것은 대략 1,024자리인 두 개의 인수 숫자뿐이다. 이것이 바로 양자 컴퓨팅이 추구하는 바다. 또한 이것이 (부분적으로) 정보기관들이 양자 컴퓨팅의 연구 및 발전을 지원하는 이유다. 양자 컴퓨팅은 엄청나게 복잡한 계산을 병렬적으로 처리할 수 있게 해준다. 그리고 이 계산은 열을 생성하지 않고서도 이루어질 수 있다. 일반 컴퓨터에서는 하나의 비트가 변동될 때 최소의 열이 발생한다.[49] 그러나 양자 컴퓨팅에서는 (원리상으로는) 오직 마지막에 큐비트를 측정할 때만 열이 생성된다.

양자 컴퓨팅이 성공할까? 나는 이에 대해 회의적이다. 몇 가지 단순한 계산(6을 2×3으로 인수분해하고, 15를 3×5로 인수분해하는 것)은 이미 해냈지만 복잡한 계산은 훨씬 더 어렵다. 사실 나만이 회의적인 것이 아니라, 이 분야에서 열심히 일하고 있는 많은 사람들 역시 비밀스럽게 회의적인 입장을 취하고 있다. 그렇다면 왜 이들은 이 연구를 하고 있을까? 내 생각에는 그 이유가 이들이 양자 측정이라는 주제에 대해서 매료되었기 때문이다. 양자 컴퓨팅 덕택에 양자 계를 조작하고 측정할 때 무슨 일이 일어나는지를 연구할 수 있는 재원이 마련된 것이다. 이미 우리는 통신 불가능 정리와 같은 멋진 새 정리들을 가지고 있으며, 이 정리는 (원리상으로는) 1940년대에 증명될 수 있었던 것이다. 만약 이들이 양자 측정에 대한 우리의 이해에 새로운 돌파구를 찾는다면, 이는 우리를 물리학의 새로운 혁명으로 이끌 것이다.

20 시간 역행 이동이 관측되다

양전자가 발견되었다 —
이후 파인만은 양전자가 시간을 역행한다고 상정했다……

자, 만약 나의 계산이 옳다면 이 녀석이 시속 88마일에 다다랐을
때…… 너는 무엇인가 굉장한 것을 보게 될 거야!

—에밋 브라운 박사, 영화 〈백 투 더 퓨처〉에서 시간여행을 일으키려는 순간에

1932년 8월 2일에 칼 앤더슨Carl Anderson은 음이 아니라 양인, 잘못된 전
하를 가지는 것처럼 보이는 전자를 발견했다. 그는 자신의 논문에서 이
것을 '양전자'라고 부르며, 이를 대략 1년 전쯤 폴 디랙에 의해서 예측된
반물질이라고 파악했다. 17년 후에 리처드 파인만은 앤더슨이 본 것은
시간을 역행해서 움직이는 전자라고 제안했다.

〈그림 20.1〉에서 볼 수 있는 사진은 앤더슨이 구름상자를 이용해서 찍
은 사진이다. 구름상자는 빠르게 움직이는 전자나 양성자를 기록하는
장치인데, 이 입자들이 움직이는 경로에 구름 입자들이 응축하여 작은
액체 방울들이 형성된 후 사진 속에서처럼 작고 검은 점들처럼 보이게

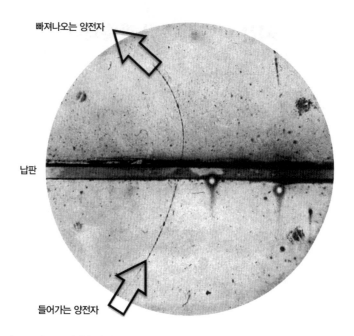

빠져나오는 양전자

납판

들어가는 양전자

그림 20.1 최초로 양전자(반전자)를 확인한 앤더슨의 사진. 사진 속에 설명이 추가되었다. 납판을 통과한 후에 양전자는 자기장 아래에서 더 크게 휘었다. 속도가 느려졌기 때문이다. 양전자는 어쩌면 시간을 역행하는 전자가 아닐까?

된다. 사진 속에서 양전자는 아래쪽에서부터 나와 얇은 납판을 통과하여 위쪽으로 움직이고 있다. 궤적이 휘어져 보이는 것은 앤더슨이 구름 상자를 강한 자기장 아래에 두었기 때문이다. 경로가 왼쪽으로 휘어졌다는 사실로부터 그는 이 입자가 양성자와 같이 양의 전하를 가지고 있음을 알 수 있었으나, 이 입자가 휘어진 '형태'는 그것이 양성자보다 훨씬 더 가볍다는 것을 알려주었다. 윗부분으로 갈수록 입자 궤적의 곡률이 더 커진다는 사실은 입자가 점점 느려지고 있음을 알려주었고, 이는 입자가 아래로부터 상승하였음을 입증해주었다.

일반적인 전자가 시간에 역행해서 움직인다고 기술하는 것이 이상하

296

게 여겨지겠지만, 이는 고등 양자 계산에서 이 입자들을 다루는 데 쓰이는 표준적인 방법인데, 리처드 파인만이 고안한 접근법이다. 시간 역행 운동은 물리학의 표준적인 도구 중 하나가 되었으며 많은 물리학자들이 매일 이를 사용한다. 대학원생들은 고등 양자 수업에서 이러한 시간 역행 방법론을 적용하는 방법을 배운다. 하나의 전자가 다른 전자를 산란시키는 '단순한' 계산에서조차 시간에 역행해서 움직이는 입자(가장 전형적으로 광자)가 포함된다.

그 어떤 사람도 강력한 근거 없이 시간 역행 이동을 도입하지 않을 것이다. 이 경우 강력한 근거는 바로 양전자에 대한 디랙의 황당한 이론이었다. 이 이론은 파인만의 작업 이전에 제시된 것이다.

이 책에 등장하는 가장 황당한 이론

앤더슨이 양전자를 관측했을 때 그는 그것이 시간을 역행해서 움직이는 전자라고 생각하지는 않았다. 그는 그것이 모든 공간을 조밀하게 채우고 있는 음-에너지 전자의 무한한 바다 속에서 움직이는 빈 구멍, 거품, 텅 빈 무엇인가라고 생각했다. 나는 지금 진지하게 말하고 있다. 이러한 생각이 황당하게 들리겠지만 이는 앤더슨이 입증한 예측의 토대가 되는 생각이었다. 이것은 앤더슨의 생각이 아니라 폴 디랙의 생각이었다. 디랙은 새로운 양자 개념(전자를 하나의 파동으로 보는 입장)을 아인슈타인의 상대성이론과 통합할 수 있었던 사람이다(비록 그는 순간적인 파동함수 붕괴라는 주제를 다루지 않았지만).

슈뢰딩거의 방정식은 비상대론적이었다. 이 방정식은 아인슈타인의

그림 20.2 반물질의 아버지, 폴 디랙

상대성이론에 포함된 그 어떤 효과도 포함하고 있지 않았다. 디랙은 전자에 관한 상대론적 양자이론을 만드는 문제에 도전했다. 그는 자신이 생각할 때 논리적이고 직접적인 접근방법을 택했다. 그는 방정식이 어떤 형태를 띠어야 하는지에 대해서 판단한 후(특히 그는 방정식이 단순한 시간 의존성을 가져야 한다고 결정했다) 이를 구현할 수 있는 수학적 작업을 행했다. 이러한 수학은 놀라울 정도로 복잡하다는 사실이 드러났고, 이는 물리학과의 상급 대학원생에게도 완전히 이해하기가 쉽지 않다. 그러나 이 수학은 방정식이 시간 의존성을 단순하게 유지해야 한다는 디랙의 목표를 만족시켜주었다.

디랙이 발견한 방정식은 놀라울 정도로 잘 작동했다. 조절 변수를 도입하지 않고서도 이 방정식은 자동적으로 이전까지 알려져 있었던 사실인 전자가 스핀을 가진다는 사실을 포함했고, 이 스핀에 허용된 값들을 정확하게 제시했으며, 모든 전자가 소량의 전하를 가질 뿐만 아니라 작은 자석이기도 하다는 사실을 설명해냈다. 단순한 가정과 더불어 디랙의 방정식은 이 자기장의 세기에 대한 정밀하고 정확한 값을 제시했다.[50] 그는 자신의 이론을 1928년 1월에 출판했다. 방정식은 대단한 성공을 거두었다. 이 방정식은 아인슈타인이 일반상대성이론을 이용해서 수성의 타원궤도가 움직이는 것을 정확하게 설명한 이래로 이론물리학에서 가장 괄목할 만한 성과였을 것이다.

방정식에는 작은(실제로는 아주 큰) 문제가 있었다. 디랙의 이론은 전자가 양의 정지 에너지 $+mc^2$ 또는 음의 정지 에너지 $-mc^2$을 가질 수 있을 것이라고 예측했다. 이는 매우 심각한 문제였다. 아무도 음의 질량을 관측하지 못했다. 그러나 더 심각한 문제는 음-에너지 상태의 존재는 전자가 불안정함을 함축한다는 것이었다. 양-에너지 전자는 양-에너지 상태에서 음-에너지 상태로 자발적으로 이동할 것이며, 이 과정에서 (광자를 복사함으로써) $2mc^2$을 잃을 것이었다. 양의 질량을 가진 전자가 음의 질량을 가진 전자로 변환되는 데에는 100만 분의 1초도 걸리지 않을 터였다. 그러나 양의 질량을 가진 전자는 붕괴하지 않음이 알려져 있었고, 음의 질량을 가진 입자는 관측된 적이 없었다. 자신의 첫 번째 논문에서 디랙은 자신이 잠시 동안 이 문제를 무시할 것이라고 명시적으로 진술했고, 이 문제 때문에 그는 자신의 이론이 최종적인 이론이 아니라고 보았다. 그는 다음과 같이 썼다.

따라서 우리가 얻은 이론은 여전히 하나의 근사에 지나지 않는다. 그러나 이 이론은 [이미 알려진 전자의 스핀과 자성을] 임의적인 가정들 없이 설명하는 데에는 충분한 것으로 보인다.

2년 후에 디랙은 물리학 역사상 가장 예외적인 제안을 함으로써(나는 이를 황당무계하다고 부른다) 이러한 음-에너지 문제를 '해결'했다. 원자들은 오직 제한된 수의 전자들만을 가진다는 사실이 알려져 있었다. 이는 원자의 '오비탈' 때문인데, 오비탈이란 전자들이 점유할 수 있는 가능한 장소이며 각각의 오비탈은 두 개의 전자만을 가질 수 있다. (이러한 임시 방편적 규칙은 볼프강 파울리에 의해서 주장되었고 오늘날 '파울리의 배타 원리'라고 불린다. 이후 양자물리학 이론이 발전하면서 이 원리는 더 견고한 토대를 가지게 되었다.) 디랙은 텅 빈 공간에 대해 이와 비슷한 해법을 제안했다. 그는 무한한 수의 모든 음-에너지 상태가 이미 음-에너지 전자들로 가득 차 있다고 주장했다. 따라서 진공은 더 이상 찰 수 없을 정도로 음의 에너지를 가진 전자들로 가득 차 있다. 양-에너지 전자는 에너지를 잃지 않을 것이고 음-에너지 오비탈에 진입하지도 못할 것이다. 왜냐하면 음-에너지 오비탈은 가득 차 있기 때문이다. 디랙은 텅 빈 공간을 그 언저리까지 가득 차 있는 음-에너지 전자들의 '바다'라고 불렀다.

디랙의 이론에 의하면 모든 텅 빈 공간은 사실 텅 빈 것이 아니라 무한대의 전하량을 가지고 있으며 또한 무한대의 (음의) 에너지 밀도를 가지고 있는 것 아닌가? 그렇다. 대체 어떻게 그것이 가능한 것일까? 우리가 이를 눈치채지 못했던 것인가? 디랙은 그렇다고 말했다. 진공은 우리가 눈치채지 못하는 방식으로 구성되어 있다. 전하량이 균일하게 퍼져 있기 때문에 우리는 이에 대해서 의식하지 못한 채 그 속에서 살아간다. 물고기가 물을 눈치채는가? 우리의 모든 물리학은 이와 같은 항상적인 배경 아래에서 일어나는 일들에 기초해 있다. 우리는 하전된 입자들로 구성된 무한한 바다를 의식하지 못한다. 이 바다는 결코 변화하지 않기 때문이다. 디랙의 이론이 제시하는 그림은 작은 회전 바퀴들로 구성된 맥스웰의 그림을 단순하게 보이게 한다.

디랙의 거대한 음-에너지 밀도는 거대한 중력 효과를 가질 것으로 예상되었으나 디랙은 결코 이 문제를 다룬 적이 없었다. 추측컨대 허블에 의해 발견된 우주 팽창은 고작 디랙의 논문 9개월 전에 발표되었으며, 이러한 우주 팽창의 동역학에 대한 이해는 르메트르에 의해 유명하지 않은 학술지에 출판되었긴 했어도 당시에는 광범위하게 알려지지는 않은 상황이었기 때문이다. 앞선 14장에서 언급한 바 있는 것처럼, 디랙의 음의 바다가 가지는 중력 효과는 암흑에너지에 대한 이론적 계산이 10^{120}만큼 부정확하다는 현대적인 문제와 관련이 있다.

평범한 물리학자는 음-에너지 상태를 배제하는 것을 기본 원칙으로 하는 새로운 '배타 원리'를 주장할 수도 있었을 것이다. 이에 따르면 전자는 음-에너지 상태를 차지하지 못한다. 그러나 디랙은 이러한 입장을 취하지 않았다. 디랙은 만약 방정식이 그와 같은 상태를 가진다면 이 상태는 반드시 존재해야 하며, 이러한 상태의 존재로 인해 유발되는 문제들은 반드시 해결되어야만 한다고 말했다. 그가 찾을 수 있었던 최선의 해결책은 무한한 음-에너지 바다였다. 그는 어떻게 이러한 무한한 바다가 생성될 수 있었는지, 왜 이 바다가 음의 무한대에서 0까지의 값으로 채워져 있는지, 왜 양-에너지 바다는 존재하지 않는지에 대해서 설명하려고 시도한 적이 한 번도 없었다.

물리학계는 근래에 들어 다수의 놀랄 만한 발견들(시간 지연, 길이 수축, 휘어진 시공간, 양자화된 빛의 다발)을 겪었기 때문에 그와 같은 제안을 진지하게 받아들일 수 있었을 것이다. 실제로 그랬다. 어쩌면 이 이론은 황당한 것이 아니라 아주 뛰어난 것인지도 모른다. 사실 오늘날에조차도 이러한 경향은 우리가 11차원 시공간 속에 산다고 하는 생각처럼 기이

한 주장을 하는 사람들을 심리학적으로 지지해주고 있다.

디랙은 자신의 생각을 좀 더 밀고 나갔다. 이 무한한 바다 속에 있는 음-에너지 전자들 중의 하나가 가끔씩 다른 입자와 부딪혀서 에너지를 얻고 바다를 떠날 수 있다. 이 전자는 (가득 차 있지 않은) 양-에너지 상태로 이동할 수 있다. 이러한 이동 뒤에 남는 것은 거품일 것이고, 디랙은 이를 구멍이라 했다. 이 구멍은 거품이 물속을 이동하는 것처럼(실제로 움직이는 것은 거품 밖에 있는 물이지 거품 안에 있는 소량의 기체가 아니다) 무한한 바다 속을 이동할 수 있으며, 음전하의 바다 속에서 음전하가 없는 것은 마치 양전하인 것처럼 행동할 것이었다. 이것이 반물질에 대한 예측이었을까? 아직은 아니다. 디랙은 그와 같은 구멍이 양성자라고 주장했다! 그는 이와 같은 개념을 제시하는 논문인 〈전자와 양성자 이론〉을 1929년 12월에 발표했다.

디랙이 주저하며 반물질을 예측하다

디랙의 양성자 거품 이론에는 심각한 문제가 하나 있었다. 헤르만 바일 Hermann Weyl은 거품이 마치 전자와 같은 질량을 가진 것처럼 이동해야 함을 보였다. 그러나 양성자는 전자보다 1,836배 무겁다는 사실이 알려져 있었다. 1,836배의 인수만큼 잘못되었다는 것은 전혀 전례가 없는 일은 아니었지만 하나의 심각한 도전이었다. 디랙은 질량 불일치를 설명할 좋은 해답을 가지고 있지 않았다. 이론은 여전히 잠정적인 것이었다. 이론이 더 발전되어야 할 터였다. 그는 에딩턴에 의한 최신의 계산이 약간의 희망을 준다는 것을 언급했지만, 양성자 질량 불일치는 해결해야 하는 심각한 미해결 문제였다.

디랙의 양성자 논문이 발표된 지 3개월이 지난 후 또 다른 심각한 문제가 발생했다. 훗날 맨해튼 원자폭탄 프로젝트의 책임자로 명성을 얻게 되는 로버트 오펜하이머는 다음과 같은 사실을 지적하는 논문을 썼다. 디랙의 양성자 또는 구멍은 전자에게 이끌려서 두 개가 '소멸'할 것이며, 서로 소멸할 때 그들의 모든 질량 에너지를 감마선의 형태로 방출할 것이었다. 그렇게 되면 양성자와 전자 모두 일반적인 물질 안에서 100만 분의 1초 이내로 소멸하게 될 것이다. 하지만 이와 같은 현상은 일어나지 않는다. 전자와 양성자는 원자 안에서 행복하게 공존하며 서로를 소멸시키지 않는다. 디랙의 이론은 가장 기본적인 실험 관측과 모순되었다.

바일과 오펜하이머가 옳았다. 디랙의 이론에는 심각한 문제가 있었다. 하지만 그의 이론은 전자의 스핀과 자기를 정확하게 설명했는데 어떻게 틀릴 수 있는 것일까?

결국 1931년 5월에 디랙은 절망적인 해법을 제시하는 논문을 작성했다. 놀랍게도 이 논문의 대부분은 완전히 다른 주제인 전기장과 자기장 사이의 연관에 대한 것이었다. 논문의 제목인 〈전자기장에서 양자화된 특이점에 대하여〉를 보면 이 논문이 음-에너지 문제에 대해 짧은 언급을 포함하고 있다는 것에 대한 단서를 전혀 찾을 수 없다. 36개의 문단으로 이루어진 이 논문에서는 오직 2개의 문단만이 이 문제를 다루고 있다. 디랙은 그로 하여금 그 해법을 발병하도록 강요했던 해답, 반물질의 예측에 대해서 발표하기를 주저했던 것으로 보인다. 논문에서 그는 다음과 같이 말한다.

만약 구멍이 존재한다면 그것은 실험물리학에는 알려져 있지 않은 새로운 종류의 입자일 것이며, 이 입자는 전자와 동일한 질량 및 반대의 전하를 가지고 있다. 우리는 그러한 입자를 반전자라고 부를 수 있을 것이다.

디랙은 반전자가 자연 속에서 현존하지 않는 것은, 오펜하이머가 말했던 것처럼 반전자가 전자와 함께 순식간에 소멸하기 때문이라고 설명했다. 그것이 바로 우리가 반전자를 보지 못하는 이유다. 원리상으로 반전자는 고에너지 감마선을 사용하는 실험실에서 생성될 수 있었으나, 디랙은 그것이 당시의 가능한 기술을 넘어서는 일이라고 생각했다. 그는 다음과 같이 썼다.

그러나 오늘날 가능한 감마선의 강도를 감안할 때 이러한 확률은 무시할 수 있을 정도로 작다.

전자의 자기적 성질과도 같이 이미 알려져 있는 미스터리를 설명할 수 있음을 발견하는 것은 예측하도록 강요되는 것보다는 훨씬 더 편안한 일이다. 만약 반물질이 존재한다면 왜 반전자를 볼 수 없었을까? 디랙은 실험가가 아니었기 때문에 당시의 실험들이 가지는 진정한 한계와 능력에 대해 제한적으로만 이해하고 있었다. 그가 실험에 대한 더 많은 지식을 가지고 있었다면 그는 예측에 대해서 좀 더 신경을 썼을 것이다. 왜냐하면 실험가들은 그 후 몇 년 안에 그가 예측했던 반전자를 관측할 수 있었기 때문이다. "확률은 무시할 수 있을 정도로 작다"는 그의 방어적인 변명은 완전히 잘못된 것이었다.

우리는 이제 디랙의 반전자가 이미 관측되었음을 안다. 이는 실험실의 감마선으로부터 생성된 것이 아니라(이 점에서 디랙은 옳았다) 고에너지 우주선으로부터 생성된 것이었다. 우주선은 지구 표면에서도 관측 가능한 우주로부터 오는 자연 복사이며, 이는 1910년대에 물리학자 빅토르 헤스Victor Hess에 의해서 증명된 사실이다. 대기와 충돌하는 원시 우주선은 반전자 및 다른 반물질을 생성한다. 디랙의 원래 전자 이론이 출판되기 1년 전이자 그가 양전자를 예측하기 3년 전인 1927년에 러시아의 과학자 드미트리 스코벨친Dmitri Skobeltsyn은 자신의 우주선 연구에서 양전자를 보았을 가능성이 높다. 그러나 그에게는 전하를(음전하와 대비되는 양전하) 측정할 수 있는 방법이 없었고 상호 소멸을 관측할 수 있는 방법이 없었으므로, 그는 물질과 반물질을 구분할 수 없었다.

디랙의 반전자 예측이 나오기 전인 1929년에, 칼텍에서 칼 앤더슨과 가까운 연구실에서 작업하고 있던 물리학자 차오 청야오趙忠堯는 우주선 전자(최소한 그는 그렇게 생각했다)가 물질에 흡수되는 과정에서 보이는 이상한 효과를 발견했다. 우주선 전자의 행태는 예상했던 것과 일치하지 않았다. 디랙의 이론이 등장한 이후 앤더슨은 반전자를 포함시킬 경우 이러한 차이가 설명될 수 있을 것이라고 올바르게 추측했다. 이 해석으로부터 영감을 얻어서 앤더슨은 강력한 자기장 및 납 장애물을 이용하여 입자가 어떤 방식으로 움직이는지를 식별할 수 있는(왜냐하면 입자는 장애물을 통과하면서 에너지를 잃을 것이기 때문이다) 정교한 구름상자를 구성하였다.

앤더슨은 양전자를 발견한 후 〈그림 20.1〉에서 볼 수 있는 사진을 출판했고, 모두에게 반물질이 존재한다는 것을 확신시켰다. 디랙이 옳았다. 학술지의 편집인은 이 입자를 '양전자'라고 이름 붙이기를 앤더슨에게 제안했고, 이 이름이 아직까지도 사용되고 있다.

나의 멘토인 루이스 앨버레즈는 앤더슨을 알고 있었고 그의 작업을 굉장히 높이 평가했다. 앨버레즈는 내가 생각하기에는 지금까지 알려지지 않았던, 앤더슨의 걱정에 대해서 이야기해주었다. 1930년대는 대학생들 사이에서 짓궂은 장난이 유행하던 시기였다. 앨버레즈 자신 역시도 다른 물리학자들, 특히 거만한 교수들을 대상으로 한 아주 기발한 장난에 대해서 자부심을 가지고 있었다. 따라서 반전자에 대한 최초의 사진을 확보했던 앤더슨은 누군가가 자신에게 장난을 친 것이 아닌지 걱정했다. 장난꾸러기 한 명이 앤더슨의 자동화된 카메라 앞에 여분의 거울을 하나 집어넣는 것만으로도 전자는 반대 방향으로 휘는 것으로 보였을 것이기 때문이다. 따라서 앤더슨은 신중하게 사진을 재검토했고 이를 측정도구와 비교했다. 그 후 그는 사진이 진정으로 제대로 찍혔다는 결론을 내렸다. 그는 자신의 결과를 출판했고 이는 물리학의 역사에 남게 되었다.

다음 해인 1933년에 디랙은 스웨덴의 스톡홀름에서 노벨상을 수상했다. 그제야 "전자와 양전자의 이론"이라고 알려진 공헌으로 수상한 것이다. 그는 노벨상 수상 강연에서 자신의 업적이 무엇인지를 설명했으나 바일, 오펜하이머, 앤더슨에 대해서는 언급하지 않았다.

새롭게 탄생한 에테르

아인슈타인 이후 디랙의 시기 전까지 진공은 텅 빈 공간으로 생각되었다. 아인슈타인은 절대공간에 대한 운동이 탐지될 수 없음을 보여주었고, 따라서 아무것도 아닌 것의 구성에 대해서 말하는 것은 의미가 없었다. 에테르는 죽어서 물리학의 어휘 목록에서 사라진 것처럼 보였다. 진공이란 무엇인가가 없는 것이었다. 수 0과도 같이 진공이란 존재하지 않는 것이었다. 그런데 디랙은 진공이 음-에너지 전자들로 차 있다고 주장했다. 진공은 무엇인가로 구성되어 있을 뿐만 아니라 무한대의 음 전하 및 무한대의 음-에너지를 가지고 있었다.

그러나 진공에 부여된 이 모든 구조에도 불구하고 진공을 통과하는 운동은 여전히 측정될 수 없었다. 디랙의 이론은 아인슈타인의 상대성 이론의 수학 범위 내에서 구성되었으며, 음-에너지 전자들로 넘실대는 바다에 대한 운동은 탐지될 수 없었다. 어떤 의미에서는 오래된 에테르가 다시 태어난 셈이었다. 사실상 무한대의 바다가 빛이 전파할 때 흔들리는 매체를 제공하는 것인지도 몰랐다. 전자기파는 바다의 파도와 유사했으나, 물을 통해서 움직이는 대신에 음-에너지 전자로 구성된 다른 종류의 바다를 통해서 움직이는 것이었다.

컬럼비아 대학 학부 과정에서 전자기학을 배우던 시절, 나는 에테르가 존재하지 않으며 에테르의 개념은 불필요하고 무관하다는 것이 증명되어 폐기되었다고 배웠다. 그러나 UC 버클리의 대학원에서 공부할 때 내 지도교수였던 에위빈드 비흐만(프리드먼-클라우저 실험에서 칼슘을 사용하자고 제안했던 사람과 같은 사람)은 웃으면서 에테르는 물리학에서 사라진 적이 없었음을 지적했다. 에테르는 단지 새로운 이름을 얻었을 뿐이다. 오늘날 우리는 이를 '진공'이라고 부른다.

대학원 물리학 교과서에서 '진공'에 대해서 찾아보라. 진공이 맥스웰의 에테르보다 훨씬 더 복잡한 것임을 알게 될 것이다. 진공은 '로렌츠 불변'인데, 이는 당신이 진공 속을 이동하고 있다는 사실로는 진공을 탐지할 수 없음을 의미한다. 진공 '바람'은 존재하지 않는다. 진공은 에너지를 포함한다. 진공은 편극될 수 있다. 즉 진공은 진공의 '가상' 전하를 분리시킴으로써 전기장에 반응한다. 이러한 편극은 수소 원자의 에너지 준위를 관측함으로써(램 이동Lamb shift이라 불리는 현상) 탐지될 수 있으며, 진공이 금속판에 미치는 힘에 의해서 직접적으로 탐지될 수 있다(카시미르 효과Casimir effect). 오늘날 우리는 진공이 끊임없이 물질과 반물질을 생성하고 있다고 생각한다. 이러한 물질과 반물질은 블랙홀 근처를 제외하고는 순식간에 사라져버린다. 이러한 면모는 스티븐 호킹의 블랙홀 복사에서 두드러지게 나타난다. 호킹의 이론은 슈바르츠실트 표면 근처의 강력한 중력장이, 배경이 되는 물질과 반물질 쌍을 서로가 소멸되기 전에 분리시켜, 하나는 블랙홀 쪽으로 끌어들이고 다른 하나는 무한히 먼 곳으로 방출시킬 때 일어나는 복사를 발견법적으로 설명하는 이론이다.

진공에 대한 현대적인 관점에서는 진공을 하나의 사물처럼 다룬다. 진공은 (최소한 탐지될 수 있는 방식으로는) 움직이지 않으며, 팽창할 수 있다. 이는 빅뱅을 이해하는 데 중요한 사실이다. 진공은 모든 공간을 채우고 있는 불변하는 힉스 장을 포함하며, 힉스 장은 입자에게 질량을 부여한다. 진공은 우주의 팽창 가속의 원인이 되는 암흑에너지를 포함하고 있다. 진공은 맥스웰이 상상했던 기어와 바퀴들의 더미보다도 훨씬 더 복잡하다.

파인만이 시간을 역행시키다

디랙의 무한대 바다를 극복하는 데에는 17년이 걸렸다. 이 극복이 더 빨리 일어날 수도 있었을 것이나, 지독한 전쟁이 끼어들어 시간 역행의 영웅인 리처드 파인만을 방해했다. 파인만은 맨해튼 프로젝트에 참여해서 최초의 원자폭탄이 폭발하는 것을 관측했고, 이후 프린스턴으로 돌아와 기초 물리학을 연구하며 무시무시한 거장들 앞에서 복사는 시간 비대칭성을 보여주지 않는다는 내용의 발표를 했다. 파인만은 위대한 박식가로서, 그가 생각한 바 있는 물리학 문제들 중 대부분의 문제들에 대해서 통찰을 제시한 바 있었던 인물이었다. 그는 전자기학, 입자물리학, 초전도성, 통계물리학 등 물리학의 다양한 측면들에 대해서 생각했다.

디랙의 방정식에서는—사실상 양자물리학의 모든 방정식들에서는—곱 Et와도 같이 에너지의 항이 항상 시간과 결합되어 나타난다. 디랙의 양전자는 음의 부호를 가진 항인 $-Et$를 포함하고 있었다. (이러한 (E와 t의) 결합은 3장에서 논한 바 있었던 에미 뇌터의 작업 결과다.) 디랙은 음의 부호가 음의 에너지를 보여준다고 해석했다. 이를 대신해 파인만은 방정식이 음의 시간과 결합한 양의 에너지를 나타내는 것일 수 있다고 제안했다. 역행하는 시간 개념이 어리석게 들릴 수 있으나, 이 개념이 음-에너지 전자들로 찬 무한대의 바다 개념보다도 더 황당한가?

파인만은 시간 역행을 처음으로 고려한 사람은 아니었지만, 이를 자세한 이론으로 구현한 최초의 인물이었다. 그는 양전자가 실제로는 시간을 거슬러 움직이는 전자라고 제안했다. 이러한 관점은 왜 양전자가 전자와 같은 질량을 가지는지를 설명해주었다. 그것은 사실 전자였으며 양의 에너지를 가진다. 사실상 전자는 음의 전하를 유지하며, 전자의 시간 역행 이동이 양의 전하를 가진 것처럼 보이게 할 뿐이다. 무한대의 음-에너지 바다는 사라졌다. 음의 부호는 에너지에서 시간으로 이전됐다.

파인만은 양자물리학 중 특히 '장field'의 물리학—전하와 자하로부터 방출되는 역선―에 대해서 생각하는 완전히 새로운 방법을 발전시켰다. 파인만은 전자기학에서 등장하는 모든 양자 과정들을 계산하는 데 사용될 수 있는 일련의 방정식들을 발견했고, 그는 무엇인가 더욱 더 매력적인 것을 깨달았다. 그의 방정식 각각은 단순한 다이어그램으로 표현될 수 있었다. 당신이 계산해야 하는 새로운 문제에 부딪혔을 때는 복잡한 방정식들을 풀기보다는, 파인만이 만든 규칙들의 범위 내에서 당신이 상상할 수 있는 모든 다이어그램들을 그린 후, 다른 규칙들의 집합을 이용하여 다이어그램에 대응하는 방정식들을 기술해보라. 그렇게 되면 당신은 당신이 찾던 해답, 즉 그 과정(전형적으로 입자들 사이의 충돌)의 발생에 관한 양자물리학의 진폭을 구할 수 있을 것이다. 이 결과는 매우 단순하고 주목할 만한 것이어서, 파인만은 다이어그램이 다이어그램의 유도 과정보다도 더 근본적인 것이 아닐까 하고 추론했다.

파인만의 접근법은 양자물리학을 아주 직관적으로 만들었기 때문에 오늘날 대부분의 물리학자들은 이와 같은 '파인만 다이어그램'을 사용하여 사고한다. 예를 들어 전자와 양전자가 공간에서 서로를 되튀길 때 어떻게 행동할지를 알고 싶다고 가정해보자. 〈그림 20.3〉에는 이에 관한 파인만 다이어그램이 제시되어 있다.

이 단순한 다이어그램을 '소멸' 다이어그램이라 부를 수 있다. 왜냐하면 양전자와 전자가 소멸하여 광자가 되고, 광자가 다시 전자와 양전자로 붕괴하기 때문이다. 파인만의 접근법에서 이 다이어그램은 특정한 방정식에 대응하는데, 이 방정식은 산란의 진폭을 제공하여 이 방정식으로부터 우리는 산란 확률을 계산할 수 있다.

그러나 방정식에 기초한 파인만의 규칙에 따르면, 당신은 〈그림 20.4〉에서 보인 다이어그램에 대응하는 또 다른 진폭을 추가해야 한다. 이 그

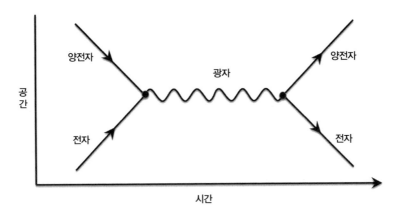

그림 20.3 전자가 양전자를 산란하는(되튀기는) 하나의 방법을 보여주는 파인만 다이어그램. 전자와 결합된 양전자는 광자를 형성하고, 광자는 다시 양전자와 전자로 붕괴된다.

림을 '교환' 다이어그램이라 부를 수 있다. 이전의 다이어그램에서처럼 전자와 양전자는 왼쪽에서 들어와서 오른쪽으로 나간다. 그러나 여기서는 들어왔던 입자와 나가는 입자가 동일하다. 산란은 양전자와 전자가 광자를 교환하는 것으로부터 비롯된다. 광자를 교환함으로써 전자와 양전자는 자신들의 궤적을 변화시킨다. 광자 교환이 곧 두 입자들 사이의 힘과 같은 역할을 한다. 힘의 개념 전체가 제거되었음을 주목하라. 전자가 굴절하는 것은 힘을 받아서가 아니라 광자를 흡수함으로써 일어난다. 두 다이어그램 모두에서 광자는 관측으로부터 숨겨져 있다. 광자는 일시적으로만 존재하기 때문에 '가상 광자'라고 불린다. 가상 광자는 수명이 짧기 때문에 질량이 없을 필요도 없다. 파인만 이론에서 가상 광자는 대개 정지질량을 가진다.

전체 산란 확률을 제공하는 전체 진폭을 계산하기 위해서는 각각의 다이어그램에 등장하는 진폭들을 더하면 된다. 얼핏 생각하면 그것은 합리적인 절차인 것처럼 보인다. 그런데 첫 번째 다이어그램에서 원래

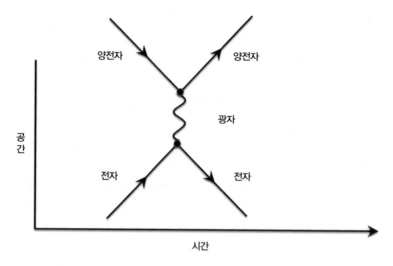

그림 20.4 전자와 양전자가 서로를 산란하는(되튀기는) 또 다른 방식. 이 파인만 다이어그램에 따르면 전자와 양전자는 광자를 교환한다.

전자는 사라지고 새롭게 출현한 전자가 오른쪽에 나타난다. 두 번째 다이어그램에서는 동일한 전자가 들어왔다가 나간다. 그러나 이 두 과정은 동시적으로 일어난다. 물리학은 출현한 전자가 동일한지 그렇지 않은지를 말하지 못한다. 사실 그렇기도 하고 그렇지 않기도 하다. 입자들은 진실로 동일하며 구별 불가능하다. 다시 말해, 출현한 전자는 들어온 전자와 동일하면서도 동시에 원래의 전자와 다르다. 이는 슈뢰딩거 고양이의 그림자가 아닌가! 이 과정의 확률은 두 다이어그램의 진폭을 더한 것으로 구성되며, 그 값은 더한 것을 제곱하여 얻어진다.[51]

파인만의 충고를 기억하라. 어떻게 이것이 가능한지를 생각하지 말라. 생각하기 시작하면 당신은 미궁에 빠질 것이다.

이제 시간 역행으로 돌아가자. 양전자에 대한 파인만의 새로운 접근법에 따르면 첫 번째 다이어그램(그림 20.3.)은 〈그림 20.5〉의 다이어그램과

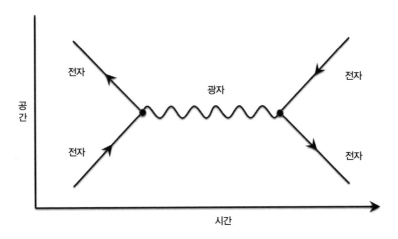

공간

전자

광자

전자

전자

전자

시간

그림 20.5 이 다이어그램은 양전자가 이제 시간을 역행하는 전자로 그려진 점만 빼고 〈그림 20.3〉과 똑같다.

완전히 동등하다(동일한 진폭을 제공한다). 약간 달라진 점이 있다. 예전에 양전자로 보였던 것이 이제는 시간을 거슬러 움직이는 전자가 되었다.

파인만 다이어그램은 현재의 양자물리학 계산에서 핵심적인 요소이며, 매일 수천 명의 사람들이 그의 다이어그램을 사용한다. 복잡한 파인만 다이어그램(예를 들어 두 개 이상의 광자들이 교환되는 경우로, 〈그림 16.1〉에 제시된 파인만 우표의 배경을 보라)의 진폭을 계산해주는 컴퓨터 프로그램도 있다. 파인만 다이어그램에서는 반물질이 시간을 역행하여 움직이는 일상적인 물질로서 표상된다. 더 나아가, 입자들이 시간을 역행하여 움직일 때 이들은 미래에 대한 정보도 함께 운반한다. 이 입자들은 다이어그램의 오른쪽에 나타나는 미래의 입자들이 가지는 운동량과 에너지 정보를 가지고 있는 것이다. 파인만은 복사에 대한 자신의 연구로부터 이와 같은 접근법에 대한 영감을 얻었다고 말했다. 그는 아인슈타인을 비롯한 괴물 같은 거장들 앞에서 고전적 복사가 시간의 방향과 관계없이 작동함을 제시한 바 있었다.

실재에 대한 우리의 이해에 혼란을 주는 측면을 가지고 있음에도 불구하고, 파인만의 역행하는 시간은 물리학에는 아무런 문제도 일으키지 않는다. 왜냐하면 물리학은 시간의 흐름을 필요로 하거나 사용하지 않기 때문이다. 호킹은 자신의 책《시간의 역사》에서 파인만의 시간 역행 패러다임을 언급하지만, 이것을 시간여행으로 받아들이는 것을 주저한다. 그는 (별도의 설명 없이) 자신이 그와 같은 시간 역행 이동은 오직 미시세계에서만 가능하며 인간이 속한 거시세계에서는 가능하지 않다고 믿는다고 진술했다.

모든 전자가 사실은 시간을 역행하여 움직이는 양전자인 것이 가능한가? 혹은 우리는 양전자들로 구성되어 있고 우리 몸에 있는 전자들은 시간을 역행해서 움직이는 양전자들인가? 이 모든 제안들은 가능할 뿐만 아니라 현재 이론의 일부에 속한다. 몇몇 사람들은 이것이 현재의 이론을 해석하는 하나의 방법이라고 주장한다.

디랙의 방법과 파인만의 방법 중 어떤 방법이 옳은 것일까? 양전자는 무한대의 바다에 떠다니는 거품일까, 아니면 시간을 역행하여 움직이는 전자일까? 대부분의 물리학자들은 파인만의 그림을 선호한다. 파인만의 그림은 우리가 가장 단순한 설명을 수용해야 한다는 원리인 오컴의 면도날을 만족시키는 것처럼 보인다. 그러나 시간 역행 이동이 옳고 무한대의 음-에너지 바다가 틀렸다는 것을 증명할 수 있는 경험적인 방법은 존재하지 않는다. 두 관점 모두 틀릴 가능성도 분명히 있다. 모든 파인만 다이어그램은 양자 장이론으로부터 도출된 것이고, 아마도 우리는 이 다이어그램을 파인만 방정식을 기억하기 위한 연상 기호가 아니라 문자 그대로 받아들이면서 과도하게 해석하고 있는 것인지도 모른다.

우리는 모두 하나

파인만은 자신의 저서 《파인만 씨, 농담도 잘 하시네요》에서 그의 멘토 존 휠러가 흥분된 목소리로 자신에게 전화를 한 일화를 기술했다. 휠러는 다음과 같이 말했다. "파인만, 나는 왜 모든 전자가 동일한 전하와 질량을 가지는지 알았네!" 파인만이 그 이유를 묻자 휠러가 대답했다. "왜냐하면 그것들은 모두 동일한 (하나의) 전자이기 때문이네!"

파인만은 즉시 휠러의 아이디어를 이해했다. 〈그림 20.5〉에 있는 파인만 다이어그램을 보라. 당신은 전자가 과거로 튕겨나가는 것을 볼 수 있다. 분명 양전자와 전자는 동일한 입자이기 때문에 동일한 질량을 가진다. 그러나 좀 더 떨어진 거리에서 시간 역행하던 전자가 다시 시간 순행한다고 가정해보라. 그렇게 되면 실제로는 동일한 입자인 두 개의 전자가 동시에 존재하게 될 것이다. 아마도 모든 전자들은 이와 같은 방식으로 연관되어 있을지 모른다. 오직 하나의 전자만이 존재하며 이것이 시간을 역행했다 순행하기를 반복하는 것이다.

파인만은 이 아이디어를 포기했다. 이것이 너무 황당해서가 아니라 (물리학에서는 그 어떤 것도 황당하지 않다), 이 아이디어는 우주에 동일한 수의 양전자와 전자가 있어야 한다고 예측하는 것처럼 보였기 때문이다. 만약 이 아이디어가 사실이라면 모든 양전자들은 어디에 있단 말인가? (파인만 같이 위대한 이론가의 특징은 어떤 이론이 제시되었을 때 즉각적으로 그 이론이 반증 가능한지 살펴보는 것이다.) 휠러는 양전자들이 예를 들어 양성자 안처럼 어디엔가 숨어 있을 것이라고 대답했다.

이러한 예는 파인만과 휠러가 시간 역행 해석을 하나의 술책 이상으로 생각했음을 보여준다. 파인만은 역행 시간이 실재적이지 않아서 "모두 동일한 전자"라는 추측을 포기한 것이 아니다. 그는 현재 우주에서 볼 수 있는 전자들과 양전자들의 수가 다르다는 실험 관측 결과 때문에 이를 포기한 것이다.

오늘날 휠러의 아이디어는 좀 더 그럴듯해 보인다. 앞서 언급했던 것처럼, 안드레이 사하로프는 (1967년에) 우리에게 알려져 있는 물질과 반물질 사이의 작은 차이가('CP 대칭성 위반') 우리로 하여금 초기 우주에는 비슷하지만 완전히 같지는 않은 수의 입자와 반입자가 있었음을 가정할 수 있게 하고, 이들 대부분이 소멸한 뒤 (조금 남은) 물질이 지배하는 현재의 우주가 우리에게 남겨졌다고 가정할 수 있게 함을 보였다.

아마도 언젠가는 누군가가 휠러의 생각에 기초한 종교를 창시할 수도 있을 것이다. 당신이 죽으면 당신의 영혼은 시간을 거슬러 올라갔다가 다시 산란되어 시간을 순행하며 다른 사람이 되어 나타난다. 이러한 현상은 여러 번 발생한다. 아마도 우주에는 실제로 단 하나의 영혼만이 존재할 것이다. 이 종교의 멋진 점은 황금률을(네가 대접 받고 싶은 그대로 남을 대접하라) 굳이 상정할 필요가 없다는 데 있다. 사실 이 종교에서 황금률은 필연적인 귀결이라 할 수 있다. 당신이 다른 사람에게 어떤 일을 하든 그것은 사실상 당신 자신에게 하는 일이기 때문이다.

인간이 시간을 거슬러 갈 수 있을까?

파인만이 제시한 시간을 역행하여 움직이는 전자는 과학소설의 독자들을 흥분시키는 다음의 물음과 직접적으로 관련이 있어 보이지는 않는다. 사람도 시간여행을 할 수 있을까? 오늘날 (H. G. 웰스의 1895년 소설인

《타임머신》이 등장한 이후) 과학소설이 최근의 과학적 발견을 반영하고자 할 경우에, 시간여행은 대개 두 개의 수단에 의해서 성취된다. 바로 빛보다 빠른 여행 또는 웜홀이다.

영화 〈슈퍼맨〉에서 주인공은 로이스 레인이 죽은 것을 발견하고 빛보다 빠른 속도로 날아가 시간을 거슬러 올라간 후, 그녀가 죽는 것을 막기 위한 행동을 한다. 주인공인 슈퍼맨의 새로운 좌표계에서는 아직 그녀의 죽음이 일어나지 않았기 때문이다. 비록 그의 행동이 상대성이론으로부터 영감을 받은 것으로 상정되기는 하지만, 그의 성취는 실제로는 아인슈타인의 방정식을 위반한다. 내가 빛보다 빠른 이동이 분리된 사건들의 질서를 역행시킬 수 있음을 보여주었음을 기억하자. 타키온 총은 발사되기 전에 목표물을 맞힐 수 있다. 그러나 비록 이 무기가 인과성을 모호하게 만들더라도 관측자들 사이에서 의견 불일치는 결코 없을 것이다. 만약 하나의 좌표계에서 로이스 레인이 죽는다면, 모든 좌표계에서 설사 그 시각이 다를지라도 로이스 레인은 죽는다. 따라서 영화에서처럼 그녀를 구하기 위해서는 당신은 상대성이론에 무엇인가 잘못된 것이 있다고 가정해야만 한다. 그렇다면 왜 빛보다 빠른 이동인가? 당신이 굳이 현대 물리학과의 일관성을 유지하고자 노력하지 않는다면, 그저 과학소설을 타당하다고 받아들이고 초인적인 두뇌를 가지고 있는 슈퍼맨이 H. G. 웰스의 타임머신을 만들도록 하는 것에 아무런 문제도 없지 않은가?

시간여행을 위해서 우리는 다음과 같은 사실을 이용하고자 시도할 수 있다. 웜홀은 특정 장소를 위치가 다를 뿐만 아니라 시간마저도 다른 시공간의 한 위치로 연결할 수 있다. (오래된) 영화 필름 한 두름이 시공간 다이어그램을 나타낸다고 상상해보라. 필름의 일부를 접어서 이미 과거에 일어난 무엇인가를 현재와 맞닿게 해보자. 이제 당신은 시공간을 뛰어넘어 과거에 있다. 칼 세이건의 (멋진) 소설 《콘택트》에서 엘리 애로웨이는 그와 같은 웜홀을 통과한다. 만약 당신이 웜홀에 대한 생생한 영상을 보고 싶다면 소설에 기초해 만들어진(소설만큼 좋지는 않은) 영화 속에서 (엘리 역할을 연기하는) 조디 포스터가 웜홀에 들어가는 장면을 보라. 좀 더 최근에는 웜홀을 시간여행과 관련시킨 핵심 물리학자들 중 한 명인 킵 손이 제작자로 참여한 SF영화 〈인터스텔라〉가 개봉된 바 있다. 웜홀의 다이어그램은 〈그림 7.2〉에 나와 있다.

　시간여행은 너무 사변적이라서 이는 통상적으로 전문적인 출판물을 위한 주제로서 고려되지는 않지만, 아주 유명한 예외 사례가 있다. 1988년에 칼텍에 재직 중이던 킵 손과 동료 2명이 아주 저명한 학술지인 《피지컬 리뷰 레터스》에 흥미를 자아내는 다음과 같은 제목의 논문을 출판했다. 〈웜홀, 시간여행, 약한 에너지 조건〉('약한 에너지 조건'이라는 용어는 오랫동안 유지되는 웜홀을 얻는 것과 관계있다). 나는 이 논문을 '타임머신 논문'이라고 부르겠다. 논문의 초록을 따르면 이는 다음과 같다.

　　본 논문은 다음을 논증한다. 만약 물리학의 법칙이 고등 문명으로 하여금 항성간 여행을 위한 웜홀을 우주에 만들고 유지하는 것을 허용한다면, 웜홀은 그것으로 말미암아 인과성이 위배될 수 있는 타임머신으로 변환될 수 있다.

　이 논문은 아주 전문적이고 신중하게 쓰인 논문이며, 아마도 웜홀을 통해서 시간여행이 가능할 것이라는 잘 알려진 가정이 세상에 퍼져나가게 된 가장 큰 이유가 된 논문일 것이다. 비록 저자들 본인은 이와 같은 언급을 하지 않았지만 말이다. 저자들은 원리상 미래에 충분히 발전된 문명은 시공간으로 서로 다른 두 영역을 연결하는 웜홀을 구성할 수 있다고 제안한다. 이에 대한 실천적인 방법론은 전혀 제안되지 않았다. 저자들은 그저 에너지의 거대한 원천을 축적할 수 있는 충분한 능력이 있다면 우리가 알고 있는 물리학의 법칙들 내에서 웜홀 구성을 막는 것은 없다고(거의 없다고) 주장하고 있을 뿐이다. 웜홀을 통한 여행은 양방향으로 가능하므로, 저자들은 당신이 웜홀을 통해서 서로 다른 장소로뿐만 아니라 과거를 포함하는 서로 다른 시간 속으로 들어갔다가 나올 수 있음을 주장한다.

이 논문은 진지한 물리학자가 타임머신의 기제를 제안한 논문에 가장 근접한 것이다. 저자들은 다음과 같이 결론 내린다.

결론적으로, 웜홀을 통해 이동함으로써 우리는 시간을 거슬러 올라갈 수 있을 것이며…… 따라서 인과성을 위배할 수 있을 것이다.

타키온 살인 역설이 보여주는 것처럼 인과성 위배는 자유의지의 부정을 함축한다. 타임머신 논문의 저자들은 이에 대한 생생한 예로 슈뢰딩거의 고양이라는 주제를 끌고 들어온다! 이들은 말한다.

웜홀 시공간은 인과성, '자유의지', 측정의 양자이론의 시험대가 될 수 있을 것이다……
악명 높은 예를 들어보자. 발전된 한 존재가 사건 P에서는 슈뢰딩거의 고양이가 살아 있다고 측정하고('살아 있는' 상태로 '파동함수가 붕괴'한 것), 웜홀을 통해 시간을 역행하여 이동한 후 고양이가 살아 있는 상태에 도달하기 전에 고양이를 죽일 수 있을까('죽어 있는' 상태로 파동함수가 붕괴)?

타임머신에 대한 어떤 논문에서도, 시간의 화살에 대해서, 이 화살이 웜홀 통로가 과거에 도달하는 경우에서조차도 계속 특정한 방향을 가리키고 있다는 사실에 대해서 논의하지 않고 있다. 웜홀을 통과하는 시간여행자들은 화살을 거꾸로 돌리지 않고서 여행을 해야 하며, 따라서 이들은 정상적인 시간 진행을 경험하면서 목적지에 도달할 수 있다. 이는 아주 핵심적이지만 논의되지 않은 주제다.

만약 참된 시간여행이 가능하다면 이는 여행자가 가지고 있는 '지금'이라는 개념이 현재로부터 과거로 가야 한다고 나는 주장하고자 한다. 타임머신 논문은 이 경로상의 운동이 여행자의 '지금'이라는 개념에 어떤 영향을 미칠 것인가라는 주제에 대해서는 논하고 있지 않다. 저자들은 웜홀이 여행자들로 하여금 '닫힌 시간꼴 곡선'을 그릴 수 있다고 말한다. 닫힌 시간꼴 곡선이란 당신을 당신의 과거로 데려갈 수 있는 부분을 포함하는 경로를 말하는 물리학의 전문 용어다. 그러나 그와 같은 경로를 여행하는 사람은 여전히 시간이 앞으로 진행한다고 경험할까? 여전히 점점 미래가 되어가는 기억을 유지하고 있을 것인가? 나는 항상 전자의 화살을 역행시켜 이를 시간을 거슬러 이동하는 양전자로 부를 수 있다. 하지만 이러한 방식을 H. G. 웰스의 시간 역행 여행에도 동일하게 적용할 수 있을 것인가?

타임머신 논문에서 주목해야 하는 또 한 가지 점은 웜홀이 너무나 불안정하고 지속 기간이 짧아서 웜홀이 사라지기 전에 인간이 그 속을 통과할 수 있는 충분한 시간을 가지지 못하리라는 것이다. 이를 피하는 한 가지 방법이 있다. 만약 물리학자와 공학자가 넓은 영역에 '음-에너지 밀도'를 나누어줄 수 있는 방법을 알아낸다면 웜홀은 지속될 수 있을 것이다. 이 방법이 알려지지는 않았지만 우리가 생각할 때 물리학의 그 어떤 것도 이러한 방법을 절대적으로 배제하지 않는다. 그러나 이 조건 아래에서는 다른 반론들과는 별개로 안정된 웜홀의 가능성에 대한 전체 논증이 완전히 붕괴한다. 이는 새로운 물리학을 요구하는 매우 사변적인 것이 된다. 논문의 저자들은 이러한 사실을 분명히 알고 있다. 저자들은 이렇게 말한다. "웜홀이 생성되고 유지될 수 있는지의 여부는 심오하고 잘 이해되지 않은 주제들을 도출하게 된다." 그와 같은 웜홀의 존재는 타키온의 가능성을 상기시킨다. 우리의 현재 물리학이 그것을 배제하지 않는다는 사실만으로 그것이 존재한다고 말할 수는 없는 것이다.

마지막으로, 설혹 시간 진행의 문제가 해결되고 필요한 음-에너지의 장이 발견된다고 하더라도, 여전히 인과성과 자유의지라는 문제가 남는다. 타임머신 논문에서는 이 문제에 대해서 논하고 있긴 하나, 앞서 인용한 슈뢰딩거 고양이의 예를 들면서 귀류법적인 상황이 존재함을 지적하고 있을 뿐이다. 이는 당신이 과거로 돌아가 당신의 할아버지를 살해한다는 '할아버지 역설'과도 밀접하게 관계되어 있다. 할아버지가 없다면 당신 역시 존재하지 않으므로, 만약 당신이 존재하지 않는다면 어떻게 당신이 할아버지를 살해할 수 있는가? 이에 대한 하나의 가능한 대답은 당신이 자유의지를 가지고 있지 않다는 것이다. 따라서 비록 당신이 시간을 거슬러 이동한다고 해도 당신은 할아버지를 살해하지 못한다. 그리고 결국 당신이 태어났다는 것은 당신이 할아버지를 살해하지 않았음을 보여주는 것이다.

자유의지를 유지하는 하나의 방법은 특정한 종류의 우주적 '검열'을 가정하는 것이다. 즉 당신은 시간을 역행해서 이동할 수 있지만 이미 일어난 일을 바꾸지는 못한다. 이것이 바로 소설(TV 시리즈로도 제작된 바 있는)《아웃랜더》에 등장하는 클레어에게 일어나는 일이다. 그녀는 상황을 바꾸기 위해서 미래에 대한 지식을 사용하지만, 주변 상황은 항상 그녀의 행동이 아무런 효과를 일으키지 않도록 설정된다. (스포일러 주의!) 그녀는 남편의 조상을 살해했다고 생각하지만, 그녀의 남편은 사실 조상의 혈육이 아니라 입양된 자식의 후손임을 발견하게 된다. 영화 〈백투 더 퓨처〉에서 과거로 가는 시간여행은 가능하고 현재를 변화시키지만, 설명되지 않은 이유로 인해 시간여행자의 기억을 무효로 하지 않는다는 우스꽝스러운 귀결을 가져온다.

내 생각에 더 중요한 것은 다음과 같은 질문이다. 만약 당신이 상황을 변화시키지 못한다면 과거로 돌아간다는 것이 어떤 가치가 있을까?

또 다른 시간여행 영화인 〈터미네이터〉에서 사라 코너가 말하는 것처럼, "오, 네가 이 모든 것을 생각한다면 미쳐버리고 말 거야."

시간여행에 대한 물리학의 분석은 표준적인 고정 시공 다이어그램을 가정한다. 사실 그것이 바로 대부분의 물리학을 계산하는 방식이며 물리적 세계가 표상되는 방식이지만, 우리 모두는 이것이 우리의 경험적인 세계가 아님을 안다. 만약 과거와 미래의 모든 것이 결정되어 있다면 시간여행에 어떤 가치가 있을까? 표준적인 시공 다이어그램은 '지금'을 나타낼 수 있는 방법을 가지고 있지 않으며, 시간여행을 통해 우리가 바꾸고자 하는 것은 바로 '지금'이다.

웜홀은 물리학 계산을 위해서 흥미로운 현상이며, 과학소설 (및 만화) 커뮤니티에서 이미 주목을 받은 바 있다. 아마도 웜홀은 빛의 속도를 초과하는 속도로 위치를 바꾸는 하나의 방법이 될지도 모른다. 그러나 만약 우리가 '진정으로' 시간여행을 원한다면, 우리는 '지금'의 의미를 이해해야만 한다.

4부

물리학과 실재

21 물리학을 넘어서

의미가 있지만 실험적으로 측정 가능하지는 않은
지식에 대한 탐험……

내 지갑을 훔치는 자는 쓰레기를 훔치는 것이다—
그러나 나의 시간을 취하는 자는 내 삶을 취하는 것이다.
　　　—W. 셰익스피어의 패러디

아인슈타인은 물리학에서뿐만 아니라 그의 다른 공헌들에 의해서도 존경받았다. 그가 성공했던 이유는 무엇일까? 1921년에 그는 다음과 같이 썼다.

결국 인간 사고의 산물이며 경험과는 독립적인 수학이, 어떻게 그토록 경탄스럽게 실재의 대상들을 기술하는 데 적합할 수 있는 것일까?

사실 수학은 그렇지 않다. 우리는 살아 있는 유기체, 사고의 과정, 심지어는 사람들 사이의 경제적인 상호작용을 잘 기술하는 방정식을 가지고 있지 못하다. 당신은 아마도 그것은 물리학이 아니라고 말할지도 모르겠다. 물론 그것은 사실이지만, 당신이 동어반복을 하고 있을 가능성에 주의하라.

내 생각에 물리학은 수학을 수용할 수 있는 실재의 아주 작은 부분집합에 지나지 않는다. 물리학에 수학이 적용된다는 것은 놀랄 만한 일이 아니다. 수학이 적용되지 않는 존재의 측면들에게 우리는 다른 이름을 붙인다. 역사, 정치학, 윤리학, 철학, 시. 모든 지식 중에 물리학은 어느 정도의 비중을 차지하고 있을까? 정보 이론의 관점에 따르면 그 답은 '아주 작다'이다.

당신이 중요하다고 알고 있는 것 중 물리학은 어느 정도의 '비중'을 차지하고 있을까? 나는 아인슈타인에게조차도 그 비중이 아주 작았을 것이라고 상상한다.

과학의 한계

브롱크스 과학고등학교 2학년생일 때 3학년 선배가(내 누나와 데이트를 하던) 존 윌리엄 네이빈 설리번John William Navin Sullivan이 쓴 책《과학의 한계》의 문고판을 준 적이 있었다. 아직도 내가 메모한 그 책을 가지고 있다. 1933년에 최초 출판된 고전의 1959년 9쇄본 멘토 판본이며 가격은 50센트였다.

나는 그 책을 싫어했다. 그 책은 과학이 지식에 이르는 궁극적인 수단이며 진리의 심판자이고 우리가 명료하게 미래를 볼 수 있도록 해준다는 내 믿음을 뒤집어엎었기 때문이다. 나는 너무도 큰 환멸을 느껴서 물리학이 아니라 영문학을 전공해야겠다고 생각하기까지 했다. 그러나 나는 이 책을 꼼꼼히 읽으며 특별히 거북하게 여겨지거나 중요하다고 생각한 수십 개의 문단에 표시를 해두었다. 내가 이 책 70쪽에 밑줄을 그은 부분에서 저자는 다음과 같이 말한다.

> 미결정성 원리는 아무런 교란 없이 자연의 경로를 관측할 수는 없다는 사실에 기초한다. 이는 양자이론의 직접적인 귀결이다.

이것은 내가 하이젠베르크의 불확정성 원리에 처음으로 접한 것이었다. 설리반이 이 책을 쓸 무렵에 이 원리는 아직 현대적인 명칭을 얻지 못한 상황이었다. "교란 없이"라는 구절은 좀 더 정확하게 "파동함수의 붕괴 없이"라고 다시 쓸 수 있다. 과학은 정확한 예측을 할 수 없다. 과학은 오직 확률을 추정할 수 있을 뿐이다. 나는 이 대목에서 환멸을 느꼈다.

당시에 나는 나를 불편하게 했던 것이 아인슈타인을 불편하게 한 것과 동일한 것이라는 점을 깨닫지 못했다. 아인슈타인은 물리학이 '불완전'하다는 개념, 물리학은 실재에 대한 완전한 기술이 아니며 과거는 미래를 완벽하게 결정하지 않는다는 개념을 견딜 수 없었다.

아인슈타인이 이 주제와 씨름하고 있을 무렵에 새로운 학문적 발전이 분위기를 바꾸었다. 아마 이는 물리학의 한계보다도 더 놀라운 결과였을 것이다. 아인슈타인은 모든 수학 이론이 '불완전'하다는 것을 알게 되었다. 이 사실은 프린스턴에 있던 아인슈타인의 친구 쿠르트 괴델Kurt Gödel에 의해서 발견되고 증명되었다.

괴델이 준 충격

괴델은 수학자, 물리학자뿐만 아니라 철학자와 논리학자에게도 충격을 준 수학적 정리를 증명했다. 이 정리는 설리반의 책에서 언급되지 않았다. 아마도 당시 이 정리가 여전히 새로운 것이어서 소수의 사람들만이 이를 이해하고 있었기 때문이었을 것이다. 또한 소수의 사람들만이 이 정리를 믿고 있었고 많은 사람들이 이 정리에 결점이 있다는 것이 드러나기를 바랐기 때문이었을 것이다. 혹은 설리반이 수학을 과학으로 생각하지 않았기 때문일 수도 있다. 많은 유럽 사람들은 수학이 음악, 철학과 함께 인문학의 일종이라고 생각했기 때문이다. 시간이 흐른 뒤 오늘날에는 괴델의 정리가 매혹적이면서도 아주 중요한 것으로서, 20세기의 가장 위대한 수학적 성취로 간주되고 있다.

괴델의 정리는 아주 단순한 방식으로 진술될 수 있다. 즉 '모든 수학적 이론들은 불완전하다'는 것이다. 이것이 의미하는 것은 당신이 고안하는 모든 수학적 체계 안에는 증명될 수 없는 진리가 포함되어 있다는 것이다. 사실 이 진리는 진리라고 식별되지조차 않을 것이다.

괴델이 수학이 불완전함을 증명한 것은 아니다. 그는 단지 정의, 공리, 정리로 구성된 어떤 집합도 필연적으로 불완전함을 증명했을 뿐이다. 예를 들어, π^e가 무리수일 가능성과 같이 실수를 사용해서는 증명할 수 없는 몇몇 정리들이 존재한다. (여기서 π는 지름에 대한 원둘레의 비율이고, e는 자연로그의 기수다.) 그러나 만약 당신이 허수를 포함하도록 수 체계를 확장한다면 이 정리를 증명하는 것이 가능할지도 모른다. (사실 우리는 π^e가 무리수인지의 여부를 모른다. 나는 괴델의 결과를 설명하기 위해서 이를 오직 하나의 가능성으로서만 인용한 것이다.) 그러나 그렇게 당신의 수학을 확장할 경우, 참이지만 증명 가능하지 않은 다른 정리가 존재하게 되어 있다.

또 다른 가능한 예로는 모든 짝수가 두 개의 소수의 합으로 기술될 수 있을 것이라는 독일 수학자 크리스티안 골드바흐Christian Goldbach의 추측을 들 수 있다. 이 아이디어 역시 증명되지 않았으며 이것의 참을 결정할 수 있는 경험적인 방법은 존재하지 않는다. 이 추측은 오늘날의 수학 한계 내에서는 증명 불가능한 정리인지도 모른다. (만약 당신이 이를 증명할 수 있다고 생각한다면, 내가 아니라 수학 교수에게 당신의 증명을 보내도록 하라.) 그러나 이 추측은 언젠가는 증명될 수 있을 것이며, 수학이 확장되는 미래에 가능하게 될지도 모른다.

당신이 정리를 참이지만 증명 불가능하다고 식별하지 못하는 이유는 단순하다. 만약 당신이 이러한 정리가 무엇인지 식별할 수 있다면, 이 정리의 참됨에 대한 증명이 있을 것이기 때문이다. 많은 정리들은 단 하나의 반례만 있어도 반증될 수 있다. 이는 괴델의 정리들에 대해서는 가능하지 않다.

현대 물리학은 수학을 기본적인 도구로 사용하기 때문에, 그 어떤 물리학 이론도 필연적으로 불완전할 것이다. 증명되거나 참이라고 보일 수 없는 참된 진술들이 존재할 것이다. 스티븐 호킹은 이러한 사실을 한탄하지만 좀 더 완전한 이론을 발전시킴으로써, 더 많은 공준 또는 '원리'를 추가함으로써 문제를 해결할 수 있다는 인식으로부터 위안을 얻는다. 괴델의 정리로부터 그는 우리가 지금까지 얻은 모든 이론들이(그는 우리가 미래에 얻을 이론들에 대해서도 분명 동의할 것이다) 불완전하다고 추론한다. 그는 유머러스하게 이론가들을 위한 직업은 앞으로도 늘 존재할 것이라고 결론 내린다.

괴델의 정리는 우리로 하여금 물리학의 완전성에 대해, 개별 이론이 아니라 물리학 그 자체의 완전성에 대해 궁금해하도록 만든다. 불확정성 원리에 의해서 영향을 받는 측면 이외에도 물리학의 영역 너머에 있는 실재의 특정한 측면이 있을까? 만약 당신이 이와 같은 방향으로 생각하기 시작한다면, 당신은 실재의 여러 측면들이 현재의 물리학에 의해서 다루어지고 있지 않을 뿐만 아니라 그 어떤 미래의 물리학 발전에 의해서도 다루어지지 않을 것처럼 보인다는 사실을 발견하게 될 것이다.

이에 대한 분명한 예는 어떤 것이 '무엇처럼 보이는지'에 대한 물음에서 찾을 수 있다.

파란색이 어떻게 보이는가?

나와 당신이 파란색을 보고 있을 때 우리는 같은 색깔을 보고 있는 것일까? 아니면 당신이 파란색을 보고 있을 때, 실제로는 내가 붉은색을 볼 때 보는 것을 당신이 보고 있을 수도 있는가?

5학년 때 이 질문이 나를 사로잡았다. 담임 선생님은 별 도움이 되지 않았다. 그녀는 "당연히 우리 모두는 같단다"라고 말했다. 나는 포기하지 않았다. 9학년 때 과학 선생님께서 많은 것을 알고 있는 것 같아서 수업 후에 여쭤보았다. 선생님께서는 신호가 모든 사람의 뇌의 동일한 부분으로 가기 때문에 우리는 당연히 모두 같은 것을 본다고 말했다. 나는 그가 물음에 대한 답변을 했다고 생각하지 않았다. 또한 나는 '당연히'라는 표현에 주의해야 한다는 것을 배웠다.

내가 어떻게 이 질문을 더 설득력 있는 방식으로 공식화시킬 수 있을까? 이 또한 제법 어려울 것임이 분명하다. 몇몇 사람들은 내가 무엇을 의미하는지 아는 것처럼 보인다. 다른 사람들은 이를 의미 없는 물음으로 취급한다. 이제 나는 세계의 위대한 철학자들 중 많은 이들이 동일한 주제에 대해서 고민했음을 안다. 이 문제는 뇌(사고하는 물리적 대상)와 마음(뇌를 자신의 도구처럼 사용하는, 좀 더 추상적인 개념인 정신) 사이의 구분으로 요약될 수 있다. 뇌-마음 구분은 그 기원을 최소한 고대 그리스까지 거슬러 올라갈 수 있는, '이원론'이라는 명칭을 가진 부류의 문제들 중 하나다.

색깔 문제를 명료화하기 위해서 당신이 해볼 수 있는 단순한 실험을 제시해보겠다. 두 눈을 동시에 뜬 상태에서 색깔이 있는 하나의 사물을 바라보라. 이제 번갈아가면서 손으로 당신의 왼쪽 눈과 오른쪽 눈을 가려보라. 이 경우에 색깔이 정확히 같을까?

나이가 든 사람의 경우에는 대개 색깔이 같지 않다. 눈의 렌즈는 점점 그 색깔을 잃어가는데 그 잃어가는 정도가 눈마다 조금씩 다르며 이러한 변화가 지각에 변화를 일으킨다. 이는 마치 각각의 렌즈가 서로 다른 색조를 가진 안경으로 보는 것과 같다. 나의 담당 안과의사는 많은 사람들이 두 개의 눈 각각으로 조금씩 다르게 색깔을 지각한다고 말한다. 만약 당신의 두 눈에 빨간색이 약간 다르게 보인다면, 빨간색이 다른 사람에게 완전히 다르게 보일 수 있을까? (물리적인 안구를 바꾸는 것은 이 문제를 해결하지 못한다.)

나는 반향성 복청diplacusis binauralis이라는 증세를 가지고 있다. 이 증세는 사소한 골칫거리라고 볼 수 있는데, 동일한 진동수의 소리가(예를 들어 소리굽쇠에서 나는 소리) 내 귀 각각에는 조금씩 다른 음조로 들린다. 이 증세를 가장 성가시게 생각한 것은 내 아이들이었다. 아이들은 내가 노래를 정확하게 부르지 못한다고 오랫동안 불평했다. 나는 결국 두 귀 각각에 들리는 음조를 동시에 상호 조정함으로써 어떻게 노래를 불러야 하는지 알아낼 수 있었다.

방금 예로 든 것들은 사소한 효과들이지만, 이 효과들이 커지지 않으리라는 보장을 할 수는 없다. 내가 볼 때의 파란색이 당신의 빨간색일지도 모른다.

1982년에 오스트레일리아의 철학자 프랭크 잭슨Frank Jackson은 내가 생각할 때 아주 설득력 있는 방식으로 내 어린 시절 색깔 질문을 제시했다. 그는 아주 명석한 과학자인 메리의 이야기를 만들어냈다. 메리는 색깔이 없는 환경 즉 검정, 회색, 흰색 이외의 색깔을 볼 수 없는 실내에서 자랐다. 그녀는 색깔 있는 그림이 빠진 책들만을 읽었고, 오직 흑백 텔레비전만을 보았다.

샌프란시스코에 있는 익스플로러토리움 박물관은 색깔이 없는 환경을 모사하는 멋진 방을 가지고 있다. 이 방은 단색광에 가까운 빛에 의해 밝혀져 있다. 빛은 저압 나트륨램프에서 나오는 단일 진동수의 노란색 빛이다. (당신은 그 램프를 하나 사서 직접 집에서 시도해볼 수 있다. 다양한 범위의 색깔을 방출하는 고압 램프를 구입하지는 말라.) 익스플로러토리움의 방은 백색광 아래에서는 다양한 색깔을 낼 사물들로 가득 차 있다. 직물, 몽타주 사진, 심지어는 젤리빈 머신까지 들어 있으나, 이 사물들의 색깔은 보이지 않고 오직 노란색의 그림자만 보일 뿐이다. 밝은 노랑, 탁한 노랑, 어두운 노랑 등. 당신이 이 방에 계속 머무르면 노란색에 대한 지각마저 희미해지는데, 이는 당신이 색깔 있는 선글라스를 쓰고 난 뒤 몇 분이 지나면 자신이 선글라스를 쓰고 있다는 것을 잊어버리곤 하는 것과 같다. 당신의 눈은 '적응을 해서' 오직 검은색, 회색, 흰색만을 본다. 그러나 플래시를 사용해서 젤리빈을 비추면 당신은 갑자기 다채로운 색깔이 나타나는 것을 보고 감탄할 것이다. (만약 당신이 아이를 데리고 익스플로로토리움에 간다면, 젤리빈 머신을 사용할 수 있도록 25센트짜리 동전을 가져가는 것을 잊지 말라.)

잭슨이 상상한 명석한 과학자 메리는 검은색과 흰색으로만 구성된 자신의 집에서 색깔이 없다는 것을 제외하고는 정상적으로 성장한다. 그녀는 자신의 물리학 책에서 색깔에 대해 읽는다. 그녀는 색깔이 있는 세계에서 사는 것이 어떤 것일지 궁금해한다. 그녀는 무지개의 이론이 우아하고 아름답다는 것을 발견하지만(물리학의 의미에서), 그녀는 무지개가 실제로 '어떻게 보일지'에 대해서 생각한다. 실제 무지개의 아름다움은 물리학의 아름다움과 다를까?

결과적으로 메리는 물리학뿐만 아니라 신경생리학, 철학 및 당신이 생각할 수 있는 다른 학문들 역시 통달한 '명석한 과학자'가 된다(이것이 가상의 이야기임을 기억하라). 그녀는 눈이 어떻게 작동하는지를 알고 있다. 빛의 다양한 진동수가 눈에 있는 서로 다른 감지장치를 어떻게 자극하는지, 눈이 어떻게 초기의 절차를 수행하여 두뇌의 서로 다른 부분에 신호를 보내는지를 알고 있다. 그녀는 이 모든 것을 알고 있지만 이를 직접 경험해본 적은 없다.

그러던 어느 날 메리는 문을 열고 온갖 색들로 가득한 세계로 걸어 나간다. 결국 그녀가 무지개를 보았을 때 그녀는 어떻게 반응할까? (이것이 사고실험임을 기억하라. 우리는 긴 세월 동안 그녀의 시각 능력이 퇴화되지 않았을지에 대해서 걱정할 필요가 없다.) 그녀가 하늘, 풀, 해넘이를 보았을 때 "오, 이것은 내가 과학을 공부하면서 기대했던 것과 정확하게 같아!"라고 이야기할까? 아니면 그녀는 "와! 이건 전혀 몰랐던 건데!"라고 말할까? 잭슨은 다음과 같이 묻는다. "그녀는 무엇인가를 '배울까', 그렇지 않을까?" 만약 그녀가 무엇인가를 배운다면 그것은 무엇일까?

잭슨의 질문에 대한 내 대답은 그녀가 무엇인가를 배울 것이라는 것이다. 그녀는 빨강, 녹색, 파랑이 '어떻게 보이는지'를 배울 것이다. 그러나 만약 다른 누군가가—당신이?—그녀는 아무것도 배우지 못할 것이라고 말함으로써 잭슨의 질문에 답한다면, 내가 당신이 틀렸음을 당신에게 납득시키는 것은 아주 어려울 것이다. 내가 의미하는 것을 당신은 알거나 알지 못할 것이다. 나는 이것을 설명하기 위해서 물리학, 수학 또는 다른 정량적 과학을 사용하지 못한다. 이와 마찬가지로 당신이 내가 틀렸음을 나에게 납득시키는 것도 아주 어려울 것이다. 당신은 아마도 내가 열린 마음을 가지고 있지 않고, 객관적이지 않으며, 이성에 귀 기울이지 않고, 비과학적이라고 결론 내릴 것이다. 나는 내가 말하는 것이 참임을 '안다'고 주장한다. 이것은 나의 '견해'나 '믿음'이 아니다. 나는 내가 무엇을 의미하는지 알고, 그것은 참이다! 메리가 색깔을 직접 볼 때만 배우게 되는, 색깔에 대한 추가적인 지식이 존재한다. 그녀는 그것이 '어떻게 보이는지'를 배운다. 당신은 그것이 무의미하며 그녀는 아무것도 배우지 않았다고 말할 것이다. 당신과 나 사이의 차이를 화해시킬 수 있는 방법이 우리 둘 모두에게 존재하지 않는다.

과연 본다는 것이 무엇인가? 만약 자유의지가 존재한다면 무엇이 이를 발휘하게 할까? '지금'이란 어떤 경험이며 이를 '그때'와 차별화시키는 것은 무엇일까? 무엇인가가 두뇌 속에 숨어 있을까, 아니면 그것은 두뇌 너머에 있는 것인가?

이 질문을 더 정교하게 하기 위해서 우주선 엔터프라이즈 호의 선장인 제임스 커크의 공간 전송 문제를 생각해보자.

나를 전송해줘, 스코티

〈스타트렉〉 시리즈에서 잘 알려진 대사는 다음과 같은 상징적인 구절이다. "나를 전송해줘, 스코티." 커크 선장이 이 구절을 말하자[52] 함선의 기술자인 스코티는 전송장치를 활성화시켜서 커크 선장의 몸을 사라지게 하고(해체하는 것일까? 우리는 이에 대해 확실하게 알지 못한다) 다른 장소에 나타나게 한다(재조합하는 것일까?). 이는 빠른 속도의 간편한 궁극적 공간 전송 방법이며, 〈스타트렉〉에서 공간 전송은 이야기 줄거리를 속도감 있게 만든다.

어떻게 이것이 가능한 것일까? 물론 이는 가능하지 않다. 이것은 공상과학에 지나지 않는다. 그러나 나는 공상과학물을 볼 때 항상 그것을 물리학과 조화시키려고 시도한다. 이 경우에 그러한 조화는 그다지 어렵지 않았다. 커크를 일종의 양자 파동함수라고 생각해보라. 전송장치는 정확한 복제물을 만들기 위해서 이 파동함수를 단순하게 '복제'해야 했을 것이다. 복제물은 원래의 분자들로 구성되어 있을까? 이는 별 문제가 되지 않는다. 현대 물리학에서 탄소 원자들은 모두 동일하다. 모든 전자들도, 모든 산소 원자들도 동일한 것은 마찬가지다. 전자가 양전자에 의해서 산란될 때 동시적으로 작동하는 파인만 다이어그램(그림 20.3과 20.4)을 기억해보라. 두 다이어그램 모두가 모든 산란에서 기여한다는 사실은 생성되는 전자가 원래의 전자이기도 하고 동시에 새롭게 생성된 전자이기도 함을 의미한다. 동일한 입자들에 대해 생각할 때 또 다른 도전의 예는 다음과 같다. 당신이 아이였던 시절에 몸에 가지고 있었던 분자들과 같은 분자들을 지금의 당신은 거의 가지고 있지 않다. 대부분의 분자들은 다른 분자들로 대체되었지만 당신은 자신이 여전히 동일한 사람인 것으로 느낀다.

현대 양자물리학의 몇몇 정리들은 오직 당신이 원본을 파괴하는 '경우에만' 원리상 그와 같은 복제가 가능함을 보여준다. 정리들 중 하나는 '전송 불가능 정리'라고 불리는데, 비록 이 이름이 부정의 의미를 가진다고 하더라도 이 정리는 〈스타트렉〉 판본의 전송을 배제하지 않는다. 이 정리는 단지 당신이 파동함수를 고전적인 측정 집합으로 먼저 변환한 후에 이를 되돌리는 방식으로 전송할 수는 없음을 진술하고 있을 뿐이다. 또 다른 정리는 '복제 불가능 정리'라 불리지만 이는 당신이 복제할 수 없음을 의미하지는 않는다. 이는 단지 당신이 원본을 파괴하지 않으면서 정확히 동일한 복사본을 만들 수는 없음을 뜻한다. 따라서 우리가 〈스타트렉〉 전송을 어떻게 하는지 알지 못한다고 하더라도, 현재까지 알려진 물리학 내에서는 이를 배제하는 것이 아무것도 없다.

우리가 〈스타트렉〉에서 나오는 전송을 어떻게 하는지 알아낸다고 가정해보자. 당신은 스스로를 공간 전송시킬 의사가 있는가?

나는 그러고 싶지 않다.

왜냐고? 나는 빔 반대편에서 나타나는 새로운 사람이 나 자신이 아닐 수도 있을 것 같아 걱정스럽다. 나는 새로이 생성된 사람이 내 모든 기억을 가질 것이고 내 모든 특성들, 모든 습관들, 모든 선호 사항들을 그대로 가지고 있으며 그 어떤 물리적 측정으로도 나 자신과 구분되지 않을 것이라는 전제를 수용한다. 그러나 그가 과연 '나 자신'일까? 당신은 왜 내가 걱정하는지 이해할 수 있는가? 정확히 같은 내 복제물이 정확히 나와 같을까? 분명 물리학은 나와 내 복제물을 구분하지 못할 것이다. 그러나 물리학 너머의 실재가 존재하는가? 이를 종교의 오래된 언어로 말하자면, 우리는 어떻게 내 '영혼'이 내 신체와 함께 전송될 것임을 아는가?

공상과학은 인간의 신체가 기억과 함께 복제될 수 있다고 자만에 차서 자랑하지만, 그렇게 복제된 사람은 원래의 사람과 다르다. 이와 같은 이야기를 다루는 책과 영화에서 어른은 원래의 사람과 복제된 사람을 구분하기 어려워하지만, 아이와 애완동물은 둘 사이의 차이를 쉽게 알아챈다. 그리스 전설에 나오는 카산드라처럼, 아이와 애완동물이 참을 말하고 있음에도 불구하고 아무도 이들을 믿어주지 않는다. 이와 같은 상황은 영혼이 바뀌는 내용을 다룬 영화인 〈신체 강탈자의 침입〉(1956)과 〈화성에서 온 침입자〉(1986)에서도 나타난다. 복제인간들은 대개 복제되지 않은 인간들에게 복제가 아주 멋진 일임을 확신시키고자 노력한다. 그러나 영화를 보면 알 수 있듯 우리는 복제가 멋진 일이 아님을 알고 있다.

내 양자 파동함수가 복제되면 나는 전송된 것인가? 이것이야말로 진정 말도 안 되는 질문이다. 그렇지 않은가?

과학이란 무엇인가?

과학적 지식을 다른 종류의 지식과 구분하는 것은 무엇일까? 내가 생각하기에 과학을 정의하는 본질은, 과학이란 우리가 보편적인 합의를 얻을 수 있으리라고 열망할 수 있는 지식의 부분집합이라는 것이다. 과학은 논쟁을 해결하고 무엇이 옳고 그른지를 결정할 수 있는 수단을 가지고 있다. 당신과 나는 초콜릿이 맛있는지 형편없는지에 대해서 결코 의견이 일치하지 않을 수 있지만, 우리는 우리가 전자의 질량에 대해서는 궁극적으로 합의할 수 있으리라는 것을 안다. 우리는 가장 좋은 정부의 형태, 가장 좋은 경제체계, 정의와 윤리에 대해 결코 의견이 일치하지 않을 수 있으나, 우리는 상대성이론이 옳은지 그른지, $E=mc^2$인지 아닌지에 대해서는 서로 동의할 수 있을 것이라 기대할 수 있다.

내가 파란색을 볼 때 당신은 파란색을 보는가? 이것은 과학적 물음이 아니다. 그렇다고 이 물음이 타당하지 않은 물음이 되는가? 이 주제는 두뇌와 마음 사이의 차이와 관련된다. 두뇌 너머에, 회로구조 뒤에, 원자들의 물리적이고 역학적인 집합 너머에 우리가 볼 수 없지만 색깔이 '어떻게 보이는지'를 아는 무엇인가가 있을까? 나는 당신에게 그러한 지식이 존재함을 증명할 수 없다. 나는 오직 당신을 설득하고자 시도할 수 있을 뿐이다.

이 문제는 $\sqrt{2}$의 무리수 성질과 유사하다. 왜냐하면 $\sqrt{2}$는 정수들의 비율로 기술될 수 없기 때문이다. 내가 부록3에서 제시한 증명은 모순에 이르는 것에 기초해 있는데, 이는 선행하는 수학으로부터 연역되지 못하는 접근법이다. 이는 하나의 공준으로서 수용되어야만 한다. 비슷한 상황이 수학적 귀납법에 대해서도 발생한다. 이 방법이 타당하다는 것에 대한 증명은 존재하지 않는다. 이 방법은 별도의 가정으로서 취급되어야만 한다. 그리고 수학에서 핵심적인 개념인 '선택 공리'가 존재한다. '선택할 수 있는' 우리의 능력조차도 자명하지 않다. 그리고 사실 우리가 진정 주사위를 던지는 신에 의해 좌우되는 외부의 힘 때문에 작동하는 기계에 지나지 않는다면, 이 공리는 잘못된 공리일 것이다.

색깔이 '어떻게 보이는지'를 논의하면서 우리는 뉴턴이 물리학 연구를 하면서 암묵적으로 따랐던 법칙들로부터 동떨어져 있었다. 몇몇 사람들은 우리가 과학으로부터 의미론으로, 혹은 더 심하게는 철학으로까지 나아가고 있다고 불평할 것이다. 우리가 실질적인 의미를 가지거나 흥미로운 내용을 가진 주제에 대해서 논의하고 있는 것이 아니라는 것이다. 당신은 다음과 같이 말할 것이다. 색깔이 '어떻게 보이는지'라고 말함으로써 당신이 의미하는 것이 무엇인지를 정확하게 정의하기만 하면, 우리는 과연 그것이 보편적인지의 여부를 결정할 수 있다.

플라톤은 자신의 대화편인 〈메논〉에서 물리적 측정에 의해서는 얻을 수 없는 지식이 존재한다고 주장했다. 플라톤은 다른 무엇보다도 '덕'을 말하고 있었는데, 오늘날의 많은 과학자들은 이 개념을 '비과학적'이라고 취급할 것이다. 아마도 과학자들은 덕이 적자생존으로 이끄는 그 어떤 행동에 의해서도 최적화되는 행위들의 집합이라고 주장할 것이다. 플라톤은 내재적 지식에 대한 자신의 주장을 증명하면서, 〈메논〉 속 주인공인 소크라테스에게 결코 자기 의견을 제시하도록 시키지 않았다. 대신 플라톤은 그가 대화 상대자의 마음 안에 이미 존재하고 있다고 주장하는 지식을 이끌어내기 위해서 소크라테스로 하여금 계속 질문하게 함으로써 자신의 주장을 증명했다. $\sqrt{2}$ 가 무리수라는 증명을 제시하는 대신에, 내가 당신에게 단순히 질문을 던지고 이를 통해 당신이 스스로 증명할 수 있도록 유도한다고 상상해보라. 그것이 바로 소크라테스적 방법의 핵심이다. 그렇게 되면 나는 소크라테스처럼 지식이 이미 당신의 두뇌 안에 있으며 이를 이끌어내기만 하면 된다고 주장할 수 있을 것이다.

모든 수학은 물리적 실재 바깥에 있는 지식이다. 그것이 바로 많은 사람들이 수학이라는 학문을 힘들어하는 이유이며 수학 기피증의 원인이다. 경험상으로 우리는 수학의 규칙들이 근사적으로 참임을 보여줄 수 있을 뿐이다. 피타고라스 정리가 정확할까? 아니면 3-4-5 삼각형의 최대 내각이 90도가 아니라 단지 89.999999도에 지나지 않는 것일까? 당신은 이에 대해서 어떻게 아는가? 물리학에 의해서, 측정에 의해서 아는 것이 아니다. (굽은 공간에서 이 각은 90도가 아님이 드러난다.) 수학은 실험적 시험에 의해서가 아니라 오직 자기 일관성에 의해서 진리를 탐구한다. 당신은 한 점을 지나는 서로 다른 직선이 결코 다시 만나지 않을 것이라고 상정할 수 있고 다시 만날 것이라고 상정할 수도 있다. 첫 번째 가정은 유클리드 기하학의 기초이고, 두 번째 가정은 일반상대성이론의 닫혀 있고 휘어진 시공간에 대해서 참이다.

전설에 따르면 피타고라스학파 사람들은 $\sqrt{2}$ 가 무리수임을 발견한 것에 대해서 매우 화가 나서 이를 발견한 히파소스를 배 밖으로 던졌다고 한다. 히파소스의 증명은 내가 부록3에서 제시한 것과 비슷했을 것이지만, 기하학에 기초한 다른 좋은 대안적 증명들도 있다.

또 다른 판본의 전설에 의하면, 피타고라스학파 사람들은 $\sqrt{2}$ 의 본성에 대한 발견이 아주 심오하다고 생각해서 이를 그들 종교의 토대로 삼았다. 이 이야기에서 히파소스가 바다로 던져지는 것은 그가 이 위대한 비밀을 외부인에게 알려준 대가를 치르게 하기 위해서다. 그러나 피타고라스학파 사람들이 이 정리에서 다음과 같은 심오한 진리를 발견했다는 것은 분명하다. 곧 물리적 실재 바깥에 존재하는 지식이 있다. 이 진리는 너무나 놀라웠기 때문에 이들은 이를 오직 피타고라스주의자로서 맹세한 사람들에게만 알렸다. 히파소스는 물리적 검증이 허용되지 않지만 실제로 존재하는 비물리적 진리를 발견한 것이다.

22 나는 생각한다, 따라서 존재한다

'지금'은 뇌에 존재하는가?
아니면 오직 우리의 마음속에만 존재하는가?

이리 와라, 한번 잡아보자.

잡을 수는 없는데, 여전히 내 눈 앞에 있구나.

치명적인 환영이여, 너는 눈에 보이는 것만큼

느껴지지는 못하는 것이냐?

혹은 마음속에서만 보이는 단도이냐?

열에 가득 찬 머리에서 나온 헛된 창조물이냐?

— 맥베스

우리는 다음과 같은 진리를 자명하게 여긴다. "만약 어떤 것이 측정 가능하지 않다면, 그것은 실재하지 않는다." 물론 이 '진리'는 독립선언에서 주장된 권리처럼 증명 가능하지 않다. 그러나 이 진리는 가설이 아니며 분명 이론도 아니다. 이는 교리와도 같이 물리학이라는 분야에만 적용되는 논제이고, 당신이 물리학의 세계에서 능수능란하도록 이끌어줄 도그마적인 믿음이다. 철학자들은 이와 같은 도그마를 '물리주의'라 부른다.

내가 말하고 있는 내용에 대해 오해는 하지 말기를 부탁드린다. 물리학 자체는 종교가 아니다. 물리학은 엄밀한 학문이며 어떤 것이 증명되었는지 그렇지 않은지에 대한 엄격한 규칙들을 갖추고 있다. 그러나 물리학이 실재의 모든 것을 표상한다고 가정할 때에는 물리학이 종교의 면모를 가지게 된다. 물리학과 물리주의 사이에는 논리적 강제성이 없을 뿐만 아니라 둘 사이를 연결하는 논리 역시 존재하지 않는다. 물리학이 '모든' 실재를 포괄한다는 도그마에 대한 정당화는 성경이 모든 진리를 포괄한다는 도그마에 대한 정당화가 부실한 만큼이나 부실하다.

물리주의라는 종교

물리주의는 1장에서 철학자 루돌프 카르납으로부터 인용한 글에 잘 나타나 있다. 카르납은 알베르트 아인슈타인이 비물리적 믿음들 쪽으로 흘러가는 것을 비판하고 있었다. "과학은 원론적으로 말해질 수 있는 모든 것에 대해 말할 수 있으므로 대답할 수 없는 질문이란 존재하지 않는다." 이는 자명하다. 그렇지 않은가? 이 진술을 읽었을 때 당신은 이를 잘 확립된 진리로서 받아들였는가?

색깔은 어떻게 보일까? 이 물음은 물리학의 물음이 아니므로 물리주의자들은 이 물음에 대해서 참을 수 없을 것이다. 당신이 파란색을 보고 있을 때, 그 파란색이 내가 파란색을 보고 있을 때와 같을까? 이 물음은 말이 되지 않고 무의미하다. 당신은 이 물음에 대한 답변을 시험할 수 있는 절차를 제시할 수 없으므로 그 답변의 참됨을 평가할 수 없다. 물리주의자들에게(아마도 나는 물리주의와 종교 사이의 유사성을 강조하기 위해서 이 용어를 대문자로 표기해야 하는지도 모르겠다) 그와 같은 물음을 던지는 것은 당신의 판단을 의심스럽게 할 뿐이다. 단지 어떤 색깔이 '어떻게 보이는지'를 묻는 것만으로도 물리주의자들은 당신이 당신의 학문인 물리학으로부터 표류해서 과학적 변절 쪽으로 미끄러지지는 않았는지 의심할 것이다.

수량화되지 않는 관측들은 환상이라고 주장할 때 물리주의는 그것의 극단에 다다른다. 당신과 나는 우리가 시간이 흐르는 것을 안다고 생각하지만 실제로는 그렇지 않다. 시간의 흐름은 현재의 물리학 이론에 존재하지 않으므로, 시공간 다이어그램 속에서 나타나지 않으므로 실재하지 않는다. 왜냐하면 현재의 물리학 구조는 설사 모든 질문들에 답하지는 못할지라도 실재의 모든 것을 포괄하기 때문이다.

물리학자들은 대개 수학을 과학의 일종으로 포함시킨다. 왜냐하면 수학은 엄밀한 학문이기 때문이다. 모든 것이 경험적으로 시험될 필요가 있는 것은 아니다. 우리는 그것의 '귀결'을 시험할 수도 있다. 우리는 $\sqrt{2}$ 가 무리수라는 것을 안다. 즉 $\sqrt{2}$ 는 두 개의 정수 간의 비율로 기술될 수 없다. 이 주장은 만약 우리가 $\sqrt{2}$ 를 제공하는 두 개의 정수를 찾아낼 경우 반증될 수 있다. 오직 추상적이고 자기 일관적인 수학의 영역 내에서이기는 하지만 말이다.

물리학자들은 양자 진폭과 파동함수라는 측정 가능하지 않은 것들을 사용하지만, 이들에 대해서 당혹해하며 이들을 사용하는 것에 대한 미안함을 느낀다. 물리학자들은 언젠가 양자 진폭과 파동함수를 제거할 수 있게 되기를 희망한다. 그와 더불어 물리학자들은 이들에 대한 해석에 관해 말하기를 피한다. 물리학은 물리학이 실패하는 것이 있음에도 불구하고 물리학이 생산해내는 기적들에 의해서 그 타당성을 얻는다. 라디오, 레이저, MRI, 텔레비전, 컴퓨터, 원자폭탄 등등이 그렇다.

무신론 그 자체는 종교가 아니다. 무신론은 특정한 종류의 종교적인 믿음인 '유신론'에 대한 부정이다. 유신론에 따르면 당신의 축구팀 또는 당신의 군대가 승리하도록 도움을 주거나, 당신의 암을 치료해줌으로써 숭배에 대한 보답을 하는 신이 존재한다. 무신론은 오직 거부에 지나지 않는다. 무신론은 물리주의와 같은 적극적인 믿음과 결합하기 전까지는 그 자체로 종교가 되지는 않는다. 물리주의란 모든 실재가 물리학과 수학에 의해 정의되며, 다른 모든 것은 환상에 지나지 않는다는 믿음이다.

특정한 아이디어를 지지하기 위해 쓰인 "과학에 따르면……"이라는 구절을 마주쳤을 때, 아주 많은 경우에 이 아이디어가 과학에서 실제로 어떤 근거도 가지고 있지 않은 경우가 아주 많다는 것은 놀랄 만한 사실이다. 많은 경우 이 아이디어는 가면을 쓴 물리주의다. "과학은 우리가 자유의지를 가지고 있지 않다고 말한다." 말도 안 되는 소리다. 이 진술은 물리학으로부터 영감을 받았지만 물리학에서는 이에 대한 정당화를 찾을 수 없다. 우리는 하나의 원자가 언제 분해될지 예측할 수 없으며, 현재 존재하는 물리 법칙들은 이와 같은 실패가 근본적인 것이라 말한다. 만약 우리가 그와 같은 단순한 물리적 현상을 예측하지 못한다면, 어떻게 우리는 언젠가 인간의 행동이 완전히 결정론적임을 보일 수 있을 것이라고 상상할 수 있단 말인가? 물론 우리는 평균적으로 방사성 탄소가 수천 년 안에 붕괴할 것임을 알고 있으며, 우리는 인간이 평균적으로는 자신들로 하여금 더 많은 인간들을 생산해낼 수 있게 하는 의사결정을 내릴 것임을 기대할 수 있다. 그러나 설사 당신이 이와 같은 최소한의 과학적 결론을 받아들인다고 해도, 이는 윤리적이고 공감대를 형성하는 가치들에 기초한 의사결정을 위한 많은 여지를 남겨놓는다. 과학은 우리가 자유의지를 포함하지 않고서도 인간의 선택을 이해할 수 있게 될 것이라고 '이야기하지' 않는다.

천체물리학자이자 대중과학서 저자이자 과학다큐멘터리 〈코스모스: 시공간 오디세이〉의 스타 진행자인 닐 디그래스 타이슨Neil deGrasse Tyson 에 따르면《신이라는 망상》(한국어판 제목: '만들어진 신')의 저자 리처드 도킨스Richard Dawkins는 "세계 제일의 무신론자"다. 나는 과학에 대해서 쓴 도킨스의 책들을 사랑하며, 그는 종교적인 영역에서 주장하는 다수의 반사실적 주장들을 합당하고 효과적으로 공격한다. 그가 기성 종교에 대해서 제시하는 비판은 많은 경우에 타당하나, 비물리적 지식이 다수의 악의 근원이 되기 때문에 그는 비물리적 지식 전체가 헛소리라고 생각하는 것 같다. 도킨스는 진술되지는 않았지만 함축적인 다음과 같은 그의 공준, 즉 논리는 우리에게 비물리적 실재를 무시하도록 요구한다는 공준을 받아들임으로써 근본적인 오류를 범하고 있다. 이러한 공준으로부터 따라 나오는 정리는 물리학에 통달하는 것이 신을 경배하는 것과 양립 불가능하다는 잘못된 믿음이다. 나는 이에 대한 몇몇 반례들을 부록6에 제시했는데, 여기에서는 모든 시대를 통틀어 가장 위대한 물리학자들이 말한 아주 종교적인 진술들이 포함되어 있다.

리처드 도킨스는 2006년 저서《신이라는 망상》에서 다음과 같이 말한다. "나는 인류가 이해의 한계에 도전하는 시대에 나 자신이 살고 있다는 사실에 흥분을 감출 수 없다. 우리가 끝내 그러한 한계가 존재하지 않음을 발견한다면 더욱 좋을 것이다." 도킨스는 실제로 과학의 능력에 한계가 없기를 희망하고, 그러한 그의 희망은 희망을 넘어 일종의 믿음이 된 것으로 보인다. 이것이 바로 그의 종교의 토대다. 그의 종교는 '너무나 많은 것'을 설명하는 과학의 성공에 토대를 두며, 과학이 모든 것을 설명할 것이라는 그의 믿음에 토대를 둔다. 그의 낙관주의는 나로 하여금 모든 수가 정수들의 비율로 기술될 수 있을 것이라 기대했던 고대 그리스인들을 떠올리게 한다. 아마도 도킨스는 실망할 것이다. 물리적 지식의 한계는 심각하고도 명백하다. 내가 이미 제시한 몇몇 예들은 나에게 물리학은 불완전하며 모든 실재를 기술하지 못함을 분명하게 보여주고 있다.

더 나아가, 논리의 우월성에 대한 도킨스의 믿음은 쿠르트 괴델에 의해서 발견된 심각한 한계를 무시하고 있다. 앞서 언급했듯 괴델은 모든 수학적 체계가 증명 불가능한 진리를 가지고 있음을, 그러한 진리는 논리의 사용을 통해서는 해결되거나 시험될 수 없음을 보여주었다. 따라서 논리적으로 증명 가능한 진리들만을 받아들인다는 도킨스의 접근법은 수학이라는 단순하고 청결한 영역에서조차도 명백하게 잘못되었다.

공감의 본질

당신은 당신이 아닌 다른 사람이 되면 어떨지를 상상해본 적이 있는가? 친구, 배우자, 아니면 유명한 사람(잔 다르크, 알베르트 아인슈타인 또는 폴 매카트니)이 되는 상상 말이다. 그러한 상상을 할 때 당신은 자신의 모든 기억을 잊어버리고 그저 다른 사람이 되어 그 사람의 눈으로 세계를 본다고 가정하지 않는가? 우리 마음의 이와 같은 능력은 공감의 원천이라고 생각된다. 공감을 하지 못하는 것은 반사회성 인격장애sociopath라는 근본적인 기능장애다. 스스로를 다른 사람이 된 것으로 상상할 때 당신이 상상하는 것은 무엇일까? 당신의 어떤 부분이 전이된 것일까? 전이된 것은 당신 자신의 느낌, 기억, 지식이 아닐 것이다. 당신은 다른 사람이 세계를 보는 것처럼 세계를 보고자 시도할 것이다. 과연 그것은 무엇을 의미하는가?

이보다 더 나은 용어가 없기 때문에, 당신이 다른 존재로 전이한다고 상상하는 그 무엇인가를 '영혼soul'이라고 부르기로 하자. 그것은 당신이 스코티에 의해 전송될 때 따라가지 않는 것과 같은 것이다. 내가 '영혼'이라는 단어를 사용하는 것을 주저하는 이유는 이 단어가 종교에서 사용될 때 포함하는 다른 많은 의미들을 가지고 있기 때문이다. 불멸성, 신체와 독립적인 기억(당신은 죽었을 때 부모님의 영혼을 알아볼 것인가?), 죄를 지었을 때 처벌받는 그 무엇 같은 것들 말이다. 따라서 나는 이것을 당신의 '제5원소quintessence'(이미 우주론에서 전용되어 있는 용어), 당신의 '얼anima'(최면술과 밀접하게 관련되어 있는 용어), 당신의 '정신spirit'(스포츠에 대한 열광과 관련되는 용어) 또는 프랑스 단어인 '에스프리esprit'라고 부르고 싶은 마음이 들지만, 단순성을 위해 이것을 계속 '영혼'이라고 부르자. 영혼이 존재하는가? 실재하는가?

영혼은 물리학에서는 탐지 불가능한 것처럼 보인다. 비록 사람들이 뇌 생리학에서 영혼을 찾아왔지만 말이다. 영혼은 많은 경우 '의식'과 혼동된다. 아마도 의식이 물리주의의 관점에서 좀 더 다루기 쉽기 때문일 것이다. 영혼-의식의 차이는 마음-뇌의 차이와 유사하다.

5학년 때 선생님께서 우리가 어떻게 '보는지'를 가르쳐주겠다고 말씀하셨던 것을 기억한다(훗날 내가 색깔에 대해서 질문했던 바로 그분이다). 나는 흥분했다. 그것은 내가 아주 궁금했고 이해하고 싶던 주제였기 때문이다. 그날 오후 선생님께서는 설명을 시작하셨다. 그녀는 칠판 위에 눈의 다이어그램을 펼쳐놓으셨다. 나는 브롱크스 공립도서관의 모트 헤이븐 분점에서 빌린 과학책에서 그 다이어그램을 본 적이 있었다(책에게 질문을 할 수는 없다). 아직까지는 새로운 것이 없었다. 그녀는 광선의 궤적을 그렸고, 이에 대해서는 나도 알고 있었다. 빛이 렌즈를 통과해서 망막에 모인 후 전기로 변환되었다. 그에 대해서는 이미 책에서 읽어 알고 있었다. 전기 펄스가 뇌로 들어갔다. 뇌는 각각의 신호가 어디서부터 오는지를 알았기 때문에 상을 재구성할 수 있었다. 망막의 상은 상하가 거꾸로 되어 있지만 뇌는 이를 다시 원상복구시켰다. 그래, 이제 내가 원하는 이야기가 나올 거야! 이제야 비로소 내가 원하던 답이 나올 차례였다. 내 집중력은 두 배로 증가했다. (이는 분명 실화다. 나는 정말로 대답을 듣고 싶어서 의자의 앞쪽 끝에 앉아 있었다.) 그러나 어떻게 보는지에 대한 설명 대신에 선생님께서는 다음과 같이 말씀하셨다. "이제는 우리가 소리를 어떻게 듣는지, 귀에 대해서 알아보자."

알고자 하는 나의 기대는 이루어지지 않았다*Eruditio interruptus*!

나는 너무나 실망한 채로 뒤로 물러나 앉았다. 나는 과학책들을 읽어보았지만 책들의 설명은 항상 뇌에서 멈추곤 했다. 나는 '내가' 어떻게 보는지, 신호가 어떻게 뇌를 넘어선 곳으로 가는지, 내가 파란색을 파란색으로 보게 되는 곳으로 어떻게 가는지를 알고 싶었다. 앞서 언급했던 것처럼, 나중에 선생님께 찾아가서 이에 대해서 물었지만 선생님께서는 내 질문이 무엇에 대한 것인지를 이해하지 못하시는 것처럼 보였다. 신호가 뇌로 전달된다, 그뿐이었다.

이 모든 것이 '지금'의 미스터리와 무슨 상관이 있을까? 우리가 스스로를 화려한 멀티태스킹 컴퓨터에 의해 작동되는 기계라고 생각하는 한

'지금'이라는 주제는 관련이 없다. 뇌에 있는 신호를 보고 파란색이 어떻게 보이는지를 보는 무엇인가가(영혼?) 없다면 '지금'은 의미가 없다. 이는 '지금'이 물리학적 기원을 가지지 않는다는 것을 의미하지 않는다. 나는 '지금'이 물리학적 기원을 가진다고 생각한다.

신체는 신호를 보내는 절차를 진행하지만, '보는' 그 무엇인가를 나는 (더 나은 용어가 없으므로) 영혼이라고 부른다. 나는 내가 영혼을 가지고 있음을 안다. 당신은 내 영혼 없이는 나와 이야기할 수 없다. 영혼은 물리학, 신체와 뇌를 넘어서는 것이며 사물들과 색깔이 '어떻게 보이는지'를 보는 것이다. 나는 영혼을 이해하지 못한다. 나는 내 영혼이 불멸하는지에 대해서 의심한다. 그러나 자식과 손자가 있는 나는 매일 자손들에 의해 내가 얻게 되는 특정한 종류의 불멸성이 있음을 더욱 실감하고 있다. 내 자손들 역시 영혼을 가지고 있을까? 물론이다. 이는 나에게 명백하다. 그러나 나는 내가 어떻게 아는지를 설명하지 못한다. 나는 다른 사람의 영혼에 대한 분명한 지각이 공감과 사랑의 본질이라고 느낀다. 다른 사람의 영혼을 의식하고 있을 경우 어떻게 그 사람에게 해를 끼칠 수 있겠는가?

물론 나는 이와 같은 지각을 공유하지 않는 것처럼 행동하는 사람들인 소시오패스들을 알고 있다. 이들은 다른 사람들을 마치 기계인 것처럼 다룬다. 이들에게는 다른 사람들에게 해를 입히는 것이 자전거를 버리는 것과 별반 다르지 않다. 이들은 자신을 다른 사람의 입장에 두고 다른 사람이 영혼을 가지고 있음을 인지하는 능력인 공감을 결여하고 있다. 나는 그와 같은 사람들이 심리학자들에 의해 인간의 다수가 아니라 예외적인 경우에 속한다고 인지되며 분류되고 있다는 사실로부터 다소간의 위안을 얻는다.

공감 능력을 갖추지 못한 사람들은 책과 대중매체 안에서 자주 나타난다. 1956년의 영화 〈신체 강탈자의 침입〉에서 어린 지미는 다음과 같이 외친다. "그녀는 내 엄마가 아니야!" 지미는 엄마처럼 보이고 엄마처럼 행동하는 사람이 공감을 결여하고 있음을 감지하고 이렇게 말했을 것이다. 1998년의 영화 〈다크 시티〉에서 외계인들은 무엇이 인간을 인간으로 만드는지를 파악하려는 실험을 하기 위해서 하나의 행성 전체를 건설한다. 영화의 절정에 이르러 주인공인 존 머독은 처음에는 자신의 뇌를 가리켰다가 다음으로 자신의 심장을 가리킨다. 그리고 그는 외계인들이 잘못된 곳을 찾고 있었다고 주장한다. 인간의 본질은 뇌의 논리적 사고에서 찾을 수 있는 것이 아니라 심장에 의해 표상되는 공감에서 찾을 수 있다는 것이다.

미국에서 치러지는 선거를 보면서 가끔씩 나는 투표자가 가장 관심을 가진 것은 후보가 투표자에 대해, 가난한 사람들에 대해, 다른 모든 사람들에 대해 공감 능력을 가지고 있는지의 여부임을 느낀다. 정책 쟁점들은 그 다음으로 중요하다. 미국의 투표자들은 소시오패스를 선출하기를 원하지 않는다. 그러나 마오, 스탈린, 사담 후세인에게서 볼 수 있듯 소시오패스들은 아주 성공적인 지도자가 될 수 있다.

만약 당신이 나는 영혼을 가지고 있지 않다고, 이것은 하나의 환상일 뿐이라고, 당신이 컴퓨터 프로그램에게 마치 영혼을 가지고 있는 것처럼 행동하라고 가르칠 수 있다고 말한다면, 당신은 마치 내가 5학년 시절에 만난 선생님처럼 내가 무엇을 말하려는 것인지 전혀 모르고 있다고 단정할 수 있다. 비록 내가 내 영혼이 의미하는 것을 표현하는 데 어려움을 겪고 있음에도 불구하고, 내 영혼은 나 자신에게는 너무나도 명백하다. 아우구스티누스의 표현을 빌리자면(그는 시간의 흐름에 대해서 언급하고 있다), "만약 누가 나에게 묻지 않는다면, 나는 알고 있다. 만약 내가 설명하려고 한다면, 나는 모른다." 이러한 점에 대해서 생각할 때마다 나는 경이로움을 느낀다. 이는 나의 가장 근본적인 종교적 계시다. 나는 아인슈타인이 다음과 같이 말했을 때 아마도 이러한 경험에 대해서 언급한 것이 아닌가 하고 추측한다. "인간은 그가 그 자신의 바깥에서 살 수 있을 때 비로소 살기 시작한다."

대답되지 않은 물음들이 많이 남아 있다. 동물들에게는 영혼이 있을까? 나는 잘 모르겠다. 내가 지금껏 알고 지낸 대부분의 애완견 주인들은 개들에게 영혼이 있다고 믿는다. 르완다에 있을 때 야생 산 고릴라 가족 둘과 몇 야드 떨어지지 않은 가까운 거리에서 (이틀에 걸쳐) 두 시간을 보낸 적이 있었다. 이때 나는 고릴라들에게 영혼이 있음을 확신하게 되었다. 이들은 야생의 크고 강하며 털이 많은 인간처럼 보였다.

나는 생각한다, 따라서 존재한다

1637년에 데카르트는 다음과 같이 썼다. "나는 생각한다, 따라서 나는 존재한다." 이는 삶이 환영이라는 철학에 대한 그의 간결한 반박이었고, 우리가 심지어 존재하지조차 않는다는 주장에 대한 그의 반박이었다. 데카르트의 진술은 토론되고 논쟁되고 기각되었다. 만약 당신이 모든 용어들을 엄격하게 정의해야 한다고 주장한다면, 이 진술은 명백하게 참이거나 명백하게 거짓임이 분명하다. 그러나 데카르트는 왜 그토록 당연한 얘기를 거침없이 제시했을까? 왜 그의 말은 그토록 강력하게 우리에게 각인되는 것일까?

내 생각에 그의 말은 물리주의에 대한 논박으로 해석될 수 있다. 이 말은 원래 영어나 라틴어가 아닌 프랑스어로 쓰였고, 단순하게 "Je pense, donc je suis"였다. 고전적 철학자들은 'pense'를 사고의 물리적 행위 즉 뇌 안에서 신호가 이동하는 것으로 해석한다. 이러한 고전적 해석은 현대 컴퓨터에도 동일하게 적용된다. 그러나 나는 '생각한다'를 뇌의 행위가 아니라 마음, 영혼, 색깔이 어떻게 보이는지를 보고 소리가 어떻게 들리는지를 듣고 공감 능력을 발휘하는 그 무엇인가를 지칭한다고 해석할 때 데카르트의 진술이 아주 설득력 있음을 발견한다. 과학은 존재를 추상적인 것으로, 실재를 하나의 환영으로 기술할 수 있으나, 데카르트는 사실은 그렇지 않음을 '알고' 있었다. 비록 데카르트가 그의 진술을 1600년대에 했다고 하더라도, 이 주제는 오늘날에도 여전히 유효하다. 물리학에서 이는 간접적으로는 '홀로그래피 원리holographic principle'와 관련이 있는데, 이는 오늘날 많은 끈 이론가들이 선호하는 실재에 대한 재해석이다.

물리주의자들이 비물리적 지식을 부정하고자 원하는 것에는 실제적인 근거가 있다. 만약 이를 허용하게 되면, 당신은 심령주의, 유사과학, 종교의 수문을 열게 되는 셈이다. 모든 통제를 상실하게 된다. 누구든지 관측과 모순되지 않는 범위에서 그 어떤 것에 대해서도 이야기할 수 있다. 수학은 비물리적일 수 있지만, 최소한 수학은 엄격한 학문으로서 잘못된 진술을 반증할 수 있는 엄격한 규칙들과 절차들을 가지고 있다. 그러나 영혼에 대한 그 어떤 대화도 자기 일관성에 대해 요구하지 않으며, 시험될 수 없고, 그렇기 때문에 시간 낭비이고 혼란스럽고 오도하며 어쩌면 위험할 수조차 있는 '진리'에 이르게 할 수 있다.

1996년에 복제된 양이라는 주제로 윤리적인 논쟁이 일어난 적이 있었다. 복제 양의 완전한 유전체genome가 두 번째의 양인 돌리를 생산하는 데 사용되었다. 돌리는 일란성 쌍둥이가 서로 같듯이 기증자와 동일한 물리적 구성 성분을 가지고 있었다. 이후 사람들은 부유한 사람들이 자신들의 복제 인간을 만들지 않을까 두려워했다.

그게 어쨌다는 말인가? 뭐가 두렵다는 말인가? 많은 이들이 그들이 윤리적 함의로 여기는 것들 때문에 불안해했다. 백신에서 산아제한에 이르기까지 많은 새로운 과학적 주제와 관련해서 새로운 것을 실현하는 사람들은 "신을 가지고 장난을 친다"며 비난을 받는다. 문제가 된 한 주제는 과연 복제된 인간이 영혼을 가지는지의 여부였다. 만약 복제 인간이 영혼을 가지지 않는다면, 오늘날 우리가 말, 개, 자동차, 컴퓨터를 노예화하고 있는 것처럼 복제 인간 역시 노예화시켜도 될 것인가?

사람들은 연구를 더 진행하도록 허락하기 전에 복제가 가지는 윤리적 함의 전반에 대해 논의했어야 한다고 말했다. 당신은 그게 얼마나 걸릴 것 같은가? 몇몇 이유 때문에 일란성 쌍둥이(모든 사람들이 쌍둥이는 분리된 영혼을 가지고 있음을 받아들인다)와의 비교는 거의 거론되지 않는다. (사악한 분신evil twin의 개념은 차라투스트라에게까지 그 기원이 거슬러 올라간다.) 내가 복제를 언급하는 것은 이 역시 영혼에 대한 지각이 광범위하게 퍼져 있음을 보여주기 때문이다. 많은 무신론자들이 영혼의 개념을 받아들인다. 그들은 단지 호의를 베푸는 신의 존재를 부정하는 것이다. 영혼의 실재를 부정하는 주된 이들은 물리주의자들이다.

23 자유의지

아직 하나의 중요한 조각이 맞춰지지 않았다. 이 조각은 퍼즐의 양자물리학 영역 언저리에 있으며, '지금'에게 특별한 의미를 부여하는 데 핵심적인 역할을 함이 증명될 것이다⋯⋯

엔트로피의 항상적인 증가가 우주의 기초적인 법칙인 것처럼, 좀 더 고도로 구조화되는 것 그리고 엔트로피에 대항해서 투쟁하는 것은 생명의 기초적인 법칙이다.

—바츨라프 하벨

당신은 자유의지를 가지고 있는가?

나는 내가 자유의지를 가지고 있다고 생각하지만 이를 완전히 확신하는 것은 아니다. 최소한 내 자유의지 일부는 환상일 수 있다. 이와 관련한 최초의 의심은 1980년에 시작되었다. 그로부터 2년 전에 아내인 로즈머리가 우리의 첫째 아이를 출산했다. 아이의 이름을 뭐라고 지을까? 이 문제는 우리 삶에서 가장 중요한 결정 중 하나라고 생각되었다. 우리는 너무 흔하지도 않고 너무 예외적이지도 않은 이름, 개인적인 의의를 가지면서도 너무 개인적이지는 않은 이름을 원했다. 이름은 우리 딸의 것이지 우리의 것이 아니었다. 우리는 수백 개의 이름들 및 이 이름들과 관련된 의미들이 실려 있는 책들을 읽었고 이 책들을 버린 후, 우리가 좋아하지 않고 통제하지 못할 별명들을 고려한 후, 순간적으로 '엘리자베스 앤'이라고 지어야겠다고 선택했다.

나는 우리가 강력하고 생산적이었던 영국의 여왕 엘리자베스 1세에 대한 우리의 존경으로부터 부분적으로 영향을 받았다고 확신한다. 로즈메리는 휴 리치몬드Hugh Richmond 교수의 셰익스피어 수업을 수강한 적이 있었고, 나 역시 모든 강의들을 청강했다. 리치몬드와 셰익스피어는 모두 우리의 삶에 깊이 영향을 미쳤다. 중간 이름을 왜 앤으로 지었을까? 이 이름은 그냥 적합하게 들렸다. 수십 년이 지난 후에야 필자는 '엘리자베스 앤'이 '엘리자베션Elizabethan'과 유사함을 알아챘는데, 이는 엘리자베스 1세에 의해 통치된 위대한 시대를 가리키는 명칭이었다. 중간 이름이 적합하게 들렸던 것도 무리는 아니었다. 우리는 여왕의 이름을 본 따서 딸의 이름을 지은 것일까, 아니면 시대의 이름을 본 따서 딸의 이름을 지은 것일까? 우리는 딸의 별명도 좋아했다. 엘리자베스, 리즈, 벳시, 베스…… 모두 새의 둥지를 연상시키는 것들이었다. 이는 매우 개인적인 선택이었다.

어쩌면 우리가 매우 개인적인 선택이었다고 생각한 것일 뿐일지도 모른다. 2년 후인 1980년에 나는 자주 쓰이는 이름들에 관한 한 기사를 읽었다. 1978년에 북부 캘리포니아에서 딸아이들에게 지어준 가장 흔한 이름이 엘리자베스였던 것으로 나타났다.

자유의지란 무엇일까? 이것은 다른 것으로부터 영향을 받지 않고 무엇인가를 하고자 선택할 수 있는 능력일까? 왜 나는 다른 것으로부터 영향을 받지 않고 무엇인가를 하기를 원할까? 만약 내 행동이 외부의 힘들―우연히 나와 관련 있게 된 사람들인 부모님, 선생님, 친구, 동료, 우연히 읽게 된 책, 우연히 가지게 된 경험―에 의해 결정된다면, 그것이 그저 나를 다른 입자들에 의해 수동적으로 둘러싸여 이 힘들에 반응하는 물리적인 입자와 다름이 없는 것으로 만드는가? 나는 태양의 중력에 반응해서 이미 정해진 경로를 움직이는 행성과도 같이 되는 것인가? 내가 스스로 행위하고 있다고 생각하는 것은 망상에 지나지 않게 되는가? 나는 아주 복잡한 기계 속에서 기어가 돌아갈 때 이리 튀고 저리 튀는 하나의 나무 조각에 지나지 않는가? 그저 나는 내가 중요하다고 생각하는 것을 빠르게 실천한다고 혼동하고 있을 뿐인가?

1800년대 후반에 고전 물리학이 정점에 이르렀을 때, 물리학은 곧 모든 것을 설명할 수 있게 되리라고 보였다. 당시에는 정말로 소수의 문제들이 남아 있을 뿐이었다. 지구의 절대 속도 측정, 미처 설명하지 못한 열복사의 몇몇 측면들과 관련된 주제들이 그것이었다. 이와 같은 사소하고 설명되지 않았던 주제들이 전혀 사소하지 않음이 밝혀졌다. 결국 이 주제들이 상대성이론과 양자물리학이 등장하도록 만들었다.

상대성이론까지도 포함하는 고전 물리학은 결정론적이었다. 우주는 인과적이었다. 과거는 미래를 완전히 결정했다. 이는 원리상으로는 이전 사건들에 의해서 행동조차도 결정됨을 암시했다. 이후 이루어진 혼돈 이론의 발전은 미래를 예측할 수 있을 정도로는 우리가 과거를 결코 잘 알지 못할 것임을 암시했지만, 이는 결정론의 논변을 바꾸지는 못했다. 인간의 행동을 포함하는 모든 행동은 예정되어 있다. 칼뱅주의자들이 옳았다. 철학자들로서는 물리학자들의 발견에 동의하지 않는 것이 어려웠다. 물리학의 급속한 발전은 물리주의의 철학(또는 종교?)에 신뢰를 부여했다. 사실 자유의지에 대한 물리주의자의 부정은 범죄자들이 교육의 희생양이며 그들의 행동 때문에 그들을 처벌하는 것은 공정하지 않다는 신념을 강화시켰을 것이다. 모든 잘못된 행위의 책임은 개인이 아니라 사회에게 있다. 이는 자유의지를 사회에게 부여하고(잘못된 행위에 대처하기 위해) 범죄자에게 자유의지를 부여하는 것을 거부하는 이상한 결론이었다.

그러나 이러한 철학적 결론이 기초하고 있는 바로 그 전제가 거짓임이 밝혀졌다. 이 논증—물리학은 자유의지가 환상임을 보여주었다는 주장—을 논박하기 위해 필요한 것은 물리학이 인과적이지 않으며, 입자들의 미래의 행태는 과거의 경험들보다 더 많은 것에 의존한다는 것을 증명하는 것이다. 나는 그것을 나 자신의 실험실에서 직접 증명했다.

내 실험실로 되돌아가서……

뉴턴의 시대부터 하이젠베르크의 시대에 이르기까지, 초기 조건들에 대한 지식이 한 물리계의 미래를 결정할 것이라고 가정되었다. 그러나 오늘날 우리는 모든 면에서 완벽하게 동일한 두 개의 사물들이 서로 다르게 행동할 수 있음을 알고 있다. 두 개의 '동일한' 방사성 원자들이 서로 다른 시간에 붕괴한다. 이 원자들의 미래는 그것들의 과거 또는 조건, 양자물리학의 파동함수에 의해서 결정되지 않는다. 동일한 조건이 동일한 미래에 이르게 하지는 않는다. 인과성은 평균적인 물리적 행동에 영향을 미치지만 개별적인 물리적 행동에 영향을 미치지는 않는다.

내가 가장 신빙성 있다고 생각하는 방식으로 이를 입증해보겠다. 즉 내가 직접 행한 실험과 측정으로 말이다. 1960년대 후반에 실험 기초 입자 물리학에 종사하고 있던 시절, 나와 동료들은 매일 로렌스 버클리 연구소의 베바트론Bevatron[53]을 이용해서 양성자를 다른 양성자와 충돌시키는 작업을 하고 있었다. 많은 경우 이러한 충돌로부터 2개 이상의 '파이온pion'('파이 중간자pi meson'를 줄여서 부르는 말)이 생성되었다. 여기서의 핵심적인 사실은 다음과 같다. 나는 파이온이 동일한 전하를 가지고 있을 경우에, 단일 충돌로부터 생성되는 파이온은 모두 동일함을 판정할 수 있었다. 여기서 나는 '정말로' 동일함을, 가장 깊은 양자 핵심에 이르기까지 파이온들이 서로 동일함을 뜻하고 있다. 이 입자들은 동일한 양자 파동함수를 가지고 있었다. 이들은 파인만 다이어그램에서 들어오는 전자가 나가는 전자와 같다는 의미에서와 같이 서로 동일한 입자였던 것이다.

어떻게 나는 입자들이 정말로 동일하다고 말할 수 있었을까? 나는 필도버로부터(시간 역행 위반에 대한 95퍼센트의 신뢰도는 충분하지 않음을 나에게 알려준 물리학자) 동일한 입자들은 서로를 간섭하는 파동을 가진다는 것을 배웠다. 특정 방향에서 파동은 강화되고 다른 방향에서 파동은 소멸된다. 그러한 간섭은 충돌(입자들의 '최종 상태 상호작용'의 일부)에서 나오는 입자들에게서 볼 수 있고 이미 우리의 자료 속에서 관측된 바 있었다. 구성 성분이 서로 다른 입자들은 서로 간섭하지 않는다. 파이온은 전자와 간섭하지 않는다. 전자는 다른 전자와 간섭할 수 있으나 오직 숨은 내부 스핀이 동일하게 정향되어 있을 때에만 그러하다. 간섭은 입자들이 동일함을 보여주는데, 가능한 숨은 내적 구조 모두가 동일함을 보여준다. 양자물리학의 모든 영역에서 동일한 것이다.

거품상자 사진들 속에서 나는 동일한 두 개의 파이온을 볼 수 있었는데, 이들은 서로 다른 시각에 붕괴했다. 나는 아직도 그것이 매우 이상하다고 생각한다. 두 개의 다이너마이트 막대가 동일한 퓨즈를 가지고 있고 동시에 점화된다면, 두 막대는 동시에 폭발할 것이다. 나의 동일한 입자들은 그러지 않았다. 두 파이온 사이에는 차이가 있는 것이 분명했다. 이들의 파동함수는 서로 동일할 수 없었다. 그러나 간섭은 이들의 파동함수가 동일함을 보여주었다.

비록 프리드먼-클라우저 실험이 숨은 변수 이론을 논박하긴 하지만, 당신은 대부분의 방사성 원자들 역시 그러할 것이라고 확신할 수 없다. 동일하다고 증명된 입자들이 서로 다르게 행동하는 것에 대한 나의 관측은 그와 같은 가능한 반론을 제거한다. 물론 내가 이러한 관측을 제일 먼저 한 것은 아니었다. 나는 이에 대한 방법론을 도버로부터 배웠다. 내가 여기서 하고자 하는 것은 입자 물리학에서 잘 알려진 한 종류의 관측으로 독자의 관심을 돌리는 것이다. 이 관측은 물리주의에 대한 논의와, 과거가 미래를 결정하는 범위에 대한 논의와 관련이 있다.

나는 자유의지를 가지지 않을 수 있으나, 이 파이온들은 분명 자유의지를 가지고 있는 것처럼 보였다.

아니, 파이온이 정말 자유의지를 가진다고 말하는 것은 아니다. 파이온이 자유의지를 가진다고 말하는 것은 신중하지 못한 인간중심적인 처사일 것이다. 오히려 이 예는 세계가 결정론적이라는 물리주의자의 주장이 물리적 관측에 의해 반증되었음을 보여준다. 동일한 입자들은 동일하게 움직이지 않는다. 따라서 혼돈을 없앨 수 있을 정도로 충분한 정확성으로 과거에 대한 완전한 지식을 가지고 있다고 하더라도, 미래의 특정한 중요 측면들은(예를 들어 고양이의 수명에 영향을 미치는 어떤 것) 예측될 수 없다. 자유의지에 반대하는 가장 강력한 역사적 논증이자 고전 물리학의 성공을 형성했던 그 논증, 물리학이 결정론적이라는 논증은 그 자체로 하나의 환상이었던 것이다.

고전적 자유의지

자유의지란 무엇일까? 고전 물리학이 그 절정에 이르렀던 1800년대 후반에 과학은 모든 것을 설명하고자 하는 장대한 걸음을 걷고 있었다. 다음의 인용은 켈빈 경의 말이라 여겨진다.

> 오늘날 물리학에서 새로이 발견되어야 하는 것은 존재하지 않는다. 다만 남아 있는 것은 더욱 더 정확한 측정뿐이다…… 물리학에서 미래에 발견될 진리는 소수점 여섯째 자리에서 찾아야 할 것이다.

이와 같은 진술은(실제로 켈빈이 이 말을 했든 그렇지 않든) 당시의 많은 과학자들이 느꼈던 감정을 반영하고 있다. 모든 것 즉 역학, 중력, 열역학, 전기와 자기 등 모든 것이 제자리를 찾은 듯 보였다. 생물학적 행동마저도 조만간 이리저리 움직이는 입자들과 전기 신호들로 환원될 터였다. 만약 당신이 자유의지는 과학으로 설명될 수 없을 것이라 생각했다면, 당신은 과학 회의주의자 혹은 더 심하게는 과학을 부정하는 자임이 분명했다.

철학자들은 자유의지를 상세히 분석해서 이와 다른 결론에 도달했다. 쇼펜하우어는 자신의 1839년 논문 〈자유의지에 관하여〉를 철학자들의 회의에서가 아니라 노르웨이 왕립과학학회에서 발표했다. 그는 인간은 자유의지에 대한 환상만을 가질 뿐이라 주장했다.

> 당신은 당신이 의도하는 것을 할 수 있다. 그러나 당신의 삶의 그 어떤 순간에도 당신은 오직 하나의 것만 의도할 수 있으며 그것 이외의 다

른 어떤 것도 의도할 수 없다.

《선악의 저편》(1886년)에서 프리드리히 니체는 자유의지를 인간의 지나친 자부심으로부터 비롯되는 '어리석은' 결과, '지독한 멍청함'이라고 불렀다

주로 철학으로 알려져 있는 임마누엘 칸트(1724~1804)는 뛰어난 과학자이기도 했다. 그는 최초로 조수가 지구의 회전을 느리게 한다는 것을 발견했고, 우리의 태양계가 원시 기체 성운으로부터 형성되었다는 옳은 가설을 수립한 사람이었다. 칸트는 뉴턴 물리학을 아주 훌륭하게 이해하고 있었고, 뉴턴 물리학은 생명 그 자체마저도 결정론적일 수 있다는 가능성을 제시하고 있음을 잘 알고 있었다. 그러나 그는 그 시대의 물리학의 성공에도 불구하고 자신이 자유의지를 가지고 있다고 결론 내렸다. 왜냐하면 (그가 주장하기를) 자유의지 없이는 도덕적 행위와 비도덕적 행위 사이에 아무런 차이가 없을 것이라는 단순한 이유에서였다. 그런데 두 종류의 행위 사이에는 차이가 있으므로, 칸트에 따르면 자유의지가 존재한다.

오늘날의 변호사라면 이러한 칸트의 추론이 결론을 지지하기 위한 추론이라고 말하겠지만, 나는 칸트의 진술을 더 심오하게 해석할 수 있다고 생각한다. 그는 자신이 윤리, 도덕성, 덕에 대한 비물리적이고 참된 지식을 가지고 있다고 느꼈다. 이러한 지식에 대한 그의 확신을 전제하면 자유의지는 실제로 존재해야만 한다. 왜냐하면 선택이 부재할 경우 그와 같은 개념들은 참된 의미를 가지지 못할 것이기 때문이다. 그러나 자유의지에 대한 칸트의 생각과 물리학 사이의 참된 양립 가능성을 보기 위해서는 물리학에서의 발전, 특히 물리학의 양자적 측면에 대한 이

해가 필요할 것이다.

오늘날의 과학자이자 철학자이며 DNA 이중나선 구조를 공동으로 발견한 프랜시스 크릭Francis Crick은 이러한 생각에 동의하지 않았다. 그는 다음과 같은 생각을 제시했다.

'당신', 당신의 기쁨과 슬픔, 당신의 기억과 야망, 개인적인 정체성과 자유의지에 대한 당신의 지각은 사실 신경세포 및 이와 연관된 분자들의 광대한 집합체가 만드는 행동에 지나지 않는다.

크릭은 이러한 생각을 '놀랄 만한 가설'이라 불렀으나, 내 생각에 그는 자신들의 결론을 전지전능한 신에 의거해서 또는 고전 물리학의 성공에 의거해서 논증했던 많은 철학자들의 주장을 단순히 철회하고 있는 것에 지나지 않는다. 강력한 의견이 늘 설득력 있는 근거들에 의해 뒷받침되는 것은 아니다. 현명하게도 크릭은 이것이 하나의 '가설'임을, 이는 그가 오로지 과학으로부터만 도출한 결론이 아님을 밝혔다. 사실 그의 결론은 쇼펜하우어의 결론과 마찬가지로 반증 가능하지 않았다.

반복해서 말하지만 내가 파이온에 대한 관측으로부터 얻은 결론은 파이온이 자유의지를 가지고 있다거나 사람들이 자유의지를 가지고 있다는 것이 아니다. 단지 과거가 완전히 미래를 결정한다는 철학자들의 핵심 가정이 현대 물리학에 의해서 지지되지 않는다는 것이다. 자유의지가 존재하지 않는다는 철학자들의 논증은 잘못된 전제에 기초하고 있다. 우리는 자유의지가 존재한다고 결론 내릴 수 없지만, 과학에서 그 어떤 것도 자유의지를 배제하지 않는다고 결론 내릴 수 있다.

비록 현대 물리학이 자유의지를 허용한다고 해도, 자유의지에 대한 그 어떤 발현도 엔트로피의 증가와 양립 가능해야 한다. 확률이 낮은 사건보다 확률이 높은 사건이 더 많이 일어나게 마련이라는 법칙 말이다. 엔트로피는 절대적인 제약 조건이다. 과연 자유의지는 엔트로피의 폭정을 극복할 수 있을까?

엔트로피의 방향 정하기

비물리적 지식이 미래에 영향을 주는 데 사용될 수 있을까? 비물리적 지식이 없었다면 좀 더 높은 확률로 가버렸을 미래를 비물리적 지식을 이용해서 좀 더 낮은 확률을 가지는 방향으로 이동하도록 만들 수 있을까? 우리가 '지금'의 의미가 가지는 물리적인 기원을 확보한다면, 이 문제에 대한 대답이 왜 이 순간이 우리에게 특별한지를 결정하는 데 중요한지가 증명될 것이다.

나는 이 물음에 대한 대답이 명백하게 그렇다고 생각한다. 비록 우리가 우주의 엔트로피를 감소시키지는 못한다고 하더라도, 우리는 엔트로피의 증가를 통제하여 특정한 목적을 달성하도록 엔트로피 생성의 방향을 정할 수 있다. 우리는 어떤 미래가 접근 가능할지를 선택함으로써 우리의 자유의지를 발휘한다. 우리는 찻잔을 어디에 둘지, 탁자의 중앙에 둘지 가장자리 근처에 둘지 선택할 수 있다. 우리는 기체가 담겨 있는 통과 진공의 통 사이를 막고 있는 벽에 구멍을 뚫을지의 여부를 선택할 수 있다. 그러고 나면 엔트로피는 가장 확률이 높은 상태로 우리를 데려가지만, 우리는 상태의 집합을 결정할 수 있다. 우리는 지휘자이며 엔트로피는 우리의 오케스트라다.

나무가 썩으면서 엔트로피가 증가할 수 있지만, 우리는 성냥에 불을 켜서 똑같은 나무로 도자기를 구워 찻잔을 만들거나 트랙터를 운전하기 위한 피스톤을 눌러 도시를 건설할 수 있다. 엔트로피는 여전히 증가하지만 그러한 증가의 대부분은 버려진 열복사의 형태로 우주공간으로 방출된다. 국소 엔트로피인 도시의 엔트로피, 우리 환경의 엔트로피, 우리 문명의 엔트로피는 감소하게끔 유도될 수 있다. 우리가 그렇게 되게끔 의지하기 때문에 엔트로피는 감소한다. 내가 말하고 있는 것이 새로운 내용은 아니다. 이 내용은 에르빈 슈뢰딩거가 1944년 저서 《생명이란 무엇인가?》에서 기술한 바 있다.

자유의지의 존재는 반증될 수 있는 가설일까? 인간에 대해 실험하는 것은 파이온에 대해 실험하는 것보다 훨씬 더 어렵지만, 최소한 우리는 원리상으로 실험이 수행될 수 있는지의 여부를 고려할 수 있으며, 우리가 자유의지라는 말로 무엇을 의미하는지를 고려할 수 있다. 나는 이에 관해 다음과 같이 제안한다.

만약 인간이 항상 확률의 법칙을 따른다면 자유의지는 존재하지 않는다. 만약 인간이 규칙적으로 매우 확률이 낮은 일을 한다면, 외부의 영향력들에 기초해서는 예측될 수 없는 일을 한다면, 그와 같은 행동이 자유의지를 구성한다.

이와 같은 나의 진술은 앞서 언급한 쇼펜하우어의 주장과는 직접적으로 대조되는데, 여기서 쇼펜하우어의 주장을 다시 인용해보자. "당신은 당신이 의도하는 것을 할 수 있다. 그러나 당신의 삶의 그 어떤 순간에도 당신은 오직 하나의 것만 의도할 수 있으며 그것 이외의 다른 어떤 것도 의도할 수 없다." 쇼펜하우어의 주장은 고전 물리학의 시대에서는 그럴듯했던 물리주의자의 믿음에 그 토대를 두고 있지만, 이 믿음은 오늘날에는 그 신빙성을 잃었다. 비록 쇼펜하우어가 자신의 논문을 과학 포럼에서 발표하였지만, 그는 자신의 이론을 반증할 수 있는 방법론을 결코 제시하지 않았다.

나는 자유의지의 실재성에 대한 물리주의적 증명을 제시하지 못한다. 나는 단순히 자유의지가 존재하지 않음을 보이는 타당한 증명이 존재하지 않으며, 이에 대한 강력한 증명이 존재하지 않음은 당연하고, 엔트로피가 증가하는 모든 경로들이 접근 가능하지는 않음을 인지하면서 비물리적인 지식이 자유의지에 대한 물리주의자의 심리적 환상 설명에 대해 하나의 대안이 될 수 있음을 주장할 뿐이다.

우리는 이와 같은 진리들이 자명하다고 받아들인다

뉴턴에서 아인슈타인까지 고전 과학이 그 정점에 이른 시기에 물리학자들은 물리학이 미래를 결정함을 보여주는 것 같았고, 이에 따라서 철학에는 당혹스러움이 발생했다. 물리학이 전능하고 활동적인 신에 대한 믿음을 손상시켰다면, 과연 덕의 근원은 무엇일까? 신이 물러난 이후 유럽에서 등장한 계몽주의는 한때 궁극적 존재에 의해 명령된 인간의 선함을 회복하고자 하는 하나의 시도였음이 분명하다. 윤리적 행동의 기초는 무엇일까? 무엇이 도덕성, 공정성, 정의의 기준을 수립하는 것일까? 정치적인 규칙을 수립하는 근거는 무엇인가? 만약 정부가 신에 의해(왕의 신성한 권리에 의해) 수립된 것이 아니라면, 정부는 무엇으로부터 자신의 권력을 얻는가? 이러한 권력의 합당한 한계는 무엇인가?

계몽주의 시대에 선과 악의 구분은 유사과학적 방식으로 설명되었다. 물리학은 이 시대의 자양분이 되었다. 물리학은 그럴듯한 설명에 도달하기 위한 이성의 사용에 표준을 설정했다. 도덕성은 이성으로부터 도출되었다. 덕은 그것이 생성한 가치에 의해서 정당화되었다. 1700년대에 데이비드 흄은 그가 '인간의 과학'이라고 부른 '경험주의'를 발전시켰는데, 이는 결정론적인 세계에서조차도 도덕적 책임을 수용하는 방법론이었다. (결정론이 물리학으로부터 비롯되는지 신으로부터 비롯되는지는 실제로 중요하지 않았다.) 윤리학은 더 이상 신에 의해서 주어진 추상적 규칙들에 기초하지 않았다. 윤리학은 이기주의 및 타인을 돕는 것에서 우리가 얻는 기쁨에 기초하게 되었다. 흄은 아직까지도 타당하다고 여겨지는 심오한 통찰력을 가지고 있었고, 그는 인지과학 분야의 창시자로 여겨진다.

계몽주의 및 후기 계몽주의 철학은 몇 권의 책으로 요약될 수 없으며, 몇 개의 문단으로 요약될 수 없음은 말할 것도 없다. 따라서 이를 과도하게 간략하게 취급하는 필자를 용서해주시기 바란다. 그러나 나는 철학에서 이 시기는 사라지는 신에게 맞먹을 정도로 강력한 개념과 이상으로 종교를 대체하고자 하는 시도, 그래서 끝내 사회를 통치하는 원리들을 이끌어내고자 하는 시도들로 점철되어 있었다고 생각한다. 철학자들은 논리, 이성, 물리학을 이용해서 도덕적 행동이 왜 계속 타당한지, 자신들의 새로운 통치 이념이 왜 옳은지를 설명하기 위해 분투했다. 존 로크는 인간의 이성이 인간이 태어날 때부터 가지는 권리들, 훗날 토머스 제퍼슨이 설득력 있게 설명한 권리들에 대한 인식으로 이끈다고 주장했다. 그러나 나는 로크가 이성에게 돌린 역할이 강요된 것이었다고 생각한다.

당신으로 하여금 권리들이 자명하다고 말하도록 이끄는 것은 '이성'이 아니라 공감이다. 장 자크 루소는 근본적으로 평화로운 원시 인간 사회에 대한 비현실적인 이야기를 썼다. 토머스 홉스는 정부의 기원에 대한 억지스러운 이야기를 지어냈는데, 이 이야기는 통치자와 비통치자 사이의 계약을 통해 정부가 성립되었다고 설명한다. 철학자이자 물리학자였던 임마누엘 칸트는 도덕성에 대한 이성주의적 접근법을 발전시키고자 시도했다. 제레미 벤담은 행복을 효용의 척도로 격상시켰다.

이와 같은 사상가들은 이상적인 조직과 유토피아에 대해서 말했다. 이들은 유사과학적인 방정식들을 만들어냈다. 대표적인 예로 최대 다수를 위한 최대 선을 최대화하고자 하는 존 스튜어트 밀의 목표를 들 수 있는데, 이는 문명화된 행위의 가치를 계산할 수 있는 능력을 제안하는 개념이었다.[54] 계몽주의 철학자들은 옳은 행위에 대한 과학적 정당화를 찾고 있었던 것이다.

이상의 논의로써 나는 계몽주의를 사소한 것으로 만들어버렸다. 그래서 어떻다는 말인가?

내가 생각할 때 철학자들은 올바른 경로를 따라가고 있었다. 그들의 오류는 자신들의 이론에 대한 정당화가 과학적 구조, 이성과 논리와 과학에 기초해야 한다고 생각한 데 있었다. 궁극적으로 세계는 결정론적이지 않으며, 최소한 문명의 발전은 그러하다. 미래는 과거의 힘과 운동에 의존할 뿐만 아니라, 물리학이 측정 가능한 것들에 의존할 뿐만 아니라, 비물리적 실재에 대한 지각 및 자유의지를 통해 발휘되는 인간의 행동에도 의존한다. 이는 수량화될 수 없고 이성과 논리로 환원될 수 없는 실재다.

자유의지와 얽힘

자유의지가 파동함수 기초를 가지고 있을까? 그것은 분명 가능하다. 이러한 생각을 살펴보기 위해서 간략한 철학적/물리학적 사변을 진행해보도록 하자. 내가 제시할 접근법은 타당한 물리학 이론이 아니다. 왜냐하면 이것은 반증 가능하지 않기 때문이다. 그럼에도 불구하고 그저 생각해보는 것은 흥미로울 것이다.

물리적 세계에 더해서 정신적 세계가 존재한다고 상상해보자. 정신적 세계는 영혼이 존재하는 세계다. 이 영역에서는 공감이 작동하고 결정에 영향을 미친다. 정신적 세계가 물리적 세계와 특정한 방식으로 얽혀 있다고 상상해보자. 정신적 세계에서의 행동이 실제 세계에서의 파동함수에 영향을 미칠 수 있다. 물리적 세계 역시 마찬가지로 정신적 세계에 정보를 주고 영향을 미칠 수 있다.

물리적 세계에서 두 입자들 사이에 작용하는 일반적인 얽힘에서는 하나의 얽힌 입자를 탐지하는 것이 다른 입자의 파동함수에 영향을 미친다. 그러나 만약 당신이 오직 하나의 입자에 대해서만 물리적으로 접근할 수 있다면 그와 같은 얽힘을 탐지하거나 측정하는 것은 불가능하다. 두 입자 모두에게 접근할 수 있을 때 당신은 상관관계를 볼 수 있으나, 오직 한 입자에게만 접근할 수 있을 때 입자의 행태는 완전히 무작위적인 것처럼 보인다.

내가 나 자신의 영혼을 이해하고자 할 때면 이와 같은 그림이 어느 정도 납득이 된다. 실제 세계와는 분리되는 정신적 세계가 존재한다. 두 세계로부터의 파동함수는 얽히지만, 정신적 세계는 물리적 측정이 되지 않으므로 이러한 얽힘은 탐지되지 못한다. 정신은 우리가 자유의지라고 부르는 것을 통해 물리적 행동에 영향을 줄 수 있다. 나는 찻잔을 만들지 부술지 선택할 수 있고, 전쟁을 할지 평화를 추구할지를 선택할 수 있다.

이러한 사변은 반증 가능하지 않지만, 그렇다고 그것이 이 사변이 거짓임을 의미하는 것은 아니다. 괴델이 우리에게 가르쳐준 것처럼 시험될 수 없는 진리들이 늘 존재한다.

이기적인 유전자

우리가 공감과 동정을 사용하는 것과, 공정함과 정의에 대한 우리의 지각은 원리적으로 다윈적 진화를 통해 발전한 본능으로부터 비롯된 것일 수 있다. 이는 물리주의자의 관점, 무엇인가가 측정되지 않으면 그것은 존재하지 않는다는 믿음이다. 이 사실이 몇몇 사람들을 불편하게 만드는 특정 종류의 상대주의를 불러온다. 심오한 종교적 확신의 시대에서 그랬던 것과 달리, 덕은 더 이상 절대적이지 않고 단지 우리의 물리적 진화의 산물일 뿐이다. 우리는 우리의 도덕적 믿음에 관해 오만해서는 안 된다. 왜냐하면 이는 일시적이고 문화 의존적이며, 미래에 우리는 우리의 기준이 심각하게 손상되었다고 결정할 수 있기 때문이다. 결과적으로 우리가 동성애자들을 감옥에 가두고 심지어 죽이기조차 한 것은 얼마 전의 일이며, 그전에는 노예제도가 광범위하게 수용되기도 했다.

우리의 모든 윤리적 목표들은, 개인을 위해서가 아니라면, 유전자를 위한 다윈적 생존 가치를 가지고 있다. 도킨스는 그의 매력적인 책《이기적 유전자》에서 이 이론을 우아하게 서술했다. 도킨스는 심지어 이타주의조차도 다원적 진화에 기초한다고 주장한다. 우리는 만약 우리의 가족과 친척들, 우리의 민족 또는 무리에 의해 공유된 유전자가 더 생존할 수 있는 경우에는 기꺼이 우리 스스로를 희생할 것이다. 그러나 비록 이 이론이 매력적이라도 진정 이 이론이 참일까? 이를 결정하는 것은 훨씬 더 어렵다.

공감은 분명 유전자를 위한 긍정적 생존 가치를 가지고 있지만 부정적 생존 가치도 가진다. 무엇이 더 지배적일까? 당신은 당신의 병사들이 살해하고자 하는 적에 대해서 과도한 공감을 가지는 것을 원하지 않는다. 외부인에 대한 공감이 이기적 유전자의 결과인지는 분명하지 않다. 도킨스는 긍정적 생존 가치가 지배적일 것이라고 주장하겠지만, 그는 분석을 통해서 그렇게 말한 것인가 아니면 그저 그렇게 말하는 것이 자신의 결론으로 이끌기 때문에 그런 것일까? 물리주의자들은 덕이 진화의 결과라는 임의적인 주장을 할 때 주의해야 한다. 이 주장은 분명하지 않으며 참이 아닐 수 있다. 이 주장은 과학이 모든 것을 설명할 수 있다는 믿음에는 근사하게 들어맞지만, 우리는 과학이 그러지 못함을 알고 있다. 다시 말하지만, 물리주의자가 아닌 몇몇 저명한 물리학자들이 한 진술들이 수록된 부록6을 보라.

덕의 기원에 대한 대안적인 '설명'은 덕이 우리의 실재하고 참되지만 그럼에도 불구하고 측정 불가능한 비물리적 정보로부터 비롯된다는 것이다. 동정과 공감은 마치 당신 자신이 가지고 있는 것처럼 다른 사람들 역시 심오한 내적 본질, 영혼을 가지고 있다는 지식(믿음? 지각? 추측?)으로부터 발생한다. 당신이 다른 사람들 역시 당신과 같이 실재한다는 것을 인지하는(믿는?) 순간은 하나의 종교적 계시처럼 여겨질 수 있을 것이다. 사랑의 기원은 공감이지 성이 아니다. 비록 당신이 성적 상대를 선택할 때 당신의 이기적 유전자로부터 영향을 받을지라도 말이다. 공감을 통해 당신은 당신이 다른 사람으로 하여금 당신을 대하도록 하고자 하는 것과 정확히 동일하게 다른 사람들을 대하도록 행동하는 것이 올바른 방법임을 느끼게(믿게? 알게?) 된다. 그러면 대부분의 덕들은 그와 같은 단순한 황금률로부터 도출될 수 있다.

리처드 도킨스는 자신이 무신론자임을 즉 유신론자가 아님을 자랑스럽게 주장한다. 그는 자신의 무신론이 논리에 근거한다고 주장하지만, 관측을 무시하는 추론은 논리적이지 않다. 그의 종교는 물리주의다.

많은 무신론자들은 자신들이 종교를 가지고 있지 않다고 말하며 몇몇의 경우에는 그것이 옳을 수 있다. 그러나 "만약 어떤 것이 측정되지 않으면 그것은 존재하지 않는다"라고 주장하는 사람이면 그 누구라도 일종의 종교를 가지고 있는 셈이다. 많은 경우(내 경험에 따르면) 그러한 사람들은 자신들의 접근법이 명백하다고 생각하며, 따라서 이들은 그 접근법을 논리적이라고 부른다. 이들은 자신들의 진리를 자명하다고 생각한다. 지금부터 오래되지 않은 시절에, 최소한 대부분의 유럽인들에게 기독교의 근본 교리들이 자명하게 여겨졌다는 점을 인지할 가치가 있다. 아이작 뉴턴은 기독교의 성경에 대한 자신의 충실한 믿음을 담은 종교적인 영송을 썼다.

실재를 이해하기 위해서는 물리학이 불완전함을 인식할 때가 되었다. 물리주의는 강력한 종교로서 물리학에 초점을 맞춤으로써 문명을 발전시키는 데 매우 효과적이었으나, 수량화될 수 없는 진리들을 배제하는 데 사용되어서는 안 되는 것이었다. 물리학과 수학을 넘어서는 실재가 존재하며, 윤리학자와 도덕론자들은 자신들이 과학적 기초를 가지고 있지 않다는 이유만으로 자신들의 접근법을 포기해서는 안 된다. 다른 학문들은 물리학에 대한 과장된 부러움을 거두고, 모든 진리가 수학적 모형에 그 토대를 두는 것은 아니라는 것을 인식할 필요가 있다.

5부

지금

24   4차원 빅뱅

빅뱅이 새로운 공간을 생성하는 것처럼 새로운 시간 역시도 생성한다……
이러한 새로운 시간이 '지금'의 핵심이다.

오, 네가 이 모든 것을 생각한다면 미쳐버리고 말 거야……
— 사라 코너, 영화 〈터미네이터〉에서

순간이 순식간에 없어지더라도,
그것이 날아갈 때 즐거이 맞으라.
— 희가극 〈펜잰스의 해적〉에서 어린 소녀들의 합창

시간에 대한 우리의 이해에서 아인슈타인이 이룩한 발전은 기념비적인
것이었다. 파인만은 시간 역행 이동을 포함시키는 것이 가치 있음을 발
견했다. 내 생각에 그 이후로는 시간을 이해하는 데 실질적인 진전이 없
었다.

조각그림 퍼즐을 맞출 때 가끔씩은 빠진 조각을 찾기가 어려운 경우
가 있지만, 진정한 장애물은 잘못된 곳에 맞춰져 있는 조각이다. 시간

의 방향에 대한 엔트로피 설명은 그처럼 잘못 맞춰진 조각이다. 문명은 엔트로피의 증가가 아니라 국소적인 엔트로피 감소를 근거로 성립되었다. 물론 부서지는 찻잔에 관한 영화는 엔트로피 증가에 관한 훌륭한 예이고 이를 거꾸로 돌리는 것은 완전히 있을 법하지 않지만, 찻잔 제조에 대한 영화는 마치 거꾸로 잘못 돌린 영화와도 같이 보일 것이다.

지구의 엔트로피는 지구 핵이 식어감에 따라 줄어들고 있다. 국소적 엔트로피 감소는 생명 전파와 문명의 특성이다. 시간을 엔트로피의 '감소'와 연관시키는 것은, 멀리 떨어진 블랙홀의 변화가 아니라 국소적 변화를 가장 중요하게 여기는 이론에서 두드러진 장점을 가진다. 사실 궁극적으로는 엔트로피 감소가 우리가 생명이라고 부르는 것의 본질적인 부분이다. 땅과 공기에서 조직화되지 않은 영양소들을 가지고 와서, 이들을 가장 먼저 음식으로 만들고(식물 생산을 통해), 살로 만들고(음식 섭취와 소화를 통해), 이로써 성장하고 학습한다. 결국 우리 몸의 엔트로피가 극적으로 증가하기 시작하는 시기가 오는데, 우리는 이와 같은 현상을 죽음이라고 부른다.

시간의 앞 모서리

과연 빅뱅 그 자체가 시간의 흐름의 원인이 될 수 있을까? 많은 이론가들은 물론 그럴 것이라고 말하지만, 이들은 우주가 팽창하는 것과 시간의 전진 사이의 고리로서 엔트로피 기제를 포함시켜야만 한다고 느낀다. 빅뱅은 초기 우주를 낮은 엔트로피 상태에 두어 엔트로피가 증가할 수 있는 여지를 남겼다. 그러나 애초에 왜 엔트로피를 포함시켜야 하는 것인가? 엔트로피를 포함하게 되면 시간의 진행 정도와 엔트로피 사이의 국소적 상관관계와 같이 관측되지 않는 결과들이 귀결되는데도 말이다. 이제는 빅뱅 그 자체를 들여다보고 이것이 어떻게 시간 흐름에 대한 직접적인 원인이 되는지를 살펴보자. '지금'의 의미를 이해하기 위해서는 엔트로피를 버팀목으로 의지할 필요가 없다.

현대 우주론의 관점인 르메트르의 접근법에서는 은하들이 움직이지 않는다. 최소한 심각하게 움직이지는 않는다. 아주 작은 '고유 운동'(예를 들어 우리가 안드로메다를 향해서 국소적인 가속도를 가지는 것처럼)을 제외하고는 은하들은 고정된 좌표계에서 머무른다. 허블 팽창은 은하들의 움직임을 나타내는 것이 아니라 새로운 공간의 생성을 나타낸다. 이러한 새로운 공간의 생성은 신비로운 것이 아니다. 일반상대성이론은 공간에 유연성과 신축성을 부여했다. 공간은 기꺼이 팽창할 수 있으나, 공간이 팽창할 때 그 팽창의 미래는 일반상대성이론의 방정식에 의해 통제된다. 이 방정식에 따르면 공간의 기하학은 공간이 가지고 있는 에너지-질량의 내용에 의해 결정되며, 이 방정식은 믿을 수 없이 단순해 보이지만 다음과 같이 가장 우아한 형식으로 기술할 수 있다. $G = kT$.

빅뱅은 3차원 공간의 폭발인가? 그렇다. 그러나 시공간을 통일하고자 하는 정신에 더 가까운 좀 더 합리적인 가정은 빅뱅이 4차원 '시공간'의 폭발이라는 것이다. 허블 팽창에 의해 공간이 생성되고 있는 것처럼 시간 역시 생성되고 있다. 새로운 시간이 연속적이고 지속적으로 생성되는 것은 시간의 방향과 진행 속도를 결정한다. 매 순간 우주는 조금씩 커지고 시간은 좀 더 많아지며, 이처럼 확장되는 시간의 앞 모서리를 우리는 '지금'이라 부른다.

많은 사람들은 공간의 연속적 생성을 반직관적인 것처럼 여기지만,

시간의 연속적 생성은 실재에 대한 우리의 지각과도 잘 맞아 떨어진다. 이것은 우리가 경험하는 것에 정확하게 부합한다. 매 순간 새로운 시간이 나타난다. 새로운 시간이 바로 '지금' 생성되고 있다.

시간의 흐름은 우주의 엔트로피에 의해서가 아니라 빅뱅 그 자체에 의해서 설정된다. 미래는 아직까지는 존재하지 않으며(비록 미래가 표준적인 시공간 다이어그램에 포함되어 있지만) 계속 생성되고 있다. '지금'은 경계선이자 충돌의 전방이며, 무로부터 생성되는 새로운 시간이자 시간의 앞 모서리다.

모든 '지금'은 동시적일까?

당신의 '지금'은 나의 '지금'과 같을까? 먼저 우주론의 일반적인 기준 좌표계인 조르주 르메트르에 의해 기술된 좌표계에서 이 물음에 대해 생각해보자. 그는 모든 은하가 정지해 있고 그 사이의 공간이 팽창하도록 했다. 모든 은하들은 자체적으로 시계를 가지고 있다고 생각할 수 있다. 우주론적 원리에 따르면(르메트르의 모형에 내장되어 있는), 모든 은하들은 모든 곳에서 똑같이 보인다. 모든 은하는 빅뱅 이후 동일한 시간을 겪었으며 모든 시계들은 동일한 시각을 나타낸다. 이는 모든 은하에서 '지금'을 동시적으로 경험할 것임을 의미한다.

그러나 특수상대성이론에 따르면 동시성의 개념은 기준 좌표계에 의존한다. 우리은하를 그 중심에 두는 좌표계를 생각해보자. 이 좌표계에서는 모든 은하들이 우리로부터 멀어지고 있으며 멀어지는 은하들에서는 시간이 지연된다. 시간은 천천히 흐르며 '지금'은 더 이상 동시적이지 않다. 우리의 관점에서 보면 이 좌표계에서 빅뱅 이후 지나간 시간은 다른 은하에서 지나간 시간보다 더 많다. '지금'의 개념은 더 이상 우주 전체에서 동시적이지 않다. 우리의 '지금'이 가장 먼저 등장했다.

특수상대성이론에서 동시성의 이와 같은 행태는 모순을 일으키지 않는다. 이것은 일반상대성이론의 한 '측면'이다.

'지금'에 대한 지각

당신은 왜 스스로가 현재 속에 존재한다고 느끼는가? 실제로 당신은 과거 속에도 존재한다. 당신은 이를 아주 잘 안다. 당신이 막 태어난 순간까지(혹은 생명을 정의하는 방식에 따라서는, 당신이 잉태된 순간까지) 시간을 되돌려도 당신은 존재한다. 당신이 현재에 초점을 맞추는 이유는, 크게 보자면 과거와 달리 현재가 당신의 자유의지에 종속되기 때문이다. 우리가 오늘날 이해하는 물리학에 따르면, 과거는 미래를 완전히 결정하지 않는다. 최소한 일부 무작위적인 요소가 양자물리학으로부터 기원한다. 그와 같은 무작위적인 요소의 존재는 물리학이 '불완전함'을 의미하며, 이는 미래가 과거에 의해서 유일하게 결정되지 않으며, 비물리적 실재가 앞으로 일어날 일을 결정하는 데 역할을 함을 의미한다. 물리학이 불완전하다는 사실은 우리가 우리의 자유의지를 통해서도 미래에 영향을 끼칠 수 있는 가능성을 열어둔다.

나는 자유의지가 존재함을 증명할 수 없지만, 물리학이 양자 불확정성을 포함하면 물리학은 더 이상 자유의지의 존재 가능성을 부정할 수 없다. 만약 당신이 자유의지를 가진다면, 당신은 당신의 비물리적 지식을 사용하여 엔트로피 증가의 가능한 경로들을 열거나 닫을 수 있고, 이를 통해 지금 일어나고 있는 일과 앞으로 일어날 일에 영향을 미칠 수 있다. 당신은 찻잔을 부술 수도 있고 새로운 찻잔을 만들 수도 있다. 확률과 엔트로피는 당신의 선택과 상관이 없다. 존 드라이든John Dryden을 인용하자면, "이미 그렇게 된 것은 그렇게 된 것이다. 하늘마저도 과거에 대해서는 그 힘을 미칠 수 없다." 이는—공상과학 팬들에게는 슬픈 소식이겠지만—당신에게도 마찬가지다. 웜홀을 통한 지름길도 이를 바꾸지 못한다.

연구와 교육 모두에서 시공간 다이어그램을 광범위하게 사용함에 따라, 물리학은 시간의 흐름이라는 주제를 효과적으로 회피했다. 시간 축은 (대부분의 경우) 또 다른 하나의 공간 축처럼 취급된다. 시간의 진행이라는 특별한 측면은 완전히 빠져 있다. '지금'은 이 축 위에 있는 또 하나의 점일 뿐이고, 미래는 이미 존재하지만 아직 경험되지 않았을 뿐인 것처럼 여겨진다. 시간여행은 그러한 '지금'을 변경시키는 것, 이 축을 따라 앞쪽 혹은 뒤쪽으로 이동시키는 것으로 이루어진다. 그러나 '지금'은 움직일 수 있는 것이 아니다. '지금'은 4차원 빅뱅의 앞 모서리다. '지금'은 방금 막 생성된 순간이다. 진정한 시공간 다이어그램의 시간 축은 무한대까지 확장되지 않는다. 시간은 '지금'에서 멈춘다.

미래가 현재에 영향을 미칠 수 있을까? 미래로부터 와서 현재의 상호작용에 관여하는, 시간을 역행해서 움직이는 전자인 양전자는 어떤가? 무한대 시공간 다이어그램에 기초하며 '지금'을 무시하는 현재의 물리학 접근법에서는 그러하다. 전자의 자기적 세기를 소수점 10째 자리까지 계산하는 데 너무나 성공적이라고 해서, 그것이 현재의 물리학 접근법의 모든 가정들이 타당함을 의미하는가? 많은 물리학자들은 최소한 우리가 대안을 가지기 전까지는 그렇다고 생각한다.

아마도 특정 종류의 불확정성 원리가 작용하고 있을 것이다. 미래는 이미 결정된 미래의 특정 부분에 한해서만 그와 관련된 현재에 영향을 미칠 수 있고, 따라서 이러한 특정한 미래의 부분은 현재에 내재하는 것이다. 호킹이 이와 유사한 논증을 했다. 그는 시간 역행 이동이 오직 미시적인 수준에서만 가능하다고 썼다. 아마도 호킹은 앤더슨에 의해 촬영된 양전자가 시간을 역행해서 이동하는 입자임을 받아들이지 않을 것이다.

그러나 나는 현재와 과거가 존재한다는 의미에서 먼 미래가 존재한다고는 생각하지 않는다. 과거는 이미 결정되어 있다. 이미 그렇게 된 것은 그렇게 된 것이다. 아직 미래는 존재하지 않는다. 왜냐하면 우리는 현재의 물리학 법칙들로써는 미래가 예측 가능하지 않음을 알기 때문이다. 현재의 물리학 법칙들은 방사성 원자가 언제 붕괴할지에 대해서조차도 예측하지 못한다. 종교적 결정론자들은 전지한 신의 완벽함과 예지에 의해서 미래가 이미 정해져 있다고 생각했다. 그리고 잠시 동안 우리는 결정론을 성립시키기 위해서 그와 같은 신이 필요하지 않다고 생각했다. 우리는 물리학 그 자체만으로 결정론을 성립시킬 수 있다고 생각했다. 이제 우리는 그것이 불가능함을 알고 있다.

디랙의 방정식은 반물질의 존재를 예측했고, 파인만은 음-에너지 상태로 가득 찬 무한한 바다라는 디랙 해석의 황당한 부분을 제거했다. 이는 반물질의 해는 음-에너지 입자들이 시간을 역행하여 이동하는 것으로 상정하면 이 입자들에게 효과적으로 양의 에너지를 부여할 수 있다는 것을 인식함으로써 가능했다. 이것은 역사적으로 일어난 일이다. 파인만은 역행하는 음-에너지 상태가 순행하는 양-에너지 상태와 구분

불가능함을 인식했다. 그러나 시간 역행 해석을 너무 심각하게 받아들이지 말자. 양전자는 존재한다. 양전자는 양의 에너지를 가지며, 사실상 시간에 순행해서 움직이지 역행해서 움직이지 않는다.

이미 그렇게 된 것은 그렇게 된 것이다. 만약 디랙의 방정식들이 일련의 복잡한 해석들을 거치면서 양전자의 존재를 예측했다 해도 문제없다.

이와 유사한 역사적 사례를 하나 들겠다. 보어는 수소 스펙트럼을 정확하게 설명한 첫 번째 모형을 제시했다. 1913년에 이 모형은 당시 새로이 형성되고 있던 양자물리학 분야에 막대한 추진력을 제공했다. 오늘날 우리는 보어의 이론이 틀렸다는 것을 안다. 이 이론은 명확하며 잘못된 예측을 제시했고(예를 들어 최소 에너지로 궤도운동을 하는 전자의 각운동량) 이는 이 이론을 반증했다. 문제없다. 13년 후 하이젠베르크와 슈뢰딩거는 부분적으로 보어에 의해 영감을 받은 더 좋은 이론을 제시했고, 이 이론은 정확히 동일한 수소 스펙트럼을 도출했을 뿐만 아니라 틀린 예측을 제시하지도 않았다.

우리는 여전히 양자물리학의 창시자 중 한 명으로서 보어를 존경한다. 우리는 여전히 새로운 학생들에게 보어의 모형을 가르친다. 보어 모형은 양자 행태에 대한 연구에 입문하는 단순하고 설득력 있는 방법이다. (아주 소수의 교수들만이 보어 모형이 반증된 예측을 제시한다는 것을 지적한다. 이들은 학생들이 직관적이고 단순한 보어 모형이 틀렸다는 것을 알기 원하지 않는다. 최소한 학생들이 물리학을 좀 더 교육받기 전까지는 말이다.) 우리는 언젠가 디랙, 파인만과 반물질에 대한 이들의 무리한 이론에 대해서도 동일한 방식으로 느끼게 될 것이다.

빅뱅에 의한 새로운 시간의 생성, 시간의 흐름, '지금'의 의미를 포함하는, 시간의 화살에 대한 우주론적 기원은 반증 가능한 이론인가? 이 이론을 시험하는 하나의 가능한 방법은 우주의 팽창이 가속되고 있다는 발견, 곧 점점 더 빨라지는 속도로 우주가 커지고 있다는 발견을 이용하는 것이다. 시간은 공간과 연결되어 있다. 시간은 시공간의 네 번째 차원이므로 시간의 비율 역시 가속되고 있다고 예상하는 것은 자연스러운 일이다. 이는 오늘의 시계가 어제의 시계보다도 빨리 간다는 것, 시계가 '우주론적 시간 가속'을 보인다는 것을 의미한다. 이러한 시간의 가속이 탐지되고 측정될 수 있을까?

원리상으로 말하자면 '그렇다'이다. 우주 시간 진행 정도의 변동성은 멀리 있는 시계를 봄으로써 탐지될 수 있다.

파운드-레브카 낙하 감마선 실험에서 시계 비율의 작은 차이가 탐지되었던 것을 기억하라. 이 실험에서 중력에 의한 시간 지연이 최초로 관측되었다. 시간 지연은 하펠-키팅 비행기 실험에서도 볼 수 있었는데, 높은 고도의 시계는 땅 위에 있는 시계보다 더 빨리 가고, 속도 효과 때문에 더 느려지는 것이 관측되었다. 이 차이는 매일 GPS에서 볼 수 있는데, 이러한 시간 효과를 늘 보정해주어야 한다. 시간에 대한 중력의 효과는 우리가 백색왜성 표면의 스펙트럼선을 측정할 때 관측된다. 스펙트럼선은 시간 지연에 의한 진동수 이동을 보여주는데, 이는 강한 중력장이 백색왜성 표면의 시간을 느리게 하기 때문이다.

원리상 이 모든 실험들은 가속하는 시간 역시도 탐지할 수 있다. 특정 시간에 방출된 신호는 공간을 통과하여 이후에 수신된다. 관측된 대부분의 효과들은 중력 포텐셜과 도플러 이동에 의한 것이지만, 우주론적 시간 가속에 의해서 이후 아주 작은 초과분이 발생할 것이다. 이 효과는 방향에 상관없을 것이며 늘 '적색이동redshift'이 될 것이다. 이는 과거로부터 관측된 비율이 항상 현재 시계의 비율보다 더 느리다는 것이다. 파운드-레브카 실험은 낙하 감마선에 대해서 증가하는 진동수를 보여주었으며, (아마도) 상승 감마선에 대해서는 감소하는 진동수를 보일 것이다. 우주론적 시간 가속은 두 경우 모두에 대해서 진동수를 감소시킬 것이다.

또한 우리는 멀리 있는 은하로부터 변칙적인 적색이동을 찾아볼 수 있을 것이다. 그 가속이 가장 정확하게 측정된 은하들은 그 빛을 대략 80억 년 전에 방출했다. 이 은하들의 경우 허블 팽창 속도에 추가되는 속도는 대략 4퍼센트인 것으로 관측되었다. 이 은하들은 80억 광년 떨어져 있고 빛의 속도의 40퍼센트의 속도로 멀어지고 있다(거리가 증가하고 있다). 이 속도 중 시간 가속에 의한 속도는 대략 광속의 2퍼센트 정도다.

물론 모든 먼 거리의 은하들은 이미 적색이동을 보이고 있지만, 우리는 그것이 공간의 팽창 때문이라고, 은하까지의 거리가 급속히 증가하기 때문이라고 본다. 이것이 바로 허블의 법칙이다. 어떻게 팽창에 의한 적색이동을 우주론적 시간 지연에 의한 적색이동과 구분할 수 있을까? 이를 위한 하나의 방법은 거리 변화에 대한 분리된 측정을 하는 것인데, 이는 속도 적색이동에 의존하지 않는다. 만약 거리 변화율을 안다면 우리는 적색이동 중 어느 정도가 팽창으로부터 비롯되는지, 어느 정도가 우주론적 시간 지연에 의한 것인지 알 수 있게 될 것이다.

이러한 실험을 구현할 수 있는 방법(즉 내가 살아 있는 동안에 완성될 수 있는 방법)을 찾아보기 전에, 과연 이 실험이 '원리상으로' 실현될 수 있

는지를 고려해보자. 즉 우리가 무제한적인 자원을 가지고 있고 무제한
적으로 기다릴 수 있다고 가정해보자. 우리가 10억 년 동안 실험을 한다
고 해보자. 속도 적색이동에 의존하지 않고도 은하가 멀어지는 비율을
우리가 볼 수 있지 않겠는가? 우리는 은하 안에서 '표준 측정자'를 찾으
려고 노력할 수 있을 것이다. 아마도 이는 알려진 종류의 별의 크기일
것이며, 이 측정자의 겉보기 크기가 시간에 따라서 어떻게 변하는지를
관측할 것이다. 이를 통해서 독립적인 후퇴 속도를 추정하게 된다. 또는
우리가 은하로부터 반사되는 빛(마이크로파 복사?)을 탐지할 수도 있을 것
이다. 이의 목적은 후퇴 속도에 의존하는 적색이동을 고유의 시간 지연
에도 의존하는 적색이동과 분리시키는 것이다.

여기서 중요한 것이 있다. 거리에 대해 우리가 현재 가지고 있는 개념
은 우리의 시간 측도에 의존한다. 우리는 오늘날 1미터의 길이가 빛이
진공 속에서 299,792,458분의 1초만큼의 시간 동안 이동한 거리라고 '정
의'한다. 이러한 정의는 빛이 혹은 어떤 질량 없는 입자가 정확히 초속
299,792,458미터로 텅 빈 공간을 이동한다는 의미다. 따라서 그 어떤 실
험 측정도 빛의 속도를 더 정확하게 결정하지 못한다! 이와 같은 방식으
로 길이를 정의하는 것은 우리가 게으르기 때문이 아니다. 미터에 대한
좋은 정의를 제시하는 것은 알고 보면 아주 어려운 일임이 드러나고, 이
정의는 우리가 지금까지 발견한 것 중에서 최선의 것이다. 이 정의는 길
이의 정의를 파리의 금고 안에 보관된 미터 막대에 의존하는 오래된 표
준 방법을 대체했다. 그러나 멀리 있는 은하 안의 시계가 (우리의 시계와
비교해서) 느려진다면, 그 은하의 행성 위에 붙어 있는 표준 미터 막대는
더 커질 것이다. 왜냐하면 빛이 매초마다 더 멀리 이동할 것이기 때문이
다. 이는 표준적인 크기와 비교해볼 때 거리의 측도가 다를 것임을 의미

한다. 우주론적 시간 지연은 팽창 비율의 변화와 혼동될 수 있을 것이다.

사실 르메트르의 방정식들을 들여다보면, 최소한 우주론적 원리(완벽히 균일한 우주)가 정확하게 적용되는 영역에서는 이 문제가 해결되기 어려울 것임을 짐작할 수 있다. 시간 지연과 공간 팽창을 구분할 방법이 없을지도 모른다. 물론 우주가 완전히 균일한 것은 아니다. 우주론적 원리는 우리가 단순한 수학적 표현을(물리학자들에게는) 사용해서 계산을 하고 해를 찾게 해주는 근사에 지나지 않는다. 아마도 우리는 시간의 가속을 탐지하는 데 공간의 비균일성을 사용할 수 있을 것이다. 아마도 이 가속은 국소적으로 탐지될 수 있을 것이다. (탑으로부터의 하강 감마선을 이용한) 파운드-레브카 실험은 10^{-15} 가량의 진동수 변이를 관측할 수 있었다. 내가 오늘날 적용될 수 있는 실제적인 제안을 하는 것은 아니다. 나는 디랙이 자신의 양전자를 제안했을 때 가까운 미래에는 이를 탐지할 방법이 없다고 믿었다는 것을 마음에 새기고 있다.

시간의 우주론적 기원을 반증하는 법 II

시간의 우주론적 기원을 반증하는 또 다른 가능한 방법은 인플레이션 이론의 실재성에 의존한다. 이 이론은 최초의 100만 분의 1초 동안에 우주가 빛의 속도를 상당히 초과하는 속도로 팽창했다는 아이디어다. 이러한 가속의 기간은 현재 우리의 가속 기간의 전조가 되었으며, 만약 시간의 4차원 팽창이 옳다면 공간뿐만 아니라 시간 역시 급격히 팽창했어야 한다. 과연 우리는 빅뱅 이후 최초의 100만 분의 1초를 관측할 수 있을까?

놀랍게도 이 물음에 대한 대답은 그럴지도 모른다는 것이다. 현재 우리가 가지고 있는 가장 초기 우주에 대한 탐사 도구는 우주 마이크로파 패턴인데, 이는 빅뱅 이후 50만 년이 지난 시간을 보여준다. 그러나 최초의 100만 분의 1초 내에서 잠재적인 신호가 방출되었는데, 그것은 중력 복사다. 곧 우리가 이러한 원시적 중력파를 탐지할 수 있으리라고 기대된다. 중력파를 이용하면 태초의 순간에 훨씬 더 가까운 순간을 탐사할 수 있다는 이점이 있으며, 아마도 인플레이션을 관측하기 위해 필요한 시간 영역 또한 그 범위에 포함될 것이다. 중력파를 보는 방법은 중력파가 우주 마이크로파 복사에 유도하는 패턴, 특히 그것의 편극을 보는 것이다.

짧은 기간 동안 몇몇의 물리학자들은 그와 같은 패턴이 관측되었다고 생각했다. 그러한 중력파를 발견했다는 최초의 보고서가 2014년 3월에 BICEP2라 부르는 프로젝트로부터 나왔다. BICEP2는 "우주 외부은하 편극에 대한 배경복사 영상 2Background Imaging of Cosmic Extragalactic Polarization 2"의 약자다. 이 프로젝트는 남극 기지에서 마이크로파를 측정하는데, 남극 기지에서는 극한적 추위가 대기 상의 수증기를 제거해서 수증기가 지상 측정을 간섭할 일이 없다. 불행히도 결과는 거짓된 신호임이 증명되었는데, 이는 아마도 우주 먼지에서 방출된 간섭에서부터 비롯되었을 것이다.

새롭고 더 민감한 측정이 계획되어 있으며, 우리가 곧 극도의 초기 우주, 인플레이션의 시기로부터 오는 중력파를 볼 수 있을 것이라는 현실적인 기대가 있다. 그렇게 되면 공간과 시간 모두를 포함하는 인플레이션을 공간 인플레이션과 구분할 수도 있을 것이다.

물리학의 미래

가끔 나는 플라톤이 옳았으면 좋겠다고 생각한다. 즉 이 모든 주제들이 대화와 순수한 사고에 의해서 해결되고, 마음이 진리의 궁극적인 심판자였으면 좋겠다. 그러나 물리학의 역사는 플라톤이 틀렸음을 주장한다. 우리는 계속 물리적인 세계와의 접촉을 유지할 필요가 있다. 마치 안타이오스가 발을 계속 땅에 붙이고 있어야 했던 것처럼.

양자 얽힘이 이러한 필요성을 보여주는 대표적인 예다. 유령 같은 원격작용은 더 이상 하나의 사변이 아니라 프리드먼과 클라우저의 실험 및 많은 후속 실험들에 의해서 증명된 실험 결과다. 비록 우리가 물질이나 정보를 빛의 속도보다 빨리 전송하지는 못하지만, 순간적인 파동함수 붕괴는 불편한 문제이며 이와 다른 접근법이 새로운 통찰을 제시할 수 있음을 암시한다. 나는 마음속에, 언젠가 누군가가 진폭이 필요 없도록 양자물리학을 재공식화할 것이라는 희망을 품고 있다. 버클리 대학의 제프리 츄Geoffrey Chew는 내가 학생일 때 그가 'S-행렬 이론'이라 부른 접근법으로 이러한 시도를 했다. 이 접근법은 현대 표준 모형에 이르는 몇몇 중요한 방법들을 향해 이끌기는 하였으나, 궁극적으로는 양자 진폭과 파동함수를 제거한다는 원래의 목적을 달성하는 데 실패했다. 한편 완전히 새로운 접근법을 찾으려는 노력이 보류되어 있었다. 왜냐하면 기본 입자에 대한 '표준 모형'이 엄청난 성공을 거두었기 때문이다. 표준 모형은 물리학의 역사에서 제시된 이론 중에서 가장 뛰어난 이론으로 평가된다. 이 이론은 정확한 예측 능력을 가지고 있으며 이 예측은 실험으로 검증되었다.

그렇다면 양자이론이 이토록 잘 작동하는데 왜 우리의 양자물리학 이론을 바꾸어야 하는가? 표준 모형의 성공에도 불구하고 나는 재공식화가 일어날 것이라고 생각한다. 그렇게 되면 진폭은 더 이상 빛보다 빠른 속도로 붕괴하지 않을 것이고, (내가 추측컨대) 양전자는 음-에너지 입자들의 무한한 바다 속의 구멍이나 시간을 역행해서 움직이는 전자가 될 필요가 없을 것이다. 이러한 관점은 시간의 흐름과 진행이 완전히 빠진 시공간 다이어그램이라는 맥락에서 물리적 상황을 바라보는 간단한 방법이었다.

양자물리학에서 절실하게 필요한 위대한 발걸음은 측정에 대한 이해에 있다. 소수의 물리학자들은 측정을 위해서는 인간의 의식이 필요하다고 믿는다. 슈뢰딩거는 그의 고양이를 통해서 그와 같은 사례를 신빙성 있게 만들었다. 그러나 측정이란 무엇인가? 로저 펜로즈는 자연의 일부로서 존재하는 미시 기제가 측정을 한다고 주장했다. 우리가 빅뱅에서 보는 구조를 형성하게 한 양자 상태는 펜지어스와 윌슨이 우주 마이크로파 복사를 발견할 때까지 기다릴 필요가 없었다. 우리은하는 필자의 팀이 그것의 속도를 계산하기 전까지 가만히 있지 않았다. (그 시점이 측정 도구가 비등방성을 측정했던 시점일까, 아니면 내가 자료를 들여다 본 시점일까?) 달은 아인슈타인이 바라보기 전에도 존재했다. 무엇인가 자연적인 것이 무한한 수의 가능한 우주가 중첩되어 있던 파동함수를, 인간(또는 동물)이 출현하기 훨씬 전에 이미 붕괴시켰다.

기술의 발전은 측정 이론에 대한 실험 연구를 훨씬 더 쉽게 만들었다. 당신은 더 이상 얽힌 광자들을 생성하기 위해 칼슘 원자 빔을 사용할 필요가 없다. 당신은 BBO(베타 바륨 붕산염)나 KTP(칼륨 티타닐 인산염) 같은 특수한 결정 위에 레이저 빔을 비춤으로써 얽힌 광자들을 생성할 수 있다. 그 결과로 양자 측정을 탐사하는 실험들이 괄목할 만한 발전을 이루

그림 24.1 제레미와 피어스가 시간의 흐름에 대해서 생각한다. 만화 《사춘기Zits》에서 인용.

고 있다.

더욱 흥미로운 결과들 중의 하나는 '지연된 선택'에 대한 연구다. 이 연구에서는 먼저 모든 편광에 대해 측정한 후에 자료를 분석한다. 이와 같은 실험은 측정을 하는 데 인간의 결정이 반드시 필요한지의 문제를 탐구하며, 실험 결과는 이에 대한 대답이 아니라는 것을 지시한다. 좋다, 이는 놀라운 일이 아니다. 하지만 진정한 돌파구는 깜짝 놀랄 만한 뭔가가 있을 때 오는 법이다. 마이컬슨-몰리 실험이 그랬던 것처럼 말이다.

새로운 레이저 방법론 덕분에 프리드먼과 클라우저가 시도했던 것보다 훨씬 먼 거리에서 얽힘을 시험할 수 있게 되었다. 2015년 10월 22일자 《뉴욕타임스》는 1면 기사로 네덜란드 델프트 공과대학 연구팀이 교정을 가로질러 1마일 가까이 떨어져 있는 두 전자 사이의 초광속적 얽힘을 검증한 내용을 실으며 이같이 썼다. "아인슈타인에게는 미안하지만 유령 같은 작용은 실재하는 것으로 보인다." 코펜하겐 해석이 빛보다 빠른 작용으로 또 한 번 승리를 거둔 순간이었다.

2015년 라이고LIGO가 관측한 중력파는(www.ligo.caltech.edu 참고) '지금'에 관한 시간 생성 이론의 세 번째 시험대라 할 수 있다. 이 이론에 따르면 블랙홀 둘이 서로 충돌해 붕괴할 때 국소적으로 새로운 시간이 생겨나야 하고 그에 따라 기존 이론에서 예측한 신호와 관측된 신호 사이의 지연도 관측되어야 한다. 지금까지 관측된 한 개의 중력파로는 이런 예측을 검증하기엔 충분히 정확하지 못하지만, 앞으로 더 많은 사건이 관측되거나 더 강한 신호를 동반하는 사건이 나타나면 이러한 지연의 존재 유무로 '지금'에 관한 이론을 확증하거나 반증할 수 있게 될 것이다.

25   지금의 의미

퍼즐 조각들이 모두 제자리에 맞춰졌다.
과연 퍼즐 그림이 어떻게 보일까?

하늘마저도 과거에 대해서는 그 힘을 미칠 수 없다.

그러나 이미 그렇게 된 것은 그렇게 된 것이고, 나는 나의 시간을 보냈다.

—존 드라이든(1685)

아인슈타인이 공간과 시간이 유연하다는 것을 인식했을 때, 그는 '지금'
의 의미에 대한 탐구에서 첫 번째로 위대한 발걸음을 내디뎠다. 르메트
르는 거시적인 우주에 아인슈타인의 방정식들을 적용했고 우주의 공간
이 팽창하는 놀랄 만한 모형을 발전시켰다. 몇 년 후에 우주가 실제로
팽창한다는 것을 허블이 발견했을 때, 프리드만, 로버트슨, 워커에 의해
독립적으로 발전된 르메트르 모형은 표준 모형이 되었다. 오늘날의 모
든 우주론자들은 이 모형을 사용해서 빅뱅을 해석한다.

퍼즐 조각들이 맞춰지기 시작했지만 퍼즐을 맞추는 데 몇 가지 장애
물들이 있었다. 몇 개의 조각들이 잘못된 곳에 놓여 있었던 것이다. 그

중 하나는 에딩턴이 시간의 화살에 엔트로피 증가를 부여한 것이었다. 그가 이를 제안했던 1928년에 에딩턴은 불변하는 마이크로파 복사, 멀리 있는 블랙홀 표면, 멀리 있는 관측 가능한 우주의 가장자리가 엔트로피의 주된 저장소라는 사실을 몰랐다. 슈뢰딩거가 지적했던 것처럼 문명은 엔트로피의 국소적인 감소에 의존하지만, 에딩턴의 접근법에서는 그와 같은 국소적인 엔트로피 감소가 시간의 엔트로피 화살에서 아무런 역할을 하지 못한다.

또 다른 잘못 놓인 퍼즐 조각은 시공간 다이어그램에 대한 잘못된 해석이었다. 이 다이어그램에는 시간의 흐름이 없고, '지금'이라는 순간도 없으므로, 이러한 주제들을 피할 수 있는 좋은 변명을 제공한다. 몇몇 이론가들은 다이어그램에 시간의 흐름과 '지금'이 없다는 것을 이것들이 의미가 없는 개념임을 나타내는 것으로, 실재에서는 아무런 역할을 하지 못하는 환상인 것으로 해석하기까지 했다. 이와 같은 관점의 오류는 하나의 계산 도구를 심오한 진리로 해석한 데 있다. 이것은 "만약 어떤 것이 수량화되지 않으면 그것은 존재하지 않는다"라는 물리주의의 근본적인 오류다. 사실상 이것은 다음과 같은 물리주의의 극단적인 근본주의적 판본에 기초하고 있다. "만약 그것이 현재 우리가 가지고 있는 이론 속에 존재하지 않으면 그것은 존재하지 않는다."

세 번째로 잘못 맞춰진 조각은 물리주의의 또 다른 측면과 관련되어 있다. 아인슈타인 및 그 밖의 학자들은 과거가 미래를 완전하게 결정할 수 있고 그래야만 한다고 가정했다. 이를 밀어주는 철학은 물리학이 '완전'해야 한다는 원리였다. 만약 양자물리학이 방사성 붕괴의 시간을 예측하는 것을 허용하지 않는다면, 그것은 정정되어야 하는 양자물리학의 결점이라는 것이다. 이 가정은 선택할 수 있는 능력인 자유의지를 부정하는 데 사용되었다.

잘못 맞춰진 조각들을 빼내자. 그중 몇몇은 애초에 퍼즐에 속하지도 않았다. 그러고 난 다음 나머지 조각들을 자연스러운 방식으로 맞춰보자. 공간이 팽창하면 시간도 팽창한다. 우리가 아직 잘 이해하지 못하는 신비로운 양자물리학적 측정 과정에 의해서 이미 작동된 시간의 요소를 우리는 과거라고 부른다. 우리는 우리가 현재에 살고 있는 만큼 과거에도 살고 있지만, 우리는 과거를 바꾸지는 못한다. '지금'은 4차원 우주의 팽창에서 지금 막 생성된 시간 속의 특별한 순간으로, 지속하는 4차원 빅뱅의 일부다. 시간의 '흐름'으로 우리는 새로운 순간들이 계속적으로 추가됨을 의미한다. 이 순간들이 우리에게 시간이 앞으로 움직인다고, 새로운 '지금들'이 연속적으로 생성된다고 지각하게 해준다.

'지금'은 우리가 영향력을 발휘할 수 있는 유일한 순간이며, 우리가 스스로 엔트로피 증가의 방향을 틀어서 국소적 엔트로피가 감소할 수 있도록 지휘할 수 있는 유일한 순간이다. 그와 같은 국소적 감소는 확장된 생명과 문명의 원천이다. 그와 같은 방식으로 엔트로피를 방향 잡기 위해서는 우리가 반드시 자유의지를 가져야 한다. 이 능력을 물리주의자들은 환상이라고 부르지만, 오늘날의 양자물리학 이론은 이와 유사한 행동을 그 본질상 내장하고 있다.

만약 우리가 빛보다 빠른 타키온을 찾는다면 자유의지의 존재는 반증될 것이다. 몇몇 기준 좌표계에서 이 입자들은 결과가 원인을 앞선다는 것을 함축할 것이다. 아마도 우리는 방향의 함수로서 얽힘을 연구하여(우리은하의 고유 운동에 수직이고 수평인 경우), 인과성을 위한 특별한 기준 좌표계가 존재함을 발견하게 될지도 모른다. 이에 대한 가장 우선적인 후보는 르메트르 좌표계인데, 이 좌표계는 우주를 관통하는 모든 '지금들'이 동시적으로 생성되는 유일한 좌표계다. 만약 이것이 참으로 증명되면 우리는 상대성이론을 수정해야만 할 것이다.

언젠가 불확정성 원리가 잘못된 것임이 밝혀지고, 오직 우리의 현재 물리학에만 불확정성이 있을 뿐이며 불확정성이 없는 좀 더 완전한 판본의 물리학이 기존의 물리학을 대체하게 될 수도 있을 것이다. 그러나 얽힘이 실재하는 것을 보인 프리드먼-클라우저 실험은 유령과 같은 원격작용이 없어지지 않을 것임을 암시한다. 하나의 물리학 이론만이 불완전한 것은 아니다. 물리학 자체가 불완전하다. 이는 물리학만으로는 $\sqrt{2}$가 무리수라는 것을 발견하고 증명하지 못했을 것이라는 사실로부터 명백하다. 이는 이해하기 쉬운 명료한 개념들, 실재에 대한 우리의 경험의 핵심에 놓여 있는 개념들—'푸른색이 어떻게 보일까?' 같은 물음처럼—이 물리학의 범위 밖에 있다는 사실로부터 명백하다.

모든 이타적인 행동을 가장 적합한 유기체 또는 가장 적합한 유전자의 생존 본능에 의한 것으로 돌리려는 시도는 하나의 가설로서, 덕에 대한 유사과학적 설명을 제시하고자 하는 하나의 사변적인 시도로서 인식되어야 한다. 이러한 시도는 모든 것이 과학을 통해서 설명될 수 있다는 물리주의자의 도그마에 기초하고 있다. 이 도그마는 몇몇 일화적인 증거에 기초하고 있는 증명되지 않은 가정이며, 다윈적인 진화(엄청난 양의 자료로 뒷받침되는)의 부류에 속하지 않으며, 상대성이론이나 양자이론처럼 신빙성 있는 과학적 증거에 기초한 결론도 아니다. 물리주의는 물리학이라는 전문 분야에서 작동 원리로 유용하게 사용되고 있다. 마치 자본주의에 대한 믿음이 당신이 경제활동을 하는 데 도움을 주는 것처럼 말이다. 그러나 물리주의나 자본주의가 우리의 삶의 기준을 발전시키거나 전쟁에 승리하는 데 성공했다고 해서, 이것들이 진리 전체를 반영한다는 잘못된 생각을 향해서 표류하기를 당신이 원하지는 않을 것이다.

물리주의의 거부는 우리에게 공감의 원천에 대해서 생각하게끔 한다. 우리는 우리의 손자나 증손자를 단지 이들이 우리가 가지고 있는 것과 동일한 유전자를 가지고 있다는 사실 때문에 사랑하는 것일까? 아니면 우리와 가까운 영혼의 실재성을 인식할 뿐만 아니라 실제로도 지각한다는 좀 더 심오한 이유 때문인가? 윤리학, 도덕성, 덕, 공정성, 동정, 선과 악의 차이 등 이 모든 개념들은 근본적인 공감 지각과 연결되어 있을 것이다. 이는 유전자와 물리학을 넘어서는 것이다.

자유의지란 결정을 내릴 때 비물리적 지식을 사용할 수 있는 능력이다. 자유의지는 접근 가능한 미래들 중에서 선택하는 것 이상의 무엇인가를 하는 것이 아니다. 자유의지는 엔트로피의 증가를 멈추지 않지만, 접근 가능한 상태들에 대한 통제를 발휘하며 이를 통해 엔트로피에게 방향을 부여한다. 자유의지는 찻잔을 부수는 데 사용될 수 있고 새로운 찻잔을 만드는 데 사용될 수도 있다. 자유의지는 전쟁을 시작하는 데 사용될 수 있고, 평화를 찾기 위해 사용될 수도 있다.

많은 경우 가장 어려운 도전은 올바른 질문들을 던지는 것이다. 다음 단계의 물리학을 위한 계시가 어떤 곳에서 등장할지 아는 것은 어렵다. 아인슈타인은 시간이 물리학적 연구를 위해 적절한 주제임을 우리에게 보여주었다. 나는 다음과 같은 단순한 이유 때문에 그가 '지금'의 의미라는 문제를 해결하지 못했다고 생각한다. 그것은 그가 물리학이 불완전하다는 개념을 받아들이기를 거부했기 때문이다.

우리는 짧은 시일 내에 상대성이론과 양자물리학 사이의 관계 또는 측정의 의미에 대해서 이해하지 못할 수 있다. 그러나 이 주제들은 좀 더 공략해볼 만한 가치가 있는 것들이다. 내 생각에 물리학의 발전이 복잡한 수학이나 불가사의한 철학을 필요로 할 것 같지는 않다. 이 문제들을 해결할 사람은 아주 단순한 예들을 사용해서, 아마도 오직 대수학 정도만을 사용해서, 아마도 시계의 바늘이 어디를 가르치는지와 같은 아주 단순한 예를 언급하며 이 문제들을 해결할 것이다. 어떤 아주 단순한 실험이 예상하지 못했던 결과를 보이는 일이 일어날 수도 있다. 만약 물리학에서 다음 단계의 혁신이 이루어진다면, 내가 예측하기에 이 혁신은 다시 어린 아이의 마음으로 되돌아가는 것에 의해 이루어질 것이다. 그것은 우리가 참이라고 가정하는지를 깨닫지도 못한 물리학의 어떤 측면에 초점을 맞춰서, 이 측면을 전과는 다르게 해석하여 실재를 바라보는 방법일 것이다. 이러한 일을 할 새로운 아인슈타인은 과연 누가 될 것인가? 어쩌면 당신?

이 부록은 이 책에서 논의되고 있는 상대성이론의 결과의 이면에 있는 대수 및 계산에 대해서 알고 싶어하는 독자들을 위한 것이다.

특수상대성이론에서 사건은 위치 x와 시간 t를 통해서 이름 붙여진다. 상황을 단순하게 하기 위해서 다른 위치 좌표인 y와 z를 0과 같다고 두자. 우리는 v의 속도로 움직이는 두 번째 좌표계에서 사건의 위치와 시간을 대문자를 사용해서 X와 T로 이름을 붙일 것이다. 아인슈타인은 x, t, X, T 사이의 올바른 관계는 로렌츠 변환에 의해서 주어진다는 것을 결정했다.

$$X = \gamma(x - vt)$$
$$T = \gamma(t - \frac{xv}{c^2})$$

여기서 c는 빛의 속도이고, 시간 지연 요소인 감마는 그리스 문자 γ로 나타내며 $\gamma = \frac{1}{\sqrt{1-\beta^2}}$로 주어지는데, β는 광속 대비 속도다(광속 대비 속도: $\beta = \frac{v}{c}$). 이 방정식들에는 함축적인 약속이 하나 있는데, 이는 특별한 사건 $(0, 0)$이 두 개의 좌표계에서 모두 같은 좌표를 갖는다는 것이다.

이 방정식들을 처음 제시한 사람은 헨드릭 로렌츠다. 그는 맥스웰의 전자기 방정식들이 이 방정식들을 만족시킨다는 것을 보여주었다. 그러나 이 방정식들이 공간과 시간의 행동의 진정한 변화를 나타낸다는 것을 인식한 사람, 이 방정식들을 사용해서 물리학의 새로운 방정식들을 도출했던 사람은 아인슈타인이었다. 맥스웰의 방정식들은 변화될 필요가 없었다. 그러나 뉴턴의 방정식은 변화해야 했다. 아인슈타인은 다른 것들 중에서도 움직이는 물체의 질량이 증가한다고 결론 내렸고(나는 여기서 γm으로 주어지는 운동학적 질량을 말한다), $E = mc^2$이라 결론 내렸다.

로렌츠 변환 방정식의 놀라운 측면은 이 방정식들을 x와 t에 대해서 풀이하면 속도의 부호가 바뀌는 것을 제외하고 동일하게 보이는 방정식들이 생성된다는 것이다. (이때의 대수는 약간 기교적이며, 당신은 위에서 제시된 γ의 정의를 사용해야 하지만, 한번 시도해보라.) 이에 대한 해답은 다음과 같다.

$$x = \gamma(X + vT)$$
$$t = \gamma\left(T + \frac{Xv}{c^2}\right)$$

첫 번째 방정식들과 비교해서 부호가 바뀐 것(-에서 +로)은 충분히 예상할 만한 것이다. 왜냐하면 두 번째 좌표계에 대해서 첫 번째 좌표계는 $-v$의 속도로 움직이기 때문이다. 그럼에도 불구하고 방정식이 동일한 형식을 갖는다는 사실은 나에게 놀라움을 준다. 나라면 이런 일이 일어나리라 추측하지 못했을 것이다. 이는 모든 좌표계가 물리학의 방정식들을 기술하는 데 동등하게 타당하다는 상대성이론의 기적 중 일부다.

시간 지연

이제 시간 지연에 대해서 살펴보자. 우리는 4장에서 쌍둥이 역설의 예를 논의했을 때 사용했던 것과 동일한 용어를 사용할 것이다. 존이 집에 머물러 있는 동안 메리는 멀리 있는 별로 여행을 간다는 것을 기억하자. 우리는 첫 번째 좌표계를 존의 좌표계라고 부르고, 상대속도 v로 움직이는 두 번째 좌표계를 메리의 좌표계라고 부른다. (이 두 좌표계는 그들의 고유 좌표계다.) 두 가지 사건을 생각해보자. 메리의 생일파티1과 메리의 생일파티2. 우리는 이 두 파티에 위치와 시간을 부여할 것이다. 존의 좌표계에서는 $(x1, t1)$과 $(x2, t2)$가 된다. 메리의 좌표계에서 두 파티의 위치와 시간은 $(X1, T1)$, $(X2, T2)$다.

이제 이 값들을 로렌츠 변환에 대입해보자. 우리는 두 번째의 변환식을 사용할 것이다.

$$t_2 = \gamma(T_2 + \frac{X_2 v}{c^2})$$
$$t_1 = \gamma(T_1 + \frac{X_1 v}{c^2})$$

두 방정식을 빼면 다음의 식을 얻는다.

$$t_2 - t_1 = \gamma[T_2 - T_1 + \frac{(X_2 - X_1)v}{c^2}]$$

메리의 좌표계에서 측정된 메리의 나이는 $T_2 - T_1$이다. 이 좌표계에서 메리는 움직이지 않으므로 $X_2 = X_1$이고 따라서 $X_2 - X_1 = 0$이다. 따라서 방정식은 다음과 같이 단순화된다.

$$t_2 - t_1 = \gamma(T_2 - T_1)$$

우리는 $\Delta t = t_2 - t_1$, $\Delta T = T_2 - T_1$이라는 표기법을 사용함으로써 이 방정식을 더 단순해 보이도록 만들 수 있다. (Δ는 그리스 대문자 '델타'로서 많은 경우 차이를 나타내는 데 쓰인다. 우리는 Δt를 '델타 t'라고 읽는다.) 이 표기법을 사용하면 방정식을 다음과 같이 쓸 수 있다.

$$\Delta t = \gamma \Delta T$$

이것이 시간 지연이다. 존의 좌표계에서 두 사건 사이의 시간은, 메리의 좌표계에서 동일한 두 사건 사이의 시간에 비해 인수 γ만큼 더 크다. 4장에서 기술된 쌍둥이 역설의 예에서 γ는 2였고, 따라서 (존의 좌표계에서 볼 때) 메리에게는 8살이 되기 위해 16년이 걸린 셈이다.

길이 수축

이제 길이 수축에 대해서 살펴보자. 어떤 좌표계에서 거리를 측정할 때 우리는 동시적인 시간에서의 위치를 확인해서 그 두 위치를 뺀다. 존의 고유 좌표계에서 두 개의 동시적인 사건들($t_1 = t_2$) 사이의 거리는 $x_2 - x_1$이다. 우리는 첫 번째 로렌츠 변환식에 두 사건을 대입해보자.

$$X_2 = \gamma(x_2 - vt_2)$$
$$X_1 = \gamma(x_1 - vt_1)$$

이 두 방정식을 빼면 다음과 같다.

$$X_2 - X_1 = \gamma[x_2 - x_1 - v(t_2 - t_1)]$$

존의 좌표계에서 이 예에서의 두 사건은 동시적이므로 $t_1 = t_2$이고 따라서 $t_2 - t_1 = 0$이다. 이를 대입하면 방정식은 다음과 같이 단순해진다.

$$X_2 - X_1 = \gamma(x_2 - x_1)$$

존의 고유 좌표계에서 두 사건 사이의 거리는 $x_2 - x_1$이다. 이를 Δx라 부르자. 메리의 고유 좌표계(정지해 있는)에서 물체의 길이는 $X_2 - X_1$이다. 이를 ΔX라 부르자. 이제 우리는 다음과 같은 방정식을 얻는다.

$$\Delta x = \frac{\Delta X}{\gamma}$$

이것이 바로 길이 수축 방정식이다. 물체의 고유 길이를 ΔX라 하면 다른 좌표계에서 측정했을 때 이는 인수 $\frac{1}{\gamma}$만큼 줄어들 것이다. (γ는 항상 1보다 크다는 것을 기억하라.)

동시성

두 사건 사이의 시간 차이는 $t_2 - t_1 = \Delta t$이다. 이와 다른 좌표계에서 사건들은 T_2, T_1에서 일어나고 이 좌표계에서 시간 간격은 $T_2 - T_1 = \Delta T$가 될 것이다. 또한 우리는 존의 좌표계에서 두 사건의 위치 차이를 Δx라 부르고 메리의 좌표계에서 두 사건 사이의 거리를 ΔX라 부를 것이다. 시간에 대해 첫 번째 로렌츠 변환을 적용하면 다음과 같은 방정식들을 얻는다.

$$T_2 = \gamma\left(t_2 - \frac{x_2 v}{c^2}\right)$$
$$T_1 = \gamma\left(t_1 - \frac{x_1 v}{c^2}\right)$$

이 두 식을 서로 빼고 Δt, ΔT, Δx로 대체하면 다음의 식을 얻는다.

$$\Delta T = \gamma (\Delta t - \frac{\Delta xv}{c^2})$$

존의 좌표계에서 두 사건이 동시적인 특별한 경우에(즉 $\Delta t = 0$) 방정식은 다음과 같이 단순화된다.

$$\Delta T = -\gamma \frac{\Delta xv}{c^2}$$

놀랄 만한 결과는 ΔT가 반드시 0은 아니라는 것이다. 즉 사건들이 존의 고유 좌표계에서 동시적이라고 하더라도 메리의 고유 좌표계에서 반드시 동시적인 것은 아니다. 만약 내가 두 사건 사이의 거리를 $\Delta x = -D$로 지정하면(이때 기호는 위치 x_1, x_2에 의존하여 양 또는 음이 될 수 있다), 방정식은 다음과 같이 된다.

$$\Delta T = \gamma \frac{Dv}{c^2}$$

만약 v와 D가 0이 아니면 ΔT도 0이 아니고, 이는 두 사건들이 메리의 좌표계에서는 동시적이지 않음을 의미한다. 이는 하나의 좌표계에서 다른 좌표계로 바꿀 때 멀리 떨어진 시간에서 발생하는 '시간 도약'이다. $D = 0$일 때, 즉 두 사건이 동일한 장소에서 일어날 때는(예를 들어, 존과 메리가 다시 만난 경우) 시간 도약이 발생하지 않는다. ΔT는 D와 v의 부호에 따라서 양 또는 음이 될 수 있다.

속도와 광속

이제 나는 왜 모든 기준 좌표계에서 광속이 동일한지를 보이겠다.

어떤 물체가 움직일 때, 시간 t_1에서의 위치를 x_1이라 하고 시간 t_2에서의 위치를 x_2라 하자. 이 두 사건에 대해서 생각해보자. 물체의 속도는 $v = \frac{x_2 - x_1}{t_2 - t_1} = \frac{\Delta x}{\Delta t}$이다. 다른 좌표계에서는 그 속도가 $V = \frac{X_2 - X_1}{T_2 - T_1} = \frac{\Delta X}{\Delta T}$이다. 우리는 이 둘을 비교하기 위해서 로렌츠 변환을 이용할 수 있다. 두 좌표계의 상대속도를 표기하기 위해 기호 u를 사용하면, 두 개의 서로 다른 좌표계에서 물체가 갖는 속도를 나타내기 위해서 v와 V를 사용할 수 있다. 두 사건에 대한 변환식을 기술하여 이들을 서로 빼보자.

$$\Delta X = X_2 - X_1 = \gamma[(x_2 - x_1) - u(t_2 - t_1)] = \gamma(\Delta x - u\Delta t)$$
$$\Delta T = T_2 - T_1 = \gamma\left[(t_2 - t_1) - u\frac{x_2 - x_1}{c^2}\right] = \gamma\left(\Delta t - u\frac{\Delta x}{c^2}\right)$$

이제 γ를 없애기 위해 두 방정식을 나누어보자.

$$V = \frac{\Delta X}{\Delta T} = \frac{\Delta x - u\Delta t}{\Delta t - \Delta x\frac{u}{c^2}} = \frac{\frac{\Delta x}{\Delta t} - u}{1 - \frac{\Delta x u}{\Delta t c^2}} = \frac{v - u}{1 - \frac{vu}{c^2}}$$

이것이 속도 변환의 방정식이다. 이 식은 첫 번째 좌표계의 속도 v로 두 번째 좌표계의 속도 V를 제공한다.

$v = c$라고 가정해보자. 즉 첫 번째 좌표계에서 어떤 물체가(예를 들어 광자) 광속으로 움직인다. 두 번째 좌표계에서 이것의 속도는

$$V = \frac{v - u}{1 - \frac{vu}{c^2}} = \frac{c - u}{1 - \frac{u}{c}} \frac{c(1 - \frac{u}{c})}{1 - \frac{u}{c}} = c$$

이는 두 좌표계의 상대속도인 u와는 관계없는 값이다. 만약 $v=c$이면 $V=c$이다. 한 좌표계에서 광속으로 움직이는 물체는 모든 좌표계에서 광속으로 움직인다. $v=-c$를 대입하면 어떤 결과가 얻어지는지 살펴보라. 놀랐는가?

이와 유사한 도출은 광속의 방향이 임의적인 경우에도 c가 변하지 않음을 보여준다.[55]

이 결과는 두 방향에서의 빛의 속도 차이를 탐지하기 위한 1887년 마이컬슨-몰리 실험의 실패를 설명해준다. 한 방향은 지구의 움직임과 평행했고 다른 방향은 이에 수직이었다.

뒤집히는 시간

두 개의 분리된 사건들이 시간상으로 근접한 경우 매우 재미있는 일이 일어난다. 우리는 차이의 방정식(위의 동시성에 대한 논의에서 비롯된)을 사용할 것이다.

$$\Delta T = \gamma(\Delta t - \frac{v\Delta x}{c^2}) = \gamma\Delta t(1 - \frac{\Delta x}{\Delta t}\frac{v}{c^2})$$

$\frac{\Delta x}{\Delta t} = V_E$라 정의하자. 이는 두 사건들을 '연결하는' 유사 속도다. 이것이 두 사건 사이에 실제로 무엇인가가 이동한다는 것을 의미하지는 않는다. 이것은 어떤 것이 두 사건 모두에서 현존하기 위해 이동해야만 하는 속도다. V_E가 c보다 클 수 있을까? 물론 그렇다. 동시에 발생하는 임의의 분리된 두 사건은 무한대의 V_E를 갖는다. 이것은 물리적 속도가 아니다. V_E에 관한 이와 같은 새로운 용어법을 사용해서 우리는 다음과 같이 쓸 수 있다.

$$\Delta T = \gamma \Delta t (1 - \frac{V_E v}{c^2})$$

Δt가 양인 예를 생각해보자. 위 방정식은 ΔT가 음이 될 수 있음을 보여준다. 괄호 안에 있는 음의 항이 1보다 크기만 하면 된다. 이는 사건들이 발생하는 순서가 새로운 좌표계에서는 반대일 수도 있음을 의미한다. 이와 같은 결과는 인과성에 대한 모든 종류의 함축들을 갖는다.

$\frac{V_E v}{c^2}$가 1보다 크려면 $\frac{V_E}{c}$는 $\frac{c}{v}$보다 커야만 한다. v는 두 좌표계를 연결하는 속도임을 기억하라. 이는 항상 c보다 작아야 한다. 이는 $\frac{c}{v}$가 항상 1보다 클 것임을 의미한다. 이 방정식은 만약 $\frac{V_E}{c}$가 $\frac{c}{v}$보다 크면 (이는 $\frac{V_E}{c}$가 1보다 크게끔 한다) 두 좌표계에서 사건들의 순서가 역행함을 의미한다. V_E의 크기에는 제한이 없음을 다시 한 번 상기하라. V_E는 두 사건들을 '연결하기' 위한 속도인 유사 속도이며, 멀리 떨어져 있으면서 동시에 일어나는 두 사건의 경우 V_E는 무한대가 될 것이다.

창고 안의 장대 역설의 수학

4장의 다이어그램(그림 4.1)에 관한 내용이다. 창고의 좌표계에서 보면 장대는 문을 통과해서 벽에 다다를 때까지 움직인다. 장대의 앞쪽 끝이 벽에 닿을 때의 순간을 $t_1 = 0$이라 정의하고 그 위치가 $x_1 = 0$이 되도록 우리의 좌표를 설정하자. 로렌츠 수축 때문에 창고의 좌표계에서 장대의 뒤쪽 끝은 $t_2 = 0$, $x_2 = -20$피트일 때 문에 들어온다.

이제 장대의 고유 좌표계에서 무슨 일이 일어나는지 계산해보자. 장대의 앞부분은 창고의 벽에 T_1에 부딪히는데, 로렌츠 변환 방정식에 따르면 다음과 같이 주어진다.

$$T_1 = \gamma(t_1 - \frac{x_1 v}{c^2}) = 2(0 - \frac{0v}{c^2}) = 0$$

장대의 뒷부분은 다음과 같은 시간에 문에 들어온다.

$$T_2 = \gamma(t_2 - \frac{x_2 v}{c^2}) = 2(0 + \frac{20v}{c^2})$$

$\gamma = 2$로부터 $\frac{v}{c}$를 계산하면 0.866이다. 이를 대입하면

$$T_2 = 2(0 + \frac{17.32}{c}) = \frac{34.6}{c}$$

빛의 속도가 초속 10^9피트라는 사실을 사용하면, 우리는 장대가 문에 $T_2 = \frac{34.6}{10^9}$초$= 34.6 \times 10^{-9}$초에 들어올 것이라는 것을 알게 된다. 따라서 장대의 앞부분이 벽에 닿을 때 장대의 뒷부분은 아직까지 문에 들어오지 않았다. 뒷부분은 34.6나노초(10억 분의 1초) 뒤에 들어온다.

장대의 좌표계에서 볼 때 장대의 앞부분이 벽에 닿을 때 장대의 뒷부분은 어디에 있는지 계산해보자. 우리는 다음의 방정식을 사용할 것이다.

$$x_2 = \gamma(X_2 + vT_2)$$

$v = 0.866c$, $x_2 = -20$피트, $T_2 = \frac{34.6}{c}$을 대입해서 X_2를 구하면 다음과 같은 값을 얻는다.

$$X_2 = \frac{x_2}{\gamma} - vT_2 = \frac{-20}{2} - 30 = -40\text{피트}$$

이 결과는 우리의 기대와 일치한다. 장대의 좌표계에서 장대의 앞부분이 벽에 닿을 때 장대의 뒷부분은 −40피트다. 이는 창고의 벽으로부터 40피트 떨어진 거리이며, 이는 이 좌표계에서 장대 길이가 40피트라는 사실과 일관된다.

역설에 대한 대답은 창고의 고유 좌표계에서는 장대의 두 끝이 동시에 창고에 있지만, 장대의 좌표계에서는 두 끝이 창고 안에 있기기는 하지만 장대의 끝부분이 문에 들어오는 것이 장대의 앞부분이 벽에 부딪치는 것과 동시적이지 않다는 것이다. 장대가 안으로 들어와서 장대의 움직임이 갑자기 멈추면(창고의 좌표계에서 양 끝이 동시에 멈추면), 장대는 공간 수축을 잃고 순식간에 원래의 길이인 40피트로 되돌아가서 벽의 한쪽 또는 두 쪽 모두와 부딪힐 것이다.

쌍둥이 역설의 수학

메리의 시간 지연은 $\gamma=2$이므로, 우리는 그녀의 빛 상대속도가 $\frac{v}{c}$ $(\beta)=0.866$임을 계산할 수 있다.

쌍둥이 역설의 예는 몇 개의 중요한 기준 좌표계들을 갖는다. 존의 좌표계(우리는 '지구 좌표계'라 부를 것이다), 메리의 '여행 좌표계'(그녀가 속도 $v=0.866c$로 떠날 때의 그녀의 고유 좌표계), 메리의 '복귀 좌표계'(그녀가 속도 $v=-0.866c$로 돌아올 때의 그녀의 고유 좌표계). 그녀가 하나의 로렌츠 좌표계에서 다른 좌표계로 가속 운동을 하기 때문에 메리의 '고유 좌표계'는 이러한 좌표계들의 조합이다.

지구 좌표계에서 우리는 메리가 $0.866c$의 속도로 이동하여 별에 8년 만에 도착한다는 사실로부터 지구에서 별까지의 거리를 계산할 수 있다. 거리는 $0.866 \times c \times 8 = 6.92c$ 즉 6.92광년이다. 메리의 여행 좌표계와 복귀 좌표계에서 거리는 $6.92c$를 로렌츠 수축인자 γ로 나눈 값이므로, 거리는 $3.46c$다. 메리의 좌표계에서 별까지 도달하는 데 걸리는 시간은 거리 $3.46c$를 속도 $0.866c$로 나눈 값이므로 4년이다. 따라서 지구 좌표계와 메리의 여행 좌표계 모두에서 메리가 별에 도착했을 때 그녀는 4살이 되었다. 이와 비슷한 방식으로 계산하면, 복귀 여행에서 4년이 소요될 것이고 메리가 복귀했을 때 그녀는 8살의 나이가 들 것이다.

지구의 좌표계에서 존은 정지해 있다. 메리의 여행은 갈 때 8년, 올 때 8년이 걸린다. 메리가 돌아올 때 존은 16살의 나이가 들 것이다.

이제 메리의 고유 좌표계로부터 동일한 사건들을 검토해보자. 이것은 가속하는 계이므로 우리는 세 단계로 계산을 한다. 첫째, 우리는 지구 좌표계를 기준으로 속도 v로 움직이는 그녀의 여행 좌표계를 이용한다. 그러면 그녀는 멀리 있는 행성에 정지하게 될 것이다. 이때 그녀의 고유 좌표계는 존의 좌표계와 같아진다. 마지막으로 그녀는 뒤로 가속도를 받아 지구의 좌표계에서 볼 때 $-v$의 속도로 움직인다.

〈그림 A.1〉에 그 결과가 나타나 있다. 지구에서 별로 가는 첫 번째 단계에서 메리는 자신의 고유 좌표계에서 정지해 있다. 존은 $-v$로 이동하고 있고 $\frac{1}{\gamma}$의 비율로 나이를 먹는다. 메리가 별에 도달할 때까지는 4년이 걸린다. (물론 그녀의 기준계에서는 별이 그녀에게 다가온다. 그녀는 정지해 있다.) 이 시간에 존은 오직 $\frac{4}{\gamma}$=2년의 나이만을 먹게 된다.

그리고 난 후 메리는 별에서 멈춘다. (아마도 별 근방에 있는 행성 근처이지 별 그 자체가 아닐 것이다.) 이제 그녀의 고유 좌표계는 지구의 고유 좌표계와 같게 되어, 비록 그녀는 4살이지만 존은 (이 좌표계에서) 동시적으로 8살이다. 이것이 첫 번째 시간 도약이다. 존은 갑자기 나이를 먹은 것이 아니다. 메리가 로렌츠 좌표계를 바꾸었고, 그녀의 새로운 고유 좌표계

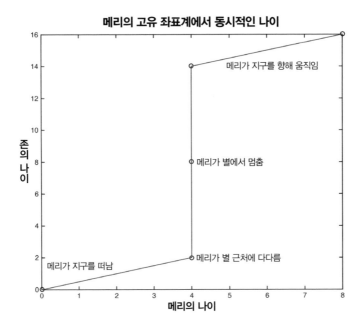

그림 A.1 메리의 가속하는 고유 좌표계에서 봤을 때의 존의 나이를 보여주는 쌍둥이 역설. 메리의 좌표계가 속도를 변화시킬 때 존의 나이는 도약한다.

에서는 옛 좌표계에서 동시적이었던 사건들이 새로운 좌표계에서는 더이상 동시적이지 않다. 메리는 여행 좌표계에서(그녀가 더 이상 정지해 있지 않은) 존이 여전히 그녀보다 어리다는 것을 안다. 그러나 지구 좌표계와 동일한 행성 좌표계에서는 존이 더 나이를 먹었다. 존과 메리 둘 다이러한 사실들에 대해서 동의할 것이다.

다이어그램에서 존의 동시적 나이 '도약'이 6년(2년에서 8년)임을 주목하라. 이는 앞서 제시되었던 시간 도약 방정식과 관련된다.

$$\Delta t = \gamma \left(\Delta T - \frac{\Delta X v}{c^2} \right)$$

여기서 Δt는 존의 나이 도약이다. (지구 좌표계에서 그의 나이는 지구 좌표계에서의 시간과 똑같다.)

이제 메리는 그녀의 고유 좌표계를 두 번째로 바꾼다. 그녀는 복귀하기 위해 가속한다. 우리는 $\Delta x = -3.46c$(복귀 좌표계에서의 거리), $\Delta T = 0$(사건들은 동시적이다), $\gamma = 2$, $\dfrac{v}{c} = -0.866$을 대입하여 다음과 같은 값을 얻는다.

$$\Delta t = 2(0 + 3.46 \times 0.866) = 6년$$

이것은 존의 나이의 두 번째 도약이다. 메리가 복귀를 위해 다시 우주선에 타기 전의 그의 나이와 메리의 복귀 좌표계에서의 그의 나이를 비교하면, 두 경우 모두 메리의 4살 생일과 동시적이나 나이의 도약이 발생하는 것이다. 메리의 가속된 고유 좌표계에서는 존의 동시적 나이가 8에서 14가 된다. 메리가 복귀하는 동안에 존은 2살을 더 먹고, 메리가 최종적으로 지구에 도착했을 때 그는 16살 더 나이가 들어 있다.

따라서 (가속하지 않는) 존의 좌표계에서 계산할 때나 (가속하는) 메리의 고유 좌표계에서 계산할 때나 모두, 둘이 다시 만났을 때 존은 16살, 메리는 8살만큼 나이가 들게 된다.

일반적으로 당신은 만약 피할 수만 있다면 결코 가속하는 좌표계를 사용하여 계산하기를 원하지 않을 것이다. 동시성의 도약은 너무나 반직관적이어서 이를 다루기가 까다롭다. 단순히 가속하지 않는 좌표계에 머무르면서, 당신이 어려운 방식으로 계산을 한다고 하더라도 동일한 해답을 얻을 것임을 믿도록 하라.

타키온 살인의 수학

사건1을 타키온 총의 발사라고 하고, 사건2를 희생자의 죽음이라고 하자. $\Delta t = t_2 - t_1 = +10$나노초이고 $\Delta x = x_2 - x_1 = 40$피트다. 이는 타키온이 나노초당 $\frac{40}{10} = 4$피트, 대략 $4c$로 움직임을 의미한다. 플러스 기호는 희생자가 나의 총 발사 '이후'에 죽는다는 것을 의미한다. 왜냐하면 죽음의 시간 값이 격발 장치를 당기는 시간 값보다 크기 때문이다.

이제 두 사건을 $v = \frac{1}{2}c$로 움직이는 좌표계에서 고려해보자. 이 경우 $\beta = 0.5$, $\gamma = \frac{1}{\sqrt{1-\beta^2}} = 1.55$이다. 우리는 다음과 같은 시간 도약 방정식을 이용한다.

$$\Delta T = \gamma(\Delta t - \frac{\Delta x v}{c^2}) = \gamma \Delta t(1 - \frac{\Delta x}{\Delta t}\frac{v}{c^2})$$

$\gamma = 1.55$, $\Delta t = 10$나노초, $\frac{v}{c} = 0.5$, $\frac{\Delta x}{\Delta t} = 4c$를 대입하고 c를 소거하면 다음과 같은 결과를 얻는다.

$$\Delta T = (1.55)(10\text{나노초})[1 - (0.5)(4)] = -15.5\text{나노초}$$

시간 간격이 '음'이라는 사실은 사건들의 순서가 역행되었음을 의미한다. 희생자가 총에 맞은 시간이 T_2이지만 $T_2 - T_1$이 0보다 작으므로 T_1이 더 큰 수다. 따라서 총이 발사된 시간 T_1이 더 큰 시간, 즉 더 늦은 시간에 일어났다.

만약 $\frac{\Delta x}{\Delta t} = V_E$가 광속보다 작다면, 즉 총알의 속도가 빛의 속도 미만이면 역행이 가능하지 않다는 사실에도 주목하라. 역행이 일어나려면 $\frac{V_E}{c}$가 $\frac{c}{v}$보다 커야만 하며, $\frac{c}{v}$는 항상 1보다 크다. 따라서 광속보다 느린 신호에 의해 연결될 수 있는 임의의 두 사건의 경우, 사건들이 일어나는 순서는 모든 타당한 좌표계에서 동일하다. 즉 v가 c보다 작은 모든 좌표계에서 동일하다. 우리는 그러한 사건들을 '시간꼴time-like' 사건이라 부른다. 공간꼴space-like 사건들은 서로 너무나 떨어져 있어서 광속이 이들을 연결하기 불충분한 사건들이다.

중력 시간 효과의 수학

아인슈타인은 중력장이 가속하는 기준 좌표계와 동등하다고 가정함으로써 중력장 아래에서의 시간 행태가 계산될 수 있다고 상정했다. 우리가 여기서 할 것이 바로 그것이다.

우리가 높이 h인 로켓을 갖고 있는데, 이 로켓이 중력이 없는 우주의 영역에 있다고 하자. 이 로켓은 지구의 중력 비율인 g=32피트/s^{2}으로 위로 향하는 가속도를 갖는다. 로켓의 원래 좌표계에서 볼 때 로켓의 꼭대기와 바닥이 동시적으로 가속된다고 가정하자. 시간 Δt 이후, 로켓의 고유 좌표계는 이전의 고유 좌표계에 대해 $v=g\Delta t$만큼의 속도로 움직인다.

우리는 로켓의 꼭대기에 대응하는 시간 간격을 계산하기 위해서 타키온 살인에서 등장한 다음과 같은 방정식을 사용할 것이다.

$$\Delta T = \gamma(\Delta t - \frac{\Delta x v}{c^2})$$

여기에 $\Delta x = h$, $v = g\Delta t$를 대입하고 $\gamma = 1$이라고 근사하면(비상대론적 속도인 경우) 다음과 같은 결과를 얻는다.

$$\Delta T = \Delta t - \frac{hg\Delta t}{c^2}$$

이를 Δt로 나누면 다음의 결과를 얻는다.

$$\frac{\Delta T}{\Delta t} = 1 - \frac{hg}{c^2}$$

이는 꼭대기의 시간 간격인 ΔT가 바닥의 시간 간격인 Δt보다 작음을 보여준다. 높은 고도에 있는 시계는 더 빨리 간다.

좀 더 일반적으로 이 방정식은 다음과 같이 기술된다.

$$\frac{\Delta T}{\Delta t} = 1 - \frac{\phi}{c^2}$$

여기서 ϕ는 중력 포텐셜 차이다. 예를 들어 무한대와 비교할 때 지구 표면의 포텐셜은 $\phi = \frac{GM}{R}$ 이고, 여기서 M은 지구의 질량이며 R은 지구의 반지름이다.

많은 교과서에서는 완전히 다른 접근법을 사용해서 이 공식을 유도한다. 상자의 꼭대기에서 바닥으로 이동하는 빛의 적색이동을 들여다봄으로써 말이다. 나는 방금 기술한 접근법을 선호한다. 왜냐하면 이 접근법은 아인슈타인의 일반상대성이론의 기초를 형성한 등가 원리를 명시적으로 사용하고 있기 때문이다. 또한 이 접근법은 중력 시간 효과가 로렌츠 방정식에 있는 항인 $\frac{xv}{c^2}$ 으로부터 발생함을 보여주는데, 이와 동일한 항이 동시성을 상실하게 이끈다.

에너지에 대한 가장 매력적이고 정밀하고 (물리학자들에게) 실제적인 정
의는 가장 추상적인 것이다. 너무나 추상적이어서 대학 물리학 교육
과정의 처음 몇 년 동안에는 논의하기 어려울 정도다. 에너지 정의는
$E=mc^2$과 같은 물리학의 참된 방정식들이 오늘 참인 것처럼 내일도 참
일 것이라는 관측에 기반하고 있다. 이는 대부분의 사람들이 당연하게
받아들이고 있는 가설이다. 비록 몇몇 사람들이 이 가설을 시험하고자
시도하고 있기는 하지만 말이다. 만약 이와 관련된 어긋남이 발견된다
면 이는 과학의 역사상 가장 심오한 발견들 중 하나가 될 것이다.

　물리학의 전문 용어를 사용하면 방정식이 변하지 않는다는 사실을
'시간 불변성'이라 부른다. 이는 물리학에서의 사물들이 변하지 않는다
는 것을 의미하지 않는다. 한 사물이 움직이면 그것의 위치는 시간에 따
라 달라지고, 그것의 속도 역시 시간에 따라 변하며, 물리적 세계의 많은
것들이 시간에 따라 변화한다. 그러나 그러한 운동을 기술하는 방정식들
은 시간에 따라 달라지지 않는다. 내년에도 우리는 여전히 $E=mc^2$을 가
르칠 것이다. 왜냐하면 이 식은 여전히 참일 것이기 때문이다.

　시간 불변성은 너무 당연하게 들리지만, 이를 수학적으로 표현하면
놀라운 결론에 이르게 된다. 에너지가 보존된다는 것이 증명되는 것이
다. 이 증명은 에미 뇌터에 의해 발견되었다. 그녀 역시 아인슈타인처럼
나치 독일을 떠나 미국에서 살게 되었다.

　뇌터에 의해서 제시된 절차에 따르면, 물리학 방정식에서 출발할 경

우에 우리는 항상 변수들(위치, 속도 등)의 어떤 조합이 시간에 따라 변하지 '않는다'는 것을 발견한다. 우리가 이 방법을 단순한 사례(힘, 질량, 가속도가 등장하는 고전역학)에 적용하면, 시간에 따라서 변하지 않는 양이 운동학적 에너지와 포텐셜 에너지의 합임이 드러난다. 달리 말해 이는 계의 고전적인 에너지다.

좋다. 우리는 이미 에너지가 보존된다는 것을 알고 있다.

그러나 여기에 매력적인 철학적 연결고리가 있다. 왜 에너지가 보존되는지에 대한 이유가 있다. 바로 시간 불변성 때문이다!

이보다 더 중요한 결과가 있다. 이 절차는 현대 물리학의 훨씬 더 복잡한 방정식들에 적용했을 때도 작동한다는 것이다. 다음과 같은 물음을 떠올려보라. 상대성이론에서는 무엇이 보존되는가? 에너지인가 아니면 에너지 더하기 질량 에너지인가? 혹은 다른 것인가? 화학 에너지는? 포텐셜 에너지는? 우리는 어떻게 전기장의 에너지를 계산할까? 핵을 함께 붙들어 두는 양자 장은 어떤가? 이러한 에너지들 역시 포함되어야 하는가? 직관적인 해답이 없는 물음에 물음이 꼬리를 문다.

오늘날 그와 같은 물음들이 제기되면 물리학자들은 뇌터에 의해 제시된 절차를 적용해서 분명한 해답을 얻는다. 이 방법을 운동에 대한 아인슈타인의 상대론적 방정식에 적용하면, 당신은 질량 에너지 mc^2을 포함하는 새로운 에너지를 얻을 것이다. 뇌터의 방법론을 양자물리학에 적용하면, 우리는 양자 에너지를 기술하는 항들을 얻는다.

이것은 '오래된 에너지'가 보존되지 않는다는 것을 의미할까? 그렇다. 우리가 방정식들을 개선시키면 입자들의 예측된 움직임이 달라질 뿐만 아니라 우리가 보존된다고 생각한 것들이 보존되지 않는다. 고전적인 에너지는 더 이상 일정하지 않다. 우리는 질량 에너지와 양자 장의 에너지를 포함해야 한다. 전통에 따라 우리는 보존되는 양을 계의 '에너지'라 부른다. 따라서 비록 에너지 그 자체는 시간에 따라서 변하지 않지만, 우리가 물리학 방정식들을 더 깊이 연구하면 할수록 에너지에 대한 우리의 정의는 시간에 따라 변한다.

다음과 같은 물음을 생각해보라. 뉴욕 시에서 작동하는 물리학 방정식이 버클리에서도 작동할까? 물론 그렇다. 사실 그와 같은 관측은 사소한 것이 아니다. 이는 극도로 중요한 귀결들을 갖는다. 우리는 방정식들이 위치에 의존하지 않는다고 말한다. 우리는 서로 다른 질량과 전류를 가질 수 있으며 이는 변수들이다. 핵심적인 물음은 사물과 장의 행태의 물리학을 기술하는 방정식들이 서로 다른 장소에서 달라지는지의 여부다.

오늘날의 물리학에서 볼 수 있는 방정식들—표준 물리학의 일부로 포함되어 있으며 실험적으로 검증된 방정식들—은 모든 곳에서 작동한다는 속성을 갖고 있다. 어떤 사람들은 이것이 아주 놀랍다고 생각해서, 이에 대한 예외 사례를 찾는 것에 자신들의 직업적인 노력을 기울이기도 한다. 이들은 멀리 있는 은하나 퀘이사와 같이 아주 멀리 있는 사물들을 바라보며, 물리학의 법칙들이 다소 다른 것을 발견하기를 희망한다. 그러나 아직까지는 이와 같은 발견이 일어나지 않았다.

이제 놀랄 만한 귀결로 돌아가 보자. 시간에 따라 변하지 않는 방정식들에 작동하던 동일한 뇌터 수학이 위치에 따라 변하지 않는 방정식들에도 작동한다. 뇌터의 방법론을 사용하면 위치에 따라 변하지 않는 변수들(질량, 위치, 속도, 힘)의 조합을 발견할 수 있다. 뉴턴에 의해 발명된 고전 물리학에 이 절차를 적용하면, 우리는 질량 곱하기 속도와 동일한 양, 즉 고전적 운동량을 얻는다. 운동량은 보존되며 이제 우리는 그 이유를 안다. 왜냐하면 물리학의 방정식들이 공간에서 불변이기 때문이다.

동일한 절차가 상대성이론과 양자물리학 및 그 둘의 조합인 '상대론적 양자역학'에도 적용될 수 있다. 이 경우 시간에 따라 변하지 않는 조합은 다소 다르기는 하지만, 여전히 우리는 이를 운동량이라 부른다. 이 조합에는 상대론적 항들—전자기장과 양자 효과—이 포함되어 있지만, 전통에 따라 우리는 이를 운동량이라 부른다.

시간과 에너지 사이의 밀접한 관계는 양자물리학과 불확정성 원리에까지 영향을 미친다. 양자물리학에 따르면 계 일부의 에너지와 운동량의 경우, 비록 이들을 정의할 수는 있을지라도 이들의 값이 불확실한 경우가 많다. 우리는 개별적인 전자 또는 양성자의 에너지를 결정하지 못할 수 있으나, 이 원리는 계 전체의 에너지에 대해서는 이와 유사한 불확정성을 갖지 않는다. 계의 다양한 부분들 사이에서는 에너지가 바뀔 수 있겠으나 계 전체의 에너지는 고정되어 있다. 에너지는 보존되는 것이다.

양자물리학에서 파동함수의 시간 행태는 e^{iEt}라는 항을 갖는데, 여기서 $i = \sqrt{-1}$, E는 에너지, t는 시간이다. 디랙이 전자에 관한 자신의 방정식을 풀었을 때 그는 자신의 해에 음의 에너지가 포함되어 있음을 발견했고, 이는 그로 하여금 우주가 음-에너지 전자들로 구성된 무한한 바다로 가득 차 있다고 결정하게 했다. 파인만은 이와 다른 해석을 발견했다. 그는 E가 음인 것이 아니라, 곱에서 나타나는 t의 값이 음이라고 제안했다. 그는 음-에너지 대신에 전자를 시간에 역행해서 움직이게끔 했다. 그것이 바로 그가 양전자라고 식별한 것이었다.

상대성이론에서 물리학자들은 공간과 시간이 심층적으로 관련되어 있다고 보며, 이러한 조합을 '시공간'이라고 부른다. 물리학의 시간 불변성으로부터 에너지 보존이 도출된다. 물리학의 공간 불변성으로부터 운동량 보존이 도출된다. 이 둘을 합치면 물리학의 시공간 불변성으로부터 '에너지-운동량'이라 불리는 양의 보존이 도출된다. 물리학자들은 에너지와 운동량을 같은 것의 두 가지 측면이라고 본다. 물리학자는 이와 같은 관점으로부터 에너지가 4차원 에너지-운동량 벡터의 네 번째 구성 요소라고 말할 것이다. 운동량의 세 요소가 p_x, p_y, p_z라고 불린다면 에너지-운동량 벡터는 (p_x, p_y, p_z, E)이다. 물리학자들에 따라서 네 가지 성분들은 순서를 달리 한다. 어떤 학자들은 에너지가 아주 중요하다고 생각해서 에너지를 제일 앞쪽에 둔다. 이들은 에너지를 벡터의 4번째 성분이 아닌 0번째 성분이라 부른다. (E, p_x, p_y, p_z).

전기장과 자기장 역시 상대성이론에 의해 통합되지만 이는 좀 더 복잡한 방식으로 이루어진다. 전기장의 3차원 벡터 (E_x, E_y, E_z)와 일반적으로 (B_x, B_y, B_z)로 기술되는 자기장의 3차원 벡터 대신, 이들은 상대성이론에서 '장'을 나타내는 F라 불리는 4차원 텐서의 구성 성분이 된다.

$$F = \begin{bmatrix} 0 & -E_x & -E_y & -E_z \\ +E_x & 0 & -B_z & +B_y \\ +E_y & +B_z & 0 & -B_x \\ +E_z & -B_y & +B_x & 0 \end{bmatrix}$$

각각의 성분들이 두 번씩 등장해서 다소 복잡해보이기는 하지만, 이 텐서는 위치와 시간에 대해서 우리가 사용했던 동일한 상대성이론 방정식들을 적용하면 다른 좌표계에서 새로운 F를 얻게 된다는 이점을 갖고 있다. 이에 더해, 우리의 방정식들에 전기장과 자기장을 분리해서 포함하는 대신에 단일한 F만 포함하면 된다. 이는 방정식들을 단순하게 보이게 해준다. 이는 전기장과 자기장을 '통합'하는 것이다. 즉 이들을 분리된 개체들로 보이게 하는 것이 아니라 장 텐서라는 더 큰 대상의 일부로 보이게 하는 것이다.

만약 우리가 $\sqrt{2}$ 가 유리수라고, 즉 I와 J 모두 정수일 때 $\sqrt{2}$ 가 $\frac{I}{J}$ 와 같이 기술될 수 있다고 가정한다면, 우리는 이 가정이 거짓임을 증명하는 모순에 다다르게 된다.

만약 I와 J 모두 짝수라면, 우리는 공통 인수인 2를 없앨 수 있으며 두 정수 중 하나가 홀수가 될 때까지 이를 반복한다. 이는 만약 우리가 $\sqrt{2}$ $= \frac{I}{J}$로 기술할 수 있다면 우리는 이를 $\sqrt{2} = \frac{M}{N}$으로 기술할 수도 있으며, 최소한 M과 N 중 적어도 하나는 홀수임을 의미한다. 둘 다 홀수일 수도 있다.

$\frac{M}{N} = \sqrt{2}$. 우리는 이 방정식의 양변을 제곱하고 분모를 없애 $M^2 = 2N^2$을 얻는다. M^2은 2의 배수이므로 M^2은 짝수다. 이는 M이 짝수임을 뜻한다. 왜냐하면 홀수의 제곱은 항상 홀수이기 때문이다. 이제 나는 N 역시 짝수임을 보이겠다.

M은 짝수이므로 $M = 2K$라 쓸 수 있다. 이때 K는 또 다른 정수다. 이 방정식의 양변을 제곱하면 $M^2 = 4K^2$이 된다. 우리는 앞서 $M^2 = 2N^2$임을 보였으므로, $2N^2 = 4K^2$이다. 이를 2로 나누면 $N^2 = 2K^2$이다. 이는 N^2이 짝수이며 N 역시 짝수임을 뜻한다.

우리는 M과 N 중 최소한 하나는 홀수라는 우리의 가정과 모순에 이르게 되었다. 이에 대한 유일하게 가능한 원인은(왜냐하면 우리는 수학의 규칙들을 따랐기 때문이다) 우리의 원래 가정, 즉 $\sqrt{2}$ 는 $\frac{I}{J}$ 와 같이 기술될 수 있다는 가정이 틀렸다는 것이다. 따라서 $\sqrt{2}$ 가 무리수임이 증명되었다.

이 결과를 매우 매력적으로 보이게 하는 것은 이 증명이 결코 물리학을 통해서는 발견되지 않았을 것이라는 사실이다. 그 어떤 측정으로도 $\sqrt{2}$ 가 무리수임을 증명하지 못한다. $\sqrt{2}$ 가 무리수라는 사실은 물리적 측정 너머에 있는 진리다. 이는 인간의 마음 안에서만 존재한다. 이는 비물리적 지식이다.

만약 당신이 흥미가 있다면 $\sqrt{4}$ 가 무리수임을 증명하기 위해 동일한 방법론을 사용하고자 시도해볼 수 있다. 물론 $\sqrt{4}$ 는 무리수가 아니다. $\sqrt{4} = \frac{2}{1}$ 이다. 우리가 여기서 사용한 접근법을 적용하고자 시도해보고 어디서 적용이 실패하는지를 살펴보라.

처음에는
아무것도 없었다
지구도, 태양도
공간도, 시간도
아무것도 없었다

시간이 시작되고
무로부터 진공이 폭발해 터져나왔다
모든 곳이 불덩어리로 가득했다
무시무시하게 뜨겁고 밝았다

공간이 빛처럼 빠르게 커지며
불의 태풍은 점점 약해졌다
결정체들은 최초의 물질의 물방울처럼 보였다
이상한 물질로 된 연약한 조각들은
우주의 10억 분의 1 정도로 작았다

폭풍 속에 압도된
보잘것없는
결정들은 격렬함이 진정되기를

기다리는 듯하다

우주가 차가워지고

결정들은 흩어지고 흩어졌다

계속해서 흩어졌다

더 이상 흩어질 수 없을 때까지

전자, 글루온, 쿼크와 같은 조각들은

서로를 붙잡았지만

푸르고 흰 열에 의해 불타올라

다시 서로에게서 떨어졌다

원자들이 견디기에는 너무나 뜨거운 열이었다

공간이 커지며 불은 사그라들었다

흰색에서 붉은색으로, 적외선에서

암흑으로

100만 년 동안 파괴의 시간이 흘렀다

입자들은 차가움 속에서 모여

자기들끼리 결합해 원자들―

수소, 헬륨, 단순한 원자들이 되었다

이들로부터 모든 것들이 만들어진다

중력에 의해 끌린 원자들은 서로

모이고 흩어져

모든 크기의 별들로 이루어진 구름을 만들고

별들의 은하를, 은하들의 성단을 만든다
처음으로
진공이라는
텅 빈 공간이 생긴다

작은 별의 구름 속에서
차가운 물질 덩어리가 압축되고 열을 내어
불타오른다
다시금 빛이 나타난다

별 속 깊숙이 들어 있는 핵은
수십억 년 동안 태우고 요리하는
연료이자 식량이 되어
탄소와 산소, 철을 융합해낸다
이러한 생명과 지성의 물질은 천천히 태어나
별 속 깊숙이 갇히고 묻힌다

거대한 별의 심장은 무거워지고 불타서
붕괴하고 진동한다. 불빛이 일어난다
이윽고 중력에서 발생한 에너지가
열을 내뿜고 폭발해
별의 껍질을 내던져버린다
초신성! 1000개의 별보다 밝다
100만 개의 별보다, 10억 개의 별보다

별들의 은하보다 밝다

탄소, 산소, 철의 찌꺼기가 우주 속으로 배출된다

자유롭게 떠난다!

이들은 식고 단단해져 먼지가 되고

별의 재는 생명의 물질이 된다

처녀자리 은하단의 가장자리에 있는

우리은하에서

먼지들은 나뉘고 모여서 새로운

별을 형성하기 시작한다

근처에 있는 먼지의 얼룩은 행성이 된다

어린 태양은 압축되어 뜨거워지고

불타오른다

갓 태어난 아기 지구를 따뜻하게 해준다

물리학에서 불확정성 원리는 단순히 입자들이 파동의 속성을 갖고 있다는 사실로부터 비롯되는 귀결에 지나지 않는다.

파동에 대한 기본적인 수학은 아주 오랜 시간 동안 이해되어왔고, 한 유명한 정리에 따르면 사실상 그 어떤 파동도 정칙 파동(사인과 코사인)의 무한 합으로 표현될 수 있다. 이에 관한 분야를 '푸리에 해석'이라 부르며, 이는 고급 해석학의 일부에 속한다. 학생들에게 가장 빈번하게 주어지는 과제는 방형파(상자들의 계열처럼 보이는)를 사인과 코사인의 합으로 구하는 것이다.

푸리에 분석은 아주 중요한 정리를 하나 갖고 있다. 만약 파동이 짧은 파동으로만 구성되어 있고 이 파동의 대부분이 작은 영역 Δx('델타 x'라 읽는다)에 위치하고 있다면, 이를 사인과 코사인을 써서 기술하기 위해서는 다수의 서로 다른 파장이 필요해진다. 수학에서 파장은 많은 경우 숫자 k에 의해 기술된다. 예를 들어 $\frac{k}{2\pi}$ 는 1미터 안에 들어가는 완전한 파동(완전한 주기)의 숫자다. 물리학자들은 k를 공간 진동수 또는 '파수'라고 부른다. 크기가 영역 Δx에 국한되는 파동은 서로 다른 공간 진동수 범위 Δk를 반드시 포함해야 한다. 이 경우 푸리에의 수학 정리는 이러한 두 개의 범위가 다음과 같은 관계를 가짐을 말해준다.

$$\Delta x \Delta k \geq \frac{1}{2}$$

이 방정식은 양자 행태와는 아무런 관련이 없다. 이는 해석학의 결과다. 이 정리는 하이젠베르크보다 앞서서 제시되었다. 장-밥티스트 조제프 푸리에는 1830년에 사망했다. 이것은 오직 수학일 뿐이다. 파동, 수면파, 음파, 광파, 지진파, 밧줄 또는 피아노줄의 파동, 플라즈마와 결정 내에서의 파동을 기술하는 수학이다. 이는 이와 같은 모든 파동들에 대해서 참인 것이다.

양자물리학에서 파동의 운동량은 플랑크 상수 h를 파장으로 나눈 값이다. 파장은 $\frac{2\pi}{k}$ 이다. 이는 우리가 운동량을(전통적으로 운동량은 문자 p로 나타낸다) $p = \frac{kh}{2\pi}$ 로 기술할 수 있음을 의미한다. 두 개의 p 값들의 차이를 취하면 이 방정식은 $\Delta p = \frac{h\Delta k}{2\pi}$ 가 된다. 푸리에 분석 방정식 $\Delta x\Delta k \geq \frac{1}{2}$ 의 양변에 $\frac{h}{2\pi}$ 를 곱하면 다음과 같은 식을 얻는다.

$$(\frac{h}{2\pi})\Delta x\Delta k \geq \frac{1}{2}(\frac{h}{2\pi})$$

이제 $\Delta p = \frac{h\Delta k}{2\pi}$ 를 대입하면 다음과 같은 식을 얻는다.

$$\Delta x\Delta p \geq \frac{h}{4\pi}$$

이것이 하이젠베르크의 유명한 불확정성 원리다. 이것이 내가 모든 입자들이 파동처럼 움직인다는 것을 받아들인다면 불확정성 원리는 수학적 귀결이라고 말한 이유다.

수학에서 이 정리는 불확정성 원리가 아니었다. 오히려 이는 짧은 파동에 있는 공간 진동수의 범위를 기술한다. 그러나 양자물리학에서는 진동수의 범위가 운동량의 불확정성으로 번역된다. 파동의 너비는 입자가 어디에서 탐지될 것인지에 대한 불확정성이 되는 것이다. 이는 파동함수에 대한 코펜하겐 확률 해석 때문이다. 만약 파동함수에서 여러 운동량(속도)과 여러 위치가 가능하다면, 측정을 하는 것은(자기장에서 회절하는 것을 관측하는 것과 같이) 많은 값들 중에서 하나의 값을 골라내는 것을 의미한다. 포레스트 검프가 인생에 대해서 말한 것처럼, "[그것은] 초콜릿 상자와 같다. 무엇을 집게 될지 알 수 없다."

물리학은 종교가 아니다. 만약 물리학이 종교였다면, 우리 물리학자들
은 자금을 마련하는 데 곤란을 겪지 않았을 것이다.

　─레온 레더만(뮤온 중성미자의 발견자)

물리주의는 측정될 수 없는 모든 실재에 대한 부정이다. 많은 물리학자
들이 물리주의를 자신들의 연구의 기초로 받아들이지만, 정신적인 세계
를 가장 중요하지는 않다고 하더라도 그들의 삶과 실재의 중요한 부분
으로 계속해서 받아들인다. 몇몇 사람들은 모든 물리학자들이 무신론자
라는 그릇된 인상을 갖고 있는데 이러한 인상을 떨쳐버리는 것은 가치
가 있을 것이다. 교회가 우주의 나이가 4,000살밖에 되지 않았다고 말하
는 것이나 다윈의 진화가 일어나지 않았다고 주장하는 것에 대해, 과학
자가 과학처럼 행세하는 종교를 반박하는 것은 완전히 정당한 일이다.
그러나 이와 유사하게, 논리와 이성은 정신적인 실재의 존재를 부정하
기에 충분하다고 주장하는 무신론자와 물리주의자에 대해서도 정당하
게 비판할 수 있다.

　나는 이 주제에 대해서 언급한 몇몇 위대한 과학자들의 말들을 인용
하면서 이야기를 이어나가겠다. 인용문의 많은 내용은 티호미르 디미트
로프Tihomir Dimitrov가 편집하고 http://nobelists.net에서 확인할 수 있
는 무료 전자책인《신을 믿는 50인의 노벨상 수상자 및 다른 위대한 과
학자들》의 도움을 받았다. 내가 인용한 많은 말들의 출처를 이 사이트

에서 찾을 수 있다.

레이저와 메이저의 발명가이자 버클리의 동료 교수이며 개인적으로 친구이기도 한 찰스 타운스(그는 자신의 대학원 학생들을 포함한 모든 사람들에게 자신을 '찰리'라고 부르게 했다)는 나에게 무신론은 '어리석다'고 생각한다고 말했다. 그는 무신론이 신의 '명백한' 존재를 부정한다고 느꼈다. 그의 말은 (샤론 베글리가 쓴《과학이 발견한 신》에서) 다음과 같이 인용되었다.

나는 직관, 관측, 논리, 과학적 지식에 기초해서 신의 존재를 강력하게 믿는다.

타운스가 신을 믿는 근거에 '믿음'을 포함하지 않았음을 주목하라. 당신이 무엇인가를 보고 그것의 존재를 인정하는 것은 믿음을 요구하지 않는다. 그는 다음과 같이 썼다.

종교적인 사람으로서 나는 나를 훨씬 넘어서지만 항상 개인적이고 친밀한 창조적 존재의 현존과 행위를 강하게 지각한다……
사실상 나에게 계시란 인간에 대한 이해 그리고 인간이 우주, 신, 다른 인간과 맺고 있는 관계에 대한 이해를 갑자기 발견하는 것으로 여겨진다.

빅뱅 이론을 입증한 복사인 우주 마이크로파 복사를 공동으로 발견한 아르노 펜지어스는 다음과 같이 썼다.

신은 모든 곳에서 자신의 존재를 내보인다. 모든 실재는 크든 작든 어느 정도로든 신의 목적을 드러낸다. 인간 경험의 모든 측면에는 세계의 질서와 목표에 대한 어느 정도의 연관이 존재한다.

핵자기 공명(자기공명영상 장치인 MRI에 사용된다)을 발견한 미국원자력 위원회의 위원장 이지도어 아이작 라비Isidor Isaac Rabi는 《피직스 투데이》에서 다음과 같이 썼다.

물리학은 나로 하여금 경외감으로 가득하게 했고, 나를 근원적인 원인과 접촉할 수 있게 해주었다. 물리학은 나를 신과 더 가깝게 해주었다. 그와 같은 느낌이 내가 과학에 종사하는 동안에 항상 나와 함께 했다. 나의 학생들이 과학 프로젝트를 들고 나에게 올 때마다 나는 그들에게 다음과 같은 단 하나의 질문을 던졌다. "그것이 너를 신에게 더 가까이 다가가게 해줄까?"

펄서의 공동 발견자인 앤서니 휴이시Anthony Hewish는 2002년에 다음과 같이 썼다.

나는 우리와 우주의 관계를 이해하기 위해서 과학과 종교 모두 필요하다고 생각한다. 원리상으로 과학은 모든 것들이 어떻게 작동하는지 우리에게 말해준다. 비록 해결되지 않은 많은 문제들이 있고 나는 항상 그러한 미해결 문제들이 있을 거라 추측하지만 말이다. 그러나 과학은 과학이 결코 답할 수 없는 문제들을 제기한다. 왜 빅뱅은 결국 생명의 목적과 우주의 존재에 대해 질문하는 의식적인 존재로 이어졌을까? 이 지점에서 종교가 필요해진다……

종교는 이기적인 물질주의보다 삶에 더 많은 것들이 존재함을 지적하는 가장 중요한 역할을 한다.

당신은 단지 과학적 법칙들만이 아닌 다른 무엇인가가 필요하다. 과학을 더 탐구한다고 해서 우리가 질문하는 모든 물음들에 대해 답을 얻지는 못할 것이다.

중력파를 방출하는 것으로 밝혀진 급속도로 회전하는 별들을 발견해서 노벨상을 받은 조 테일러Joe Taylor는 다음과 같이 썼다.

우리는 모든 사람 안에 신적인 무언가가 있다고 믿는다. 따라서 생명은 신성한 것이며 우리는 다른 사람들 안에서 정신적 현존의 깊이를 찾아볼 필요가 있다. 심지어는 우리와 의견이 일치하지 않는 사람에게서도 말이다.

물리주의는 하나의 종교일 수는 있으나, 물리학 연구에서 작동하는 변수들을 단순히 정의할 뿐이며 모든 실재를 포괄하는 것으로 간주될 수는 없다.

나의 견해

이 책과 유사한 책을 저술하는 다른 과학자들은 자신들의 정신적 믿음을 기술하는 것이 적합하다고 느낀다. 따라서 아마도 나 자신의 견해에 대해서 간단하게 언급하는 것이 적절할 것이다. 나는 이것을 '믿음'이라 부르는 것을 주저한다. 사람들은 이의 요정, 산타클로스, 물리주의를 믿는다. 나는 내가 말하고자 하는 것을 관측에 기초한 지식으로 간주한다.

비물리적이고 정신적인 관측이긴 하지만 여전히 관측인 것이다.

당신은 나를 비물리주의자라 부를 수 있을 것이다. 측정되지 않는다는 이유만으로 관측을 부정하는 것은 논리적이지 않다. 나는 나 자신이 자유의지를 갖는다고 생각하지만 이것의 많은 부분이 환상일 수 있음을 인식한다. 배가 고플 때 내 본능은 음식을 찾게끔 만들며 그것은 자유의지의 일부가 아니다. 그러나 나는 나 자신이 의식을 넘어서는 무엇인가인 영혼을 갖고 있음을 알며, 그렇기에 스코티가 나를 빔으로 전송하는 것을 허락하기를 주저한다. 비록 그 대상이 누구인지 확실하지는 않지만 나는 매일 기도한다. 내 현명한 친구인 앨런 존스는 언젠가 나에게 오직 세 가지의 적절한 기도가 존재한다고 제안했다. '와!' '감사합니다!' '도와주세요!' '와!'와 '감사합니다!' 사이의 차이를 내가 이해하는지는 확신하지 못하겠다. '도와주세요!'는 물질적인 것이 아닌 정신적인 힘을 요청하는 기도다. 매일 하는 내 기도는 지금까지 '감사합니다!'라는 표현이 거의 대부분을 차지했다.

왜 태초에 빅뱅이 일어났을까? 어떤 사람들은 인류 원리에 호소하고, 다른 이들은 신에 호소한다. 나는 둘 다 좋은 해답이 아니라고 생각한다. 만약 그것이 신이라면, 이는 창조자인 신이 숭배 받을 가치가 있는지의 여부에 대한 물음에 대해 답하지 않는다. 우리는 몇 개의 물리학 방정식을 설정하고 도화선에 불을 당겼다는 이유만으로 초월적인 존재를 경배하는 걸까? 내 경우는 아니다. 내가 경배하는 것은 나를 돌봐주고 나에게 정신적인 힘을 주는 신이다.

고대의 그노시스주의자들 역시 동일한 방식으로 느꼈다. 그들은 두 종류의 신을 믿었다. 창조주 야훼와, 또 다른 신은 선과 악의 지식을 관장하는 신이었다. 이들은 오직 두 번째의 신만을 숭배했다. 이들은 아담과 이브 역시 동일한 믿음을 가졌다고 믿었다. 그노시스주의의 해석에서는 사과를 먹은 것이 영웅적인 행위였다. 아담과 이브는 이 '죄'로 인해 에덴에서 추방되었지만 결코 뒤돌아보지 않았다. 아담과 이브에게는 비물리적 지식이 공짜 과일보다 훨씬 더 중요했다.

주

1 '날아가다' '파리'를 뜻하는 fly와 '~처럼' '좋아하다'를 뜻하는 like를 이용한 말장난이다(감수자 주).

2 원문에서는 모두 'time'으로 썼지만 문맥에 따라 '시각'과 '시간'으로 구분했다. 특정한 순간을 나타내는 경우는 '시각'으로, 일반적인 의미나 간격을 의미할 때는 '시간'으로 옮겼다(옮긴이 주).

3 Aristotle, *Physics*, trans. R. P. Hardie and R. K. Gaye, the Internet Classics Archive, http://classics.mit.edu//Aristotle/physics.html.

4 물리학에서 '대칭'이란 단순한 기하학적 대칭을 뜻하는 것이 아니라 훨씬 넓은 개념이다. 아주 명쾌한 보기는 $f(x)$가 x의 함수가 아닐 때, 다시 말해서 x가 달라지더라도 f값이 달라지지 않을 때다. 이때 f가 (x의 변환에 대해서) 대칭이라고 불린다. 특히 방정식 따위의 '수학적 표현' 속에서 조절 변수에 대한 간단한 변환이 있더라도 그 결과의 '어떤 물리량'이 달라지지 않으면 또는 부호 정도만 바뀌면 거기에 대칭이 있다고 한다. 예를 들어 $x \rightarrow -x$ 따위의 변환이 있을 때 $f(-x) = f(x)$인 경우는 물론이고, $f(-x) = -f(x)$인 경우도 대칭성을 가진 경우다. f의 '크기'가 우리에게 중요한 '어떤 물리량'일 수 있기 때문이다. 곧 $|f(-x)| = |f(x)|$이기 때문이다. 현재 아주 좁은 뜻이 아닌 한, 반대칭이라는 말이($f(-x) = -f(x)$) 쓰이지는 않는다. 언어의 의미상 반대칭도 대칭의 한 경우이기 때문이다. 한편 $|f(-x)| \simeq |f(x)|$(정확히 같지 않은 경우)일 때 대칭성이 '조금' 깨어졌다고 말한다(감수자 주).

5 우리 우주 자체가 하나의 블랙홀이라는 견해가 있다. 이 경우 우주 가장자리(무한대)가 사건의 지평선인 셈이다(옮긴이 주).

6 하펠과 키팅의 실험은 원자시계 하나는 지상에 놓고, 다른 한 쌍은 비행기에 하나씩 싣고 동쪽과 서쪽으로 지구 한 바퀴를 도는 실험이었다. 동쪽으로 날아간 비행기는 지구 중심에 대해 회전 속도가 가장 빠르고, 지상에 있는 시계, 그 다음이 서쪽으로 날아간 비행기의 시계 순서로 회전 속도가 작아진다. 중력에 의한 일반상대성이론 효과와 속도에 의한 특수상대성이론 효과를 동시에 확인했다(옮긴이 주).

7 실제로는 4개 이상의 위성을 이용한 3차원 삼각측량을 하기 때문에 복잡하지만, 위성 하나의 신호로부터 계산하는 GPS 수신기와 위성의 거리에 저 거리만큼의 오차가 생긴다(옮긴이 주).

8 실제로, 공 모양은 어떤 (상대속도) 좌표계에서 보아도 크레프 모양이 아니라 같은 반지름을 가진 공 모양이다. 그러나 공 위에 그어진 줄의 모양은 서로 다르게 보이는데, 이를 테렐(Terrell) 효과라고 부른다. 다만 두 입자 충돌 실험에서 산란 방향에 따른 산란 확률을 따질 때 여기에서 말한 크레프 모양 효과가 나타난다(감수자 주).

9 실험 오차 때문이었다(감수자 주).

10 선형성이란 벡터의 성질을 가진다는 뜻이다. 4차원 벡터다(감수자 주).

11 이 절의 일부는 내 책《미래 대통령을 위한 에너지(Energy for Future Presidents)》(한국어판 제목은 '대통령을 위한 에너지 강의')에서 인용한 것이다.

12 탈출속도는 $GMm/r = 1/2mv^2$으로 계산되는데 G는 중력상수, M은 질량, r은 반지름이다. 따라서

$$v = \sqrt{(2GM/r)} = \sqrt{[2 \times (6.7 \times 10^{-11}) \times (2 \times 10^{30})/1000]} = 5 \times 10^8 \text{m/s}.$$

13 $10^{-27} = 0.000000000000000000000000001$이다. 소수점 아래 스물일곱 번째 자리에 1이 나오는 숫자다. 이것은 10을 27번 곱한 값의 역수다. 엑셀이나 공학용 계산기에서는 1E-27로 표현한다. 다음에 나오는 지구의 질량에 쓰인 10^{24}도 10을 24번 곱한 수치로, 1 뒤에 0이 24개 붙는다. 엑셀에서는 1E+24로 쓴다.

14 모든 숫자가 같다는 증명을 해보자. A=13, B=13 그리고 C와 D는 임의의

숫자를 넣자. 그럼 A=B이고, 양쪽에 (C-D)를 곱하면 A(C-D)=B(C-D)가 된다. 전개하면 AC-AD=BC-BD, 정리하면 AC-BC=AD-BD가 된다. 다시 항을 묶으면 C(A-B)=D(A-B)인데 양 변을 (A-B)로 나누면 C=D를 얻는다. 앞에서 C와 D는 임의의 숫자라고 했으니 사실상 모든 숫자가 같음을 보인 것이다. 하지만 앞에서 (A-B)로 양변을 나누었던 것은 A-B=0이므로 잘못된 연산이다. 더 단순하게 하자면 C×0=D×0으로 쓰고 0을 지우면 된다.

15 위성이 무한대에 있다고 가정했지만 사실 그렇지 않으므로, 실제 숫자를 고려하면 하루에 발생하는 오차는 그보다 작다. 실제로는 18킬로미터가 아니라 약 14킬로미터다.

16 헤르만 민코프스키는 취리히 연방 공대(ETH Zurich)에서 수학을 가르쳤다(옮긴이 주).

17 아메리카버펄로는 생물학적 분류로는 버펄로(Buffalo, 물소)가 아니라 바이슨(Bison, 들소)이다. 버펄로는 주로 아프리카와 아시아에 서식하지만, 어쨌든 미국인들은 대부분 버펄로라고 부른다(옮긴이 주).

18 이 공식에서는, 공간뿐 아니라 에너지도 에너지와 3개의 운동량 요소를 포함하는 4개의 요소를 가진다. T는 '에너지 운동량 텐서(energy momentum tensor)'라고 불리는데, 단순한 형태의 약한 장에서는 단순하게 에너지 및 질량 밀도가 된다.

19 L. 서스킨드(Susskind)와 J. 린제이(Lindesay)는 2005년에 저술한 《블랙홀, 정보, 끈 이론 혁명 입문》이라는 책에서 이런 무한한 시간 동안의 낙하에 대해 논하고 있다. 저자들은 '피도스'라는 관찰자들을 낙하하는 물체와 동일한 궤도에 배치해서 외부 관찰자에게 보고하도록 한다. 저자들은 "이 관점에서 보면, 물체는 사건의 지평선을 통과하지 못하고 점근적으로 접근한다"라고 언급한다. 양자이론에서는 이 결론을 바꿀 수도 있을 것으로 보인다.

20 중력 붕괴가 아닌 우주 초기의 물질 밀도가 높은 시절에 저절로 형성된 블랙홀(옮긴이 주).

21 어떤 사람들은 에딩턴의 측정이 아인슈타인의 예측과 너무 잘 맞아떨어진다고 주장한다. 당시 측정 장치를 감안하면 그렇게 측정 정확도가 높을 수 없다는 것이다. 에딩턴의 결과가 완전히 객관적이지 않았다는 주장인데, 최근의 분석 결과에 따르면 에딩턴의 측정은 믿을 만한 것이었다.

22 뜨거운 커피의 엔트로피 손실은 -열량/$T_{커}$이다. 방의 엔트로피 증가는 +열량/$T_{방}$이다. 열량은 (부호만 다르고) 같으므로 $T_{방}$은 $T_{커}$보다 작기 때문에 커피잔의 엔트로피 손실은 방의 엔트로피 증가보다 작다.

23 acre-foot. 1에이커 면적을 1피트 깊이로 채울 수 있는 물의 양으로, 약 164,875리터에 해당한다(옮긴이 주).

24 1갤런은 3.785리터다(옮긴이 주).

25 멀어진 거리≈보폭×$\sqrt{N}$. N은 걸음 수이고, 1, 2, 3차원 마찬가지다(감수자 주).

26 물리학에서 쓰는 단위와 자연로그를 사용할 때는 $k=1.38×10^{-23}$J/K이다. 이 논의에서 사용한 단위와 밑을 10으로 하는 상용로그를 사용할 때는 $k=7.9×10^{-24}$Cal/K이다.

27 여기서 말하는 '우주 전체'는 우주의 현재 나이에서 관측 가능한 우주다. 우주의 나이에 따라서 관측 가능한 우주의 크기가 커진다(감수자 주).

28 어떤 숫자에 밑을 10으로 하는 상용로그를 취한 값은 대략 그 수의 자리수와 같다. 예를 들면 1,000,000의 상용로그값은 6이다.

29 여기서 '잉여 온도'라고 표현한 것은 절대온도 0도에 해당하는 관측을 예상했는데 그보다 높은 3K에 해당하는 배경복사가 관측되었다는 뜻이다(감수자 주).

30 우리가 다루어야 했던 문제들의 더 긴 목록을 보고자 한다면, 1978년 5월에 내가 《사이언티픽 아메리칸》지에 기고한 논문 〈우주배경복사와 새로운 에테르 흐름〉을 참고하라.

31 빅뱅 이후 약 10만 년에서 50만 년 이후에 은하단의 씨앗이 만들어지기 시작했다. 이 씨앗이란 물질 밀도가 조금 높은 부분이고, 이것의 더 근본은 위에

말한 양자역학적 요동이다(감수자 주).

32 숀 칼슨, 〈점성술에 대한 이중맹검 실험〉, 《네이처》 318(1985년 12월 5일): 419-25; doi:10.1038/318419a0.

33 입자들 사이에 열평형이 이루어졌다는 뜻이다. 한 종류의 입자들이라 하더라도 위치에 따라서 온도가 다를 수 있다. 그러나 열평형이 이루어지면 위치에 상관없이 온도가 같다. 한편 여러 종류의 입자들이 있을 때, 같은 위치라 하더라도 입자들의 종류에 따라서 온도가 다를 수 있는데 서로 다른 입자들 사이에 열평형이 이루어진 다음에는 입자의 종류에 따른 온도 차이도 없다(감수자 주).

34 스티븐 호킹의 연구에 의하면 양자역학적 효과 때문에 블랙홀이 자발적으로 빛을 내면서 질량을 잃는다. 블랙홀이 클수록 빛을 적게 낸다(감수자 주).

35 CPT 정리는 디랙 방정식 따위 상대론적 양자역학 방정식이 '전하 바꾸기 (C)', '패리티 바꾸기(P)' 및 '시간 역행(T)'을 모두 거치면 원래의 방정식 모양으로 돌아온다는 정리다. (수학적 이유 때문에 보통 C와 P는 따로 적용되지 않고 함께 적용된다—CP 대칭성.) 이를 따르면 'T' 바꾸기에서 대칭성이 (조금) 깨지면 'CP' 바꾸기에서도 대칭성이 (조금) 깨진다. 그런데 C바꾸기가 곧 입자-반입자 바꾸기에 해당한다. 그러므로 'T' 대칭성이 깨진다는 말은 입자-반입자 사이에 완전한 대칭성이 성립하지 않는다는 뜻이다(감수자 주).

36 코펜하겐 해석이란 양자물리학 교과서에 표준적으로 실리는 내용인 파동-입자 이중성, 불확정성 원리, 파동 포갬, 확률 해석 따위를 겸허하게 그대로 인정하는 태도다. 각 내용들을 하나의 통일적인 이론으로 설명하는 해석이 아니다. 다른 많은 해석들은 간결하지만(통일적이지만), 아주 기괴하거나 아주 모호한 개념들을 포함한다(감수자 주).

37 '궤도(오비탈)'란 말은 엄밀히 말하자면 잘못된 말이다. 의미가 다른데도 불구하고, 고전 물리학 용어들이 양자물리학에서 그대로 쓰이는 경우가 많다(감수자 주).

38 기술적으로 말해 큐비트는 가능한 두 개의 '상태'를 가지는 반면, 비트는 가능한 두 개의 값(0 또는 1)을 가진다. (한 큐비트가 동시에 두 상태를 가질 수 있지만, 한 비트는 한 순간에 한 값만을 가진다는 말이다—감수자 주)

39 파인만은 옛 용어인 양자'역학'을 사용했다. 처음 양자물리학이 공식화되었을 때는 대상들이 어떻게 움직이는지와 같은 역학적 주제들에 초점을 맞춘 것이 사실이지만, 현대의 양자물리학은 전자기장과 핵장을 포함하는 장(field)의 행태에 대해서도 다루므로, 필자는 현대적 용어인 양자'물리학'을 사용하는 것이 더 분명하리라 생각한다.

40 이는 쇼펜하우어가 제시했던 진리를 수립하는 세 단계와 유사하다. 4장의 도입부에 제시된 인용문을 보라.

41 Δx는 위치의 불확정성이다. Δp는 운동량의 불확정성이다. 기호 $\geq$는 '크거나 같다'를 의미한다. h는 플랑크 상수다.

42 플랑크 길이에 대한 추정치는 다음과 같은 일반 원리들로부터 도출될 수 있다. 길이 L의 상자 안에 들어 있는 전형적인 최소 에너지는 양자물리학에 의해 $E = \frac{hc}{2\pi L}$로 주어지는데, 이때 h는 플랑크 상수다. 양자물리학에 의하면 '0점' 에너지는 이것의 절반인 $\frac{hc}{4\pi L}$이다. 블랙홀에서는 L을 질량 $M = \frac{E}{c^2}$에 대한 슈바르츠쉴트 반지름과 같게 설정한다. 이 방정식이 $R_s = L = \frac{2GM}{c^2}$이다. 이상의 방정식들을 결합하면 방정식은 플랑크 길이 $L = \sqrt{\frac{Gh}{2\pi c^3}}$ 을 얻는다.

43 오늘날의 판본은 아마도 다음과 같이 시작할 것이다. "AAA 크기의 건전지가 없어서 마우스가 작동을 하지 않았네……." 그 결말은 열핵폭탄 전쟁이 될 것이다.

44 또한 〈쥬라기 공원〉에서는 모든 초식 공룡들이 친절하고 유순하며 안전한 것으로 묘사된다. 나는 각본을 쓴 마이클 크라이튼과 감독 스티븐 스필버그가 코끼리, 코뿔소, 들소, 하마 등과 같은 초식성 포유류에 대해서도 동일한 생각을 가지고 있을지 궁금하다.

45 실제의 3D 안경은 대개 45도와 −45도 편광된 빛을 사용한다. 혹은 '회전' 편광을 사용하는데, 이는 바라보는 사람의 각도에 민감하지 않도록 하는 효

과를 일으킨다.

46 통신 불가능 정리는 1989년에 버클리에 있던 나의 동료인 필립 에버하트 (Philippe Eberhard)와 론 로스(Ron Ross)에 의해 처음으로 증명되었고, 이후 애셔 페레스(Asher Peres)와 대니얼 터노(Daniel Terno) 등에 의해서 더 정교화되었다.

47 전문가를 위한 주석: 양자물리학의 또 다른 공식화인 하이젠베르크의 묘사에서는 명시적으로 파동함수를 포함하지 않으나, 여전히 이 이론의 상태 벡터는 무한한 속도로 변화한다(하이젠베르크 묘사는 양자물리학 기술을 위해서 함수 방정식 대신에 행렬 교환식을 사용한다―감수자 주).

48 '현대 물리학에서 가장 당혹스러운 그래프'라는 제목으로 션 캐롤(Sean Carroll)의 블로그(http://www.preposterousuniverse.com/blog)에 2013년 1월 17일자로 올라온 글을 참조하라.

49 물리학 이론에 따르면 최소의 열은 공식 $\sqrt{2}kT$에 의해서 생성된다. k는 우리의 오랜 친구인 볼츠만 상수이며 통계물리학으로부터 비롯된 것이다. T는 절대온도다.

50 전문가를 위한 주석: 디랙은 자기 모멘트를 얻기 위해서 "최소 전자기 결합"이라는 추가적인 가정을 해야 했다. 그것이 그가 해야 했던 유일한 추가적 가정이었다. 이 가정은 당시에는 기본 입자라고 생각된 양성자와 같은 입자에 대해서 거짓임이 밝혀졌다. 우리는 오늘날 양성자가 3개의 쿼크와 몇 개의 다른 것들로 구성된 합성물이라는 사실을 안다.

51 각 다이어그램을 제곱하여 더한 것이 아니다. 미리 두 진폭을 더한 다음에 제곱해야 한다. 더할 때 각 진폭이 음의 값을 가질 수 있으므로 서로 상쇄될 수도 있다(감수자 주).

52 〈스타트렉〉 마니아들은 정확히 이와 같은 표현이 오리지널 시리즈에서 사용된 적이 없다는 사실을 알고 있다. 비록 커크 선장이 "스코티, 나를 전송해 줘"라고 한 번 말하긴 했지만 말이다.

53 당시에 연구소는 '버클리에 있는 로렌스 복사 연구소'라 불렸다. 이후 연구소

는 '로렌스 버클리 연구소'라고 다시 이름이 붙었다. 오늘날 연구소는 '국립 어니스트 올랜도 로렌스 버클리 연구소' 또는 짧게 '버클리 연구소'라 불린다. 나는 이름이 과도하게 길어진 것이 많은 사람들이 이름이 아닌 별명을 사용하기를 바라는 희망 때문이 아닌가 생각한다. '로렌스'라는 이름은 폭탄과 연관된다. 베바트론은 이것이 입자를 수십억 전자볼트(billion electron volts)까지 가속시키는 첫 번째 기계였기 때문에 붙은 이름이다.

54 밀의 개념에는 수학적인 결함이 있었다. 일반적으로 당신은 두 개 변수(미덕과 수량)의 값을 동시에 최대화시킬 수 없다. 오직 하나에 대한 최대화만이 가능할 뿐이다.

55 빛의 임의적인 방향을 위해서 당신은 아인슈타인의 추가적인 변환 방정식인 $Y=y, Z=z$를 사용해야 한다. $v_x^2+v_y^2+v_z^2=c^2$에서부터 V_x, V_y, V_z를 계산하라. 당신은 $V_x^2+V_y^2+V_z^2=c^2$임을 발견할 것이나 빛의 방향은 변화된다. 방향의 변화는 '별빛의 광행차'라고 불리며, 움직이는 지구로부터 본 별의 겉보기 방향에서의 이동으로 이미 관측되었다.

56 《미래 대통령을 위한 에너지》(2012)에서 인용했다.

57 이전에 출판된 《미래 대통령을 위한 물리학과 공학(Physics and Technology for Future Presidents)》(2010)에서 인용했다.

감사의 말

이 책의 원고를 읽고 개선점을 제안하고 새로운 의견을 제시해준 많은 분들에게 감사드린다. 조너선 카츠, 마르코스 언더우드, 밥 레이더, 댄 포드, 대럴 롱, 조너선 레빈, 앤드루 소벨에게 감사드리며, 내 가족인 로즈머리, 엘리자베스, 멜린다, 버지니아에게 감사한다.

편집자인 잭 렙첵은 이 책을 의미 있는 한 권의 책으로 만들기 위한 훌륭한 안내와 중요한 지원을 또 한 번 해주었다. 그는 이 책의 출판 직전에 비극적으로 숨을 거두었다. 책의 어조와 문체에 대해서 중요한 조언을 해주고, 아이디어를 출판 가능한 책으로 만드는 데 도와준 존 브록만에게 감사드린다. 스테파니 히버트는 아주 훌륭하게 책을 편집해주었고, 린지 오스틴은 사진의 사용을 허락받기 위해 아낌없는 노력을 기울여주었다. 감사드린다.

또한 근래에 들어 나와 함께 시간과 엔트로피의 물리학에 관해 토론한 많은 분들로부터 도움을 얻었다. 숀 맥과이어, 로버트 로데, 홀거 뮐러, 마브 코헨, 디마 버드커, 조너선 카츠, 짐 피블스, 프랭크 윌첵, 스티브 와인버그, 폴 스타인하르트와 다른 많은 동료들 및 친구들에게 감사드린다.

나는 스스로를 과학 애호가라고 부른다. 나는 전문적인 과학자는 아니지만 과학 지식이 내가 살고 있는 이 세계에 대해서 해주는 이야기들을 매우 흥미롭게 듣는다. 학창 시절 나는 과학을 잘하지 못했지만 과학에 관한 여러 책들을 흥미롭게 읽었다. 내가 과학의 역사와 철학에 흥미를 갖고 공부한 것은 그저 과학에 담긴 이런저런 이야기들이 무척 재미있었기 때문이다.

내가 유쾌한 물리학자인 리처드 뮬러가 쓴 이 책을 만나게 된 계기는 다소 우연한 것이었다. 나는 과학에서의 시간, 공간, 인과성 개념에 관심을 갖고 있었는데, 마침 출판사에서 일하는 대학원 후배가 내게 시간을 주제로 하는 이 책의 번역을 권유해주었다. 나는 과학 애호가이기는 하지만 물리학 전공자가 아니었기에 처음에는 내가 과연 이 책을 번역해도 될지에 대해 고민을 했다. 그러나 책 전체를 훑어보면서 그런 고민은 사라지고 나도 이 책을 충분히 번역할 수 있겠다는 생각이 들었다. 저자인 뮬러가 이 책을 물리학 전공자가 아니라 물리학에 관심이 있는 교양 있는 일반인들을 위해 썼다는 것이 분명해 보였기 때문이다.

책을 옮기면서 내게 가장 인상 깊었던 점은 뮬러가 자신의 전공 분야에 국한되지 않는 폭넓고 깊이 있는 교양을 갖고 있다는 점이었다. 그의 문장들을 읽고 있노라면 그가 문학, 철학, 예술 등에 대한 풍부한 교양을 토대로 자신의 주장을 개진하고 있음을 알 수 있다. 뮬러는 자신이 물리학자로서 갖고 있는 전문성과 폭넓은 교양을 바탕으로, 고대 이래 인간에게 여전히 수수께끼로 남아 있는 '지금 이 순간'의 과학적인 의미를 상세하고 친절하게 풀어내고 있다. 나는 이러한 뮬러가 '사색하는 과학자'의 모습을 잘 보여준다고 생각한다.

교양을 바탕으로 한 깊이 있는 사유는 전문가들이 손쉽게 빠질 수 있는 편협함으로부터 전문가를 구해내고 그를 비판적 지식인으로 만들어줄 수 있다. 이 책에서 뮬러는 물리주의라는 도그마를 명시적으로 비판한다. 측정을 통해 수량화되지 않는 것은 존재하지 않는다는 물리주의의 입장을 비판하는 뮬러는, 물리학의 불완전함을 받아들이며 물리학을 넘어서는 개념들(윤리, 도덕, 공정함 등)이 세계에 존재함을 인정한다. 훌륭한 물리학자가 물리학적으로 설명할 수 없는 많은 것들이 존재함을 비판적으로 수긍하며 받아들이는 대목은 나에게 작은 감동을 주었다.

각 분야별 학문들이 고도로 전문화되어 서로 다른 분야의 전문가들 사이의 소통이 어렵고 전문가와 대중들 사이에서의 진지한 소통 역시 찾아보기 어려워진 오늘날, 뮬러의 이 책은 폭넓은 범위의 독자들을 '지금'이라는 익숙한 주제에 대한 과학적 토론의 장으로 초대한다. 나 역시 이 책을 옮기면서 뮬러의 안내를 따라 '지금'에 관련된 생생하고 흥미로운 지적 모험을 만끽할 수 있었다. 독자들이 이 책을 읽으면서 지적인 자극을 받을 뿐만 아니라 진지한 지성인으로서 뮬러가 보여주는 정직함과 겸손함에 깊은 인상을 받을 수 있으리라 기대한다. 뮬러가 '지금'의 수수께끼를 풀기 위해 제시하는 독창적인 설명은 독자들이 책을 읽으면서 직접 발견해보기 바란다.

이 책의 번역은 나와 장종훈 선생님의 협업을 통해서 이루어졌다. 물리학 박사이자 이미 뮬러의 다른 책들을 옮긴 바 있는 장종훈 선생님께서는 이 책의 1장부터 10장까지의 내용을 번역하셨고, 내가 번역한 책의 나머지 부분을 읽고 검토해주셨다. 물리학 박사이자 나와 함께 대학원에서 과학사와 과학철학을 공부한 바 있는 이해심 충남대학교 물리학과 명예교수님께서는 번역 원고를 처음부터 끝까지 읽고 꼼꼼하게 감수를 해주셨다. 공역자 장종훈 선생님과 감수자 이해심 교수님께 지면을 빌려 진심으로 감사드린다.

아무쪼록 이 책이 독자들에게 현대 물리학의 다양한 성과들과 더불어 '지금'의 의미를 되새겨볼 수 있는 보람되고 뜻깊은 시간을 선사하기를 바란다. 여러 선생님들의 도움에도 불구하고 번역상의 오류 책임은 전적으로 번역자에게 있음을 밝히며, 번역과 관련된 좋은 의견을 주시면 향후에 이를 적극적으로 반영할 것을 약속드린다.

역자를 대표하여

강형구 씀

나우: 시간의 물리학
지금이란 무엇이고 시간은 왜 흐르는가

초판 1쇄 발행 2019년 6월 14일
개정판(아카데미판) 1쇄 발행 2023년 10월 10일

지은이	리처드 A. 뮬러
옮긴이	강형구 장종훈
감수	이해심
기획	김은수 유이선
책임편집	이기홍
디자인	주수현 정진혁

펴낸곳	(주)바다출판사
주소	서울시 종로구 자하문로 287
전화	02-322-3885(편집), 02-322-3575(마케팅)
팩스	02-322-3858
이메일	badabooks@daum.net
홈페이지	www.badabooks.co.kr

ISBN	979-11-6689-181-6 93420